高等学校给水排水工程专业规划教材

特种废水处理工程

（第二版）

李家科　李亚娇　王东琦　主编
王社平　主审

中国建筑工业出版社

图书在版编目（CIP）数据

特种废水处理工程/李家科等主编. —2版. —北京：中国建筑
工业出版社，2016.9（2024.6重印）
高等学校给水排水工程专业规划教材
ISBN 978-7-112-19613-5

Ⅰ.①特… Ⅱ.①李… Ⅲ.①废水处理-高等学校-教材
Ⅳ.①X703.1

中国版本图书馆 CIP 数据核字（2016）第 169602 号

　　特种废水是工业产品生产加工、医疗机构日常运营以及垃圾处理过程中产生的废水的总称。由于水量水质较为特殊，致使其处理流程和处理工艺与城市污水大相径庭。本书讲述了特种废水处理的基本理论和 13 种比较常见的特殊废水（包括发酵工业废水、肉类加工废水、制革工业废水、印染工业废水、制浆造纸工业废水、精细化工废水、石油工业废水、焦化废水、重金属工业废水、集成电路废水、医院污水、垃圾渗滤液和制药工业废水等）的来源、水量与水质特征，着重介绍了各种特种废水处理技术的国内外发展现状和最新研究成果，并列举了大量工程实例。全书分为 18 章，各章相互独立，自成体系，内容详尽，系统全面，具有较强的针对性和实用性。

　　本书可作为高等学校给水排水工程、环境工程、环境科学和市政工程等专业的教学用书，也可供从事废水处理和环境保护的研究、设计与运行管理人员以及其他与环境工程、环境科学有关的专业技术人员参考使用。

责任编辑：张文胜　姚荣华
责任校对：李欣慰　张　颖

高等学校给水排水工程专业规划教材
特种废水处理工程
（第二版）
李家科　李亚娇　王东琦　主编
王社平　主审

＊

中国建筑工业出版社出版、发行（北京西郊百万庄）
各地新华书店、建筑书店经销
北京红光制版公司制版
建工社（河北）印刷有限公司印刷

＊

开本：787×1092 毫米　1/16　印张：22¼　字数：541 千字
2016 年 9 月第二版　　2024 年 6 月第九次印刷
定价：**42.00** 元
ISBN 978-7-112-19613-5
（29108）

本书编委会

主　　编　李家科　李亚娇　王东琦
副主编　王旭东　吴小宁　鞠兴华　杜光斐
主　　审　王社平

第 二 版 前 言

特种废水主要包括工业企业生产过程产生的工业废水、含有大量病原微生物（寄生虫卵、病原菌、病毒等）的医院污水以及固体废弃物在卫生填埋过程中产生的垃圾渗滤液等。不同的废水来源，其水量、成分和性质也各不相同。仅就工业废水而言，据《中国环境状况公报》报道，2014 年，全国废水排放总量为 716.2 亿 t，化学需氧量排放量为 2294.6 万 t，氨氮排放量为 238.5 万 t，其中工业废水排放量为 205.3 亿 t，化学需氧量排放量为 311.3 万 t，氨氮排放量为 23.2 万 t。特种废水的排放不仅量大、面广，而且含有氰化物、重金属、苯、酚等多种有害无机物和有机物，毒性极大，并且不易在水中降解，极易对人体和生态系统造成严重的污染和破坏作用。

鉴于特种废水的特殊性，并根据《污水综合排放标准》GB 8978—1996 以及石油、钢铁、制革等数十个行业水污染排放标准对水污染物最高允许排放浓度和污水排放定额等的要求，对于特种废水，需要一套特殊处理技术对其先进行处理，以减轻城市污水处理厂的工作负荷以及对环境的危害。本书第一版自 2011 年出版以来，受到了读者的好评。本书第二版对第一版内容进行了全面的修订，对当前的特种废水处理技术做了全面的介绍，以推进特种废水处理工作的进一步发展。

本书分为上、下两篇，上篇简要介绍了特种废水处理的物理、化学、物化、生物处理技术，下篇针对发酵工业废水、肉类加工废水、制革工业废水、印染工业废水、制浆造纸工业废水、精细化工废水、石油工业废水、焦化废水、重金属工业废水、集成电路废水、医院废水、垃圾渗滤液、制药工业废水 13 种特殊废水，详细介绍了其废水来源、水量水质特征、主要处理技术及其最新研究进展，并且匹配以详细的工程实例，以利于学生对各类特种废水处理技术的了解。

本书内容成熟、取材广泛、体系完整、层次清晰，阐述简明扼要，以利于学生理解，适用于给水排水工程及环境工程本科教学使用，也可供从事给水排水、环境及相关领域的工程技术人员和管理人员参考。

本书由西安理工大学李家科、王东琦，西安科技大学李亚娇主编，西安建筑科技大学王旭东，西安工业大学吴小宁，辽宁科技大学鞠兴华，西安理工大学杜光斐、黄池钧等参加了编写。全书共分 18 章，第 6、13、14、17 章由李家科编写；第 2、8、10、11、12、16 章由李亚娇编写；第 1、4、9、18 章及第 5.2 节由王东琦编写；第 7 章由王旭东编写；第 3.1~3.3 节及第 3.5、3.6 节由吴小宁编写；第 15 章由鞠兴华编写；第 3.4 节及 5.3 节由杜光斐编写；第 5.1 节由黄池钧编写。西安理工大学研究生于婕、黄文菁、王华、柴国栋、杨张洁、孙媛媛、单稼琪等参与了书稿的校对工作。

本书由西安市市政设计研究院副院长王社平教授级高工主审，主审人对书稿进行了认真审校，并提出了建设性的修改意见，提高了本书的质量，编者对此深表谢意。

本书的出版得到了西安理工大学教材建设专项资金资助，在编写和出版过程中得到了西安理工大学、西安科技大学、西安交通大学、西安建筑科技大学、西安工业大学、辽宁科技大学的大力支持，在此表示衷心的感谢。

限于编写者水平，书中不妥或谬误之处，恳请读者批评指正。

编　者

2016 年 6 月

第 一 版 前 言

特种废水主要包括工业企业生产过程中产生的工业废水、含有大量病原微生物（寄生虫卵、病原菌、病毒等）的医院污水以及固体废弃物在卫生填埋过程中产生的垃圾渗滤液等。不同的废水来源，其水量、成分和性质也各不相同。仅就工业废水而言，据 2009 年《中国环境状况公报》，2009 年，全国废水排放总量为 589.2 亿 t，化学需氧量排放总量为 1277.5 万 t，氨氮排放总量为 122.6 万 t，其中工业废水排放量为 234.4 亿 t，工业废水化学需氧量排放量为 439.7 万 t，工业废水氨氮排放量为 27.3 万 t。特种废水的排放不仅量大面广，而且含有氰化物、重金属、苯、酚等多种有害无机物和有机物，毒性极大，并且不易在水中降解，极易对人体和生态系统造成严重的污染和破坏。

鉴于特种废水的特殊性，并根据国家环保总局与国家技术监督局于 1996 年联合颁发的《污水综合排放标准》GB 8978—1996 对 69 种水污染物最高允许排放浓度、部分行业污染物最高允许排放浓度和污水排放定额等的要求，对于特种废水，需要一套特殊处理技术先对其进行处理，以减轻城市污水处理厂的工作负荷以及对环境的危害。本书即对当前的特种废水处理技术做了全面的介绍，以推进特种废水处理工作的进一步发展。

本书分为上、下两篇，上篇简要介绍了特种废水处理的物理、化学、物化、生物处理技术，下篇针对发酵工业废水、肉类加工废水、制革工业废水、印染工业废水、制浆造纸工业废水、精细化工废水、石油化工废水、焦化废水、重金属工业废水、集成电路废水、医院废水、垃圾渗滤液等 12 种特殊废水，详细介绍了其废水来源、水量水质特征、主要处理技术及其最新研究成果，并且配以详细的工程实例，以利于读者对各类特种废水处理技术的了解。

本书内容成熟、取材广泛、体系完整、层次清晰，阐述简明扼要，适用于给水排水工程及环境工程本科教学使用，也可供从事给水排水、环境及相关领域的工程技术人员和管理人员参考。

本书由西安理工大学李家科、西安科技大学李亚娇主编，西安建筑科技大学王旭东、西安工业大学吴小宁、辽宁科技大学鞠兴华、西安理工大学徐志嫱、杜光斐、李文英、黄池钧等参加了编写。全书共分 17 章，第 1、4、6、9、11、13、14、17 章及第 8.3 节由李家科编写；第 2、10、12、16 章及第 8.1 节由李亚娇编写；第 7 章由王旭东编写；第 3.1～3.3 节及第 3.5、3.6 节由吴小宁编写；第 15 章由鞠兴华编写；第 5.2 节及 8.4 节由徐志嫱编写；第 3.4 节及 5.3 节由杜光斐编写；第 8.2 节由李文英编写；第 5.1 节由黄池钧编写。西安理工大学研究生于婕、黄文菁、王华等参与了书稿的校对工作。

本书由西安市市政设计研究院副院长王社平教授级高工主审，主审人对书稿进行了认真审校，并提出了建设性的修改意见，提高了本书的质量，编者对此深表谢意。

本书的出版得到了陕西省重点学科建设专项资金资助，在编写和出版过程中得到了西安理工大学、西安科技大学、西安建筑科技大学、西安工业大学、辽宁科技大学的大力支持，在此表示衷心的感谢。

限于编写者水平，书中不妥或谬误之处，恳请读者批评指正。

编　者

2010 年 8 月

目　录

上篇　特种废水处理基本理论

下篇　特种废水处理技术

上篇　特种废水处理基本理论

1　特种废水处理概论

1.1　概　　述

1.1.1　特种废水的分类

特种废水主要包括工业企业生产过程中产生的工业废水、含有大量病原微生物（寄生虫卵、病原菌、病毒等）的医院污水以及固体废弃物在卫生填埋过程中产生的垃圾渗滤液等。

其中，工业废水是区别于生活污水而言的，含义很广。每一种工业废水都是多种杂质和若干项指标表征的综合体系，人们往往只能以起主导作用的一、两项污染因素来对工业废水进行描述和分类。

第一种是按行业和产业加工分类，如冶金废水、炼焦煤气废水、纺织印染废水、金属酸洗废水、制革废水、农药废水、化学肥料废水等。这种分类方法主要用于对各工业部门、各行业的工业废水污染防治进行研究和管理。

第二种是按工业废水中所含主要污染物的性质分类，以无机污染物为主的称无机废水，以有机污染物为主的称有机废水。这种分类方法比较简单，对考虑治理对策有利。如对无机废水一般采用物理化学的处理方式；有机废水一般采用生物法处理。不过在工业生产中，一种废水可能既含有有机成分又含无机成分，这样在考虑处理工艺时必须有针对性地采用综合治理方法。

第三种是按废水中所含污染物的主要成分分类，如酸性废水、碱性废水、含氟废水、含酚废水、含铬废水、含有机磷废水、含放射性元素废水等。这种分类方法的优点是突出了废水的主要污染成分。根据其中所含的主要成分，可以有针对性地考虑处理手段，或者进行有效的回收或利用。

1.1.2　特种废水对环境的污染

特种废水因工艺、设备条件与管理水平等的不同，在水质、水量与排放规律等方面差异很大。即使同行业所排放的废水，其水质、水量与排放规律也有所不同。废水中含有大量的有毒有害物质，这些污染物大量排入江、河、湖、水库、河口、海湾和近海海域，造成了水环境的严重污染。

特种废水对水环境的污染主要表现为水质恶化、降低水体功能、污染饮用水源、危及人体健康。兹举数例，以见一斑。

随着现代有机化学工业的高速发展，难生物降解有机化合物排入水体，其中有些毒性很大，有致癌的潜在危险，如多氯联苯、多环芳烃和有机磷农药等；有的有机化合物能与氯反应生成有机卤化物，如氯仿、溴仿、碘仿、氯二溴甲烷、二氯溴甲烷、二碘氯甲烷等，其总量以三卤甲烷（THMs）表示。卤代烃能使人的肝脏肿大、变异，使细胞坏死并致癌，已成为当前饮用水的主要污染物。据统计，目前已有十万余种化合物进入环境，造成严重污染。如德国鲁尔河的污染，致使一家以河水为水源的自来水厂出水含大量有机卤化物；我国北京的官厅水库因受河北省宣化和下花园等地区工业废水的污染，已不适宜作饮用水源。

随工业废水排入水体的重金属，可通过食物链富集后危及人体健康。如日本曾发生两次震惊世界的由于水污染引起的公害病——"水俣病"和"痛痛病"。1953年，日本九州熊本县的水俣镇发现的"水俣病"，是由于日本氮肥公司生产氯乙烯和醋酸乙烯时采用低成本的汞催化剂（氯化汞和硫酸汞）工艺，把含有大量甲基汞废水、废渣排入水俣湾，使汞在鱼体内富集，人吃毒鱼慢性中毒而得病。1955年，日本神通川两岸的群马县等地区发现的"骨痛病"（又名"痛痛病"），是由于日本神通川上游三井金属矿业公司的神岗矿业炼铅、炼锌排放的含镉废水，顺灌渠流入两岸农田，使大米的含镉量超过 1mg/L，居民因长期吃这种大米引起骨骼软化萎缩，骨折疼痛而死。

工业废水对水体的污染还表现为降低捕鱼量、鱼种减少和鱼品质量下降，造成渔业损失。如美国五大湖曾受多氯联苯污染，使鱼肉中多氯联苯的含量超标，失去食用价值，经十年的治理，才使湖中的多氯联苯、DDT 和其他污染物的浓度明显降低。

同时，医院污水中含有的大量致病菌也对人体健康构成了严重的威胁。

此外，水体受到严重污染还将增加水处理成本，如需从远距离取水；难降解有机污染物和植物的大量排入水体，使处理技术复杂化，增大工程投资和运行费用，等等。

1.1.3　废水的排放标准

目前我国工业废水排放标准有国家标准《污水综合排放标准》GB 8978—1996，《城镇污水处理厂污染物排放标准》GB 18918—2002，行业标准《污水排入城镇下水道水质标准》CJ 343—2010，以及不同地区制定的地方标准。此外，为控制工业废水污染，我国还制定了石油、钢铁、制革等数十个行业水污染排放标准。按照国家综合排放标准与国家行业排放标准不交叉执行的原则，有行业排放标准的工业部门应执行国家水污染行业排放标准，如纺织染整工业执行《纺织染整工业水污染物排放标准》GB 4287—2012，石油炼制工业执行《石油炼制工业污染物排放标准》GB 31570—2015 等，其他排放水污染物的行业均执行国家《污水综合排放标准》。表 1-1 为我国部分行业排放标准名录。

我国部分行业排放标准名录　　　　　　　　　　　　　　　　　表 1-1

标准编号	标准名称
GB 31570—2015	《石油炼制工业污染物排放标准》
GB 31574—2015	《再生铜、铝、铅、锌工业污染物排放标准》
GB 31573—2015	《无机化学工业污染物排放标准》

标准编号	标准名称
GB 30486—2013	《制革及毛皮加工工业水污染物排放标准》
GB 30484—2013	《电池工业污染物排放标准》
GB 13458—2013	《合成氨工业水污染物排放标准》
GB 19430—2013	《柠檬酸工业水污染物排放标准》
GB 13456—2012	《钢铁工业水污染物排放标准》
GB 28661—2012	《铁矿采选工业污染物排放标准》
GB 4287—2012	《纺织染整工业水污染物排放标准》
GB 16171—2012	《炼焦化学工业污染物排放标准》
GB 27631—2011	《发酵酒精和白酒工业水污染物排放标准》
GB 26451—2011	《稀土工业污染物排放标准》
GB 27632—2011	《橡胶制品工业污染物排放标准》
GB 25461—2010	《淀粉工业水污染物排放标准》
GB 26132—2010	《硫酸工业污染物排放标准》
GB 25463—2010	《油墨工业水污染物排放标准》
GB 25462—2010	《酵母工业水污染物排放标准》
GB 21907—2008	《生物工程类制药工业水污染物排放标准》
GB 21906—2008	《中药类制药工业水污染物排放标准》
GB 21904—2008	《化学合成类制药工业水污染物排放标准》
GB 21902—2008	《合成革与人造革工业污染物排放标准》
GB 21900—2008	《电镀污染物排放标准》
GB 21909—2008	《制糖工业水污染物排放标准》
GB 3544—2008	《制浆造纸工业水污染物排放标准》
GB 18466—2005	《医疗机构水污染物排放标准》
GB 19821—2005	《啤酒工业污染物排放标准》
GB 19431—2004	《味精工业污染物排放标准》

1.2 特种废水污染源调查及控制途径

1.2.1 污染源调查

特种废水的三个主要来源中，工业废水所含种类最多，污染也最广，因此本节仅就工业废水的来源加以叙述。

工业废水的数量和浓度一般按产品的产量来表示（例如，对于制浆造纸废水，就表示成每吨纸浆排水多少立方米，每吨纸浆产 BOD 多少千克），其性质的变化按统计分布决定。任何一个工厂，其废水流量特性统计下来都会有所变化，而变化的大小则取决于产品品种的多少、排污的工艺操作以及生产是连续进行还是间歇进行。采取良好措施、控制跑冒滴漏，将会减小流量的统计差异。类似的工业，如纸板工业，由于各自的操作规程、水的回用以及生产工艺的改革等都有差别，故废水的流量和水质变化都很大。各厂生产工艺、操作规程很少有完全相同的，因此通常都必须进行废水监测以确定其排污负荷及其变化状况。

进行污染源调查，可分为以下两个方面。

1. 现场调查

（1）查明工厂在正常和高负荷操作条件下的水平衡状况；（2）记下所有用水工序，并编制每个工序的水平衡明细表；（3）从各排水工序和总排水口取样进行水质分析；（4）确定排放标准。

2. 资料分析

（1）能否通过改进工艺或设备减少废水量和降低浓度；（2）有无回收有用物质的可能性；（3）有无可能将需处理废水和不需处理就可排放或利用的废水进行分流。

1.2.2　控制特种废水污染源的基本途径

控制特种废水污染源的基本途径是减少废水排出量和降低废水中污染物浓度。

1. 减少废水排出量

减少废水排出量就是减小处理装置规模的前提，必须充分注意，可采取以下措施：（1）废水进行分流；（2）节约用水；（3）改革生产工艺；（4）避免间断排出特殊废水。

2. 降低废水中污染物的浓度

通常，某一行业产生的污染物量是一定的，若减少排水量，就会提高废水污染物的浓度，但采取各种措施也可以降低废水的浓度。一般情况下，可采取以下措施降低废水中污染物的浓度：（1）改革生产工艺，尽量采用不产生污染物的工艺；（2）改进装置的结构和性能；（3）废水进行分流；（4）废水进行均和；（5）回收有用物质；（6）排出系统的控制。

1.3　特种废水处理方法概述

1.3.1　废水处理方法

废水处理过程是将废水中所含的各种污染物与水分离或加以分解，使其净化的过程。

现代废水处理技术，习惯上按作用原理，可分为物理法、化学法、物理化学法和生物法4大类。

物理法是利用物理作用来分离废水中的悬浮物或乳浊物，常见的有格栅、筛滤、离心、澄清、过滤、隔油等方法。

化学法是利用化学反应的作用来去除废水中的溶解物质或胶体物质，常见的有中和、沉淀、氧化还原、催化氧化、光催化氧化、微电解、电解絮凝、焚烧等方法。

物理化学法是利用物理化学作用来去除水中溶解物质或胶体物质，常见的有混凝、浮选、吸附、离子交换、膜分离、萃取、气提、吹脱、蒸发、结晶、焚烧等方法。

生物处理法是利用微生物代谢作用，使废水中的有机污染物和无机微生物营养物转换为稳定、无害的物质。常见的有活性污泥法、生物膜法、厌氧生物消化法、稳定塘与湿地处理等。生物处理法也可按是否供氧而分为好氧处理和厌氧处理两大类，前者主要有活性污泥法和生物膜法两种，后者包括各种厌氧消化法。

特种废水中的污染物质是多种多样的，不能设想只用一种处理方法就能把所有污染物质去除殆尽。一种废水往往要采用多种方法组合成的处理工艺系统，才能达到预期要求的处理效果。

1.3.2 废水处理方法的选择

1. 污染物在废水中的存在状态

选择废水处理方法前，必须了解废水中污染物的形态。一般污染物在废水中处于悬浮、胶体和溶解3种形态，通常根据其粒径的大小来划分。悬浮物粒径为 $1\sim100\mu m$，胶体粒径为 $1\mu m\sim1nm$，溶解物粒径小于 $1nm$。一般来说，易处理的污染物是悬浮物，而胶体和溶解物则较难处理。悬浮物可通过沉淀、过滤等与水分离，而胶体和溶解物则必须利用特殊的物质使之凝聚或通过化学反应使其粒径增大到悬浮物的程度，或利用微生物或特殊的膜等将其分解或分离。

2. 废水处理方法的确定

可参考已有的相同行业的处理工艺流程确定。如无资料可参考时，可通过试验确定。

（1）有机废水

1）含悬浮物时，用滤纸过滤，测定滤液的 BOD_5、COD。若滤液中的 BOD_5、COD 均在要求值以下，这种废水可采取物理处理方法，在去除悬浮物的同时，也能将 BOD_5、COD 去除。

2）若滤液中的 BOD_5、COD 高于要求值，则需考虑采用生物处理法。进行生物处理实验时，确定能否将 BOD 与 COD 同时去除。

好氧生物处理法去除废水中的 BOD_5 和 COD，由于工艺成熟，效率高且稳定，所以获得十分广泛的应用，但由于需供氧，故耗电较高。为了节能并回收沼气，常采用厌氧法去除 BOD_5 和 COD，特别是处理高浓度 BOD_5 和 COD 废水比较适用（$BOD_5>1000mg/L$）。现在将厌氧法用于低 BOD_5、COD 废水的处理，亦获得成功，但是，从去除效率看，BOD_5 的去除率不一定高，而 COD 的去除率反而高些。这是由于难降解的 COD 经厌氧处理后转化为容易生物降解的 COD，使高分子有机物转化为低分子有机物。对于某些工业废水也存在这种现象。如仅用好氧生物处理法处理焦化厂含酚废水，出水 COD 往往保持在400～500mg/L，很难继续降低。如果采用厌氧作为第一级，再串以第二级好氧法，就可使出水COD下降到 100～150mg/L。因此，厌氧法常用于含难降解COD工业废水的处理。

3）若经生物处理后 COD 不能降低到排放标准，就要考虑采用深度处理。

（2）无机废水

1）含悬浮物时，需进行沉淀试验，若在常规的静置时间内达到排放标准时，这种废水可采用自然沉淀法进行处理。

2）若在规定的静置时间内达不到要求值，则需进行混凝沉淀试验。

3）当悬浮物去除后，废水中仍含有有害物质时，可考虑采用调节 pH 值、化学沉淀、氧化还原等化学方法。

4）对上述方法仍不能去除的溶解性物质，为了进一步去除，可考虑采用吸附、离子交换等深度处理方法。

（3）含油废水

首先做静置上浮试验分离浮油，再进行分离乳化油的试验。

2 特种废水的物理处理

2.1 调 节

无论是工业废水，还是城市污水或生活污水，水质和水量在一天内均会波动。一般来说，工业废水的波动比城市污水大，中小型工厂的波动更大。废水的水质水量变化对排水设施及废水处理设备，特别是对生物处理设备正常发挥其净化功能是不利的，甚至还可能破坏这些设备。为此，经常采取的措施是在废水处理系统之前，设均和调节池，简称调节池，用以尽可能减小或控制废水的波动，为后续处理过程提供一个稳定的处理条件。调节池的大小和形式随废水量及来水变化情况而不同。

工业废水处理进行调节的目的是：

(1) 提供有机负荷的缓冲能力，防止生物处理系统负荷的急剧变化；

(2) 控制 pH 值，以减少中和作用中化学药剂的用量；

(3) 减小对物理化学处理系统的流量波动，使化学品添加速率适合加料设备的额定条件；

(4) 当工厂停产时，仍能对生物处理系统继续输入废水；

(5) 控制向市政系统的废水排放，以缓解废水负荷分布的变化；

(6) 防止高浓度有毒物质进入生物处理系统。

根据调节池的功能，调节池可分为均量池、均质池、均化池和事故池。

2.1.1 均量池

均量池的主要作用是均化水量。

常用的均量池有两种。一种为线内调节，实际是一座变水位的贮水池，来水为重力流，出水用泵抽。池中最高水位不高于来水管的设计水位，水深一般为 2m 左右，最低水位为死水位，详见图 2-1。

另一种为线外调节（见图 2-2）。调节池设在旁路上，当废水流量过高时，多余废水用泵打入调节池；当流量低于设计流量时，再从调节池回流到集水井，并送去后续处理。线外调节与线内调节相比，其调节池不受进水管高度限制，但被调节水量需要两次提升，消耗动力大。

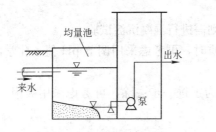

图 2-1 均量池线内调节方式

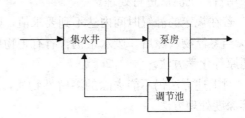

图 2-2 均量池线外调节方式

如在均量池中加上搅拌设施（机械搅拌或曝气），也能起到一定的均质作用，但因均量池的容积占周期内总水量的比例一般只有 10%～20%，所以即使搅拌，均质作用也不大。

2.1.2　均质池

均质池的任务是对不同时间或不同来源的废水进行混合，使流出水质比较均匀，均质池又称水质调节池，也称均和池或匀质池。通过混合与曝气，能防止可沉降的固体物质在池中沉降下来，又可使废水中的还原性物质氧化，而 BOD 则会因空气气提而减少。水质调节的基本方法有两种：

（1）利用外加动力（如叶轮搅拌、空气搅拌、水泵循环）而进行的强制调节，它设备较简单，效果较好，但运行费用高。

（2）利用差流方式使不同时间和不同浓度的废水进行自身水力混合，基本没有运行费，但设备结构较复杂。

图 2-3 为一种外加动力的均质池，采用压缩空气搅拌，在池底设有曝气管。在空气搅拌作用下，使不同时间进入池内的废水得以混合。这种调节池构造简单，效果较好，并可防止悬浮物沉积于池内。最适宜在废水流量不大、处理工艺中需要预曝气以及有现成压缩空气的情况下使用。如废水中存在易挥发的有害物质，则不宜采用该类调节池，此时可使用叶轮搅拌。

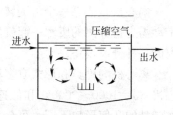

图 2-3　曝气搅拌的均质池

差流式调节池也称异程式均质池，为常水位，重力流，与沉淀池的主要不同之处在于沉淀池中水流每一质点流程都相同；而均质池中水流每一质点的流程则由短到长，都不相同，再结合进出水槽的配合布置，使不同时刻进入的水得以相互混合，取得随机均质的效果。实践证明，这种均质池的效果是可以肯定的，但这种均质池只能均质，不能均量。

2.1.3　均化池

均化池既能均量，又能均质，出水泵的流量用仪表控制。在池中设置搅拌装置，如采用表面曝气或鼓风曝气时，除可使悬浮物不致沉淀和出现厌氧情况外，还可以有预曝气的作用，能改进初沉效果，减轻曝气池负荷。

当废水水量规模较小时，可设间歇贮水池，即间隙贮水、间歇运行的均化池，池可分为两格或三格，交替使用，池中设搅拌装置。

2.1.4　事故池

如图 2-4 所示，为了防止水质出现恶性事故，或发生破坏污水处理厂运行的事故（如发生偶然的废水倾倒或泄漏）时导致废水的流量或强度变化太大，应设置所谓事故池，储留事故排水。这是一种变相的均化池。事故池的进水阀门一般是监测器自动控制，否则无法及时发现事故。这种池平时必须保证泄空备用。其目的是缓冲有机物负荷，即 TOC、温

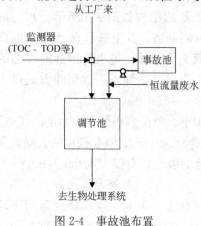

图 2-4　事故池布置

度或特殊有毒有机物等。

2.2 离 心 分 离

2.2.1 离心分离原理

利用离心力分离废水中杂质的处理方法称为离心分离法。

废水作高速旋转时，由于悬浮固体和水的质量不同，所受的离心力也不相同，质量大的悬浮固体被抛向外侧，质量小的水被推向内层，这样悬浮固体和水从各自出口排除，从而使废水得到处理。

2.2.2 离心分离设备

按产生离心力的方式不同，离心分离设备可分为离心机和水力旋流器两类。

1. 离心机

离心机是依靠一个可随转动轴旋转的转鼓，在外界传动设备的驱动下高速旋转，转鼓带动需进行分离的废水一起旋转，利用废水中不同密度的悬浮颗粒所受离心力不同进行分离的一种分离设备。

离心机的种类和形式有多种。按分离因素大小可分为高速离心机（$\alpha > 3000$）、中速离心机（$\alpha = 1000 \sim 3000$）和低速离心机（$\alpha < 1000$）。中、低速离心机通称为常速离心机。按转鼓的几何形状不同，可分为转筒式、管式、盘式和版式离心机。按操作过程可分为间歇式和连续式离心机。按转鼓的安装角度可分为立式和卧式离心机。

（1）常速离心机　多用于与水有较大密度差的悬浮物的分离。分离效果主要取决于离心机的转速及悬浮物的密度和粒径的大小。国内某些厂家生产的转筒式连续离心机在回收废水中的纤维物质时，回收率可达 $60\% \sim 70\%$；进行污泥脱水时，泥饼的含水率可降低到 80% 左右。

（2）高速离心机　多用于乳化油和蛋白质等密度较小的细微悬浮物的分离。如从洗毛废水中回收羊毛脂、从淀粉麸质水中回收玉米蛋白质等。

2. 水力旋流器

水力旋流器有压力式和重力式两种。

（1）压力式水力旋流器的结构如图 2-5 所示。水力旋流器用钢板或其他耐磨材料制造，其上部是直径为 D 的圆筒，下部是锥角为 θ 的截头圆锥体。进水管以逐渐收缩的形式与圆筒以切向连接。废水通过加压后以切线方式进入器内，进水口的流速可达 $6 \sim 10 \text{m/s}$。

旋流分离器具有体积小、单位容积处理能力高的优点。例如旋流分离器用于轧钢废水处理时，氧化铁皮的去除效果接近于沉淀池，但沉淀池的表面负荷仅为 $1.0 \text{m}^3/(\text{m}^2 \cdot \text{h})$，而旋流器则高达 $950 \text{m}^3/(\text{m}^2 \cdot \text{h})$。此外，旋流分离器还具有易于安装、便于维护等优点，因此，较广泛地运用于轧钢废水处理以及高浊度河水的预处理等。旋流分离器的缺

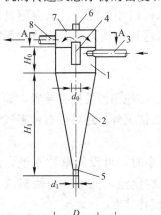
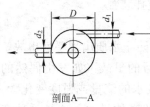

剖面A—A

图 2-5　水力旋流器的构造
1—圆筒；2—圆锥体；3—进水管；
4—溢流管；5—排渣口；6—通气管；
7—溢流筒；8—出水管

点是器壁易受磨损和电能消耗较大等。

（2）重力式旋流分离器如图2-6所示。重力式旋流分离器又称水力旋流沉淀池。废水也以切线方向进入器内，借进出水的水头差在器内呈旋转流动。与压力式旋流器相比较，这种设备的容积大，电能消耗低。

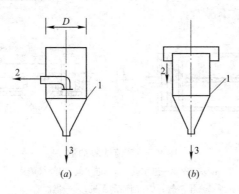

图 2-6　重力式旋流分离器示意
(a) 淹没式出水；(b) 表面出水
1—进水；2—出水；3—排渣

2.3　除　　油

2.3.1　含油污水的来源及污染特征

含油废水中所含的油类物质，包括天然石油、石油产品、焦油及分馏物，以及食用动植物油和脂肪类。从对水体的污染来说，主要是石油和焦油。不同工业部门排出的废水所含油类物质的浓度差异较大。

废水中所含油类物质的相对密度多数小于1，如石油和石油产品的相对密度一般为0.73~0.94。有的油类物质的相对密度大于1，如重焦油的相对密度可达1.1。油类物质在废水中通常以三种状态存在：（1）油品在废水中分散的颗粒较大，粒径大于100μm，称为浮油（在含油废水中，这种油占水中总含油量的60%~80%，是主要部分，易于从废水中分离出来）；（2）油品在废水中分散的粒径很小，呈乳化状态，称乳化油，不易从废水中分离出来；（3）小部分油品呈溶解状态，称为溶解油，溶解度约为5~15mg/L。

生产装置排出的含油废水，应按其所含的污染物性质和数量分类处理。如采用重力分离法除浮油和重油，采用气浮法、电解法、混凝沉淀法除乳化油。本节主要介绍浮油的处置方法和装置。

2.3.2　隔油池

隔油池为自然上浮的油水分离装置，其类型较多，常用的有平流式隔油池、斜板隔油池、小型隔油池等。

1. 平流式隔油池

图2-7为传统的平流式隔油池，在我国使用较为广泛。废水从池的一端流入池内，从

另一端流出。在隔油池中，由于流速降低，比重小于1.0而粒径较大的油珠上浮到水面上，比重大于1.0的杂质沉于池底。在出水一侧的水面上设集油管。集油管一般用直径为200～300mm的钢管制成，沿其长度在管壁的一侧开有切口，集油管可以绕轴线转动。平时切口在水面上，当水面浮油达到一定厚度时，转动集油管，使切口浸入水面油层之下，油进入管内，再流到池外。

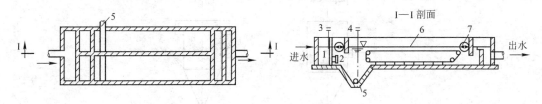

图 2-7 平流式隔油池
1—配水槽；2—进水孔；3—进水间；4—排渣阀；
5—排渣管；6—刮油刮泥机；7—集油管

刮油、刮泥机由钢丝绳或链条牵引，移动速度不大于2m/min。刮集到池前部污泥斗中的沉渣通过排泥管适时排出。排泥管直径不小于200mm，管端可接压力水管进行冲洗。池底应有坡向污泥斗的0.01～0.02的坡度，污泥斗倾角为45°。隔油池宜设由非燃料材料制成的盖板，以防火、防雨和保温。在寒冷地区集油管及油层内宜设加热设施。隔油池每个格间的宽度，由于刮泥刮油机跨度规格的限制，一般为2.0m、2.5m、3.0m、4.5m和6m。采用人工清除浮油时，每个格间的宽度不宜超过6.0m。

这种隔油池的优点是构造简单，便于运行管理，除油效果稳定。缺点是池体大，占地多。根据国内外的运行资料，这种隔油池，可能去除的最小油珠粒径一般为100～150μm，此时油珠的最大上浮速度不高于0.9mm/s。

2. 斜板隔油池

斜板隔油池构造如图2-8所示。这种隔油池采用波纹形斜板，板间距宜采用40mm，倾角不应小于45°。废水沿板面向下流动，从出水堰排出。水中油珠沿板的下表面向上流动，然后经集油管收集排出。水中悬浮物沉降到斜板上表面，滑下落入池底部经排泥管排出。实践表明，这种隔油池油水分离效率高，可除去粒径不小于80μm的油珠，表面水力负荷宜为0.6～0.8m³/(m²·h)，停留时间短，一般不大于30min，占地面积小。目前我国的一些新建含油废水处理站多采用这种形式的隔油池，斜板材料应耐腐蚀、不沾油和光洁度好，一般由聚酯玻璃钢制成。池内应设清洗斜板的设施。

3. 小型隔油池

用于处理小水量的含油废水有多种池型，图2-9和图2-10所示为常见的两种。前者用于公共食堂、汽车库及其他含有少量油脂的废水处理。这种形式已有标准图（S217-8-6）。池内水流流速一般为0.002～0.01m/s，食用油废水一般不大于0.005m/s，停留时间为0.5～1.0min。废油和沉淀物定期人工清除。后者用于处理含汽油、柴油、煤油等废水。废水经隔油后，再经焦炭过器进一步除油。池内设有浮子撇油器排除废油，浮子撇油器如图2-11所示。池内水平流速0.002～0.01m/s，停留时间为2～10min，排油周期一般为5～10d。

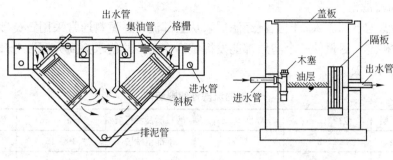

图 2-8 斜板隔油池构造图 　　　图 2-9 小型隔油池（一）

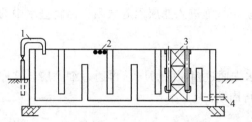

图 2-10 小型隔油池（二）
1—进水管；2—浮子撇油器；3—焦炭过滤器；
4—排水管

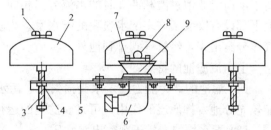

图 2-11 浮子撇油器
1—调整装置；2—浮子；3—调节螺栓；4—管座；
5—浮子臂；6—排油管；7—盖；8—柄；9—吸油口

2.4　过　　滤

过滤是利用过滤材料分离废水中杂质的一种技术。废水处理中过滤的目的是去除废水中的微细悬浮物质，一般作为保护设备，常用于活性炭吸附或离子交换设备之前。根据过滤材料不同，过滤可分为颗粒材料过滤和多孔材料过滤两大类。

2.4.1　颗粒材料过滤

在废水处理中，颗粒材料过滤主要用于经混凝或生物处理后低浓度悬浮物的去除。由于废水的水质复杂，悬浮物浓度高、黏度大、易堵塞，选择滤料时应注意以下几点：

（1）滤料粒径应大些。采用石英砂为滤料时，砂粒直径可取为 0.5～2.0mm，相应的滤池冲洗强度亦大，可达 18～20L/（m² · s）。

（2）滤料耐腐蚀性应强些。滤料耐腐蚀的尺度，可用浓度为 1% 的 Na_2SO_4 水溶液，将恒重后滤料浸泡 28d，重量减少值以不大于 1% 为宜。

（3）滤料的机械强度好，成本低。

滤料可采用石英砂、无烟煤、陶粒、大理石、白云石、石榴石、磁铁矿石等颗粒材料及近年来开发的纤维球、聚氯乙烯或聚丙烯球等。

由于废水悬浮物浓度高，为了延长过滤周期，提高滤池的截污量，可采用上向流、粗滤料、双层和三层多层滤料滤池；为了延长过滤周期，适应滤池频繁冲洗的要求，可采用连续流过滤滤池和脉冲过滤滤池；对含悬浮物浓度低的废水可采用给水处理中常用的压力滤池、移动冲洗钟罩池、无（单）阀滤池等。

1. 上向流滤池

废水自滤池下部流入，向上流经滤层，从上部流出。滤料通常采用石英砂，其粒径根据进水水质确定，尽量使整个滤层都能发挥截污作用，并使水头损失缓慢上升。废水处理上滤料级配列于表 2-1。

上向流滤池滤料级配   表 2-1

滤料层及承托层	粒径（mm）	厚度（mm）	滤料层及承托层	粒径（mm）	厚度（mm）
上部细砂层	1～2	1500	下部粗砂层	10～16	250
中部砂层	2～3	300	承托层	30～40	100

由于上向流滤池过滤和冲洗时的水流方向相同，要求不同流量时能均匀布水。为此，在滤池下部设有安装了许多配水喷嘴的配水室。为防止气泡进入滤层引起气阻，需将进水中的气体分离出来，经排气阀排到池外。

上向流滤池的特点：

（1）滤池的截污能力强，水头损失小。污水先通过粗粒的滤层，再通过细滤层，这样能较充分地发挥滤层的作用，可延长滤池的运行周期。

（2）配水均匀、易于观察出水水质。

（3）污物被截留在滤池下部，滤料不易冲洗干净。

2. 压力滤池

压力滤池有立式和卧式两类。立式压力滤池，因横断面面积受限制，多为小型的过滤设备。规模较大的废水处理厂宜采用卧式压力滤池，如国外污水三级处理中采用直径为 3m，长 11.5m 的卧式压力滤池。压力滤池的特点如下：

（1）由于废水中悬浮物浓度较高，过滤时水头损失增加较快，所以滤池的允许水头损失也较高，重力式滤池允许水头损失一般为 2m，而压力滤池可达 6～7m。

（2）在废水深度处理中，过滤常作为活性炭吸附或臭氧氧化法的预处理，压力滤池的出水水头能满足后处理的要求，不必再次提升。

（3）压力滤池是密闭式的，可防止有害气体从废水中逸出。

（4）压力滤池采用多个并联时，各滤池的出水管可连接起来，当其中一个滤池进行反冲洗时，冲洗水可由其他几个滤池的出水供给，这样可省去反冲洗水罐和水泵。

压力滤池滤层的组成：采用下向流时，多采用无烟煤和石英砂双层滤料。日本为去除二级出水中的悬浮物，无烟煤有效粒径采用 1.6～2.0mm，无烟煤的有效粒径为石英砂的 2.7 倍以下，无烟煤和砂组成的滤层厚度为 600～1000mm，砂层厚度为无烟煤厚度的 60% 以下，最大滤速为 12.5m/h。为加强冲洗，采用表面水冲洗和空气混合冲洗方法。

3. 新型滤料滤池

近年来，国内外都在研究采用塑料或纤维球等轻质材料作为滤料的滤池，这种滤池具有滤速高、水头损失小、过滤周期长、冲洗水耗量低等优点。

（1）塑料、石英砂双层滤料滤池。上层采用圆柱形塑料滤料，直径为 3mm，滤层高 1000mm，下层为石英砂滤料，粒径为 0.6mm，层高 500mm，支撑层高 350mm，滤速为 30m/h。因塑料比无烟煤粒径大，而且均匀、空隙率大，所以，悬浮物截留量大。又因塑料的密度小，反冲时采用同样的反冲强度，塑料的膨胀率大、清洗效果好，可缩短反洗时间，节省冲洗水量。另外塑料的磨损率也小。

（2）纤维球滤料滤池。采用耐酸、耐碱、耐磨的合成纤维球作滤料，用直径为 $20\sim50\mu m$ 的纤维丝制成直径为 $10\sim30\mu m$ 的纤维球。纤维可用聚酯等合成纤维。滤速为 $30\sim70m/h$，生物处理后出水经过滤处理后，悬浮物浓度由 $14\sim28mg/L$ 降到 $2mg/L$。采用空气搅动，冲洗水量只占 $1\%\sim2\%$。

4. 聚结过滤池

聚结过滤法又称为粗粒化法，用于含油废水处理。含油废水通过装有粗粒化滤料的滤池，使废水中的微小油珠聚结成大颗粒，然后进行油水分离。本法用于处理含油废水中的分散油和乳化油。粗粒化滤料具有亲油疏水性质。当含油废水通过时，微小油珠便附聚在其表面形成油膜，达到一定的厚度后，在浮力和水流剪力的作用下，脱离滤料表面，形成颗粒大的油珠浮升到水面。粗粒化滤料有无机和有机两类，如无烟煤、石英砂、陶粒、蛇纹石及聚丙烯塑料等。外形有粒状、纤维状、管状等。

2.4.2 多孔材料过滤

1. 筛网及捞毛机

毛纺、化纤、造纸等工业废水中含有大量的长约 $1\sim200mm$ 的纤维类杂物。这种呈悬浮状的细纤维，不能通过格栅去除。如不清除，则可能堵塞排水管道和缠绕水泵叶轮，破坏水泵的正常工作。这类悬浮物可用筛网或捞毛机去除。筛网或捞毛机可有效去除和回收废水中的羊毛、化学纤维、造纸废水中的纸浆等纤维杂质。它具有简单、高效、不加化学药剂、运行费低、占地面积小及维修方便等优点。

（1）筛网

通常用金属丝或化学纤维编制而成。其形式有转鼓式、转盘式、振动式、回转帘带式和固定式倾斜筛等。筛孔尺寸可根据需要来设置，一般为 $0.15\sim1.0mm$。

1）水力回转筛网。它由锥筒回转筛和固定筛组成。锥筒回转筛呈截头圆锥形，中心轴水平。废水从圆锥体的小端流入，在从小端流到大端的过程中，纤维状杂物被筛网截留，废水从筛孔流入集水装置。被截留的杂物沿筛网的斜面落到固定筛上，进一步脱水。旋转筛网的小端用不透水的材料制成，内壁有固定的导水叶片，当进水射向导水叶片时，便推动锥筒旋转。一般进水管应有一定的压力，压力大小与筛网大小和废水水质有关。

2）固定式倾斜筛。筛网用 $20\sim40$ 目尼龙丝网或铜丝网张紧在金属框架上，以 $69°\sim75°$ 的斜角架在支架上。一般用它回收白水中的纸浆。制纸白水经沉砂池除去沉砂后，由配水槽经溢流堰均匀地沿筛面流下，纸浆纤维被截留并沿筛面落入集浆槽后回收利用。废水穿过筛孔到集水槽后，进一步处理。筛面用人工或机械定期清洗。

3）振动式筛网。废水由渠道流入倾斜的筛网上，利用机械振动，将截留在筛网上的纤维杂质卸下，送到固定筛，进一步进行脱水，废水流入下部的集水槽中。

4）电动回转筛网。筛孔一般为 $170\mu m$（约 80 目）到 5mm。网眼小，截留悬浮物多，但易堵塞，需增加清洗次数。国外采用电动回转筛对二级出水进一步处理后，回用作废水处理厂曝气池的消泡水。采用孔眼为 $500\mu m$（30 目左右）的网。回转筛网一般接在水泵的压水管上，利用泵的压力进行过滤。孔眼堵塞时，利用水泵供水进行反冲洗，筛网的反冲洗压力在 $0.15MPa$ 以上。

（2）捞毛机

目前国内使用的捞毛机有圆筒形和链板框式两种。圆筒形捞毛机安装在废水渠道的出口处。含有纤维杂质的废水进入筛网后，纤维被截留在筛网上。筛网旋转时，被截留的纤维杂质转到筛网顶部，在这里安装一排压力喷水口，纤维杂质被从喷水口流出的冲洗水冲洗后，送到安装在筒形筛网中心的输送皮带上，最后落入小车或地上，再由人工送出。目前常用的一种筛网圆筒直径为2200mm，筛网宽度为800mm，孔眼为9.5目/cm，筛网转速为2.5r/min。圆筒形捞毛机适用于进水渠水深不大于的情况。如水深增加，则筒径增大，耗能增大。

2. 微滤机

微滤机是一个绕水平轴旋转的转鼓，其表面张有不锈钢筛网。废水从转鼓的敞口端进入，通过筛网进行过滤。被截留下来的固体留在筛网的内表面。固体随转鼓的旋转被带至转鼓内顶部并被冲掉。冲洗水用泵加压送到转鼓顶部经一排喷嘴喷出。转鼓水头损失小于0.3～0.46m。反冲洗水量占总滤出水量46%。转鼓边缘的线速度可高达30.5m/min，其相应的水力负荷为0.1～0.4m³/（m²·min）。转鼓应定期清洗，以控制粘结，避免筛网堵塞。

3 特种废水的化学处理

3.1 中 和

3.1.1 概述

含酸含碱废水来源很广，化工厂、化纤厂、电镀厂、炼油厂以及金属酸洗车间等都排出酸性废水。有的废水含有硫酸、盐酸等无机酸；有的则含有蚁酸、醋酸等有机酸；有的则兼而有之。废水含酸浓度差别很大，从小于1％到10％以上。造纸厂、印染厂、金属加工厂等排出碱性废水，大多数情况下为无机碱，也有些废水含有机碱。废水中除含酸或碱外，还可能含有酸式盐、碱式盐，以及其他的无机物、有机物等。将酸和碱随意排放会对环境造成污染和破坏，而且也是一种资源的浪费。因此，对酸、碱废水首先应考虑回收和综合利用。当酸、碱废水的浓度较高时，例如达3％～5％以上，往往存在回用和综合利用的可能性。当浓度不高（例如小于3％），回收或综合利用经济意义不大时，才考虑中和处理。

酸性废水的中和方法可分为酸性废水与碱性废水互相中和、药剂中和及过滤中和3种方法。碱性废水的中和方法可分为碱性废水与酸性废水互相中和、药剂中和等。

选择中和方法时应考虑下列因素：

（1）含酸或含碱废水所含酸类或碱类的性质、浓度、水量及其变化规律；

（2）首先应寻找能就地取材的酸性或碱性废料，并尽可能加以利用；

（3）本地区中和药剂和滤料（如石灰石、白云石等）的供应情况；

（4）接纳废水水体性质、城市下水道能容纳废水的条件，后续处理（如生物处理）对pH的要求等。

3.1.2 酸碱废水互相中和法

1. 酸性或碱性废水需要量

利用酸性废水和碱性废水互相中和时，应进行中和能力的计算。中和时两种废水的酸和碱的当量数应相等，即按当量定律来计算，公式如下：

$$Q_1 C_1 = Q_2 C_2 \tag{3-1}$$

式中 Q_1——酸性废水流量，L/h；

C_1——酸性废水酸的当量浓度，mol/L；

Q_2——碱性废水流量，L/h；

C_2——碱性废水碱的当量浓度，mol/L。

在中和过程中，酸碱双方的当量恰好相等时称为中和反应的等当点。强酸与强碱互相中和时，由于生成的强酸、强碱盐不发生水解，因此等当点即中性点，溶液的pH等于7.0。但中和的一方若为弱酸或弱碱时，由于中和过程中所生成的盐的水解，尽管达到等当点，但溶液并非中性，pH大小取决于所生成盐的水解度。

2. 中和设备

中和设备可根据酸碱废水排放规律及水质变化来确定。

(1) 当水质水量变化较小或后续处理对 pH 要求较宽时，可在集水井（或管道、混合槽）内进行连续混合反应。

(2) 当水质水量变化不大或后续处理对 pH 要求高时，可设连续流中和池。中和时间 t 视水质水量变化情况而定，一般采用 1～2h。

(3) 当水质水量变化较大，且水量较小时，连续流无法保证出水 pH 要求，或出水中还含有其他杂质或重金属离子时，多采用间歇式中和池。池有效容积可按污水排放周期（如一班或一昼夜）中的废水量计算。中和池至少两座（格）交替使用。在间歇式中和池内完成混合、反应、沉淀、排泥等工序。

3.1.3 药剂中和法

1. 酸性废水的药剂中和处理

投药中和是应用广泛的一种中和方法。最常采用的碱性药剂是石灰，它能够处理任何浓度的酸性废水。最常采用的方法是石灰乳法，即将石灰消解成石灰乳后投加，其主要成分是 $Ca(OH)_2$。$Ca(OH)_2$ 对废水中的杂质具有凝聚作用，适用于含杂质多的酸性废水。有时采用氢氧化钠、碳酸钠、石灰石或白云石等。此外，作为综合利用，还有碱性废渣、废液，如电石渣液、废碱液等。

投药中和法的工艺流程主要包括：中和药剂的制备与投配、混合与反应、中和产物的分离、泥渣的处理与利用。酸性废水投药中和流程如图 3-1 所示。

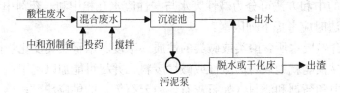

图 3-1　酸性废水投药中和流程图

投加石灰有干投法和湿投法两种方式。

投药中和法可采用间歇处理方式，亦可采用连续处理方式。通常，水量少时（例如每小时几立方米到十几立方米）采用间歇式处理；水量再大时，采用连续式处理。此时，欲获得稳定可靠的中和效果，应采用多级式 pH 自动控制系统。

中和过程中形成的各种泥渣（如石膏、铁矾等）应及时分离，以防止堵塞管道。分离设备可采用沉淀池或浮上池。分离出来的沉淀（或浮渣）还需进一步浓缩、脱水。

投药中和法的优点是可处理任何浓度、任何性质的酸性废水；废水中允许有较多的悬浮杂质，对水质、水量的波动适应性强；并且中和剂利用率高；中和过程易调节。其缺点是劳动条件差，药剂配制及投加设备较多，基建投资大，泥渣多且脱水难。

投药中和酸性废水时，投药量 G_b（kg/h）可按下式计算：

$$G_b = G_a \frac{\alpha k}{a} \times 100 \qquad (3-2)$$

式中　G_a——废水中的酸含量，kg/h；

α——中和剂比耗量，见表 3-1；

a——中和剂纯度，%，一般生石灰含 CaO 60%～80%，熟石灰含 $Ca(OH)_2$ 65%～75%，电石渣 CaO 60%～70%，石灰石 $CaCO_3$ 90%～95%，白云石含 $CaCO_3$ 40%～50%；

k——反应不均系数，一般取 1.1～1.2；石灰乳中和硫酸时取 1.1，中和盐酸或硝酸时可取 1.05。

碱性中和剂的比耗量　　　　　　　　　　　　　　　　　表 3-1

酸	中和 1kg 酸所需的量（kg）				
	CaO	Ca（OH）₂	CaCO₃	MgCO₃	CaCO₃·MgCO₃
H_2SO_4	0.571	0.755	1.020	0.860	0.940
HNO_3	0.455	0.590	0.795	0.688	0.732
HCl	0.770	1.010	1.370	1.150	1.290
CH_3COOH	0.466	0.616	0.830	0.695	—

投药中和沉渣量 ω（kg/h）可按下式计算：

$$\omega = G_b(B+e) + Q(s-c-d) \tag{3-3}$$

式中　G_b——投药量，kg/h；

　　　Q——废水量，m³/h；

　　　B——消耗单位药剂所产生的盐量，见表 3-2；

　　　e——单位药剂中杂质含量；

　　　s——原废水中悬浮物含量，kg/m³；

　　　c——中和后废水中溶解盐量，kg/m³；

　　　d——中和后出水悬浮物含量，kg/m³。

化学药剂中和产生的盐量　　　　　　　　　　　　　　　表 3-2

酸	药剂	中和单位酸量所产生的盐量 B
H_2SO_4	Ca(OH)₂ CaCO₃ NaOH	CaSO₄ 1.39 CaSO₄ 1.39，CO₂ 0.45 Na₂SO₄ 1.45
HNO_3	Ca(OH)₂ CaCO₃ NaOH	CaSO₄ 1.30 Ca(NO₃)₂ 1.30，CO₂ 0.35 NaNO₃ 1.45
HCl	Ca(OH)₂ CaCO₃ NaOH	CaSO₄ 1.53 CaCl₂ 1.53，CO₂ 0.61 NaCl 1.61

2. 碱性废水的投药中和

投酸中和主要是采用工业硫酸，因为硫酸价格较低。使用盐酸的最大优点是反应产物的溶解度大，泥渣量少，但出水溶解固体浓度高。无机酸中和碱性废水的工艺过程与设备和投药中和酸性废水时的基本相同。酸性中和剂的比耗量见表 3-3。

碱	中和 1kg 碱所需酸的比耗量（kg）					
	H_2SO_4		HCl		HNO_3	
	100%	98%	100%	36%	100%	65%
NaOH	1.22	1.24	0.91	2.53	1.37	2.42
KOH	0.88	0.90	0.65	1.8	1.13	1.74
$Ca(OH)_2$	1.32	1.34	0.99	2.74	1.70	2.62
NH_3	2.88	2.93	2.12	5.9	3.71	5.7

3.1.4 过滤中和法

过滤中和法仅用于酸性废水的中和处理。酸性废水流过碱性滤料时与滤料进行中和反应的方法称为过滤中和法。碱性滤料主要有石灰石、大理石、白云石等。中和滤池分 3 类：普通中和滤池、升流式膨胀中和滤池和滚筒中和滤池。

1. 普通中和滤池

(1) 适用范围

过滤中和法较石灰药剂法具有操作方便、运行费用低及劳动条件好等优点。但不适于中和浓度高的酸性废水。对硫酸废水，因中和过程中生成的硫酸钙在水中溶解度很小，易在滤料表面形成覆盖层，阻碍滤料和酸的接触反应。因此，极限浓度应根据试验确定，如无试验资料时，用石白云时为 2g/L，白云石为 5g/L。对硝酸及盐酸废水，因浓度过高，滤料消耗快，给处理造成一定的困难，因此极限浓度可采用 20g/L。另外，废水中铁盐、泥砂及惰性物质的含量亦不能过高，否则会使滤池堵塞。中和酸性废水常用的滤料有石灰石、白云石及白垩等。

采用石灰石作滤料时，其中和反应方程式如下：

$$2HCl + CaCO_3 = CaCl_2 + H_2O + CO_2$$
$$2NHO_3 + CaCO_3 = Ca(NO_3)_2 + H_2O + CO_2$$
$$H_2SO_4 + CaCO_3 = CaSO_4 + H_2O + CO_2$$

为避免在滤料表面形成硫酸钙覆盖层，当硫酸的浓度在 $2\sim5g/L$ 范围内时，可用白云石作滤料，因中和时产生的硫酸镁易溶于水，反应速度较石灰石慢，反应式为：

$$2H_2SO_4 + CaCO_3 \cdot MgCO_3 = CaSO_4 + MgSO_4 + 2H_2O + 2CO_2 \uparrow$$

(2) 普通中和滤池的形式

普通中和滤池为固定床。滤池按水流方向分为平流式和竖流式两种，目前多用竖流式。竖流式又可分为升流式和降流式两种，见图 3-2。

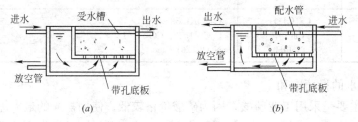

图 3-2 普通中和滤池
(a) 升流式；(b) 降流式

普通中和滤池的滤料粒径不宜过大，一般为 30~50mm，不得混有粉料杂质。当废水含有可能堵塞滤料的杂质时，应进行预处理。过滤速度一般为 1~1.5m/h，不大于 5m/h，接触时间不少于 10min，滤床厚度一般为 1~1.5m。

2. 升流式膨胀中和滤池

废水从升流式膨胀中和滤池的底部进入，从池顶流出，使滤料处于膨胀状态。升流式膨胀中和滤池又可分为恒滤速和变滤速两种。恒滤速升流式膨胀中和滤池进水装置可采用大阻力或小阻力布水系统。采用大阻力穿孔管布水系统时，滤池底部装有栅状配管，干管上部和支管下部开有孔眼，孔径为 9~12mm，孔距和孔数可根据计算确定。卵石承托层厚度一般为 0.15~0.2m，粒径为 20~40mm。滤料粒径为 0.3~3mm，滤层高度应根据酸性废水浓度、滤料粒径、中和反应时间等条件确定。新的或全部更新后的滤料层高度一般为 1.0~1.2m。当滤料层高度因惰性物质的积累达到 2.0m 时，应更新全部滤料（运行初期采用 1m，最终换料时一般不小于 2m）。中和滤池的高度一般为 3~3.5m。为使滤料处于膨胀状态并互相摩擦，不结垢，垢屑随水流出，避免滤床堵塞，流速一般为 60~80m/h，膨胀率保持在 50% 左右。中和滤池至少有一池备用，以供倒床换料。膨胀中和滤池一般每班加料 2~4 次。当出水的 pH≤4.2 时，需倒床换料。滤料量大时，加料和倒床需考虑机械化，以减轻劳动强度。

变速膨胀中和滤池下部横截面积小，上部大。下部滤速为 130~150m/h，上部滤速为 40~60m/h，使滤层全部都能膨胀，上部出水可少带料，克服了恒速膨胀滤池下部膨胀不起来，上部带出小颗粒滤料的缺点。滤池出水中的 CO_2 用除气塔除去。

过滤中和法的优点是操作简单，出水 pH 比较稳定，沉渣量少（与石灰法比较）；缺点是废水的硫酸浓度不能太高，需定期倒床，劳动强度较高。

3.2 化 学 沉 淀

3.2.1 概述

化学沉淀法是指向废水中投加某些化学药剂（沉淀剂），使之与废水中溶解态的污染物直接发生化学反应，形成难溶的固体生成物，然后进行固液分离，从而去除水中污染物的一种处理方法。

化学沉淀法的工艺通常包括：（1）投加化学药剂，与水中污染物反应，生成难溶的沉淀物而析出；（2）通过凝聚、沉降、浮上、过滤、离心等方法进行固液分离；（3）泥渣的处理和回收利用。

化学沉淀是难溶电解质的沉淀析出过程，其溶解度大小与溶质本性、温度、盐效应、沉淀颗粒的大小及晶型等有关。在废水处理中，根据沉淀-溶解平衡移动的一般原理，可利用过量投药、防止络合、沉淀转化、分步沉淀等，提高处理效率，回收有用物质。

根据沉淀剂的不同，化学沉淀法可分为石灰法、氢氧化物法、硫化物法、钡盐法等。

3.2.2 氢氧化物沉淀法

工业废水中的许多金属离子可以生成氢氧化物沉淀而得以去除，这种方法一般称作氢氧化物沉淀法。氢氧化物的沉淀与 pH 有很大关系。如以 $M(OH)_n$ 表示金属氢氧化物，则有：

$$M(OH)_n(固) \Longleftrightarrow M^{n+} + nOH^-$$

$$L_{M(OH)_n} = [M^{n+}][OH^-]^n \qquad (3-4)$$

同时发生水的解离：$H_2O \Longleftrightarrow H^+ + OH^-$

水的离子积为：$K_{H_2O} = [H^+][OH^-] = 1 \times 10^{-14}(25℃)$ $\qquad (3-5)$

代入式(3-4)，取对数整理后得：$\lg[M^{n+}] = 14n - npH - nL_{M(OH)_n}$ $\qquad (3-6)$

应当指出，有些金属氢氧化物沉淀（例如 Zn、Pb、Cr、Sn、Al 等）具有两性，如 pH 过高，它们会重新溶解，如：

$$Zn(OH)_2(固) \Longleftrightarrow Zn^{2+} + 2OH^- \qquad L_0 = 7.1 \times 10^{-18}$$

$$Zn(OH)_2(固) + OH^- \Longleftrightarrow Zn(OH)_3^- \qquad L_0 = 1.2 \times 10^{-8}$$

$$Zn(OH)_2(固) + 2OH^- \Longleftrightarrow Zn(OH)_4^{2-} \qquad L_0 = 2.19 \times 10^{-2}$$

当 pH 升高时，因络合阴离子的增多而使氢氧化锌的溶解度上升了。因此，采用氢氧化物沉淀法处理废水中的金属离子时，调节好 pH 是操作的重要条件，pH 过高或过低都会使处理失败。例如处理含锌废水时，投加石灰控制 pH 在 9~11 范围内，使其生成氢氧化锌沉淀。

3.2.3 硫化物沉淀法

许多金属能形成硫化物沉淀。由于大多数金属硫化物的溶解度一般比其氢氧化物的要小很多，采用硫化物可使金属得到更完全地去除。

在金属硫化物沉淀的饱和溶液中，有：

$$MS(固) \Longleftrightarrow M^{2+} + S^{2-}$$

$$[M^{2+}] = \frac{L_{MS}}{[S^{2-}]} \qquad (3-7)$$

各种金属硫化物的溶度积 L_{MS} 见表 3-4。

金属硫化物的溶度积 表 3-4

离子	电离反应	pL_{MS}	离子	电离反应	pL_{MS}
Mn^{2+}	$MnS = Mn^{2+} + S^{2-}$	16	Cd^{2+}	$CdS = Cd^{2+} + S^{2-}$	28
Fe^{2+}	$FeS = Fe^{2+} + S^{2-}$	18.8	Cu^{2+}	$CuS = Cu^{2+} + S^{2-}$	36.3
Ni^{2+}	$NiS = Ni^{2+} + S^{2-}$	21	Hg^+	$Hg_2S = 2Hg^+ + S^{2-}$	45
Zn^{2+}	$ZnS = Zn^{2+} + S^{2-}$	24	Hg^{2+}	$HgS = Hg^{2+} + S^{2-}$	52.6
Pb^{2+}	$PbS = Pb^{2+} + S^{2-}$	27.8	Ag^+	$AgS = 2Ag^+ + S^{2-}$	49

硫化物沉淀法常用的沉淀剂有硫化氢、硫化钠、硫化钾等。

以硫化氢为沉淀剂时，硫化氢在水中分两步离解：

$$H_2S \Longleftrightarrow H^+ + HS^-$$

$$HS^- \Longleftrightarrow H^+ + S^{2-}$$

离解常数分别为：

$$K_1 = \frac{[H^+][HS^-]}{[H_2S]} = 9.1 \times 10^{-8}$$

$$K_2 = \frac{[H^+][S^{2-}]}{[HS^-]} = 1.2 \times 10^{-15}$$

将以上两式相乘，得到：$\dfrac{[H^+][S^{2-}]}{[H_2S]} = 1.1 \times 10^{-22}$

$$S^{2-} = \dfrac{1.1 \times 10^{-22}[H_2S]}{[H^+]^2}$$

将上式代入式(3-7)，得：

$$[M^{2+}] = \dfrac{L_{MS}[H^+]^2}{1.1 \times 10^{-22}[H_2S]} \tag{3-8}$$

在 0.1MPa 压力和 25℃条件下，硫化氢在水中的饱和浓度约为 0.1mol(pH≤6)，把 $[H_2S] = 1 \times 10^{-1}$ 代入式(3-8)，得：

$$[M^{2+}] = \dfrac{L_{MS}[H^+]^2}{1.1 \times 10^{-23}}$$

从式（3-8）可以看出，重金属离子的浓度和 pH 有关，随着 pH 的增加而降低。

虽然硫化物法比氢氧化物法能更完全地去除重金属离子，但是由于它的处理费用较高，硫化物沉淀困难，常需要投加凝聚剂以加强去除效果。因此，采用得并不广泛，有时作为氢氧化物沉淀法的补充法。此外，在使用过程中还应注意避免造成硫化物的二次污染问题。

3.2.4 钡盐沉淀法

这种方法主要用于处理含六价铬的废水，采用的沉淀剂有碳酸钡、氯化钡、硝酸钡、氢氧化钡等。以碳酸钡为例，它与废水中的铬酸根进行反应，生成难溶盐铬酸钡沉淀：

$$BaCO_3 + CrO_4^{2-} \rightleftharpoons BaCrO_4 \downarrow + CO_3^{2-}$$

碳酸钡也是一种难溶盐，它的溶度积（$L_{BaCO_3} = 8.0 \times 10^{-9}$）比铬酸钡的溶度积（$L_{BaCrO_4} = 2.3 \times 10^{-4}$）要大。在碳酸钡的饱和溶液中，钡离子的浓度比铬酸钡饱和溶液中钡离子的浓度约大 6 倍。即对于 $BaCO_3$ 为饱和溶液的钡离子浓度对于 $BaCrO_4$ 溶液已成为过饱和了。因此向含有 CrO_4^{2-} 离子的废水中投加 $BaCO_3$，Ba^{2+} 就会和 CrO_4^{2-} 生成 $BaCrO_4$ 沉淀，从而使 $[Ba^{2+}]$ 和 $[CrO_4^{2-}]$ 下降，$BaCO_3$ 溶液未饱和，$BaCO_3$ 就会逐渐溶解，直到 CrO_4^{2-} 离子完全沉淀。这种由一种沉淀转化为另一种沉淀的过程称为沉淀的转化。

为了提高除铬效果，应投加过量的碳酸钡，反应时间应保持 25～30min。投加过量的碳酸钡会使出水中含有一定数量的残钡。在把这种水回用前，需要去除其中的残钡。残钡可用石膏法去除：

$$CaSO_4 + Ba^{2+} \rightleftharpoons BaSO_4 \downarrow + Ca^{2+}$$

3.3 氧 化 还 原

利用溶解于废水中的有毒有害物质在氧化还原反应中能被氧化或还原的性质，把它转化为无毒无害的新物质，这种方法称为氧化还原法。根据有毒有害物质在氧化还原反应中能被氧化或还原的不同，废水的氧化还原法又可分为氧化法和还原法两大类。具体处理方法见表 3-5。

分类		方法
氧化法	常温常压	空气氧化法
		氯氧化法（液氯、NaClO、漂白粉等）
		Fenton 氧化法
		臭氧氧化法
		电解（阳极）
		光氧化法
		光催化氧化法
	高温高压	湿式氧化法
		超临界氧化法
		燃烧法
还原法		药剂还原法（亚硫酸钠，硫代硫酸钠，硫酸亚铁，二氧化硫）
		电解（阴极）

3.3.1 药剂氧化还原

1. 药剂氧化法

向废水中投加氧化剂，氧化废水中的有毒有害物质，使其转变为无毒无害的或毒性小的新物质的方法称为氧化法。本节只介绍氯氧化法在含氰废水处理中的应用。

在废水处理中氯氧化法主要用于氰化物、硫化物、酚、醇、醛、油类的氧化去除及脱色、脱臭、杀菌、防腐等。常规的处理方法有硫酸亚铁石灰法、电解法、吹脱法、生化法、碱性氯化法等。其中碱性氯化法在国内外已有较成熟的经验，采用比较广。

碱性氯化法是在碱性条件下，采用次氯酸钠、漂白粉、液氯等氯系氧化剂将氰化物氧化的方法。无论采用什么氯系氧化剂，其基本原理都是利用次氯酸根的氧化作用。

漂白粉的结构式为 $Ca\begin{smallmatrix}Cl\\OCl\end{smallmatrix}$ ，在水中的反应为：

$$2CaOCl_2 + H_2O = 2HClO + Ca(OH)_2 + CaCl_2$$

氯气与水接触发生如下歧化反应：

$$Cl_2 + H_2O = HCl + HClO$$

常用的碱性氯化法有局部氧化法和完全氧化法两种工艺。前者称一级处理，后者称两级处理。

（1）局部氧化法

以电镀含氰废水为例，氰化物在碱性条件下被氯氧化成氰酸盐的过程，常称为局部氧化法，其反应如下：

$$CN^- + ClO^- + H_2O \longrightarrow CNCl + 2OH^-$$

$$CNCl + 2OH^- \longrightarrow CN^- + ClO^- + H_2O$$

上述第一个反应，pH 为任何值时，反应速度都很快；第二个反应，pH 越高，反应速度越快。

电镀含氰废水通常除游离氰外，还有重金属与氰的络离子。

破坏络离子时，如铜氰络离子，反应如下：

$$2Cu(CN)_4^{2-}+9ClO^-+2OH^-+H_2O=8CNO^-+9Cl^-+2Cu(OH)_2\downarrow$$

考虑到电镀废水中常含有其他还原物质，（如 Fe^{2+}），有机添加剂等，实际上氧化剂的用量，以 NaOCl 计为含氰量的 5～8 倍。

（2）完全氧化法

局部氧化法生成的氰酸盐虽然毒性低，仅为氰的千分之一，但 CNO^- 易水解生成 NH_3。完全氧化法是继局部氧化法后，再将生成的氰酸根 CNO^- 进一步氧化成 N_2 和 CO_2，消除氰酸盐对环境的污染。

$$2NaCNO+3HOCl+H_2O=2CO_2+N_2+2NaCl+HCl+H_2O$$

如果经局部氧化后有残余的氯化氰，也能被进一步氧化：

$$2CNCl+2HOCl+2H_2O=2CO_2+N_2+5HCl$$

完全氧化工艺的关键在于控制反应的 pH。pH 大于 12，则反应停止，pH 也不能太低，否则氰酸根会水解生成氨并与次氯酸生成有毒的氯胺。

氧化剂的用量一般为局部氧化法的 1.1～1.2 倍。完全氧化法处理含氰酸水必须在局部氧化法的基础上才能进行，药剂应分两次投加，以保证有效地破坏氰酸盐。适当的搅拌可加速反应的进行。

2. 药剂还原法

向废水中投加还原剂，使废水中的有毒有害物质转变为无毒的或毒性小的新物质的方法称为还原法。本节以含铬废水为例介绍药剂还原法在废水处理中的应用。

（1）基本原理

含六价铬废水的药剂还原法的基本原理是在酸性条件下，利用化学还原剂将六价铬还原成三价铬，然后用碱使三价铬成为氢氧化铬沉淀而去除。

电镀废水中的六价铬主要以铬酸根 CrO_4^{2-} 和重铬酸根 CrO_7^{2-} 两种形式存在。在酸性条件下，六价铬主要以 $Cr_2O_7^{2-}$ 的形式存在，在碱性条件下，则主要以 CrO_4^{2-} 的形式存在。电镀含铬漂洗废水 Cr^{6+} 的浓度一般为 20～100mg/L，废水的 pH 一般在 5 以上。

常用的还原剂有：亚硫酸钠、亚硫酸氢钠、焦亚硫酸钠、硫代硫酸钠、硫酸亚铁、二氧化硫、水合肼、铁屑、铁粉等。

（2）亚硫酸盐还原法

目前常用亚硫酸钠和亚硫酸氢钠为还原剂，也有用焦亚硫酸钠的。

六价铬与亚硫酸氢钠的反应为：

$$2H_2Cr_2O_7+6NaHSO_3+3H_2SO_4=2Cr_2(SO_4)_3+3Na_2SO_4+8H_2O$$

六价铬与亚硫酸钠的反应为：

$$H_2Cr_2O_7+3Na_2SO_3+3H_2SO_4=Cr_2(SO_4)_3+3Na_2SO_4+4H_2O$$

还原后的 Cr^{3+}，以 $Cr(OH)_3$ 沉淀的最佳 pH 为 7～9。所以铬被还原后，废水应进行中和，常用的中和剂有 NaOH、石灰，反应如下：

$$Cr_2(SO_4)_3+6NaOH=2Cr(OH)_3\downarrow+3Na_2SO_4$$

采用 NaOH 中和生成的 $Cr(OH)_3$ 纯度较高，可以综合利用。也可用石灰进行中和沉淀，费用较低，但操作不便，增加化石灰工序，反应速度慢，生成的污泥量大，且难于综合利用。

3.3.2 臭氧氧化

1. 臭氧的特性

臭氧 O_3 是氧的同素异构体,在常温常压下是一种具有色腥味的淡紫色气体。沸点为 $-112.5℃$;密度为 $2.144kg/m^3$,是氧气密度的 1.5 倍。此外,臭氧还具有以下一些重要性质。

(1) 不稳定性 臭氧不稳定,在常温下容易自行分解成为氧气并放出热量。

$$2O_3 = 3O_2 + \Delta H, \qquad \Delta H = 284kJ/mol$$

MnO_2、PbO_2、Pt、C 等催化剂的存在或经紫外辐射都会促使臭氧分解。臭氧在空气中的分解速度与臭氧浓度和温度有关。温度越高,分解越快;浓度越高,分解也越快。

臭氧在水溶液中的分解速度比在气相中的分解速度快得多,而且强烈地受羟离子的催化。pH 越高,分解越快。

(2) 溶解性 臭氧在水中的溶解度要比纯氧高 10 倍,比空气高 25 倍。溶解度主要取决于温度和气相分压,也受气相总压影响。在常压下,20℃时的臭氧在水中的浓度和在气相中的平衡浓度之比为 0.285。

(3) 毒性 高浓度臭氧是有毒气体,对眼及呼吸器官有强烈的刺激作用。当臭氧浓度达到 $1 \sim 10mg/L$ 时,可引起头痛、恶心等症状。

(4) 氧化性 臭氧是一种强氧化剂,其氧化还原电位与 pH 有关。在酸性溶液中,氧化还原电位为 2.07V,氧化性仅次于氟;在碱性溶液中,氧化还原电位为 24V,氧化能力略低于氯(氧化还原电位为 1.36V)。

(5) 腐蚀性 臭氧具有强腐蚀性,因此与之接触的容器、管路等均应采用耐腐蚀材料或作防腐处理。

2. 臭氧接触反应设备

由于臭氧不稳定,因此通常在现场随制随用。以空气为原料制取臭氧,由于原料来源方便,所以采用比较普遍。臭氧处理工艺有两种流程:(1) 以空气或富氧空气为原料气的开路系统;(2) 以纯氧或富氧空气为原料气的闭路系统。开路系统的特点是将用过的废气排放掉;闭路系统与之相反,废气又返回到臭氧制取设备,这样可以提高原料气的含氧率,降低生产成本。存在的问题是废气循环回用过程中,氮含量将越来越高。为此,可采用压力转换氮分离器来降低含氮量。分离器内装分子筛,高压时吸附氮气,低压时又释放氮气。分离器设两个,一个吸附用,另一个解吸再生,两个交替工作。

影响臭氧氧化法处理效果的主要因素除污染物的性质、浓度、臭氧投加量、溶液pH、温度、反应时间外,气态药剂 O_3 的投加方式亦很重要。O_3 的投加通常在混合反应器中进行。混合反应器(接触器)的作用有两个:(1) 促进气、水扩散混合;(2) 使气、水充分接触,迅速反应。设计混合反应器时要考虑臭氧分子在水中的扩散速度和与污染物的反应速度。当扩散速度较大,而反应速度为整个臭氧化过程的速度控制步骤时,混合接触器的结构形式应有利于反应的充分进行。属于这一类的污染物有烷基苯磺酸钠、焦油、COD、BOD、污泥、氨氮等,反应器可采用微孔扩散板式鼓泡塔。当反应速度较大、扩散速度为整个臭氧化过程的速度控制步骤时,结构形式应有利于臭氧的加速扩散。属于这一类的污染物有铁(Ⅱ)、锰(Ⅱ)、氰、酚、亲水性染料、细菌等,此时,可采用喷射器作为反应器。

3. 臭氧氧化法的优缺点

（1）优点

1）氧化能力强，对除臭、脱色、杀菌、去除有机物和无机物都有显著的效果，因此臭氧氧化法常用于处理印染废水和含氰、含酚废水；

2）处理后废水中的臭氧易分解，不产生二次污染；

3）制备臭氧用的空气和电不必贮存和运输，操作管理也较方便；

4）处理过程中一般不产生污泥。

（2）缺点

1）造价高；

2）处理成本高。

3.3.3　电化学

1. 电解

电解质溶液在电流的作用下发生电化学反应的过程称为电解。与电源负极相连的电极从电源接受电子，称为电解槽的阴极，与电源正极相连的电极把电子转给电源，称为电解槽的阳极。在电解过程中，阴极放出电子，使废水中某些阳离子因得到电子而被还原，阴极起还原剂的作用；阳极得到电子，使废水中某些阴离子因失去电子而被氧化，阳极起氧化剂的作用。进行电解反应时，废水中的有毒物质在阳极和阴极分别进行氧化还原反应，结果产生新物质。这些新物质在电解过程中或沉积于电极表面或沉淀下来或生成气体从水中逸出，从而降低了废水中有毒物质的浓度。像这样利用电解的原理来处理废水中有毒物质的方法称为电解法。

（1）法拉第电解定律

电解过程的耗电量可用法拉第电解定律计算。实验表明，电解时在电极上析出的或溶解的物质质量与通过的电量成正比，并且每通过 96487C 的电量，在电极上发生任一电极反应而变化的物质质量均为 1mol，这一定律称为法拉第电解定律，可用下式表示：

$$G = \frac{1}{F}EQ \quad 或 \quad G = \frac{1}{F}EIt \tag{3-9}$$

式中　G——析出的或溶解的物质质量，g；

　　　E——物质的化学当量，g/mol；

　　　Q——通过的电量，C；

　　　I——电流强度，A；

　　　t——电解时间，s；

　　　F——法拉第常数，$F = 96487C/mol$。

在实际电解过程中，由于发生某些副反应，所以实际消耗的电量往往比理论值大得多。

（2）分解电压

电解过程中所需要的最小外加电压与很多因素有关，通常通过逐渐增加两极的外加电压来研究电流的变化。当外加电压很小时，几乎没有电流通过。电压继续增加，电流略有增加。当电压增到某一数值时，电流随电压的增加几乎呈直线关系急剧上升。这时在两极上才明显地有物质析出。能使电解正常进行时所需的最小外加电压称为分解电压。

产生分解电压的原因主要因为电解槽本身就是某种原电池。由原电池产生的电动势同外加电压的方向正好相反，称为反电动势。那么是否外加电压超过反电动势就开始电解呢？实际上分解电压常大于原电池的电动势。这种分解电压超过原电池电动势的现象称为极化现象。电极的极化作用主要有：

1）浓差极化

由于电解时离子的扩散运动不能立即完成，靠近电极表面溶液薄层内的离子浓度与溶液内部的离子浓度不同，结果产生一种浓差电池，其电位差也同外加电压方向相反。这种现象称为浓差极化。浓差极化可以采用加强搅拌的方法使之减少。但由于存在电极表面扩散层，不可能完全把它消除。

2）化学极化

由于在进行电解时两极析出的产物构成了原电池，此电池电位差也和此外加电压方向相反，这种现象称为化学极化。

另外，当通电进行电解时，因电解液中离子运动受到一定的阻碍，所以需一定的外加电压加以克服。其值为 IR，I 为通过的电流，R 为电解液的电阻。

实际上，分解电压还与电极的性质、废水性质、电流密度（单位电极面积上流过的电流，A/cm^2）及温度等因素有关。

2. 内电解

内电解技术又称微电解法、铁炭法、腐蚀电池法、铁屑过滤法、零价铁法。其应用的原理因废水性质的差异而有所不同，但一般说来，可以概括为反应器填料中低电位的 Fe 与高电位的 C 在具有一定导电性的废水充当电解液的条件下产生电位差，形成无数的微小原电池，发生电极反应同时又引发了一系列连带协同作用（絮凝、吸附、架桥、卷扫、共沉、电沉积、电化学还原等多种综合效应），从而使废水得到处理。具体来说，微电解的主要作用机理有以下几点：

（1）电化学反应

铁屑尤其铸铁屑，是铁碳合金，当铸铁屑与电解质溶液接触时，碳的电位高为阴极，铁的电位低为阳极，形成原电池。当体系中有活性炭等宏观阴极材料时，又可组成宏观电池，其基本电极反应如下：

阳极反应：$Fe-2e=Fe^{2+}$ $E_0(Fe^{2+}/Fe)=-0.44V$

阴极反应：$2H^+ + 2e \longrightarrow 2[H] \longrightarrow H_2$

O_2 存在时：$O_2 + 4H^+ + 4e = 2H_2O$（酸性溶液） $E_0(H^+/H_2)=0V$

              $O_2 + 2H_2O + 4e = 4OH^-$（中性或碱性溶液）$E_0(O_2/OH^-)=0.40V$

（2）氧化还原反应

铁是活泼金属，在偏酸性水溶液中能够发生反应：$Fe + 2H^+ = Fe^{2+} + H_2$，当水中存在氧化剂时，$Fe^{2+}$ 可被氧化为 Fe^{3+}。

废水中氧化性较强的化合物可被铁还原，如偶氮化合物（—N＝N—）可被零价铁还原成氨基。电解产生的新生态 [H] 和 Fe^{2+} 具有较强的还原能力，可与废水中许多无机和有机化合物发生氧化还原反应。

铁反应产生的 H_2 可以通过催化加氢达到降解有机物的目的，该反应主要发生在铁的表面，而且需要有合适的催化剂，但是铁表面、铁中的杂质及系统中的其他固相都可提供这种催化剂。

（3）电泳作用

在微原电池周围电场的作用下，废水中的胶体粒子、细小污染物和极性分子可在较短的时间内完成电泳沉积过程，即带电胶粒向带有相反电荷的电极移动，在静电力和表面能的作用下，附集并沉积在电极上从而去除 COD 和色度。

（4）吸附作用

铸铁屑是一种多孔物质，表面有较强活性，从而能吸附废水中的有机污染物。如在弱酸性溶液中，铁屑巨大的比表面积显示出较高的表面活性，能吸附多种金属离子，同时铁屑中的碳粒也可吸附金属。

（5）絮凝作用

在酸性条件下，用铁屑处理废水时，会产生 Fe^{2+} 和 Fe^{3+}。因此，有 O_2 存在时，可调节溶液 pH 至碱性，形成 $Fe(OH)_2$ 和 $Fe(OH)_3$，$Fe(OH)_3$ 是胶体絮凝剂，吸附能力高于一般药剂水解得到的 $Fe(OH)_3$ 的吸附能力。因此，废水中原有的悬浮物、微电池反应产生的不溶物和造成色度的不溶性物质都能被吸附凝聚。

若废水的水质存在较大的差异，那么内电解的具体原理存在很大的不同，但是对于任何一种废水处理来说，都不是单一机理作用的结果，而是多种机理综合作用的结果。

3.3.4 催化氧化

催化氧化法是利用催化剂的催化作用，加快氧化反应速度，提高氧化反应效率的高级氧化技术。催化氧化的机理是用催化剂和氧化剂结合，在反应中产生活性极强的自由基（如·OH），再通过自由基与有机化合物之间的加合，取代、电子转移及断键等，使水体中的大分子难降解有机物氧化降解成易于生物降解的小分子物质，甚至直接降解成为 CO_2 和 H_2O，接近完全矿化。

1. Fenton 试剂法

Fenton 试剂法是目前应用较多的一种均相催化氧化法，常用于去除废水中的 COD，色度和泡沫，某些有毒有害物质如苯酚、氯酚、氯苯及硝基苯也能被 Fenton 试剂氧化。Fenton 试剂及其各自改进方法在废水的应用分为两个方面：一是单独作为一种处理方法氧化有机废水，二是与其他方法联用，如与混凝沉降法、活性炭法、生物法、光催化法等联用。

（1）Fenton 试剂及氧化原理

过氧化氢与催化剂 Fe^{2+} 构成的氧化体系通常称为 Fenton 试剂。Fenton 试剂应用已有一百多年历史，反应机理如下：

$$Fe^{2+} + H_2O_2 \longrightarrow Fe^{3+} + OH^- + \cdot OH$$
$$Fe^{2+} + \cdot OH \longrightarrow OH^- + Fe^{3+}$$
$$Fe^{3+} + H_2O_2 \longrightarrow Fe^{2+} + H^+ + \cdot HO_2$$
$$\cdot HO_2 + H_2O_2 \longrightarrow O_2 + H_2O + \cdot OH$$
$$RH + \cdot OH \longrightarrow R \cdot + H_2O \longrightarrow \cdots CO_2 + H_2O$$
$$4Fe^{2+} + O_2 + 4H^+ \longrightarrow 4Fe^{3+} + 2H_2O$$
$$Fe^{3+} + 3OH^- \longrightarrow Fe(OH)_3$$

在 Fe^{2+} 的催化下，H_2O_2 能产生两种活泼的氢基自由基，·OH 氧化能力很强，从而引发和传播自由基链反应，加快有机物和还原物质的氧化，能氧化许多有机分子，且系统不需高温高压。

从 Fenton 实际产生·OH 可知，影响该系统的主要因素有：1）pH，Fenton 试剂氧化一般在酸性条件下（一般为 pH<3.5）进行，在该 pH 时其自由基生产速率大。2）Fe^{2+} 投量与 H_2O_2 投量相比，其投加量的不同对自由基的产生具有重大的影响，且 Fe^{2+} 投量过高会使水的色度增加。

（2）类 Fenton 试剂

Fenton 试剂的优点是过氧化氢速度快，因而氧化速率也较高。但是该系统也存在很多问题，由于该系统 Fe^{2+} 浓度大，处理后的水可能带有颜色，Fe^{2+} 与过氧化氢反应降低了过氧化氢的利用率，同时该系统要求在极低 pH 范围内进行，使用成本会很高且有机物的矿化程度不高等，影响该系统的应用。近年来人们把紫外光（UV）、氧气、电、超声波等引入 Fenton 试剂，增加了 Fenton 试剂的氧化能力，节约了过氧化氢的用量。由于过氧化氢分解机理与 Fenton 试剂极其相似，均产生氢基自由基。因此，从广义上进，将各种改进的 Fenton 试剂称为类 Fenton 试剂。

2. 光氧化法

光氧化法是利用光和氧化剂产生很强的氧化作用来氧化分解废水中有机物或无机物的方法。氧化剂有臭氧、氯、次氯酸盐、过氧化氢及空气加催化剂等，其中常用的为氯气。一般情况下，光源多为紫外光，但它对不同的污染物有一定的差异，有时某些特定波长的光对某些物质比较有效。光对污染物的氧化分解起催化剂的作用。下边介绍以氯为氧化剂的光氧化法处理有机废水。

氯和水作用生成的次氯酸吸收紫外光后，被分解产生初生态氧 [O]，这种初生态氧很不稳定且具有很强的氧化能力。初生态氧在光的照射下，能把含碳有机物氧化成二氧化碳和水。简化后反应过程如下：

$$Cl_2 + H_2O \Longleftrightarrow HOCl + HCl$$

$$HOCl \xrightarrow{光} HCl + [O]$$

$$[H \cdot C] + [O] \xrightarrow{光} H_2O + CO_2$$

式中，[H·C] 代表含碳有机物。

3.3.5 空气与湿式氧化

1. 空气氧化法

空气氧化法是以空气中的氧作氧化剂来氧化分解废水中有毒有害物质的一种方法。目前在石油化工行业的废水处理中，常采用空气氧化法处理低含硫（硫化物<800~1000mg/L）废水。本节介绍空气氧化法在含硫废水处理中的应用。

石油炼厂含硫废水中的硫化物，一般以钠盐（NaHS 或 Na_2S）或铵盐 [NH_4HS 或 $(NH_4)_2S$] 的形式存在。废水中的硫化物与空气中的氧发生的氧化反应如下：

$$2HS^- + 2O_2 \longrightarrow S_2O_3^{2-} + H_2O$$

$$2S^{2-} + 2O_2 + H_2O \longrightarrow S_2O_3^{2-} + 2OH^-$$

$$S_2O_3^{2-} + 2O_2 + 2OH^- \longrightarrow 2SO_4^{2-} + H_2O$$

从上述反应可知，在处理过程中，废水中有毒的硫化物和硫氢化物被氧化为无毒的硫代硫酸盐和硫酸盐。上述第三个反应进行得比较缓慢。当反应温度为 $80\sim90℃$，接触时间为 1.5h 时，废水中的 HS^- 和 S^{2-} 约有 90% 被氧化为 $S_2O_3^{2-}$，其中约有 10% 的 $S_2O_3^{2-}$ 能进一步被氧化为 SO_4^{2-}。如果向废水中投加少量的氯化铜或氯化钴作催化剂，则几乎全部的 $S_2O_3^{2-}$ 被氧化为 SO_4^{2-}。

2. 湿式氧化法

湿式氧化法是湿式空气氧化法的简称，一般是在高温（$150\sim300$）和高压（$0.5\sim20MPa$）条件下，以液相中的空气或氧气作为氧化剂，氧化水中有机物或还原态的无机物的一种处理方法，最终产物是二氧化碳和水等无机物或小分子有机物。

一般认为，湿式氧化发生的氧化反应属于自由基反应，经历诱导期、增殖期、退化期以及结束期四个阶段。在诱导期和增殖期，分子态氧参与了各种自由基的形成。但也有学者认为分子态氧只是增殖期才参与自由基的形成。生产 $HO\cdot$，$RO\cdot$，$ROO\cdot$ 等自由基攻击有机物 RH，引发一系列的链反应，生成其他低分子酸和二氧化碳。整个反应过程如下：

诱导期：

$$2RH+O_2\longrightarrow 2R\cdot+H_2O_2$$

增殖期：

$$R\cdot+O_2\longrightarrow ROO\cdot$$

$$ROO\cdot+RH\longrightarrow ROOH+R\cdot$$

退化期：

$$ROOH\longrightarrow RO\cdot+HO\cdot$$

$$2ROOH\longrightarrow R\cdot+RO\cdot+H_2O$$

结束期：

$$R\cdot+R\cdot\longrightarrow R-R$$

$$ROO\cdot+R\cdot\longrightarrow ROOR$$

$$ROO\cdot+R_1OO\longrightarrow ROH+R_1COR_2+O_2$$

以上各阶段链反应所产生的自由基在反应过程中所起的作用，依赖于废水中有机物的组成，所使用的氧化剂以及其他试验条件。

在以上系列反应中，首先是形成 $\cdot OH$ 自由基，然后与有机物 RH 反应生成低级羧酸 ROOH，ROOH 进一步氧化形成 CO_2 和 H_2O。

4 特种废水的物理化学处理

4.1 混 凝

混凝是水处理的一个重要方法，用以去除水中细小的悬浮物和胶体污染物质。混凝法可用于各种工业废水（如造纸、钢铁、纺织、煤炭、选矿、化工、食品等工业废水）的预处理、中间处理或最终处理及城市污水的三级处理和污泥处理。它除用于去除废水中的悬浮物和胶体物质外，还用于除油和脱色。

4.1.1 混凝机理

各种废水都是以液体为分散介质的分散系。按分散相粒度的大小，可将废水分为以下几种：粗分散系（浊液），分散相粒度大于 100nm；胶体分散系（胶体溶液），分散相粒度 1～100nm；分子—离子分散系（真溶液），分散相粒度为 0.1～1nm。粒度在 100μm 以上的浊液可采用自然重力沉淀或过滤处理，粒度为 0.1～1nm 的真溶液可采用吸附法处理，1nm～100μm 的部分浊液和胶体可采用混凝处理法。

废水中的胶体物质可能是憎水的也可能是亲水的。憎水性胶体物质（如黏土等）对液体介质没有亲和力，在有电解质存在时缺乏稳定性，对混凝很敏感。亲水性胶体物质（如蛋白质等）对水有明显的亲和力，吸收上去的水会阻止絮凝，一般需作特殊处理才能有效地产生混凝反应。

由于工业废水中的胶体物质颗粒大多数都带有负电荷，所以加入高价阳离子可以降低 ζ 电位并导致产生凝聚作用。

4.1.2 混凝的影响因素

1. 废水性质的影响

废水的胶体杂质浓度、pH、水温及共存杂质等都会不同程度地影响混凝效果。

（1）胶体杂质浓度过高或过低都不利于混凝。用无机金属盐作混凝剂时，胶体浓度不同，所需脱稳的 Al^{3+} 和 Fe^{3+} 的用量亦不同。

（2）pH 也是影响混凝的重要因素。采用某种混凝剂对任一废水的混凝，都有一个相对最佳 pH 存在，使混凝反应速度最快，絮体溶解度最小，混凝作用最大。一般通过试验得到最佳的 pH。往往需要加酸或碱来调整 pH，通常加碱的较多。

（3）水温的高低对混凝也有一定的影响。水温高时，黏度降低，布朗运动加快，碰撞的机会增多，从而提高混凝效果，缩短混凝沉淀时间。但温度过高（超过 90℃时），易使高分子絮凝剂老化，生成不溶性物质，反而降低絮凝效果。

（4）共存杂质的种类和浓度

1）有利于絮凝的物质。除硫、磷化合物以外的其他各种无机金属盐，它们均能压缩混胶体粒子的扩散层厚度，促进胶体粒子凝聚。离子浓度越高，促进能力越强，并可使混凝范围扩大。二价金属离子 Ca^{2+}、Mg^{2+} 等对阴离子型高分子絮凝剂凝聚带负电的胶体粒子有很大的促进作用，表现在能压缩胶体粒子的扩散层，降低微粒间的排斥力，并能降低絮凝剂和微粒间的斥力，使它们表面彼此接触。

2）不利于混凝的物质。磷酸离子、亚硫酸离子、高级有机酸离子等阻碍高分子絮凝作用。另外，氯、螯合物、水溶性高分子物质和表面活性物质都不利于混凝。

2. 混凝剂的影响

（1）无机金属盐混凝剂。无机金属盐水解产物的分子形态、荷电性质和荷电量等对混凝效果均有影响。

（2）高分子絮凝剂。其分子结构形式和分子量均直接影响混凝效果。一般线状结构较支链结构的絮凝剂为优，分子量较大的单个链状分子的吸附架桥作用比小分子的好，但水溶性较差，不易稀释搅拌。分子量较小时，链状分子短，吸附架桥作用差，但水溶性好，易于稀释搅拌。因此，分子量应适当，不能过高或过低，一般以 $300 \times 10^4 \sim 500 \times 10^4$ 左右为宜。此外还要求沿链状分子分布有发挥吸附架桥作用的足够官能基团。高分子絮凝剂链状分子上所带电荷量越大，电荷密度越高，链状分子越能充分伸展，吸附架桥的空间作用范围也就越大，絮凝作用就越好。

4.1.3 废水处理中常用的混凝剂和助凝剂

1. 混凝剂

废水处理中常用的混凝剂是铝盐和铁盐。铝盐包括硫酸铝、明矾、三氯化铝、聚合氯化铝 $[Al_n(OH)_mCl_{3n-m}]_n$ 等。铁盐包括硫酸亚铁、三氯化铁、聚合硫酸铁等。

硫酸铝投入水中后发生水解反应。当 pH＝4～7 时，主要去除水中的有机物；当 pH＝5.7～7.8 时，主要去除水中的悬浮物；当 pH＝6.4～7.8 时，处理浊度高、色度低的废水。

聚合氯化铝为无机高分子化合物，是介于 $AlCl_3$ 和 $Al(OH)_3$ 之间的水解产物，具有较强的交联吸附性能。与硫酸铝相比，聚合氯化铝的净化效率高，耗药量少，过滤性能好，温度适应性高，pH 适用范围宽。其缺点是不够稳定。

铁盐也常作为混凝剂使用。与铝盐相比，铁盐适用的 pH 范围更大，形成的氢氧化物絮体大，密度大，因而絮体沉淀速度快。铁盐絮凝剂处理低温或低浊废水的效果比铝盐好，但处理后废水的色度比铝盐的高，且铁盐具有较高的腐蚀性。

2. 助凝剂

为了提高混凝效果向废水投加助凝剂促进絮凝体增大，加快沉淀。

聚丙烯酰胺（PAM）是目前使用最普遍的高分子助凝剂，可与铝盐或铁盐配合使用，也可单独用作混凝剂。与常用混凝剂配合使用时，投加少量（1～5mg/L）的阴离子 PAM，就会形成较大（0.3～1mm）的絮凝体。

活化硅酸是一种常用的助凝剂，适用于硫酸亚铁与铝盐混凝剂，可缩短混凝沉淀时间，节省混凝剂用量。它能将微小的水合铝颗粒联结在一起。由于硅的负电性，加量过大反而会抑制絮凝体的形成。通常的剂量为 5～10mg/L。

由于混凝反应过程复杂，通常采用实验室烧杯试验，对宜于采用的混凝剂及投加量进行初步筛选。在有条件的情况下，一般还应对初步确定的结果进行扩大的动态连续试验，以求取得可靠的设计数据。

4.2 气 浮 法

4.2.1 气浮的基本原理

气浮法是在水中通入或产生大量的微细气泡，使其附着在悬浮颗粒上，造成密度小于水的状态，利用浮力原理使它浮在水面上，从而使固、液分离的方法。

气浮过程中气泡和颗粒物共存于水中。在水-气-粒三相混合体系中，不同介质的相表面上都因受力不均衡而存在界面张力（σ）。一旦气泡与颗粒物接触，由于界面张力作用就会产生表面吸附作用。三相间构成的交界线，为润湿周边，如图4-1所示。

通过润湿周边所作的水-粒界面张力（$\sigma_{水-粒}$）作用线与水-气界面张力（$\sigma_{水-气}$）作用线的交角，为润湿接触角（θ），通常 $\theta > 90°$ 的为疏水表面，易于为气泡黏附；而 $\theta < 90°$ 的为亲水表面，不易于为气泡黏附。

从热力学知识可知，由水、气和水中颗粒物组成的多相混合液中存在着体系界面自由能（W）。W 本能地存在着力图减至最小的趋势，从而导致多相混合系中的分散相间蕴藏着自然并合的能量，使分散相总表面积减小。

$$W = \sigma \times S \tag{4-1}$$

式中 S——界面面积，cm^2。

当粒径尚未与气泡黏附之前，在颗粒和气泡的单位面积上的界面能分别为 $\sigma_{水-粒}$ 和 $\sigma_{水-气}$，这时单位面积上的界面能之和为：

$$W_1 = \sigma_{水-粒} + \sigma_{水-气}$$

在颗粒与气泡黏附后，界面能减少（见图4-2）。这时黏附面的单位面积界面能为：

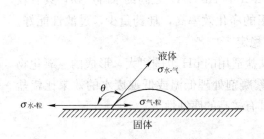

图 4-1 三相间的吸附界面

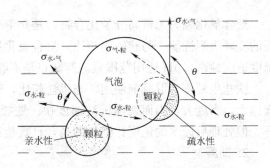

图 4-2 亲水性和疏水性物质的接触角

$$W_2 = \sigma_{气-粒}$$

因此，界面能的减少值 $\Delta W = W_1 - W_2 = \sigma_{水-粒} + \sigma_{水-气} - \sigma_{气-粒}$。

气浮过程中，多相混合系统能量的改变值就是用于克服颗粒表面水化膜，完成气粒结合生成浮选体。ΔW 越大，吸附动力越大，越易于气浮处理；反之，则相反。

当水-气-粒三者处于稳定状态时，就形成了图4-2所示的状况，这时三相界面张力的关系应为：

$$\sigma_{水-粒} = \sigma_{水-气} \times \cos(180° - \theta) + \theta_{气-粒} \tag{4-2}$$

将式（4-2）代入 $\Delta W = W_1 - W_2 = \sigma_{水-粒} + \sigma_{水-气} - \sigma_{气-粒}$ 可得：

$$\Delta W = \sigma_{水-气} (1-\cos\theta) \tag{4-3}$$

由式（4-3）可知，在水中并非所有的物质都能与气泡相黏附，而是与该物质的接触角 θ 有关。当接触角 θ 趋于 $0°$ 时，界面能 ΔW 趋于 0，此类物质亲水性强，无力挤开水膜，故不能气浮；当接触角 θ 趋于 $180°$ 时，界面能 ΔW 趋于 $2\sigma_{水-气}$，此类物质憎水性强，容易与气泡黏附，所以容易被气浮。

4.2.2 气浮的类型

气浮方式可分为散气气浮法、溶气气浮法与电解气浮法。

1. 加压溶气气浮

目前加压溶气气浮法应用最广泛。空气在加压条件下溶于水中，再使压力降至常压，把溶解的过饱和空气以微气泡的形式释放出来。

加压气浮法又可分为三种类型，即回流加压式、部分进水加压式、全部进水加压式，见图4-3。

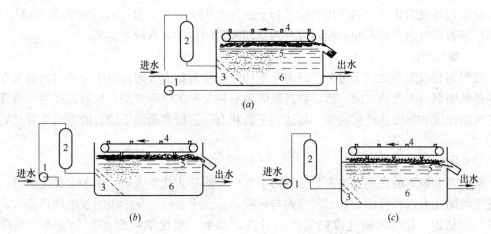

图 4-3　加压溶气气浮的三种形式

1—进水泵；2—压力溶气罐；3—气浮释放区；4—表面刮渣板；

5—悬浮区；6—澄清区

与其他方法相比，加压溶气气浮法具有以下优点：

（1）在加压条件下，空气的溶解度大，供气浮用的气泡数量多，能够确保气浮效果；

（2）溶入的气体经骤然减压释放，产生的气泡不仅微细、粒度均匀、密集度大，而且上浮稳定，对液体扰动微小，因此特别适用于对疏松絮凝体、细小颗粒的固液分离；

（3）工艺过程及设备比较简单，便于管理、维护。

2. 散气气浮

这是靠机械碎细空气的方法。高速旋转叶轮的离心力所造成的真空负压状态将空气吸入，成为微细的气泡而扩散于水中。气泡由池底向水面上升并黏附水中的悬浮物带至水面。水流的机械剪切力与扩散板产生的较大气泡（直径达 1mm 左右），不易与细小颗粒和絮凝体相吸附，反而易将絮体打碎，因此散气气浮不适用于处理含细小颗粒与絮体的废水。

3. 电解气浮

电解气浮法是用不溶性阳极和阴极直接电解废水，靠产生的氢和氧的微小气泡将已絮凝的悬浮物带至水面，达到分离的目的。电解法产生的气泡尺寸远小于溶气法和散气法产生的气泡尺寸，不产生紊流。电解法对有机废水除降低 BOD 外，还有氧化、脱色和杀菌作用，其流程对废水负荷变化的适应性强，而且生成污泥量少，占地少且不产生噪声。

4.3 吸 附

4.3.1 吸附的基本原理

1. 吸附机理

固体表面的分子或原子因受力不均衡而具有剩余的表面能，当某些物质碰撞固体表面时，受到这些不平衡力的吸引而停留在固体表面上，这就是吸附。这里的固体称吸附剂，被固体吸附的物质称吸附质。吸附的结果是吸附质在吸附剂上浓集，吸附剂的表面能降低。

吸附剂与吸附质之间的作用力除了分子之间的引力以外，还有化学键力和静电引力。根据固体表面吸附力的不同，吸附可分为物理吸附和化学吸附两种类型。

（1）物理吸附

吸附剂和吸附质之间通过分子间力产生的吸附称为物理吸附。由于分子引力普遍存在于各种吸附剂与吸附质之间，所以物理吸附是一种常见的吸附现象，没有选择性。物理吸附的吸附速度和解吸速度都较快，易达到平衡状态。一般在低温下进行的吸附主要是物理吸附。

（2）化学吸附

吸附剂和吸附质之间发生由化学键力引起的吸附称为化学吸附。由于生成化学键，所以化学吸附是有选择性的，且不易吸附与解吸，达到平衡慢。化学吸附放出的热很大，与化学反应相近。化学吸附速度随温度的升高而增加，故化学吸附也常在较高的温度下进行。

在实际的吸附过程中，上述几种吸附往往同时存在，难以明确区分。

2. 吸附平衡

吸附过程是可逆的，当废水和吸附剂充分接触后，一方面吸附质被吸附剂吸附；另一方面一部分已经被吸附的吸附质由于热运动的结果，能够脱离吸附剂的表面，又回到液相中去。前者称为吸附过程，后者称为解吸过程。当吸附速度和解吸速度相等时，即单位时间内吸附的数量等于解吸数量时，则吸附质在液相中的浓度和在吸附剂表面上的浓度都不再改变而达到吸附平衡。此时，吸附质在液相中的浓度称为平衡浓度。

固体吸附剂吸附能力的大小可用吸附量来衡量。吸附量 q_e 的测定方法如下：在一定体积 V（L）和一定浓度 c_0（mg/L）的废水中，投加一定量的吸附剂 m（mg），经搅拌混合，直到废水浓度 c_0（mg/L）不再改变，即吸附达到平衡为止，然后按下式计算吸附量 q_e：

$$q_e = \frac{x}{m} = \frac{(c_0 - c_e)V}{m} \tag{4-4}$$

式中 x——吸附剂吸附的溶质总量，mg。

3. 影响吸附的因素

影响吸附的因素很多，主要有以下几点。

（1）吸附剂的物理化学性质

吸附剂的种类不一样，吸附效果也不同。一般是极性分子（或离子）型的吸附剂容易吸附极性分子（或离子）型的吸附质，非极性分子型的吸附剂容易吸附非极性分子的吸附质。由于吸附作用发生在吸附剂的内外表面上，所以吸附剂的比表面积越大，吸附能力就越强。另外，吸附剂的颗粒大小、孔隙构造和分布情况，以及表面的化学特性等，对吸附都有很大的影响。

（2）吸附质的物理化学性质

吸附质在废水中的溶解度对吸附有较大的影响。一般来说，吸附质的溶解度越低，越容易被吸附。吸附质的浓度增加，吸附量也随之增加；但浓度增加到一定程度后，吸附量增加很慢。如果吸附质是浓集于吸附剂的表面形成油膜有机物，其分子尺寸越小，吸附反应就进行得越快。

（3）废水的 pH

pH 对吸附质在废水中的存在形态（分子、离子、络合物等）和溶解度均有影响，因而对吸附效果也就相应的有影响。废水 pH 对吸附的影响还与吸附剂的性质有关。例如，活性炭一般在酸性溶液中比在碱性溶液中有较高的吸附率。

（4）温度

吸附反应通常是放热的，因此温度越低对吸附越有利。但是废水处理中，温度变化一般不大，因而温度对吸附过程影响很小，实践中通常在常温下进行吸附工作。

（5）共存物的影响

共存物质对主要吸附质的影响比较复杂。有的能相互诱发吸附，有的能相当独立地被吸附，有的则能起相互干扰的作用。许多资料指出，某种溶质都以某种方式与其他溶质争相吸附。因此，当多种吸附质共存时，吸附剂对某一种吸附质的吸附能力要比只含这种吸附质时的吸附能力低。悬浮物会阻塞吸附剂的孔隙，油类物质会浓集于吸附剂的表面形成油膜，它们均对吸附有很大影响。因此在吸附操作之前，必须将它们除去。

（6）接触时间

吸附质与吸附剂要有足够的接触时间才能达到吸附平衡。吸附平衡所需时间取决于吸附速度，吸附速度越快，达到平衡所需时间越短。

4.3.2 吸附剂及其再生

1. 吸附剂

广义而言，一切固体物质都有吸附能力，但只有多孔物质或磨得极细的物质由于具有很大的表面积，才能作为吸附剂。工业吸附剂还必须满足下列要求：（1）吸附能力强；（2）吸附选择性好；（3）吸附平衡浓度低；（4）容易再生和再利用；（5）机械强度好；（6）化学性质稳定；（7）来源广；（8）价廉。一般工业吸附剂难以同时满足这 8 个方面的要求，因此，应根据不同的场合选用不同的吸附剂。

目前在废水处理中应用的吸附剂有：活性炭、活化煤、白土、硅藻土、活性氧化铝、焦炭、树脂吸附剂、炉渣、木屑、煤灰、腐殖酸等。

（1）活性炭

活性炭是一种非极性吸附剂，外观为暗黑色。生活污水或废水中用的活性炭，一般均制成粒状或粉末状；粉末活性炭的吸附能力强、制备容易、成本低廉，但再生困难、不易重复使用。颗粒活性炭的吸附能力比粉末状的低一些，生产成本较高，但再生后可以重复使用，并且劳动时劳动条件良好，操作管理方便。因此，在废水中大多采用颗粒状活性炭。

活性炭的比表面积通常高达 $800\sim2000m^2/g$，这是活性炭吸附能力强、吸附容量大的主要原因。活性炭的吸附中心点有两类：一种是物理吸附活性点，数量很多，没有极性，是构成活性炭吸附能力的主体部分；另一种是化学吸附活性点，主要是制备过程中形成的一些具有专属反应性能的含氧官能团，如羧基（—COOH）、羟基（—OH）等，它们对活性炭的吸附特性有一定影响。

（2）树脂吸附剂

树脂吸附剂也叫做吸附树脂，是一种新型有机吸附剂。它是一种立体结构的多孔海绵状物，可在 150℃下应用，不溶于酸、碱，比表面积可达 $800m^2/g$。

根据其结构特性，树脂吸附剂可以分为非极性、弱极性、极性和强极性四类。它的吸附能力接近活性炭，但比活性炭容易再生。树脂吸附剂的结构容易人为控制，因而它具有适应性大、应用范围广、吸附选择性特殊、稳定性高等优点。最适宜吸附处理废水中微溶于水，极易溶于甲醇、丙酮等有机溶剂，分子量略大和带有极性的有机物，如脱酚、除油、脱色等。

常见的吸附树脂产品有美国的 Amberlite XAD 系列，日本的 HP 系列。国内一些单位也研制了性能优良的大孔吸附树脂。如国产的 TXF 型吸附树脂（炭质吸附树脂），比表面积为 $35\sim350m^2/g$，它是含氯有机化合物的特效吸附剂。XAD-2 树脂吸附剂对 TNT 的吸附效果很好，树脂易于再生，当原水含 TNT 34mg/L 时，每个循环可处理体积为树脂体积 500 倍的废水。吸附后可用丙酮进行再生，TNT 的回收率达 80%。

（3）腐殖酸类吸附剂

腐殖酸是一组芳香结构的、性质与酸性物质相似的复杂混合物。据测定，腐殖酸含的活性基团有酚羟基、羧基、醇羟基、甲氧基、羰基、醌基、胺基、磺酸基等。这些活性基团决定了腐殖酸的阳离子吸附性能。

用作吸附剂的腐殖酸类物质有两大类：一类是天然的富含腐殖酸的风化煤、泥煤、褐煤等，它们可直接或者经过简单处理后作吸附剂用；另一类是把富含腐殖酸的物质用适当的黏合剂制备成腐殖酸系树脂，造粒成型后使用。

腐殖酸类物质在吸附重金属离子后，容易解吸再生，重复使用。常用的解吸剂有 H_2SO_4、HCl、NaCl、$CaCl_2$ 等。

2. 吸附剂再生

吸附剂在达到饱和吸附后，必须进行脱附再生才能重复使用。脱附是吸附的逆过程，即在吸附剂结构不变化或变化极小的情况下，用某种方式将吸附质从吸附剂孔隙中除去，恢复它的吸附能力。通过再生，可以降低处理成本，减少废渣排放，同时回收吸附质。

目前吸附剂的再生方法有加热再生、药剂再生、化学氧化再生、湿式氧化再生、生化再生等。下面主要介绍加热再生和药剂再生。

（1）加热再生

加热再生就是用外部加热的方法，改变吸附平衡关系，达到脱附和分解的目的。在高温下，吸附质分子提高了振动能，因而易于从吸附剂活性中心点脱离；同时，被吸附的有机物在高温下氧化分解，或以气态分子逸出，或断裂成短链，因而也降低了吸附能力。

加热再生过程分 5 步：

1) 脱水：使活性炭和输送液分离。

2) 干燥：加温到 100～150℃，将细孔中的水分蒸发出来，同时使一部分低沸点的有机物也挥发出来。

3) 炭化：加热到 300～700℃，高沸点的有机物由于热分解，一部分成为低沸点物质而挥发，另一部分被碳化留在活性炭细孔中。

4) 活化：加热到 700～1000℃，使碳化后留在细孔中的残留碳与活化气体（如蒸气、二氧化碳、氧气等）反应，反应产物以气态形式（二氧化碳、一氧化碳、氢气）逸出，达到重新造孔的目的。

5) 冷却：活化后的活性炭用水急剧冷却，防止氧化。

高温加热再生是目前废水处理中粒状活性炭再生的最常用方法。再生炭的吸附能力恢复率可达 95% 以上，烧损在 5% 以下。适合于绝大多数吸附质，不产生有机废液，但能耗大，设备造价高。

用于加热再生的炉型有立式多段炉、转炉、立式移动床炉、流化床炉以及电加热再生炉等。

（2）药剂再生

在饱和吸附剂中加入适当的溶剂，可以改变体系的亲水-憎水平衡，改变吸附剂与吸附质之间的分子引力，改变介质的介电常数，从而使原来的吸附崩解，吸附质离开吸附剂进入溶剂中，达到再生和回收的目的。

常用的有机溶剂有苯、丙酮、甲醇、乙醇、异丙醇、卤代烷等。树脂吸附剂从废水中吸附酚类后，一般采用丙酮或甲醇脱附；吸附了三硝基甲苯（TNT），采用丙酮脱附；吸附了滴滴涕（DDT）类物质，采用异丙醇脱附。无机酸碱也是很好的再生剂，如吸附了苯酚的活性炭可以用热的 NaOH 溶液再生，生成酚钠盐回收利用。

对于能电离的物质最好以分子形式吸附，以离子形式脱附，即酸性物质宜在酸里吸附，在碱里脱附；碱性物质在碱里吸附，在酸里脱附。溶剂及酸碱量应尽量节省，控制 2～4 倍吸附剂体积为宜。脱附速度一般比吸附速度慢 1 倍以上。药剂再生时吸附剂损失较小，再生可以在吸附塔中进行，无需另设再生装置，而且有利于回收有用物质。缺点是再生效率低，再生不易完全。经过反复再生的吸附剂，除了机械损失外，其吸附容量也会有一定的损失，因灰分堵塞小孔或杂质除不去，使有效吸附表面孔容减小。

4.4 离 子 交 换

4.4.1 概述

离子交换法可用来去除废水中不希望有的阴离子和阳离子。

1. 离子交换树脂的选择性

废水处理中使用的离子交换剂分无机离子交换剂和有机离子交换剂两大类。无机离子交换剂有天然沸石和合成沸石等。有机离子交换树脂的种类繁多，主要有强酸阳离子交换树脂、弱酸阳离子交换树脂、强碱阴离子交换树脂、弱碱阴离子交换树脂、重金属选择性螯合树脂和有机吸附树脂等。其中，重金属选择性螯合树脂是为了吸附水中微量金属而研制的，有机物吸附树脂的交换容量比普通的离子交换树脂小，但它对有机物有较高的吸附能力。由于在废水处理中有机离子交换树脂比无机离子交换剂采用的较为广泛，故本节只介绍有机离子交换树脂在废水处理中的应用。

采用离子交换法处理废水时必须考虑树脂的选择性。树脂对各种离子的交换能力是不同的，交换能力的大小主要取决于各种离子对该种树脂亲和力（又称选择性）的大小。在常温下，低浓度时，各种树脂对各种离子亲和力的大小可归纳如下几个规律。

（1）强酸阳离子交换树脂的选择性顺序为：
$$Fe^{3+}>Cr^{3+}>Al^{3+}>Ca^{3+}>Mg^{2+}>K^+=NH_4^+>Na^+>Li^+$$

（2）弱酸阳离子交换树脂的选择性顺序为：
$$H^+>Fe^{3+}>Cr^{3+}>Al^{3+}>Ca^{2+}>Mg^{2+}>K^+=NH_4^+>Na^+>Li^+$$

（3）强碱阴离子交换树脂的选择性顺序为：
$$Cr_2O_7^{2+}>SO_4^{2-}>CrO_4^{2-}>NO_3^->Cl^->OH^->F^->HCO_3^->HSiO_3^-$$

（4）弱碱阴离子交换树脂的选择性顺序为：
$$OH^->Cr_2O_7^{2+}>SO_4^{2-}>CrO_4^{2-}>NO_3^->Cl^->HCO_3^-$$

（5）重金属选择性螯合树脂的选择性顺序与树脂的种类有关。螯合树脂在化学性质方面与弱酸阳树脂相似，但比弱酸树脂对重金属的选择性高。螯合树脂通常为 Na 型、树脂内金属离子与树脂的活性基团相螯合。典型的螯合树脂为亚氨基醋酸型，它与金属反应如下：

式中　Me^{2+}——重金属离子。

亚氨基醋酸型螯合树脂的选择性顺序为：
$$Hg>Cu>Ni>Mn>Ca>Mg\gg Na$$
位于顺序前列的离子可以取代位于顺序后列的离子。

应该指出的是，上面介绍的选择性顺序均指常温低浓度而言。在高温高浓度时，处于顺序后列的离子可以取代位于顺序前列的离子，这是树脂再生的依据之一。

2. 废水水质对离子交换树脂交换能力的影响

（1）悬浮物和油脂。废水中的悬浮物会堵塞树脂孔隙，油脂会包住树脂颗粒，它们都会使交换能力下降，因此这些物质含量较多时应进行预处理。预处理方法有沉淀、过滤、吸附等。

（2）有机物。废水中某些高分子有机物与树脂活性基团的固定离子结合力很强，一旦结合就很难再生，结果降低树脂的再生率和交换能力。例如高分子有机酸与强碱性季胺基团的结合力就很大，难于洗脱。为了减少树脂的有机污染，可选用低交联度的树脂或者废水进行交换处理前的预处理。

（3）高价金属离子。废水中 Fe^{3+}、Al^{3+}、Cr^{3+} 等高价金属离子可能导致树脂中毒。当树脂受铁离子中毒时，会使树脂的颜色变深。从前述阳树脂的选择性可看出，高价金属离子易为树脂吸附，再生时难于把它洗脱下来，结果会降低树脂的交换能力。为了恢复树脂的交换能力，可用高浓度酸液长时间浸泡。

（4）pH。离子交换树脂是由网状结构的高分子固体与附在母体上许多活性基团构成的不溶性高分子电解质构成。强酸和强碱树脂的活性基团的电离能力很强，交换能力基本上与 pH 无关，但弱酸树脂在低 pH 时不电离或部分电离，因此在碱性条件下，才能得到较大的交换能力。弱碱性树脂在酸性溶液中才能得到较大的交换能力。螯合树脂对金属的结合与 pH 有很大关系，对每种金属都有适宜的 pH。

（5）水温。水温高虽可加速离子交换的扩散，但各种离子交换树脂都有一定的允许使用温度范围。如国产 732 号阳树脂允许使用温度小于 $110℃$，而 717 号阴树脂小于 $60℃$。水温超过允许温度时，会使树脂交换基团被分解破坏，从而降低树脂的交换能力，所以温度太高时，应进行降温处理。

（6）氧化剂。废水中如果含有氧化剂（如 Cl_2、O_2、$H_2Cr_2O_7$ 等）时，会使树脂氧化分解。强碱阴树脂容易被氧化剂氧化，使交换基团变成非碱性物质，可能完全丧失交换能力。氧化作用也会影响交换树脂的母体，使树脂加速老化，结果交换能力下降。为了减轻氧化剂对树脂的影响，可选用交联度大的树脂或加入适当的还原剂。

另外，用离子交换树脂处理高浓度电解质废水时，由于渗透压的作用也会使树脂发生破碎现象，处理这种废水，一般可选交联度大的树脂。

4.5 膜处理技术

4.5.1 膜分离法概述

利用隔膜使溶剂（通常是水）同溶质或微粒分离的方法称为膜分离法。用隔膜分离溶液时，使溶质通过膜的方法称为渗析，使溶剂通过膜的方法称为渗透。

膜分离法的特点是：

（1）在膜分离过程中，不发生相变化，能量的转化效率高。

（2）一般不需要投加其他物质，这可节省原材料和化学药品。

（3）膜分离过程中，分离和浓缩同时进行，这样能回收有价值的物质。

（4）根据膜的选择透过性和膜孔径的大小，可将不同粒径的物质分开，这使物质得到纯化而又不改变其原有的属性。

（5）膜分离过程，不会破坏对热敏感和对热不稳定的物质，可在常温下得到分离。

（6）膜分离法适应性强，操作及维护方便，易于实现自动化控制。

根据溶质或溶剂透过膜的推动力不同，膜分离法可分为 3 类：（1）以电动势为推动力的方法有：电渗析和电渗透；（2）以浓度差为推动力的方法有：扩散渗析和自然渗透；（3）以压力差为推动力的方法有：压渗析和反渗透、超滤、微滤、纳滤。水处理领域目前常用的膜分离技术主要是以压力差为推动力的微滤、超滤、纳滤和反渗透，其次是以电位差为推动力的渗析和电除盐。

4.5.2 反渗透

反渗透处理工艺包括被处理废水的预处理工艺、膜分离工艺、膜的清洗工艺。

1. 预处理工艺

(1) 确定膜组件进水水质指标

近年来，建立了以污染指数 FI 作为衡量反渗透进水的综合指标。用有效直径为 42.7mm、平均孔径为 $0.45\mu m$ 的微孔滤膜，在 0.21MPa 的压力下，测定最初 500mL 的进料液的过滤时间 (t_1)，在加压 15min 后，再次测定 500mL 进料液过滤时间 (t_2)，按下式计算 FI 值：

$$FI = \frac{t_2 - t_1}{15t_2} \times 100\%$$ (4-5)

不同膜组件要求进水有不同的 FI 值。中空纤维式组件要求 FI 值在 3 左右，卷式组件 FI 为 5 左右，管式组件 FI 值为 15 左右。

(2) 预处理方法

1) 根据反渗透膜允许使用的温度和 pH 范围，调整和控制 pH 及进水温度。

2) 用混凝沉淀和精密过滤相结合工艺，去除水中 $0.3\sim1\mu m$ 以上的悬浮固体及胶体。用 $5\sim25\mu m$ 过滤介质，去除水中悬浮固体。

3) 采用氯或次氯酸钠氧化可有效地去除可溶性、胶体状和悬浮性有机物，也可根据有机物种类采用活性炭去除。

4) 在反渗透分离过程中，可溶性无机物同时被浓缩。当可溶性无机物的浓度超出了它们的溶解度范围后，就会在水中沉淀并被截留在膜表面形成硬垢。因此，要控制水的回收率同时可将进水 pH 调整在 $5\sim6$，以控制水中碳酸钙及磷酸钙的形成。亦可采用石灰法去除水中的钙盐，可借助投加六偏磷酸钠防止硫酸钙沉淀。

5) 细菌、藻类、微生物易使膜表面产生软垢，可采用消毒法抑制其生长。

6) 超滤也可作为反渗透的预处理法以去除水中的油、胶体、微生物等物质。

2. 膜分离工艺组件的组合方式

在膜分离工艺中可采用组件的多种组合方式以满足不同水处理对象对溶液分离技术的要求。组件的组合方式有一级和多级（一般为二级）。在各个级别中又分为一段和多段。一级是指一次加压的膜分离过程，多级是指进料必须经过多次加压的分离过程。

3. 膜清洗工艺

膜清洗工艺是膜分离工艺的重要环节。膜的清洗工艺分为物理法和化学法两大类。

物理法又可分为水力清洗、水汽混合冲洗、逆流清洗及海绵球清洗。水力清洗主要采用减压后高速的水力冲洗以去除膜面污染物。水汽混合冲洗是借助气液与膜面发生剪切作用而消除极化层。逆流清洗是在卷式或中空纤维式组件中，将反向压力施加于支撑层，引起膜透过液的反向流动，以松动和去除膜进料侧活化层表面污染物。海绵球清洗是依靠水力冲击使直径稍大于管径的海绵球流经膜面，以去除膜表面的污染物，但此法仅限于在内压管式组件中使用。

化学清洗法是采用清洗溶液对膜面进行清洗的方法。去除膜面的氢氧化铁污染多采用

1%～2%的柠檬酸钠水溶液。用盐酸将柠檬酸钠水溶液 pH 调至 4～5，用于去除无机沉垢。高浓度盐水常被用于胶体污染体系。加酶洗剂对蛋白质、多糖类及胶体污染物有较好的清洗效果。乳化油废水，例如机械加工企业的冷却液、羊毛加工企业的洗毛废水多采用表面活性剂和碱性水溶液对膜表面进行清洗。溶剂清洗法主要利用有机溶剂对膜表面污染物的溶解作用。例如乳胶污染常用低分子醇及丁酮，纤维油剂污染除用温水清洗外，还定期用工业酒精清洗。

在化学清洗中，必须考虑到以下两点：

(1) 清洗剂必须对污染物有很好的溶解或分解能力；

(2) 清洗剂必须不污染和不损伤膜面。

4.5.3 超滤

1. 超滤工作原理概述

超滤又称超过滤，用于去除废水中大分子物质和微粒。超滤之所以能够截留大分子物质和微粒，其机理是：膜表面孔径机械筛分作用、膜孔阻塞、阻滞作用和膜表面及膜孔对杂质的吸附作用，而一般认为主要是筛分作用。

超滤工作原理如图 4-4 所示。在外力的作用下，被分离的溶液以一定的流速沿着超滤膜表面流动，溶液中的溶剂和低分子量物质、无机离子，从高压侧透过超滤膜进入低压侧，并作为滤液而排出；而溶液中高分子物质、胶体微粒及微生物等被超滤膜截留，溶液被浓缩并以浓缩液形式排出。由于它的分离机理主要是借机械筛分作用，膜的化学性质对膜的分离特性影响不大，因此可用微孔模型表示超滤的传质过程。

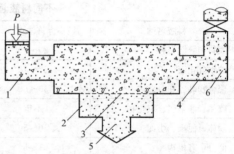

图 4-4 超过滤的原理
1—超过滤进口溶液；2—超过滤透过膜的溶液；
3—超过滤膜；4—超过滤出口溶液；5—透过超过滤膜饿物质；6—被超过滤膜截留下的物质

2. 超滤膜表面的浓差极化现象

溶液在膜的高压侧，由于溶剂和低分子物质不断透过超滤膜，结果在膜表面溶质（或大分子物质）的浓度不断上升，产生膜表面浓度与主体流浓度的浓度差，这种现象称为膜的浓差极化。膜表面有一层高浓度区称为浓差极化层。由于超滤的水通量比反渗透大，因此更容易产生浓差极化现象。发生浓差极化现象时，由于高分子物质和胶体物质在膜表面截留会形成一个凝胶层。有凝胶层时，超滤的阻力增加，因为除了膜阻力外，又有凝胶层的阻力，在给定的压力下，凝胶层势必影响水透过超滤膜的通量。

减缓浓差极化现象可采取以下两种措施：一是提高料液的流速，控制料液的流动状态，使其处于紊流状态，让膜面处的液体与主流更好地混合；二是对膜面不断地进行清洗，消除已形成的凝胶层。

3. 超滤的影响因素

超滤透过通量的影响因素如下：

(1) 料液流速。提高料液流速虽然对减缓浓差极化、提高透过通量有利，但需提高料液压力，增加能耗。一般紊流体系中流速控制在 1～3m/s。

(2) 操作压力。超滤膜透过通量与操作压力的关系取决于膜和凝胶层的性质。超滤过程中，往往由凝胶层控制透过通量。我们知道渗透压模型，膜透过通量与压力成正比。而凝胶化模型，膜透过通量与压力无关，这时的通量称为临界透过通量。实际超滤操作应在极限通量附近进行，此时操作压力约为 0.5～0.6MPa。除了用于克服通过膜和凝胶层的阻力外，还要克服液流的沿程和局部的水头损失。

（3）温度。操作温度主要取决于所处理的物料的化学、物理性质。由于高温可降低料液的黏度 μ，增加传质效率，提高透过通量，因此应在允许的最高温度下进行操作。

（4）运行周期。随着超滤过程的进行，在膜表面逐渐形成凝胶层，使透过通量逐步下降，当通量达到某一最低数值时，就需要进行清洗，这段时间称为一个运行周期。运行周期的变化与清洗情况有关。

（5）进料浓度。随着超滤过程的进行，主体液流的浓度逐渐增高，此时黏度变大，使凝胶层厚度增大，从而影响透过通量。因此对主体液流应定出最高允许浓度。不同料液超滤的最高允许浓度列举于表 4-1 中。

不同料液超滤的最高允许浓度   表 4-1

料液名称	最高允许浓度（%）	料液名称	最高允许浓度（%）
颜料和分散染料	20～50	植物、动物细胞	5～10
油水乳化液	50～70	蛋白和缩多氨酸	10～20
聚合物乳胶和分散体	30～60	多糖和多聚糖	1～10
胶体、非金属、氧化物、盐	不定	多元酚类	5～10
固体、泥土、尘泥	10～50	合成水溶性聚合物	5～15
低分子有机物	1～5		

（6）料液的预处理。为了提高膜的透过通量，保证超滤膜的正常稳定运行，根据需要应对料液进行预处理。通常采用的预处理方法有：沉淀、混凝、过滤、吸附等。

（7）膜的清洗。膜必须进行定期清洗，以保持一定的透过通量，并能延长膜的使用寿命。清洗方法一般根据膜的性质和被处理料液的性质来确定。一般先以水力清洗，然后再根据情况采用不同的化学洗涤剂进行清洗。例如对电涂材料可选用含离子的增溶剂，对水溶性有机涂料可用"桥键"型溶剂清洗。食品工业中，蛋白质沉淀可用朊酶溶剂或磷酸盐、硅酸盐为基础的碱性去垢剂。膜表面由无机盐形成的沉淀可用 EDTA 之类的螯合剂或酸、碱加以溶解。对不同的膜组件，可以采用不同的清洗方法。例如，管式组件可用海绵球进行机械清洗，中空纤维式组件可用反向冲洗等。

5 特种废水的生物处理

5.1 特种废水的可生化性评价

5.1.1 特种废水可生化性的评价方法

从理论上讲，几乎所有的有机污染物都能被微生物所降解，但从废水生物处理的角度来看，根据微生物对有机物的降解能力和有机物对微生物的毒害或抑制作用，可把有机物分为四大类：第Ⅰ类，易降解的有机物，且无毒害或抑制作用；第Ⅱ类，可降解有机物，但有毒害或抑制作用；第Ⅲ类，难降解有机物，但无毒害或抑制作用；第Ⅳ类，难降解有机物，并有毒害或抑制作用。评价废水中有机物的生物降解性和毒害或抑制性的方法有多种，常用的几种方法，简述如下：

1. 水质标准法

以废水中有机物的某些综合水质指标评价其可生化性。长期以来，人们习惯采用 BOD_5 与 COD 作为废水有机污染的综合指标，两者都反映废水中有机物在氧化分解时的耗氧量。BOD_5 是有机物在微生物作用下氧化分解所需的氧量，它代表废水中可生物降解的那部分有机物；COD 是有机物在化学氧化剂作用下氧化分解所需的氧量，它代表废水中可被化学氧化剂分解的有机物，当采用重铬酸钾为氧化剂时，一般可近似认为 COD 测定值代表了废水中的全部有机物。

工业废水的生物处理，通常以 COD 为设计和运行的水质指标，这是因为 COD 测定方法简便，并能迅速判断废水的水质。但由于 COD 值包括可生物降解的和不可生物降解的有机物，因此，根据废水的 COD 值还不能判断能否采用生物处理法进行处理。采用 BOD_5/COD 比值的方法评价废水中有机物的可生化性是简单易行的。一般认为 BOD_5/COD 大于 0.45 时，该废水适于生物处理，如果比值在 0.2 左右，说明这种废水中含有大量难降解的有机物，这种废水可否采用生物处理法处理，还需看微生物驯化后能否提高此比值才能判定，此比值接近于零时，采用生物处理法是比较困难的。

2. 微生物耗氧速度法

根据微生物与有机物接触后耗氧速度的变化特征，评价有机物的降解和微生物被抑制或毒害的规律。表示耗氧速度随时间变化的曲线称为耗氧曲线。测定耗氧速度的仪器有瓦勃氏呼吸仪及溶解氧测定仪。处于内源呼吸期的活性污泥的耗氧曲线称为内源呼吸耗氧曲线，投加有机物后的耗氧曲线称为底物（有机物）耗氧曲线。一般用底物耗氧速度与内源呼吸速度的比值来评价有机物的可生化性。

应该指出的是，用耗氧速度法评价有机物的可生化性时，必须对生物污泥（微生物）的来源、浓度、驯化、有机物浓度、反应温度等条件作严格规定。

3. 脱氢酶活性法

活性污泥或生物膜中微生物所产生的各种酶能够催化废水中的各种有机物进行氧化还

原反应。其中脱氢酶类能使被氧化有机物的氢原子活化并传递给特定的受氢体，单位时间内脱氢酶活化氢的能力表现为它的活性。可以通过测定微生物的脱氢酶活性来评价废水中有机物的可生化性。

如果脱氢酶活化的氢原子被人为受氢体所接受，就可在试验条件下利用人为受氢体直接测定脱氢酶活性。人为受氢体通常选用受氢后能够变色的物质，例如甲烯蓝受氢后变成无色的还原性甲烯蓝，无色的氯化三苯基四氮唑（TTC）受氢后变成红色的三苯基甲膳（TF），然后利用比色法做定量分析。

4. 有机化合物分子结构评价法

有机物的生物降解性与其分子结构有关，目前的研究还不够充分，初步归纳有以下的规律，可用来判断有机物的可生化性。

（1）含有羧基（R—COOH）、酯类（R—COO—R）或羟基（R—OH）的非毒性脂肪族化合物属易生物降解有机物，而含有二羧基（HOOC—R—COOH）的化合物需要比单羧基化合物更长的驯化时间。

（2）含有羰基（R—CO—R）或双键（—C=C—）的化合物属中等程度可生物降解的化合物，且需很长的驯化时间。

（3）含有氨基（R—NH₂）或羟基（R—OH）化合物的生物降解性取决于与基团连接的碳原子饱和程度，并遵循如下的顺序：

伯碳原子＞仲碳原子＞叔碳原子。

（4）卤代（R—X）化合物的生物降解性随卤素取代程度的提高而下降。

5.1.2 可生化性评价试验应注意的问题

1. 生物处理方法

上述方法都是用来评价好氧微生物对有机物的可生化性。某种有机物对好氧菌来说是难降解的，但对厌氧菌来说，就不一定是难降解的。即使对好氧活性污泥法来说，各种方法由于停留时间不同，例如普通活性污泥法不能降解的某些有机物，延时曝气法和稳定塘法可得到一定程度的降解。

2. 微生物来源及浓度

进行可生化试验时，由于微生物来源不同，测定结果可能有较大差异。众所周知，当微生物与原来不能被其降解的有机物长时间接触后，会提高其降解能力。例如难降解的聚乙烯醇，微生物经驯化后，能显著提高对其降解能力。又如经 20d 以上驯化后的活性污泥，苯可被微生物降解，但未经驯化的活性污泥，耗氧量几乎测不出。由于微生物被驯化与否，对生化性影响显著，所以在评价时应说明微生物是否经驯化以及驯化的程度。微生物获得降解有机物的能力，有人认为不是由于细胞中的 DNA 遗传因子，可能是由于核外细胞质中具有自身增殖的 DNA 遗传因子（胞外遗传体）引起的。微生物对某种有机物具有降解能力时，对于该有机物的化学结构相似的有机物，一般也有降解能力。例如经某种醇驯化过的微生物，它不仅可分解与该醇相似的醛或有机酸，而且与它的分子量相似的醇、醛或有机酸也能加以降解。利用这一规律可缩短驯化时间。在驯化初期，微生物对易降解有机物的降解能力强，以后对较难降解有机物逐渐增强其降解能力。驯化成功与否与许多因素有关，到目前为止已找到了多种过去认为难降解有机物的微生物，这为采用生物处理法处理难降解有机物开辟了广阔的前景。例如聚乙烯醇（PVA）主要用于纤维工业，微生物未被 PVA 驯化时，经 30d 仍不能降解，有人从土壤中分离出能降解 PVA 的假单胞菌属细菌，并用活性污泥法处理，经一个半月充分驯化 PVA，降解率可达 90％以上。

进行可生化性试验时，必须考虑微生物浓度。如果微生物浓度过低，则培养时间就会很长。反之，浓度过高，由于微生物的吸附能力较大，会因吸附作用使溶液中有机物的浓度降低，难于正确计算有机物的降解率。根据试验时采用的微生物浓度大小，可生化性评价法可分为两类：一类是高浓度微生物，从每升数百到数千毫克，接近于实际生物处理构筑物中的微生物浓度；另一类是低浓度微生物，接近自然环境中的微生物浓度，这对评价在好氧条件下环境的自净能力是有效的。因此，应根据评价的目的确定微生物浓度，尽可能与实际浓度相同。

有机物浓度、营养物质、pH、水温、共存物质有机物浓度对可生化性的影响，有的影响很大，例如酚，在低浓度时可被生物降解，但浓度超过允许值时，会对微生物有毒害作用或抑制作用。其他如营养盐、pH、水温、共存物质等都会对可生化性产生影响。

综上所述，废水中有机物的可生化性，最好通过所采用的处理装置，对该废水进行试验确定。

5.2 特种废水好氧生物处理

5.2.1 好氧活性污泥法

1. 活性污泥法的基本原理

活性污泥是一种人工培养的生物絮凝体，它是由好气微生物（包括细菌及其他菌类、微型动物，但主要是好气性菌胶团及其吸附的有机物质和无机物质）所组成，具有吸附和分解废水中有机物的能力，显示出生物化学活性。如果将一桶粪便污水连续鼓入空气以维持水中的溶解氧，经过一段时间（若干日），由于粪便污水中微生物的生长和繁殖，逐渐形成褐色的污泥状絮凝体，在显微镜下观察，可发现有种类繁多的大量微生物。这种絮凝体就是活性污泥。

活性污泥法处理废水就是让这些生物絮凝体悬浮在废水中形成混合液，使废水中的有机物同活性污泥微生物充分接触。溶解性的有机物将被细胞所吸附和吸收，进入细胞原生质内，并在细胞内酶作用下进行氧化分解。废水中悬浮状态和胶态有机污染物被吸附后，先在微生物的细胞外酶作用下分解为溶解性的低分子有机物，再进入细胞内部，通过这样一种相转移和微生物的新陈代谢作用，使有机物分解，废水得到净化。同时，新的细胞物质不断合成，活性污泥的数量也不断增多，将悬浮于废水中的活性污泥进行分离后，排出的即为净化后的废水。

活性污泥净化废水过程包括以下几个阶段：

（1）黏附和附聚

废水中悬浮状态的污染物黏附或附聚在活性污泥表面的黏质层上，这种黏质层是活性污泥的特有结构，它是一种多糖类物质在活性污泥表面形成的覆盖层。

（2）吸附和吸收

活性污泥具有相当大的吸附能力，这是由于活性污泥比表面积大所造成的。1L 活性污泥和废水的混合液含细菌量可达 100×10^8 个以上，其吸附面积可达 1200m²。废水中胶体物质及一些溶解性有机物，能被如此巨大的吸附表面所吸附。吸附后，大分子有机物被水解为小分子有机物；小分子有机物在微生物的透膜酶作用下进行选择性透过。进入微生物体内，也可以利用浓度差的作用渗透入胞内。

（3）有机物分解和有机体合成

这一过程实质上是由于代谢作用，使活性污泥重新获得吸附和吸收能力（再生）的过程。

（4）凝聚与沉淀

微生物具有凝聚性能，可形成大块菌胶团。沉淀是混合液内固相活性污泥颗粒同废水分离的过程。固液分离的好坏，直接影响到出水水质。所以活性污泥法的处理效率应包括二次沉淀的效率，即用通过活性污泥曝气池及二次沉淀池的总去除率表示。

2. 活性污泥法的选择

对工业废水处理可概括为三种运行方式，如图 5-1 所示。

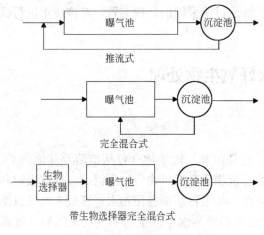

图 5-1 活性污泥法工艺流程

（1）推流式活性污泥法

在曝气池进水端有机物浓度高，在流向池末端的过程中，由于生物降解，有机物浓度逐渐减少，所以有机物变化梯度大，这有利于菌胶团细菌生长，而不利于丝状微生物的生长。结果活性污泥絮凝性能好，易沉淀。

推流式曝气池本身的稀释能力小。当废水中所含的毒性或抑制性有机物等超过允许值时，废水进入曝气池前，需将其除去或进行水质调节。推流式活性污泥法适于处理易降解的工业废水和生活污水。

（2）完全混合活性污泥法

该法对废水流量和水质变化抵抗能力强，适用于难降解有机废水的处理。不适于易降解有机废水的处理，因为在完全混合条件下，丝状菌易于生长繁殖而导致活性污泥膨胀。

完全混合活性污泥法最大的特点是具有中和、调节和稀释能力。活性污泥法的最佳pH范围为 6.5～8.5，超过这个范围时，对推流式活性污泥法，废水进入曝气池前需进行中和处理，但对完全混合活性污泥法来说，是否需要进行中和处理应根据该废水的水质确定。例如，pH 大于 10 的较高浓度的纺织废水，经完全混合活性污泥法处理后，pH 可降至 8.0 左右，这样的废水在进入曝气池前则不需进行中和处理。这是因为废水中的氢氧根离子（OH^-）与生物降解过程中产生的二氧化碳发生反应生成具有缓冲作用的重碳酸根离子（HCO_3^-）。每去除 1kgBOD 能够中和 0.5kg 氢氧根离子碱度（以 $CaCO_3$ 计）。又如，合成纤维和有机化工厂排出的含乙酸废水，其 pH 低于 4.0，对这种废水采用完全混合活性污泥法处理也不需要进行中和预处理。废水中的有机酸在生物处理过程被氧化为 CO_2，CO_2 能够通过曝气而从水中被吹脱出去，结果使水中 CO_2 处于平衡状态。

（3）生物选择器完全混合式活性污泥法

对易生物降解的有机废水，如采用完全混合活性污泥法可在完全混合曝气池前设生物选择器以抑制丝状菌生长。根据运行条件，生物选择器可分为好氧、缺氧和厌氧三种。目前对后两者的研究较少，常用的是好氧生物选择器。

在好氧生物选择器中，废水中溶解性有机物大部分被菌胶团细菌吸附而去除，丝状菌缺乏吸附能力，结果在选择器中菌胶团细菌生长速度超过丝状菌，菌胶团细菌成为优势细菌。当废水从生物选择器流出，进入完全混合曝气池时，溶解性有机物的浓度已经相当低，虽然都可被丝状菌和菌胶团细菌所利用，但丝状菌在混合液中并不占优势。另外，菌胶团细菌在生物选择器中吸附的有机物贮存于细胞内，在完全混合曝气池中被利用，结果在完全混合曝气池中，菌胶团细菌仍成为优势细菌。

好氧生物选择器应保证废水与活性污泥有一定的接触时间。如果接触时间太短，则进入曝气池的废水可降解有机物浓度太高，池中丝状菌就会占优势，会产生污泥膨胀。反之，如果接触时间太长，则进入曝气池的废水可降解有机物浓度就会太低，池中丝状菌很少，结果活性污泥缺少丝状菌作骨架，使出水悬浮物浓度增高。因此，废水与活性污泥的接触时间应通过试验确定，一般可采用 15min 左右。

3. 典型活性污泥法处理工艺

（1）连续进水的间歇式活性污泥法（SBR）

SBR（Sequencing Batch Reactor）是传统活性污泥法的一种变型，它的反应机制以及污染物质的去除机制和传统活性污泥基本相同，仅运行操作不一样，图 5-2 为 SBR 的基本操作运行模式。

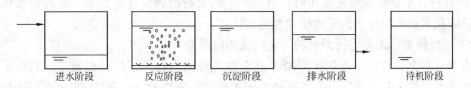

图 5-2 SBR 工艺的基本运行操作

SBR 操作模式由进水（fill）、反应（react）、沉淀（settle）、出水（draw）和待机（idle）等 5 个基本过程组成。从污水流入开始到待机时间结束算作一个周期。在一个周期内一切过程都在一个没有曝气或搅拌装置的反应池内依次进行，这种操作周期周而复始反复进行，以达到不断进行污水处理的目的。

SBR 工艺的主要特点：

1）工艺简单、节省占地及基建费用，远行管理自动化，操作简单；

2）是理想的推流式生化反应过程，反应推动力大、效率高；

3）较易适应负荷变化以及处理出水水质标准的变化；

4）耐冲击负荷能力强，具有处理高浓度有机废水的特性；

5）合理控制 SBR 运行条件，可有效防止污泥膨胀。

（2）循环式活性污泥系统（CAST/CASS/CASP）

循环式活性污泥法——CAST（Cyclic Activated Sludge Technology，或 Cyclic Activated Sludge System，也称 Cyclic Activated Sludge Process）方法是 SBR 工艺的一种新的形式。CAST 方法在 20 世纪 70 年代开始得到研究和应用。与 ICEAS 相比，预反应区容积较小，并成为设计更加优化合理的生物选择器，该工艺将主反应区中部分剩余污泥回流至该选择器中。在运作方式上，沉淀阶段不进水，使排水的稳定性得到保障。通常情况下，CAST 分为三个反应区：一区为生物选择器，二区为缺氧区，三区为好氧区，各区容积之比一般为 1：5：30。图 5-3 为 CAST 的运行工序示意图。

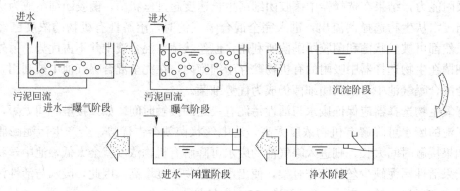

图 5-3　CAST 工艺流程图

CAST 方法的主要特点：

1）工艺流程非常简单，土建和设备投资低（无初沉池以及规模较大的回流污泥泵房）；

2）能很好地缓冲进水水质、水量的波动，运行灵活；

3）在进行生物除磷脱氮操作时，整个工艺的运行得到良好的控制，处理出水水质尤其是除磷脱氮的效果显著优于传统活性污泥法；

4）远行简单，无需进行大量的污泥回流和内回流。

由于具有上述特点，近几年 CAST 在全世界范围内得到了广泛的推广。目前，在美国、加拿大、澳大利亚等国已有 270 多家污水处理厂应用此法，其中 70 多家用于处理工业废水，其处理规模从几千 m³/d 到几十万 m³/d，均运行良好。

（3）氧化沟工艺

氧化沟（Oxidation Ditch）属于活性污泥处理工艺的一种变形工艺，其曝气池呈封闭的沟渠形，污水和活性污泥混合液在其中循环流动，因此被称为"氧化沟"，又称"环行曝气池"。

氧化沟一般不需初沉池，并且通常采用延时曝气。污泥负荷和污泥龄的选取，要考虑污水硝化和污泥稳定化两个因素，污泥龄一般为 10～30 天，污泥负荷在 0.05～0.10kgBOD$_5$/（kgMLSS·d）之间。其结构形式采用环形沟渠，混合液在氧化沟曝气器的推动下作水平流动（平均流速＞0.3m/s）。虽然氧化沟属于活性污泥工艺的一种变形但是在其发展过程中也形成了其很多独有的优点。

1）构造形式多样性。沟渠可以呈圆形和椭圆形等形状，可以是单沟系统或多沟系统，多沟系统可以是一组同心的互相连通的沟渠，也可以是互相平行、尺寸相同的一组沟渠。有与二次沉淀池分建的氧化沟，也有合建的氧化沟。合建氧化沟又有体内式船型（Boat）沉淀池和体外式侧沟式沉淀池。

2）氧化沟曝气设备的多样性。常用的曝气装置有转刷、转盘、表向曝气器和射流曝气等。与其他活性污泥法不同的是，曝气装置只在沟渠的某一处或几处安设，数目应按处理厂规模、原污水水质及氧化沟构造决定。曝气装置的作用除供应足够的氧外，还提供沟渠内不小与 0.3m/s 的水流速度，以维持循环及活性污泥的悬浮状态。

3）曝气强度可调节。调节方式有两种，其一是通过出水溢流堰调节，其二是通过直接调节曝气器调节。

4）简化了预处理和污泥处理。

5）不设二沉池，简化了工艺。

6）具有推流式的某些特征。氧化沟从整体的流态上是完全混合的，但是在局部由于其流速较大又具有推流特性。这样带来的好处之一是经过曝气的污水，在流到出水堰的过程中会形成良好的混合液生物絮凝体，絮凝体可以提高二沉池内的污泥沉降速度及澄清效果。另外，氧化沟的推流特性对除磷脱氮工艺也是极其重要的。通过对系统合理的设计与控制，氧化沟内可以形成缺氧和好氧交替出现的区域，可以取得最好的反硝化效果。

氧化沟的基本工艺流程如图 5-4 所示。

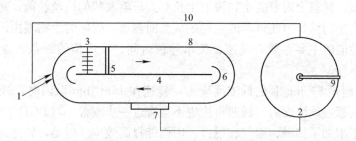

图 5-4　氧化沟构造和工艺流程示意图

1—进水；2—沉淀池；3—转刷；4—中心墙；5—导流板；6—导流墙；
7—出水堰；8—边壁；9—刮泥机；10—回流污泥

为防止无机沉渣在氧化沟中积累，原污水应先经格栅及沉砂池预处理。

氧化沟处理设施包括如下部分：

1）氧化沟池体。氧化沟一般呈环形，平面上多为椭圆形或圆形。四壁由钢筋混凝土制造，也可以素混凝土或石材作护坡。水深与所采用的曝气设备有关，2.5～8m 不等。

2）氧化沟曝气设备。曝气设备的功能有：供氧；推动水流作不停地循环流动；防止活性污泥沉淀；使有机物、微生物及氧三者充分混合、接触。

5.2.2　好氧生物膜法

1. 生物接触氧化法

生物接触氧化法是目前工业废水生物处理广泛采用的一种方法，它具有以下特点：

（1）具有较高的处理效率。这种处理方法一方面具有活性污泥法和生物膜法的特点；另一方面，单位体积生物量比活性污泥法多，因而有机负荷较高，接触停留时间短，处理效率高，有利于缩小处理构筑物容积，减少占地面积，节省基建投资。

（2）污泥不需回流，不会发生污泥膨胀，运行管理简便。

（3）耐冲击负荷能力强。由于这种方法在填料上生长着大量生物膜，对负荷的变化适应性强。在间歇运行条件下，也有一定的处理效果。因此，对于排水不均匀或生产不稳定的工厂以及电力供应不足的地区更有实用意义。

(4) 挂膜培菌简单。一般 2~3d 就可挂膜，再经 20d 左右便可投入驯化运行。

处理工业废水时，一般处理水量小，要求操作管理简便、运行稳定成为重要因素。为了适应在不同负荷下的微生物生长，提高总的处理效率，多采用推流式或多格串联池型。生物接触氧化池的填料常用的有各种无机或有机颗粒类和纤维束类填料。接触停留时间越长，处理效果越好，但所需池容积越大，填料量也越多；反之，接触时间短，则对难降解物质来说，氧化不完全会影响处理效果。因此接触停留时间应根据水质、处理程度要求、填料的种类，通过试验或同类工厂的运行资料来确定。处理 BOD 浓度较高的工业废水时，一方面由于 BOD 负荷高，生物膜数量多，耗氧速率高；另一方面由于进水不均匀，有机负荷变化大，以及鼓风机使用年限和电力供应等因素的影响，气水比应留有适当余地，增加运行上的灵活性。

2. 生物转盘

生物转盘由装在水槽横轴上的许多塑料圆盘组成。盘转动较慢，约有 40% 的表面积浸在水下。盘上生长有 1~4mm 厚的生物膜。随着盘的旋转，盘上附着的水层通过空气时，由空气供氧。转盘上附着的生物膜上生长有大量毛发状的短丝状菌，对有机物进行降解。盘转动时产生的剪切力使过厚的生物膜从盘面剥落，脱落的生物膜由沉淀池去除。

影响处理性能的主要参数有转速、废水停留时间、反应槽的级数、盘浸没深度和温度等。

对 BOD 不超过 300mg/L 的低浓度废水，转速在 18m/min 以内时，处理性能随转速的增大而提高；超过该浓度后，转速再快也不会有进一步改善。对 BOD 浓度较高的废水，增加转速就等于增加了接触、曝气和搅拌，因而能提高效率。但是，转速的提高，使能耗急剧增大，所以应对增加能耗与增大面积两者作充分经济比较。

在许多情况下，从两级改成四级会显著改善处理效率，但大于四级后效果不大。从动力学考虑，最好是推流式或多级运行。当废水组分较多时，不同级上的微生物可能专对某种组分有降解能力，较后的 n 级浓度较低，盘片上繁育硝化菌，有可能产生硝化作用。对 BOD 浓度较高或反应速度慢的工业废水，也许需采用四级以上。对高浓度废水，为保持好氧条件可以将第一级扩大。如果有大量固体产生，可以采用中间沉淀池，避免接触反应池出现厌氧状态。

3. 生物滤池

生物滤池常用塑料填料，有效高度可达 12m，水力负荷可达 $230m^3/(m^2 \cdot d)$。对某些工业废水，根据水力负荷及填料深度的不同，BOD 去除率可达 90%。为避免滤池蝇的滋生，要求最小水力负荷为 $29m^3/(m^2 \cdot d)$。为避免滤池堵塞，当处理含碳废水时，建议填料比表面积最大为 $100m^2/m^3$。比表面积大于 $320m^2/m^3$ 的滤料可用硝化，此时污泥产率低。在多数情况下，由于溶解性工业废水的反应速度比较低。因此，对这类废水进行高去除率的处理，选用生物滤池在经济上是不可行的。但塑料填料滤池已用于高浓度废水的预处理。生物滤池常用于生活污水、制牛皮纸废水、黑液的处理等。

4. MBR 工艺

膜生物反应器（Membrane Bio-Reactor，MBR）是高效膜分离技术和传统活性污泥法的结合，几乎能将所有的微生物截留在生物反应器中，这使反应器中的生物污泥浓度提高，理论上污泥泥龄可以无限长，使出水的有机污染物含量降到最低，能有效地去除氨氮，对难降解的工业废水也非常有效。

（1）机理

膜生物反应器主要由池体、膜组件、鼓风曝气系统、泵及管道阀门仪表等组成，污水中的有机物经过生物反应器内微生物的降解作用，使水质得到净化，而膜的作用主要是将活性污泥与大分子有机物及细菌等截留于反应器内，使出水水质达到回用水水质要求，同时保持反应器内有较高的污泥浓度，加速生化反应的进行。

（2）分类

根据膜材料的不同，膜主要分为有机膜、无机膜两大类。有机膜价格较低，但易污损；无机膜能在恶劣的环境下工作，使用寿命长，但价格较贵。根据膜组件在 MBR 中所起作用的不同，可将 MBR 分为分离 MBR、无泡曝气 MBR 和萃取 MBR 三种。分离 MBR 中的膜组件相当于传统生物处理系统中的二沉池，由于其高的截流率，并将浓缩液回流到生物反应池内，使生物反应器具有很高的微生物浓度和很长的污泥停留时间，因而使 MBR 具有很高的出水水质；无泡曝气 MBR 采用透气性膜对生物反应器无泡供氧，氧的利用率可达 100%，因不形成气泡，可避免水中某些挥发性的有机污染物挥发到大气中；用于提取污染物的萃取 MBR 是由内装纤维束的硅管组成，这些纤维束的选择性将工业废水中的有毒污染物传递到好氧生物相中而被微生物吸附降解。根据生物反应器和膜组件结合的方式不同，膜生物反应器可分为分置式和一体式。

（3）MBR 处理工艺特点

1）对污染物的去除效率高。MBR 对悬浮固体（SS）浓度和浊度有着非常好的去除效果。由于膜组件的膜孔径非常小（$0.01 \sim 1\mu m$），可将生物反应器内全部的悬浮物和污泥都截留下来，其固液分离效果要远远好于二沉池，MBR 对 SS 的去除率在 99% 以上，甚至达到 100%；浊度的去除率也在 90% 以上，出水浊度与自来水相近。

2）具有较大的灵活性和实用性。MBR 工艺（筛网过滤＋MBR）因流程短、占地面积小、处理水量灵活等特点，而呈现出明显优势。MBR 的出水量根据实际情况，只需增减膜组件的片数就可完成产水量调整，非常简单、方便。

3）解决了剩余污泥处置难的问题。剩余污泥的处置问题，是污水处理厂运行好坏的关键问题之一。MBR 工艺中，污泥负荷非常低，反应器内营养物质相对缺乏，微生物处在内源呼吸阶段，污泥产率低，因而使得剩余污泥的产生量很少，污泥龄 SRT 得到延长，排除的剩余污泥浓度大，可不用进行污泥浓缩，而直接进行脱水，这就大大节省了污泥处理的费用。有研究得出，在处理生活污水时，MBR 最佳的排泥时间在 35d 左右。

5.3 特种废水厌氧生物处理

5.3.1 概述

厌氧生物处理法最早用于处理城市污水处理厂的沉淀污泥，后来用于处理高浓度有机废水，采用的是普通厌氧生物处理法。普通厌氧生物处理法的主要缺点是水力停留时间长，沉淀污泥中温消化时，一般需 $20 \sim 30d$。因为水力停留时间长，所以消化池的容积大，基本建设费用和运行管理费用都较高。这个缺点限制了厌氧生物处理法在各种有机废水处理中的应用。

20世纪60年代以后，由于能源危机导致能源价格猛涨，厌氧发酵技术日益受到人们的重视，对这一技术在废水处理领域的应用开展了广泛、深入的科学研究工作，开发了一系列效率高的厌氧生物处理反应器。

现在，厌氧生物处理技术不仅用于处理有机污泥、高浓度有机废水，而且还能够有效地处理诸如城市污水这样的低浓度污水。与好氧生物处理技术相比，厌氧生物处理技术具有一系列明显的优点，具有十分广阔的发展与应用前景。

1. 厌氧生物处理的原理

废水厌氧生物处理是指在无分子氧条件下通过厌氧微生物（包括兼性微生物）的作用，将废水的各种复杂有机物分解转化成甲烷和二氧化碳等物质的过程，也称为厌氧消化，它与好氧过程的根本区别在于不以分子态氧作为受氢体，而以化合态氧、碳、硫、氮等为受氢体。

厌氧生物处理是一个复杂的生物化学过程，依靠两大主要类群的细菌，即水解产酸细菌、产氢产醋酸细菌和产甲烷细菌的联合作用完成，因而可粗略地将厌氧消化过程划分为三个连续的阶段，即水解酸化阶段、产氢产乙酸阶段和产甲烷阶段，如图5-5所示。

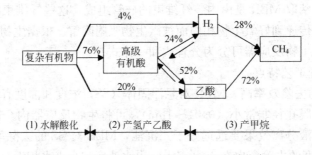

图5-5 厌氧消化的三个阶段和COD转化率

2. 厌氧生物处理的优缺点

厌氧生物处理法具有下列优点：

(1) 有机物负荷高：容积负荷为 $10\sim60kgCOD/$（$m^3 \cdot d$）或 $7\sim45kgBOD/$（$m^3 \cdot d$）；污泥负荷为 $0.5\sim1.5kgCOD/$（$kgVSS \cdot d$）或 $0.3\sim1.2kgBOD/$（$kgVSS \cdot d$）。

(2) 污泥产量低：污泥产率为 $0.04\sim0.15kgVSS/kgCOD$ 或 $0.07\sim0.25kgVSS/kg-BOD$。

(3) 能耗低：酸性发酵时混合液溶解氧浓度一般为 $0\sim0.5mg/L$，甲烷发酵时溶解氧浓度为零，另外产生的沼气可作为能源，去除 $1kgBOD$ 一般可产生 $0.35m^3$ 的沼气，沼气的发热量为 $21\sim23MJ/m^3$。

(4) 营养物需要量少：需要量为 $COD：N：P＝100：1：0.1$ 或 $BOD：N：P＝100：2：0.3$。

(5) 应用范围广：可用于处理高浓度有机废水，也可处理低浓度有机废水。有些有机物好氧微生物对其是难降解的，而厌氧微生物对其却是可降解的。

(6) 对水温的适宜范围较广：处理根据产甲烷菌的最宜生存条件可分为3类：低温菌生长温度范围为 $10\sim30℃$，最宜 $20℃$ 左右；中温菌范围为 $30\sim40℃$，最宜为 $35\sim38℃$；高温菌为 $50\sim60℃$；最宜 $51\sim53℃$。尽管产甲烷菌分为3类，但大多数产甲烷菌的最适温度在 35～40℃之间。厌氧生物处理应尽量不采取加热的措施，但在常温时处理复杂的非溶解性有机物是困难的，高温更有利于对纤维素的分解和寄生虫卵的杀灭。

厌氧处理法的缺点有：

（1）厌氧处理设备启动时间长。因为厌氧微生物增殖缓慢，启动时经接种、培养、驯化达到设计污泥浓度的时间比好氧生物处理长，一般需要 8～12 周。

（2）处理后出水水质差，往往需进一步处理才能达到排放标准。一般在厌氧处理后串联好氧生物处理。

5.3.2　厌氧活性污泥法

1. 厌氧接触法

（1）厌氧接触法工艺流程

厌氧接触法是在普通污泥消化池的基础上，并受活性污泥系统的启示而开发的，其流程如图 5-6 所示。

厌氧接触法的主要特征是在厌氧反应器后设沉淀池，污泥进行回流，结果使厌氧反应器内能维持较高的污泥浓度，可大大降低水力停留时间。厌氧接触法适合用于含悬浮固体浓度较高的废水处理，如利用厌氧接触法处理酒糟废水。

2. 厌氧膨胀床和厌氧流化床

（1）厌氧膨胀床和厌氧流化床的工艺流程

工艺流程如图 5-7 所示。床内充填细小的固体颗粒填料，如石英砂、无烟煤、活性炭、陶粒和沸石等，填料粒径一般为 0.2～1mm。废水从床底部流入，为使填料层膨胀，需将部分出水用循环泵进行回流，提高床内水流的上升流速。关于厌氧膨胀床和厌氧流化床的定义，目前尚无定论，一般认为膨胀率为 10%～20%称膨胀床，颗粒略呈膨胀状态，但仍保持互相接触；膨胀率为 20%～70%时，称为流化床，颗粒在床中作无规则自由运动。

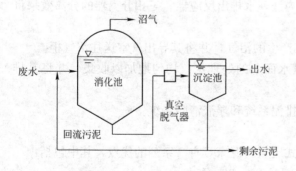

图 5-6　厌氧接触法的工艺流程

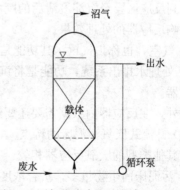

图 5-7　厌氧膨胀床和流化床工艺流程

（2）厌氧膨胀床和厌氧流化床的特点

1）细颗粒的填料为微生物附着生长提供比较大的比表面积，使床内具有很高的微生物浓度，一般为 30gVSS/L 左右，因此有机物容积负荷较高，一般为 10～40kg COD（m³·d），水力停留时间短，耐冲击负荷能力强，运行稳定；

2）载体处于膨胀状态，能防止载体堵塞；

3）床内生物固体停留时间较长，运行稳定，剩余污泥量少；

4）既可用于高浓度有机废水的厌氧处理，也可用于低浓度的城市污水处理。

厌氧流化床的主要缺点有：

1）载体流化耗能大；

2）系统的设计要求高。

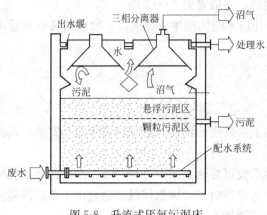

图 5-8　升流式厌氧污泥床

3. 升流式厌氧污泥床（UASB）

（1）升流式厌氧污泥床的构造

升流式厌氧污泥床在构造上的特点是集生物反应与沉淀于一体，是一种结构紧凑的厌氧反应器（见图 5-8）。

反应器主要由下列几部分组成

1）进水配水系统，其主要功能是：①将进入反应器的原废水均匀地分配到反应器整个横断面，并均匀上升；②起到水力搅拌的作用。这都是反应器高效运行的关键环节。

2）反应区，是升流式厌氧污泥床的主要部位，包括颗粒污泥区和悬浮污泥区。在反应区内存留大量厌氧污泥，具有良好凝聚和沉淀性能的污泥在池底部形成颗粒污泥层。废水从厌氧污泥床底部流入，与颗粒污泥层中的污泥进行混合接触，污泥中的微生物分解有机物，同时产生的微小沼气气泡不断地放出。微小气泡在上升过程中不断合并，逐渐形成较大的气泡。在颗粒污泥层上部，由于沼气的搅动，形成一个污泥浓度较小的悬浮污泥层。

3）三相分离器，由沉淀区、回流缝和气封组成，其功能是将气体（沼气）、固体（污泥）和液体（废水）等三相进行分离。沼气进入气室，污泥在沉淀区进行沉淀，并经回流缝回流到反应区。经沉淀澄清后的废水作为处理水排出反应器。三相分离器的分离效果将直接影响反应器的处理效果。

4）气室，也称集气罩，其功能是收集产生的沼气，并将其导出气室送往沼气柜。

5）处理水排出系统，功能是将沉淀区水面上的处理水，均匀地加以收集，并将其排出反应器。

此外，在反应器内根据需要还要设置排泥系统和浮渣清除系统。

（2）升流式厌氧污泥床的特点

与其他类型的厌氧反应器相较，升流式厌氧污泥床具有一系列的优点，其中包括：

1）污泥床内生物量多，折合浓度计算可达 20～30g/L。

2）容积负荷率高，在中温发酵条件下，一般可达 10kgCOD/（m³·d）左右，甚至能够高达 15～40kgCOD/（m³·d），废水在反应器内的水力停留时间较短，因此所需池容大大缩小。

3）设备简单，运行方便，不需设沉淀池和污泥回流装置，不需充填填料，也不需在反应区内设机械搅拌装置，造价相对较低，便于管理，而且不存在堵塞问题。

4. 内循环厌氧处理技术（IC 工艺）

内循环厌氧反应器（Internal Circulation，IC）是荷兰 PAQUES 公司于 20 世纪 80

年代研究开发成功的第 3 代高效厌氧反应器。IC 反应器是在 UASB 反应器的基础上发展起来的。与 UASB 反应器相比，它具有处理容量高、投资少、占地省、运行稳定等优点，因而受到各国水处理工作者的瞩目，被称为目前世界上处理效能最高的厌氧反应器。

（1）基本构造

IC 反应器的基本构造如图 5-9 所示。IC 反应器实际上是由两个上下重叠的 UASB 反应器串联组成，底部的一个处于极端的高负荷，上部的一个处于低负荷，反应器一般高 16～25m，容积负荷是 UASB 反应器的 4 倍左右，高径比为 4～8。反应器由 5 个部分组成：混合区、第 1 反应室、第 2 反应室、内循环系统和出水区。其中内循环系统是 IC 反应器的核心部分，由一级三相分离器、沼气提升管、气液分离器和回流管组成。IC 反应器的主要特点就是反应器内部能够形成液体内循环，使有机物与颗粒污泥的传质过程加强，反应器的处理能力得到提高。它的另一个特点是在高的反应器内将沼气的分离分为两个阶段。

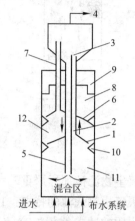

图 5-9　IC 反应器的基本构造
1——级三相分离器；2—沼气提升管；3—气液分离管；4—沼气出管；5—回流管；6—2 级三相分离器；7—集气管；8—沉淀区；9—出水管；10—气封；11—第一反应室；12—第二反应室

（2）工作原理

污水直接进入反应器的底部，通过布水系统与颗粒污泥混合。在底部的高负荷区内有一个污泥膨胀床，在这里 COD 大部分被转化为沼气，沼气被第 1 级三相分离器所收集。由于 COD 负荷高，沼气产量很大，在上升过程中会产生很强的提升能力，使污水和部分污泥通过沼气提升管上升到顶部的气液分离器中，在这个分离器中产生的沼气被收集排出，污泥和水的混合液通过回流管回到反应器底部，从而完成内循环过程。从底部第 1 个反应室的出水进入上部第 2 个反应室进行后处理，在此产生的沼气被第 2 级三相分离器收集。因为第 2 反应室里的 COD 浓度已经很小，所产生的沼气量也很少，水力负荷和产气负荷都很低，有利于污泥的沉降滞留。

5.3.3　厌氧生物膜法

1. 厌氧生物滤池

（1）厌氧生物滤池的构造

厌氧生物滤池是装填滤料的厌氧反应器。厌氧微生物以生物膜的形态生长在滤料表面，废水淹没地通过滤料，在生物膜的吸附作用和微生物的代谢作用以及滤料的截留作用下，废水中的有机污染物被去除。产生的沼气则聚集于池顶部罩内，并从顶部引出。处理水则由旁侧流出。为了分离处理水带出的生物膜，一般在滤池后需设沉淀池。

滤料是厌氧生物滤池的主体部分，滤料应具备下列各项条件：比表面积大、孔隙率高、表面粗糙、生物膜易于附着、化学及生物学的稳定性强、机械强度高等。常用的滤料有碎石、卵石、焦炭和各种形式的塑料滤料。碎石、卵石滤料的比表面积较小（40～50m²/m³）、孔隙率较低（50%～60%），产生的生物膜较少，生物固体的浓度不高，有机负荷较低（仅为 3～6kgCOD/（m³·d）），运行中容易发生堵塞与短流现象。塑料滤料的比表面积和孔隙率都比较大，如波纹板滤料的比表面积达 $100\sim200\text{m}^2/\text{m}^3$，孔隙率达 $80\%\sim90\%$。因此，有机负荷大为提高，在中温条件下，可达 $5\sim15\text{kgCOD}/(\text{m}^3\cdot\text{d})$，这样的滤池不易堵塞。

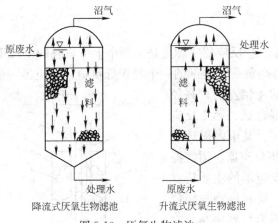

图 5-10　厌氧生物滤池

（2）厌氧生物滤池的形式

根据水流方向，厌氧生物滤池可分为升流式和降流式两种形式（见图5-10）。

升流式厌氧生物滤池，废水由底部进入，向上流动通过滤料层，处理水从滤池顶部旁侧流出。沼气则通过设于滤池顶部最上端的收集管排出滤池。

降流式厌氧生物滤池，处理水由滤池底部排出，沼气收集管仍设于池顶部上端，堵塞问题不如升流式厌氧生物滤池那样严重。

厌氧生物滤池的特点：1）生物量浓度较高，因此，有机负荷率较高；2）能够承受水量或水质的冲击负荷；3）不需污泥回流；4）设备简单、能耗低、运行管理方便，费用低；5）无污泥流失，处理水挟带污泥较少。此外，厌氧生物滤池适宜用于溶解性有机废水的处理；升流式滤池的底部易于堵塞，因此，进水悬浮物含量不应超过 200mg/L。

2. 厌氧生物转盘

（1）厌氧生物转盘的构造

厌氧生物转盘的构造与好氧生物转盘相似，其不同之处在于上部加盖密封，为收集沼气和防止液面上的空间有氧存在。厌氧生物转盘由盘片、密封的反应槽、转轴及驱动装置等组成。盘片分为固定盘片（挡板）和转动盘片，相间排列，以防盘片间

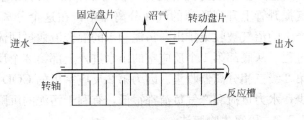

图 5-11　厌氧生物转盘构造图

生物膜粘连堵塞，固定盘片一般设在起端。转动盘片串联，中心穿以转轴，轴安装在反应器两端的支架上，其构造如图5-11所示。废水处理靠盘片表面生物膜和悬浮在反应槽中的厌氧活性污泥共同完成。盘片转动时，作用在生物膜上的剪力将老化的生物膜剥下，在水中呈悬浮状态，随水流出槽外。沼气则从槽顶排出。

（2）厌氧生物转盘的特点

厌氧生物转盘主要有下列特点：

1）微生物浓度高，可承受高额的有机物负荷，一般在中温发酵条件下，有机物面积负荷可达 $0.04\text{kgCOD}/[\text{m}^2（盘片）\cdot\text{d}]$ 左右，相应的 COD 去除率可达 90% 左右；

2）废水在反应器内按水平方向流动，不需提升废水，从这个意义来说是节能的；

3）不需处理水回流，与厌氧膨胀床和流化床相比，既节能又便于操作；

4）可处理含悬浮固体较高的废水，不存在堵塞问题；

5）由于转盘转动，不断使老化生物膜脱落，使生物膜经常保持较高的活性；

6）具有承受冲击负荷的能力，处理过程稳定性较强；

7）可采用多级串联，各级微生物处于最佳的生存条件下；

8）便于运行管理。

厌氧生物转盘的主要缺点是盘片成本较高，使整个装置造价很高。厌氧生物转盘在目前还处于试验阶段，在生产中还很少用。

3. 厌氧折流板反应器

（1）厌氧折流板反应器的构造和工艺流程

厌氧折流板反应器是美国Mccarty 于 1982 年开发的一种新型厌氧活性污泥法。厌氧折流板反应器及废水处理工艺流程如图 5-12 所示。在反应器内

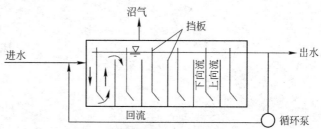

图 5-12　厌氧折流板反应器工艺流程图

垂直于水流方向设多块挡板来保持反应器内较高的污泥浓度以减少水力停留时间。挡板把反应器分为若干个上向流室和下向流室。上向流室比较宽，便于污泥聚集，下向流室比较窄，通往上向流的导板下部边缘处加 60°的导流板，便于将水送至上向流室的中心，使泥水充分混合保持较高的污泥浓度。当废水 COD 浓度高时，为避免出现挥发性有机酸浓度过高，减少缓冲剂的投加量和减少反应器前端形成的细菌胶质的生长，处理后的水进行回流，使进水 COD 稀释至大约 5～10g/L，当废水浓度较低时，不需进行回流。

厌氧折流板反应器是从研究厌氧生物转盘发展而来的，生物转盘的转动盘不动，并全为固定盘，这样就产生了厌氧折流板反应器。厌氧折流板反应器与厌氧转盘比较，可减少盘的片数和省去转动装置。厌氧折流板反应器实质上是一系列的升流式厌氧污泥床，由于挡板的截留，流失的污泥比升流式污泥床少，反应器内不设三相分离器。

（2）厌氧折流板反应器的特点

1）反应器启动期短。试验表明，接种一个月后就有颗粒污泥形成，两个月就可投入稳定运行。

2）避免了厌氧滤池、厌氧膨胀床和厌氧流化床的堵塞问题。

3）避免了升流式厌氧污泥床因污泥膨胀而发生的污泥流失问题。

4）不需混合搅拌装置。

5）不需载体。

本章参考文献

[1]　邹家庆. 工业废水处理技术[M]. 北京：化学工业出版社，2003.

[2]　王又蓉. 工业废水处理问答[M]. 北京：国防工业出版社，2007.

[3]　章非娟. 工业废水污染防治[M]. 上海：同济大学出版社，2001.

[4]　W. Wesley Eckenfelder. 工业水污染控制[M]. 北京：中国建筑工业出版社，1992.

[5]　北京市环境保护科学研究所等. 三废处理工程技术手册[M]. 北京：化学工业出版社，2000.

[6]　中国化工防治污染技术协会. 化工废水处理技术[M]. 北京：化学工业出版社，2000.

［7］ 许译美等．废水处理及再用．北京：中国建筑工业出版社，2002.

［8］ 周亚琴．MBR 污水处理工艺研究［J］．延安大学学报（自然科学版），2009，28(4)：83～86.

［9］ 李广，李晶，任飞，王雷，等．EGSB 工艺的研究进展及应用［J］．辽宁化工，2008，37(4)：262～266.

［10］ 杨爽，张雁秋．对内循环厌氧(IC)反应器的探讨［J］．工业安全与环保，2005，31(8)：12～14.

［11］ 张自杰．排水工程（下）［M］．北京：中国建筑工业出版社，2015.

下篇　特种废水处理技术

6　发酵工业废水处理技术

发酵是借助微生物在有氧或无氧条件下制备微生物菌体,或直接产生代谢产物或次级代谢产物的过程。所谓发酵工业,就是利用微生物的生命活动产生的酶对无机或有机原料进行加工获得产品的工业。它包括传统发酵工业(有时称酿造),如某些食品和酒类的生产;也包括近代发酵工业,如酒精、乳酸、丙酮一丁醇等的生产;还包括新兴的发酵工业,如抗生素、有机酸、氨基酸、酶制剂、单细胞蛋白等的生产。

发酵工业,既是生物工程的一个分支,也是食品工业的组成部分,1998年,食品与发酵工业总产值已达5900亿元,在各产业部门中,其产值已跃居第一位,成为国民经济的主要支柱产业。然而,随着该工业的飞速发展,它产生的环境问题也日趋严重。发酵行业中,每吨产品产生的发酵残液量较多的主要是味精、柠檬酸和酵母生产企业。酶制剂产生的高浓度有机废水相对较少;淀粉糖基本上不产生高浓度的有机废水。此外,在大型味精厂附有以玉米为原料的淀粉生产车间,每吨淀粉需要消耗2~3t玉米,同时产生黄浆水、玉米浸泡水等。因此,在发展生产的同时,要加强对废水的治理,做到达标排放。

6.1　发酵工业废水的来源

6.1.1　工艺流程

在我国,食品发酵工业存在的主要问题表现为:生产虽有一定规模,但产品结构不合理,粗放经营,资源浪费严重,环境污染突出,经济效益低下。我国发酵工业若要在今后几年保持稳定、快速发展,就不能再以简单增加资源、能源、劳动力的方式来扩大生产,而要大力开发生物技术,大幅度增加技术含量,依靠先进的科技来增加产量,降低成本,增加效益。一般来讲,淀粉、制糖、乳制品的加工工艺为:原料→处理→加工→产品。

而发酵产品(酒精、酒类、味精、柠檬酸、有机酸)的生产工艺为:原料→处理→淀粉→糖化→发酵→分离与提取→产品。

6.1.2　废水来源

由工艺流程可见,发酵工业废水的主要来源有:原料处理后剩下的废渣,如蔗渣、甜菜粕、大米渣、麦糟等;分离与提取主要产品后废母液与废糟,如玉米、薯干、糖蜜酒精糟、味精发酵废母液、白酒糟、葡萄酒糟等；加工和生产过程中的各种冲洗水、洗涤水和冷却水。

据统计，1998年食品与发酵行业年排放废水总量达 28.12 亿 m^3，其中废渣量达 3.4 亿 m^3，废渣水的有机物总量为 944.8 万 m^3。不言而喻，整个食品与发酵工业的年排放废水、废渣水总量将大大超过上述数字，而且有逐年增多的趋势。

6.2 发酵工业废水的水量水质特征

食品与发酵工业均以粮食、薯干、农副产品为主要原料，生产过程中排出的废渣水（如酒精糟、白酒糟、麦糟、废酵母、黄浆大米渣、薯干渣、玉米浆渣等）中含有丰富的蛋白质、氨基酸、维生素以及糖类和多种微量元素（见表6-1）。

食品发酵业废渣水主要成分含量   表 6-1

项目 \ 废渣水	薯干酒精糟	玉米酒精糟	糖蜜酒精糟	味精废母液[②]	柠檬酸废母液	白酒糟[③]	啤酒精	废甜菜粕	大米渣
pH	5.4	5.2	5.0	3.2~3.5	5.0~5.5	3~4			
ω[①]（还原糖）	0.22			0.75	0.4				
ω（总糖）	0.68	0.83	2.2		1.0				
ω（总固形物）	5.2	5.7	11.5	11.54	4.0				
ω（悬浮物）	4.2	4.12	1.5	1.54			40	20~25	8.4	50
ω（灰分）	0.6	0.22	3.1	6.03		5.84			
ω（氮）	0.13		0.31			8.1	5.1	0.9	25
ω（磷）	0.02		0.005	0.13		0.11		0.05	
ω（谷氨酸）				1.74					
ω（淀粉）				1.03					12
COD(g/L)	52.6	70	130	100~120	20~30	30~50			
BOD(g/L)	23.3			50~60					

① ω 表示的是成分的质量分数；②味精废母液是指发酵液采用一次冷冻等电提取粗谷氨酸后的母液；③白酒糟是指大曲酒（65°）酒糟。

发酵工业主要利用原料中的淀粉，其他成分（蛋白、脂肪、纤维等）未被很好地利用，大部分随水流失，进入发酵工业废水。食品与发酵工业的行业繁多、原料广泛、产品种类多，排出的废水水质差异大，其主要特点是有机物质和悬浮物含量较高、易腐败，一般无毒，但会导致受纳水体富营养化，造成水体缺氧，水质恶化。

按照发酵工业的性质与产品来讲，所产生的废水主要包括酒类生产废水、糖类生产废水、乳品工业废水、味精生产废水、柠檬酸生产废水和抗生素类生物制药废水等。各种废水的水质特征迥异，这里选择啤酒工业废水和味精工业废水阐述其特性。

6.2.1 啤酒工业废水

我国啤酒工业1930年开始于青岛。近年来，随着人们生活水平的不断提高，我国啤酒工业高速发展，啤酒产量以每年35%的速度增长，1993年年产啤酒1200万 t，1994年已突破 1400 万 t，成为世界上第二大啤酒生产国，1998 年已发展到 1990 余万 t 的规模，到 2010 年将达到 3000 万 t。伴随啤酒产量的提高，啤酒生产废水的治理也日益受到广泛关注。每生产 1t 啤酒耗水 8.24～50t，排放的废水一般占用水量的 70%～80%。啤酒废水中含有酿造过程中产生的多种副产物和废弃物，我国啤酒工业每年排放废水约 3.4 亿 t，废渣 336 万 t。啤酒废水具有水量大，悬浮物及有机物含量高等特点，COD 在几百到几万 mg/L 之间波动，BOD_5 浓度为 1000～1800mg/L，SS 在 1000～1500mg/L 之间波动，pH 值约 5～8，BOD_5/COD 值高（大于 0.5）。据国外统计，废水不经处理的啤酒厂每年生产 1000t 啤酒所排出废水的 BOD 值相当于 1.4 万人生活污水的 BOD 值，悬浮固体 SS 值相当于 8000 人生活污水的 SS 值。目前国内多数厂家废水未经处理直接排放，已成为食品发酵工业的主要污染源之一。

1. 啤酒生产工艺

啤酒的酿造方法随啤酒的种类不同而异，但是其工艺一般都分为：制麦芽、糖化、发酵、洗瓶及灌装等 4 大工序，生产工艺流程如图 6-1 所示。

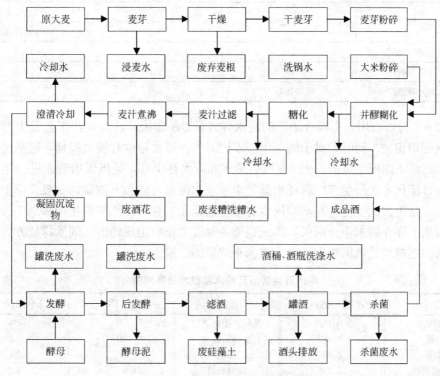

图 6-1　啤酒生产工艺流程图

2. 废水来源

制麦芽阶段包括浸麦洗麦水和冷却用水两部分。冷却水的水质较好，可以循环使用，主要污染来自浸麦用水。麦汁制备过程俗称糖化，此工序将产生麦汁冷却水、装置洗涤水、麦糟、热凝固物、冷凝固物和酒花糟等废水。发酵工序中除产生大量的冷却水外，还可以产生发酵洗涤水、废消毒液、酵母漂洗水、冷却水和冷凝固物。包装工序主要产生清洗消毒废水，其中含有残酒和酒泥。

可见，啤酒生产的废水主要来自两个方面；一是大量的冷却水（糖化、麦汁冷却、发酵等）；二是大量的洗涤水、冲洗水（各种灌洗涤水、瓶洗涤水等）。因此，啤酒废水的特点是水量大，无毒有害，属于高浓度有机废水。

3. 水量特征

啤酒厂生产啤酒过程用水量很大，特别是酿造、罐装工艺过程大量使用新鲜水，相应也产生大量废水。啤酒的生产工序较多，不同啤酒厂生产过程中吨酒耗水量和水质相差较大。管理和技术水平较高的啤酒厂耗水量为 $8\sim12m^3/t$，我国啤酒厂的吨酒耗水量一般大于该参数。据统计，国内啤酒从糖化到灌装吨酒平均耗水量为 $10\sim20m^3$。国内相关厂家耗水量如表 6-2 所示。

啤酒厂耗水量统计表　　　　　　　　　　　　　　表 6-2

生产单位	年用水量(10×10³t/a)	啤酒产量(10×10³t/a)	吨酒耗水量(10×10³t/a)
青岛啤酒厂	108.39	6.3	19.17
上海啤酒厂	113.4	3.8	30.7
杭州啤酒厂	—	2	21.77
北京啤酒厂	142	2.5	25(老设备)
		2.5	10(新设备)
北京五星啤酒厂	118	3.3	17.8
北京燕京啤酒厂	66	2.0	30.0
上海华光啤酒厂	71.7	3.1	17.45

由表 6-2 可以看出，不同啤酒厂的废水排放量差距很大，这与生产工艺及生产管理水平等因素密切相关。同时，对于同一个厂不同时间的排水量也有较大差别，这是由于季节不同、生产量不同所造成的。表 6-3 所列热水和冷水耗用量，是指国内较先进的年产万吨啤酒、每日糖化 6 次的生产厂日耗水量。季节废水流量可能会有波动，一般夏季生产量大于冬季，水量也因此变化。甚至每周也有水量的变化，有的工厂啤酒生产每周 7 天日夜进行，但装瓶工序在周末停止两天，因此到周一时废水排放出现峰值。间歇排放方式的啤酒废水的水质逐时变化范围较大，最大值为平均值的 2 倍。

年产万吨啤酒厂冷水和热水日耗用量　　　　　　　　　　　　表 6-3

工序	冷水耗用量(m³/d)	工序	温度（℃）	热水耗用量(m³/d)
麦汁冷却	180	麦芽、辅料混合	60	24
洗瓶	46.2	洗涤筛蔸底	80	1.26
洗桶	3.83	洗槽	80	24
测定桶容积	4.21	洗酒花糟	80	2.5
洗发酵糟	1.6	洗麦汁管路	60	15.12
洗后酵糟	1.6	洗麦汁冷却设备	60	1.68
洗精酒精	1.6	洗酒精贮槽	60	0.62
水力除麦糟	24	洗压榨机	60	2.5
洗糖化设备	7.2	洗其他设备	60	9
洗麦汁冷却设备	3.6	合计		88
洗酵母贮槽	3.0			
洗啤酒过滤设备	9.6			
洗地面	13.0			
合计	325.24			

4. 水质特征

一般来讲，从麦芽制备开始直到成品酒出厂，每一道工序都有酒损产生。酒损率与生产厂的设备先进性、完好性和管理水平有关。酒损率越高，造成的环境污染越严重。先进酒厂的酒损率约为6%～8%，设备陈旧及管理不善的酒厂酒损率可高达18%以上，一般水平的啤酒厂的酒损率为10%～12%。

按全国的平均水平，每生产成品酒1t，排放COD污染物约25kg、BOD_5污染物15kg、悬浮物固体15kg，其COD含量大多在1000～2500mg/L之间，BOD_5含量在600～1500mg/L之间，BOD_5与COD的比值高达0.5左右。这种废水有较高的生物可降解性，其中也含有一定量的凯氏氮和磷。啤酒废水生产中各工序废水水质见表6-4，我国部分啤酒厂废水的水量水质见表6-5。

啤酒废水生产中各工序废水水质　　　　　　　　　　　表6-4

废水来源	主要污染物	COD（mg/L）	BOD_5（mg/L）	排放比（%）	排放方式
浸麦、洗麦水	糖类、果胶、矿物盐、蛋白化合物等	500～800	300～500	20～25	间歇
糖化锅、糊化锅清洗水，麦糟贮存池底流出的麦槽水	残余麦汁、糖化醪残留物、热冷凝固物等	20000～40000	15000～25000	5～10	间歇
发酵罐、贮酒灌清洗水	残余酵母及凝固物、废啤酒等	2000～3000	1400～2400	15～20	间歇
洗瓶水、喷淋杀菌水、地面冲洗水、包装物破损流出的残酒	洗涤剂、碱、悬浮物、废啤酒等	500～800	300～500	30～40	连续
厂总排放口工艺水、清洗水	糖类、醇类、有机酸类等有机物	1500～2500	1000～1800	100	连续

我国部分啤酒厂废水的水量水质　　　　　　　　　　　表6-5

生产单位	pH	P(SS)(mg/L)	污水量(m³·d)	COD(mg/L)	BOD(mg/L)
济南白马山啤酒厂	6.5	200	3500	1950	600
燕京啤酒厂	6～9	200	1500	1500	800
桂林啤酒厂	5～8	400	—	1000～1100	700～800
华光啤酒厂	5.4	436	—	1358	1233
青岛啤酒厂	—	150	—	500～1000	350～750
沈阳啤酒厂	—	83～446	—	656～8147	420～5410

由表6-4和表6-5可以看出，同一啤酒厂不同啤酒加工工序排出的水质水量差别较大。同时，不同啤酒厂排出的啤酒废水的水质水量差别也较大，这与生产工艺、生产管理水平等因素有关。

6.2.2 味精工业废水

据20世纪80年代初期统计，我国味精产量为5万t/a，高浓度废水的排放量为125万t/a；至20世纪90年代，我国味精产量增至55万t/a，高浓度废水的排放量达到1400万t/a。这些高浓度有机废水相当一部分直接排入江河，不仅严重污染环境，还将宝贵的资源当成废弃物扔掉。同时，高浓度废水排入水体后导致水体溶解氧降低，引起水质恶化，影响水生态环境。

1. 味精工业生产工艺

生产味精的方法有发酵法和水解法两种，现多采用发酵法。谷氨酸发酵主要以糖蜜和淀粉水解糖为原料，我国以淀粉水解糖为原料居多，而国外几乎都以糖蜜为原料生产谷氨酸。所以，味精工业是以大米、淀粉、糖蜜为主要原料的加工工业，其生产工艺与其他发酵产品一样，为：原料→处理→淀粉→液化→糖化→发酵→分离与提取→产品，味精生产工艺主要有淀粉水解糖的制取、谷氨酸发酵、谷氨酸的提取与分离和由谷氨酸精制生产味精。味精生产工艺流程可如图 6-2 所示。

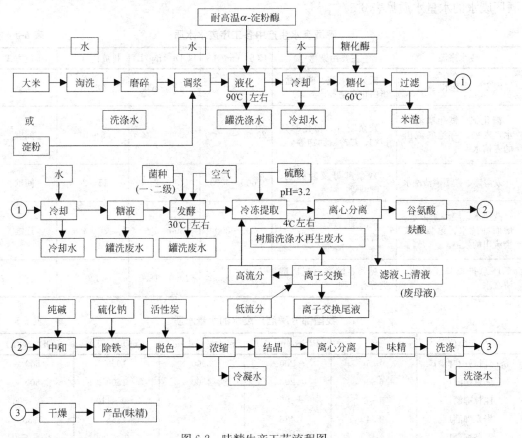

图 6-2　味精生产工艺流程图

2. 废水来源

废（渣）水主要来自原料处理后剩下的废渣（米渣）；发酵液经提取谷氨酸（麦麸酸）后废母液或离子交换尾液；生产过程中各种设备（调浆罐、液化罐、糖化罐、发酵罐、提取罐、中和脱色罐等）的洗涤水；离子交换树脂洗涤与再生废水；液化（95℃）至糖化（60℃）、糖化（60℃）至发酵（30℃）等各阶段的冷却水；各种冷凝水（液化、糖化、浓缩等工艺）。

3. 水量、水质特征

味精生产的主要污染物、污染负荷和排放量如表 6-6 所示。

味精生产主要污染物、污染负荷和排放量 表 6-6

污染物分类	pH	COD (mg/L)	BOD (mg/L)	SS (mg/L)	NH_4^+—N (mg/L)	Cl^-或 SO_4^{2-} (mg/L)	ω (氨氮) (%)	ω (菌体) (%)	排放量 (m³/t 味精)
高浓度(离子交换尾液或发酵废母液)	1.8~2.0	30000~70000	20000~42000	12000~20000	500~7000	8000 或 20000	0.2~0.4	1.0~1.5	15~20
中浓度(洗涤水、冲洗水)	3~3.2	1000~2000	600~1200	150~250	1.5~3.5				100~250
低浓度(冷却水、冷凝水)	3.5~4.5	100~500	60~300	60~150	0.2~0.5				100~200
综合废水(排放口)	6.5~7	1000~4500	500~3000	140~150	0.2~0.5				300~500

注：ω 是指成分的质量分数。

由表 6-6 可见，味精生产过程中排放的低浓度废水，只要管道不渗漏，是不应有污染负荷的。中等浓度废水（100~250m³/t 产品、COD＝800~3000mg/L），如淘米水、洗布水、离子交换冲柱水及精制冲洗水等，治理起来也相对容易，对环境的污染也较小。通常所说的味精废水是指味精发酵液提取谷氨酸后排放的母液以及离子交换尾液，这部分废水虽占总废水量的比例较小，但是 COD 负荷高达 30000~70000mg/L，废母液 pH 值为 3.2，离子交换尾液 pH 值为 1.8~2.0，是味精行业亟待处理的高浓度有机废水，同时，由于谷氨酸的提取工艺不同，排放的废水水质也有所差别，但总体说来大多都具有"五高一低"的特点，即 COD 高、BOD_5 高、菌体含量高、硫酸根（改用硫酸调 pH 前为氯离子）含量高、氨氮含量高及 pH 值低（1.5~3.2）。

味精生产中不同谷氨酸提方法所产生废水的水质特征见表 6-7。

味精生产中不同谷氨酸提取方法所产生废水的水质特征 表 6-7

味精废水名称	pH	COD (10^4mg/L)	BOD_5 (10^4mg/L)	TSS (10^4mg/L)	NH_3—N (10^4mg/L)	SO_4^{2-} (%)	残余谷氨酸 (%)
等电离交	1.5	3.5~4.0	1.5	0.9~1.2		3.26	0.1~0.2
冷冻等电	3.2	4.5~6.0	2.2	1.3	0.4~0.6		1.4
离交聚品	1.5	2.5~3.0	1.2	0.7~0.8		3.32	0.1
甜菜糖蜜	3.2	6.5		1.4~1.5			1.4

另外，表 6-8 给出了国内几个大中型味精厂废水的水量、水质情况。

国内部分味精厂废水水量、水质情况 表 6-8

	武汉周东味精厂		青岛味精厂①	邹平发酵厂		沈阳味精厂③	排放标准
	浓废水	淡废水	浓废水	浓废水②	淡废水	浓、淡废水混合	
水量（m³/d）	400	600	750	350	3000	10200	
COD(mg/L)	20000	1500	60000	50000	1500	2768	≤300
BOD_5(mg/L)	10000	750	30000	25000	750	800	≤150

	武汉周东味精厂		青岛味精厂①	邹平发酵厂		沈阳味精厂③	排放标准
	浓废水	淡废水	浓废水	浓废水②	淡废水	浓、淡废水混合	
NH_4^+—N(mg/L)	10000	200	10000	15000	200		≤25
SO_4^{2-}(mg/L)	20000		35000	70000		3000～3200	
SS(mg/L)	200		10000	8000		5700～6500	≤200
pH	1.5～1.6	5～6	3.0～3.2	1.5～1.6	5～6	3	6～9

①仅仅给出浓废水；②未去除菌体蛋白之离子交换水；③给出的是混合废水。

由表6-7及表6-8可以看出，味精废水的水量、水质随着不同生产厂家的不同生产工艺而各异。因此，在进行味精废水处理工艺设计时，需根据其不同的水量、水质，选择合适的处理工艺。

6.2.3　果汁工业废水

我国是全球最大的浓缩苹果汁生产和出口国，年产量和出口量均占全球总量的60%左右，均位居世界第一位。近年来我国的果汁加工业有了较大的发展，大量引进国外先进的果品加工生产线，采用一些先进的加工技术（见图6-3）。浓缩果汁行业已由过去的小、散、乱逐步向规模化、国际化、高水平、科学化方向发展。然而，浓缩果汁行业生产过程工艺耗水量大、污水排放有机物含量高、能耗高，因此加快浓缩果汁清洁生产技术的研究与开发，解决果汁废水的污染问题是十分必要的。

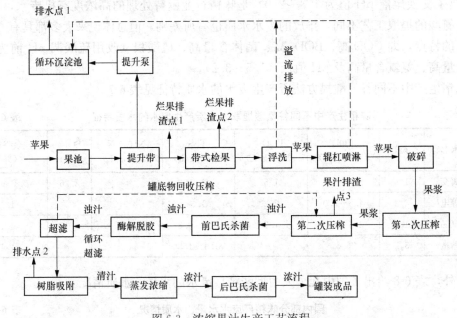

图6-3　浓缩果汁生产工艺流程

1. 果汁工业生产工艺

浓缩果汁企业的生产工艺基本相同，主要生产单元包括洗果、破碎、压榨、酶解、超滤、树脂吸附、蒸发浓缩、巴氏消毒等。其中，原料果经清洗后破碎得到果浆，果浆经榨机压榨后得到浊汁，浊汁经过酶解、超滤后得到清汁，再经过树脂吸附工艺去除色度、农残和霉菌等。清汁经过蒸发浓缩得到浓汁，经过巴氏消毒后进行罐装成品。生产过程中使用的水源为自来水，要求符合饮用水卫生标准。用自来水经过反渗透过滤后的反渗透水作为清洗设备用水，用苹果原汁的蒸发冷凝水作为超滤提糖、萃取用水和部分冲洗原料果用水。

2. 废水来源

浓缩果汁在生产加工过程中会有大量的废水产生，这些废水分别来自不同的工艺阶段，包括苹果清洗阶段、设备内清洗阶段、车间和设备外冲洗过程、锅炉麻石除尘阶段和生活污水等，各阶段废水具有不同的性质。这些不同来源的废水在水质、水量上具有很大的区别，会对废水处理系统的运行产生不同的影响。

3. 水量、水质特征

果汁废水具有有机物浓度高、水质水量变化大、pH 值偏低、悬浮物浓度高的水质特征。果汁废水中含有较高浓度的糖类、果胶、果渣及水溶物和纤维素、果酸、单宁、矿物盐等。糖类主要有果糖、葡萄糖和蔗糖，三者所占的比例约为 2：1：1。果酸类主要有苹果酸、柠檬酸和琥珀酸。果汁废水的特点如表 6-9 所示。

浓缩果汁生产废水特征

表 6-9

有机物浓度	有机物浓度高，一般情况下 COD 为 4000～7000mg/L，BOD_5 为 3000～5000mg/L
SS	含有大量的果渣、果肉、果屑、泥沙等，SS 较高
可生化性	BOD/COD>0.6，可生化性好
营养元素	营养成分单一，C：N 比高，缺乏 N、P
pH	含有大量有机酸和一定量无机酸，pH 较低
水质、水量波动	由于原料、产量和工艺本身的特点，导致排放不均匀、水质水量变化大，COD 变化值可高达 2000～3000mg/L
黏性	含有果胶等胶体，废水黏性大
其他	受苹果收购季节的影响，果汁加工一般在 7～12 月，其余时间水量很小，几乎不排放废水

为充分了解废水的组成及性质，对陕西某浓缩果汁生产企业的生产工艺进行了调查。结果显示，果汁生产加工流程中每日产生的废水量约为 3500～3800m³/d。该废水的主要来源有以下几个方面：(1) 洗果废水，水量约为 1280m³/d；收购的苹果被倒在洗果池内用清水冲洗，经冲洗的苹果经水渠被水力输送至冲洗池 I 进行二次冲洗，然后被输送至冲洗池 II 进行第三次冲洗。冲洗池 I 和冲洗池 II 的冲洗水被泵抽到循环沉淀池内。冲洗水在循环沉淀池内经沉淀去除去泥沙、树叶等杂质，被泵提升至洗果池循环使用。(2) 设备内清洗水，主要为浓缩果汁生产过程中产生的蒸发冷凝水，水量约为 700～800m³/d；果汁生产过程中，生产设备长期浸泡在有机酸、果胶、淀粉、糖等有机混合液中，若不及时清洗，会造成固态有机物沉淀，堵塞管道，甚至结块。因此，为了保护生产设备，保证产品的品质，生产设备应定期进行清洗。NaOH 可与有机酸反应生成亲水性物质，而双氧水和次氯酸钠对设备无腐蚀作用，所以一般果汁厂多选用碱液和次氯酸钠或者双氧水进行清洗和杀菌。(3) 麻石除尘器废水，水量约为 400m³/d。另外，该厂生活污水也通过下水管道进入污水处理系统，生活污水排放情况为 200m³/d。该企业进入污水处理系统的废水来

源、水量情况如表 6-10 所示。

浓缩果汁废水水量情况　　　　　　　　表 6-10

废水种类	来源	水量（m³/d）
洗果废水	循环沉淀池	1280
设备内清洗水	车间设备冲洗	700～800
麻石除尘器废水	烟气脱硫除沉池	400
超滤废水	卧螺进料罐	30～35
生活污水	生活用水排放	200
锅炉水及树脂再生	锅炉水处理及树脂再生水处理	300～400
其他	车间、设备外冲洗	200

果汁废水各阶段废水的水质情况如表 6-11 所示。在浓缩果汁生产各个阶段产生的废水中，COD 含量最高的是超滤废水，其次为设备清洗废水和洗果废水其 COD 值分别高达 92400mg/L、5580mg/L 和 2650mg/L。其中超滤废水又称为超滤罐底物，产生于卧螺进料罐，是超滤底物提取清汁后剩余的液体，产生量约为 35m³/d。该废水含有大量胶体物质，固形物含量约为 8%，COD 含量可以高达 140000～260000mg/L。如果该废水进入水处理系统，会导致废水中悬浮物大量增加，COD 急剧上升，对反应器运行造成严重影响。

果汁废水中各阶段废水的水质情况　　　　　　　　表 6-11

组成废水	COD_{cr} (mg/L)	BOD_5 (mg/L)	NH_3-H (mg/L)	SS (mg/L)	pH
生活废水	420	210	21	240	7
洗果废水	2650	1870	4.55	1429.5	6.65
洗设备水	5580	3390	15.69	400	6.69
超滤废水	92400	42900	65.34	—	2.5
其他废水	420	210	21	240	7
总出口平均	4349	2527.5	24.4	760.4	5.25

6.3　发酵工业废水处理技术

发酵工业废水种类繁多，水量、水质各异，其处理方式也各不相同。本节选择具有代表性的啤酒废水和含有硫酸盐的味精废水，对其处理技术加以阐述。尽管是针对这两种废水阐述了一些处理工艺，但所提及的工艺也可供发酵工业所产生的其他废水处理参考。

6.3.1　啤酒工业废水处理

1. 啤酒废水资源化处理

啤酒生产的主要原料是粮食，在生产过程中，通过生化反应，把粮食中的淀粉转化成可发酵的糖，在酵母菌的作用下生成 CO_2 和酒精，大量的蛋白质作为废弃物分离排放。排放的废酵母泥中蛋白质含量可达 45%～70%。废酵母泥中还含有十几种生命必须的氨基酸、B 族维生素和十几种微量元素。可见，对其回收利用作高蛋白饲料添加剂，具有很高的营养价值和经济效益，而且可减少 COD 污染负荷 85% 以上。综合回收的方法有：通过微压过滤（或离心机脱水），然后进行烘干或自然晾干，粉碎后，即成高蛋白饲料添加剂。

啤酒生产过程排放的另一种废弃物是麦糟和悬浮物很高的糟水。这些悬浮物极易酸化而又难以在短时间内被微生物分解消化，能够造成污泥上浮，破坏处理工艺的正常运行。据实验研究，糖化后的糟水沉淀速度快，且含有一定数量的糖类和蛋白质等。所以，对其进行分离作饲料很有必要。目前主要采用以下处理方法：糖化麦糟水先经滚筒过滤机将粗糟皮分离出来作粗饲料，剩下的麦糟水进入沉淀池（一般停留 2h 左右），下层沉淀物又作为精麦饲料，上清液和中层高浓度液中有机物含量还相当高，需进一步处理。经上述方法处理后，悬浮物可去除 80% 以上。

2. 啤酒废水生物处理

上述两个工艺回收蛋白饲料后的出水以及其他生产工艺产生的废水混合后，COD 仍然很高，对环境的污染仍然很大，所以还需进一步处理。啤酒废水的主要特点是 BOD_5/COD 值高，有害无毒，可生化性好，所以生化法是啤酒废水处理的首要方法，其中包括好氧生物处理（活性污泥法、生物膜法）、厌氧生物处理、好氧与厌氧联合生物处理方法。

表 6-12 列出了国内部分啤酒厂废水治理设施简况。

国内部分啤酒厂废水治理设施简况　　　　　　表 6-12

啤酒厂家	核心工艺	水量 (m³/d)	进水 COD (mg/L)	出水 COD (mg/L)	基建投资 (万元)	转运费 (元/t)	统计年份
广州啤酒厂	一段活性污泥法	120*	1500	100	328	0.60	1986 年
珠江啤酒厂	两段活性污泥法	51*	1350	50	370	0.60	1986 年
无锡啤酒厂	两段活性污泥法＋氧化塘	2000	1100	41.4	110	0.62	1987 年
昆明啤酒厂	生物滤池＋射流曝气池	29.2*	1100	100	120	0.80	1986 年
杭州啤酒厂	二级充氧型生物转盘	88.6*	1500	150	126	0.16	1986 年
青岛啤酒厂	三级生物接触氧化法	1000	1000	100	130	0.40	1986 年
长江啤酒厂	两段表面曝气池	3600	1200	100	205	0.39	1989 年
北京啤酒厂	一级 UASB	4500	2200	<500	350	0.30	1986 年
济南白马山啤酒厂	厌氧接触池＋曝气池	2500	1950	90	336	0.36	1990 年

＊排废水量（万 t/a）。

（1）啤酒废水好氧处理法

1）活性污泥法

活性污泥法是中、低浓度有机废水处理中使用最多、运行最可靠的方法。此工艺由于工艺技术成熟、投资省、易启动、处理效果好等优点而受到国内一些企业的欢迎。据报道，目前国内有相当一部分厂家采用这种方法处理啤酒废水。进水 COD 一般为 1000～1500mg/L 时，出水 COD 可降至 50～100mg/L，去除率为 92%～96%。

但传统污泥法曝气动力消耗大，每吨废水处理费用居高不下；易产生污泥膨胀，使许多用户在经济和管理上难以承受。

2）SBR 工艺

SBR 法是对传统活性污泥法的改进，近年来，在国内外引起广泛重视和研究应用。SBR 工艺典型的操作工序为：进水、反应、沉淀、排水、闲置等 5 个工序，在处理过程中可根据实际需要设置厌氧、好氧、缺氧阶段及各段的停留时间，以达到脱氮除磷的目的。进水工序是 SBR 反应池接纳废水的过程，在废水流入之前，反应池处于前个周期的排水或待机状态，反应池内剩有活性污泥混合液。反应工序是在反应池最大水量状态下进行鼓风曝气，通过活性污泥中微生物作用消减废水中有机污染物。沉淀工序相当于传统活性污泥法中的二次沉淀池，停止曝气，活性污泥与水进行沉淀分离。排水工序是排出活性污泥沉淀后的上清液，恢复到处理周期开始的最低水位，反应池底部沉降的活性污泥大部分作为下个周期的回流污泥使用，对于过剩污泥定时排放出去。

根据出水情况可随时调整各工序的时间，以达到最佳出水效果。SBR 法已有许多工程应用实例。付敏宁等人报道了填料式 SBR 技术在啤酒废水处理工程中的应用。由于SBR 反应池设置了填料，大大提高了单位体积的微生物数量，使 SBR 工艺综合了接触氧化法的优点，提高了处理效率，缩小了反应器的体积。厌氧工艺＋SBR 组合工艺在实际中也得到了广泛的应用。结果表明，当进水 COD 为 1000～2000mg/L 时，处理后出水均达到国家排放标准。

与常规活性污泥法相比，SBR 工艺不需要另设二次沉淀池、污泥回流及污泥回流设备，也可不设调节池。因此基建投资低，同时设备具有耐冲击负荷、工作稳定、运行灵活、污泥性能良好等优点。有资料显示，SBR 的主要构筑物容积为常规活性污泥工艺的50%～60%，运行费用及占地面积均可减少 20% 左右。SBR 工艺的这些特点使其特别适用于排放量小、有机物浓度高且不易降解、废液排放间歇的中小企业。SBR 工艺是极具发展潜力的一种处理工艺。但也存在着曝气装置易堵塞，自动控制技术及连续在线分析仪表要求高等缺点。

3）CASS 工艺

简单说来，CASS（Cyclic Activated Sludge System）工艺是 SBR 工艺的一种优化变形。具有工艺简单、耐冲击负荷、占地少、投资省等特点。其反应器设有一个分建或合建式的生物选择器，是以曝气—非曝气方式运行的充放式间歇活性污泥处理工艺，在一个反应器中完成有机污染物的生物降解和泥水分离的处理功能，整个系统以推流方式运行，而各反应区则以完全混合的方式运行，实现同步碳化和脱氮除磷功能。工艺分为预处理、生物处理、污泥处理 3 阶段。工艺流程如图 6-4 所示。

污水按一定周期和阶段进行处理，每一循环由进水曝气（4h）、沉淀（1h）、排水排泥（1h）3 个阶段组成，不断重复。工艺的核心部分是 CASS 反应池，这是一个间歇式的反应系统，集曝气、二沉等过程于一体。在池中，活性污泥法过程按曝气与非曝气阶段不断重复进行。

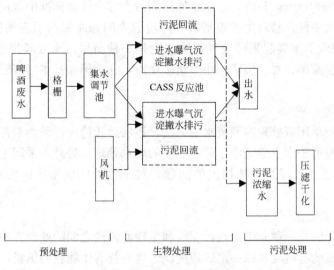

图 6-4 CASS 工艺流程图

目前很多厂家采用 CASS 工艺处理啤酒废水，都取得了预期的效果。在进水水质平均为 2000mg/L 的情况下，出水水质达到污水排放新扩改二级标准。周刚报道了 CASS 工艺处理啤酒废水在高寒地区的应用。工程实践表明，在高寒地区采用 CASS 工艺处理啤酒废水是可行的（进水 COD 在 500~1500mg/L 时，处理后水质达到《污水排放标准》的一级排放标准），即便在低温条件下，也能顺利地进行污泥的培养和驯化，但需要十分重视当地的气温特点，做好各种处理设施、管线的保温防冻措施。

CASS 工艺处理啤酒废水，具有工艺简单、流程短、自动化程度高、操作方便等优点。其不足之处为操作管理要求相对较高、首次运行调试时间较长。

4）生物膜法

鉴于啤酒废水含有大量的有机碳，而氮源含量较少，在进行传统生物氧化法处理时，因氮量远远低于 $BOD_5：N=100：5$（质量比）的要求，致使有些啤酒厂在采用活性污泥法处理时，如不补充氮源，则处理效果很差，甚至无法进行。在生物氧化过程中，有些微生物如球衣细菌（俗称丝状菌）、酵母菌等虽能适应高有机碳、低氮量的环境，但由于球衣细菌、酵母菌等微生物体积大、密度小，菌胶团细菌不能在活性污泥法的处理构筑物中正常生长，这也是早期活性污泥法处理啤酒废水不理想的主要原因之一。因此，早期啤酒废水在进行生物氧化处理时，通常采用生物膜法。

生物膜法是使微生物群体附着于其他物体表面而呈膜状，并让废水与之接触而得到净化的方法。根据废水与生物膜接触方式的不同，分为生物滤池法、生物转盘法及接触氧化法。

① 生物滤池法

生物滤池是在滤池中填充石子、炉渣或蜂窝状的塑料滤料，在滤料表面覆盖着一层生物膜，废水沿着滤料的空隙自上而下流动并带入空气，通过与生物膜的接触，废水中的有机物被吸附氧化。生物滤池工艺具有污泥生成量少，运行费用低，对进水水质、水量负荷的冲击有较强的适应能力等优点，在我国石油化工、焦化、化纤、造纸、冶金等行业应用较为广泛。熊正为等人报道衡阳啤酒厂采用生物滤池—活性污泥法处理啤酒废水的实践，进水 COD 在 800~1500mg/L 时，出水水质达到污水综合排放标准中规定的一级标准。但由于此工艺存在效率低，易发生滤池堵塞和环境卫生问题而影响了它的推广应用。20 世纪 80 年代末，在欧美发展起来的曝气生物滤池是一种新型污水处理技术，具有占地小、出水质量好、流程简单、对环境影响小等诸多优点，在美国和日本已有较多的应用，而在国内鲜有报道。

② 生物转盘法

生物转盘是较早用以处理啤酒废水的方法，该法运转稳定，动力消耗少，但低温对运行影响较大，一般适于南方地区中小啤酒企业的废水处理。另外，采用生物转盘和生物滤池处理废水都要注意处理站异味扰民的问题，对于地处居民密集区的啤酒企业应慎重采用。

③ 生物接触氧化法

生物接触氧化法是一种介于活性污泥法和生物滤池法之间的处理方法，就是在池内设置填料，经过充氧的有机废水以一定的速度流经这些挂有生物膜的填料，使废水中的有机物与生物膜接触而被氧化分解。

该工艺综合了活性污泥法和生物膜法的优点，具有耐冲击负荷、占地省、运行管理方便、污泥量少、处理成本低等优点。对中小型企业的啤酒废水，生物接触氧化法有取代活性污泥法的趋势。生物接触氧化法处理啤酒废水在国内应用很普遍。

杭州中策啤酒股份有限公司采用接触氧化加气浮工艺处理啤酒废水，结果表明，啤酒废水中 COD 去除率达到 85.6%。山东省环科所报道了加压生物接触氧化法处理啤酒废水的试验研究，并将其应用于生产实践，当进水 COD 在 1600mg/L 左右，停留时间在 6~7h 时，COD 去除率达 90%以上。由于生物接触氧化法仍需要曝气，所以其常作为厌氧处理的后续单元，这方面国内有大量的报道。

(2) 啤酒废水厌氧处理法

一般认为，厌氧生物处理技术的反应器主体经历了 3 个时代。传统厌氧发酵工艺（第一代反应器，以厌氧消化池为代表）因需要较高的温度，较长的停留时间，且处理效能低而被逐渐淘汰。目前以上流式厌氧污泥床（UASB）为代表的第二代反应器和以厌氧颗粒污泥膨胀床（EGSB）和厌氧内循环反应器（IC）为代表的第三代反应器已被广泛引入到废水处理工程应用中，并取得了良好的效果。

目前在啤酒废水处理工艺上，厌氧工艺应用比较多的有 UASB 工艺、EGSB 工艺、IC 工艺和酸化水解工艺。厌氧工艺具有高效、节能、产泥量少、能有效回收能源的优点，因而得到了迅速发展。虽然厌氧反应器的出水需进一步处理才能达标，即需好氧工艺作为后续处理单元，但厌氧-好氧组合工艺在能源日益紧张的今天，越来越发挥出它的优势，这将成为未来几年内啤酒废水处理的主要方法之一。

1) UASB 工艺

20 世纪 70 年代，荷兰 Lettinga 等发展的 UASB 反应器是一种悬浮生长型反应器，首次把颗粒污泥的概念引入反应器中。该反应器特别适宜于处理高浓度有机废水。

UASB 反应器的基本原理是：反应器主体部分可分为两个区域，即反应区和气、液、固三相分离区，在反应区下部是沉淀性能良好的污泥形成的厌氧污泥床；废水通过布水系统进入反应器底部，向上流过厌氧污泥床，与厌氧污泥充分接触反应，有机物被转化为甲烷和二氧化碳，气、液、固由上部三相分离器分离。出水 COD 的去除率可达到 80%～90%，容积负荷为 5～10kgCOD/（m³·d），沼气可作为能源利用。

目前，很多国家相继开展了对 UASB 的深入研究和开发工作。UASB 工艺因其工艺结构紧凑、处理能力大、效果好、投资省而在国内外啤酒废水治理中得到十分广泛的应用。根据报道，当 UASB 反应器进水 COD 为 1000～2000mg/L 时，出水 COD 一般在500mg/L 左右。也就是说，啤酒废水中的大部分 COD 在 UASB 反应器中被处理掉，同时也说明，在这些工艺中，UASB 仅作为预处理单元，其出水通常还需好氧等工艺作为后继处理，才能保证废水达标排放。

国外许多啤酒厂都采用了厌氧处理工艺，其反应器规模由数百立方米到数千立方米不等。荷兰的 Paques、美国的 Biothane 和比利时的 Biotim 公司是世界主要 3 个升流式厌氧污泥床（UASB）技术运用的厂家。据不完全统计，仅这 3 家公司就已建成了 100 余座啤酒废水的厌氧处理装置。表 6-13 为我国部分啤酒废水 UASB 处理装置的不完全统计。其中，国外引进的主要为 Paques 和 Biotim 两家公司的 UASB 工艺和技术。

我国部分啤酒废水厌氧处理装置　　　　　　　　　　　　　　　　表 6-13

单位(企业)名称	容积（m³）	工艺	COD 容积负荷 kg/(m³·d)	COD 去除率（%）	BOD 去除率（%）
国内设计					
合肥啤酒厂	1800	UASB			
北京啤酒厂	2400	UASB			
沈阳啤酒厂	400	UASB			
国外引进					
山东三孔啤酒厂		UASB			
生力啤酒顺德有限公司	1200	UASB	5	90	90
保定生力啤酒厂	2400	UASB	5	93	90
海南啤酒厂有限公司	670	UASB	5	90	90
南宁万泰啤酒有限公司	2200	UASB	5	90	90
深圳啤酒厂三期工程	1500	UASB	5	90	90
苏州狮王啤酒厂	2200	UASB	5	95	90
武汉百威啤酒有限公司	1450	UASB	5	95	90
惠州啤酒有限公司	880	UASB	5	90	90
深圳青岛啤酒有限公司	910	UASB	5	90	90
天津富士达酿酒有限公司	2100	UASB	7	90	90
海南太平洋酿酒有限公司		UASB	5	90	90
杭州中策啤酒厂	990	UASB	—	—	—
沈阳雪花啤酒厂		IC			
上海富士达啤酒厂		IC			
云南啤酒厂		UASB			

由表 6-10 可见，UASB 工艺在国内啤酒废水处理方面应用很普遍。实践证明，UASB 完全适用于处理啤酒废水，而且厌氧消化工艺相似于啤酒酿造、发酵生产工业，很容易被啤酒厂家所掌握。但 UASB 工艺不适于处理悬浮物固体浓度较高的废水，三相分离器的好坏直接影响处理效果。在一些地区，颗粒污泥培养较困难而使系统启动较慢，而且有时 UASB 污水与微生物之间传质过程并不理想，使进一步提高的有机负荷受到了限制。所以，研究者在 UASB 的基础上开发了 EGSB 和 IC 反应器。

2）EGSB 反应器（厌氧颗粒污泥膨胀床）

EGSB 反应器实际上是改进的 UASB 反应器，运行中维持高的上升流速（6～12m/h），使颗粒处于悬浮状态，同时也可以采用较高的反应器或采用出水回流以获得高的搅拌强度，从而保证进水与污泥颗粒充分接触，这样可获得比"通常"UASB 反应器好的运行结果。

George. R. Zoutberg 等进行了利用 EGSB 处理啤酒废水的研究，其工作温度在 25～30℃时，COD 去除速率稳定在 10.4kg/d，容积负荷高达 30kgCOD/（$m^3 \cdot d$），优于 UASB 法。

目前，UASB 反应器在啤酒废水处理中已经发挥了重要的作用，而作为对 UASB 反应器改进的 EGSB 反应器，在处理各种浓度的有机废水方面有着别的厌氧反应器所不可比拟的优势，其处理范围更广。同时，EGSB 可以采用较大的高径比，占地面积更小，投资更省，因而在相同费用下，更具有市场竞争力。目前在啤酒废水处理方面，国内还没有应用于实践的报道。

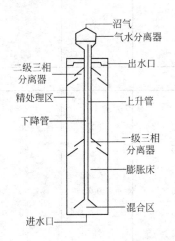

图 6-5　IC 反应器结构原理图

3）IC 反应器内循环（Internal Circulation）

基于 UASB 的原理，IC 厌氧反应器于 20 世纪 80 年代中期由荷兰 PAQUES 公司开发成功，被认为是第三代厌氧生化反应器的代表工艺之一。IC 反应器实际上是由底部和上部两个 UASB 反应器串联叠加而成，下部为高负荷区，上部为低负荷区，利用沼气上升带动污泥循环。其结构原理示意如图 6-5 所示。

根据 IC 反应器内各部位的功能不同，可将其分为混合区、污泥膨胀床、精处理区和循环系统 4 个部分。它与以往厌氧处理工艺相比，有以下特点：占地面积小，因反应器为立式结构，高度很高，一般为 16～25m，平面面积相对很小，这也为沼气的收集提供了方便；有机负荷高，水力停留时间短；剩余污泥少，约为进水 COD 的 1%，且容易脱水；靠沼气的提升产生循环，不需用外部动力进行搅拌混合和使污泥回流，节省动力的消耗；但对于间歇运行的 IC 反应器，为了使其能够快速启动，需要设置附加的气体循环系统；因生物降解后的出水为碱性，当进水酸度较高时，可通过出水的回流使进水得到中和，从而减少药剂用量；耐冲击性强，处理效率高，COD 去除率为 75%～80%，BOD_5 去除率为 80%～85%；生物气纯度高（CH_4 为 70%～80%，CO_2 为 20%～30%，其他有机物为 1%～5%），可作为燃料加以利用。

IC 工艺在国外应用以欧洲较为普遍，我国沈阳、上海率先采用了 IC 工艺处理啤酒废水。以沈阳华润雪花啤酒有限公司采用的 IC 反应器为例，反应器高 16m，有效容积 70m³，处理 COD 平均浓度为 4300mg/L 的啤酒废水 400m³/d，COD 去除率稳定在 80%，容积负荷高达 25～30kg/（m³·d）。J. H. F. Pereboom 等人分别采用 IC 反应器和 UASB 反应器处理相同啤酒废水，并对两者的工艺参数进行了比较，结果如表 6-14 所示。

IC 反应器与 UASB 反应器处理相同啤酒废水的参数比较   表 6-14

反应器类型	体积（m³）	高度（m）	HRT（h）	COD 体积负荷 kg/（m·d）	进水 COD（mg/L）	COD 去除率（%）
UASB	1400	6.4	6	6.8	1700	80
IC	6*×162	20	2.1	24	2000	80

注：6* 表示 6 座。

由表 6-14 可以看出，IC 反应器容积负荷高，水力停留时间短；处理相同 COD 时，UASB 反应器体积更小，投资更省，加之其 4～8 倍的高径比，占地更省，非常适合用地紧张的啤酒生产企业；内循环技术的采用，致使污泥活性高，繁殖快，为反应器的快速启动提供了条件。IC 反应器启动期一般为 1～2 个月，而 UASB 启动期达 4～6 个月；同时具有抗负荷能力强，缓冲 pH，出水稳定性好等优点。

IC 反应器被认为是目前处理效能最高的厌氧反应器。目前 IC 反应器技术工艺成熟，但在设计和引用时还有一些值得注意权衡的地方：在构造上，IC 反应器比 UASB 反应器更复杂，施工和安装要求高，难度大，日后的维护管理较麻烦；高径比大，三相分离器要求更为严格；要求有良好的配水系统和前处理设施，进水需要 pH 和温度的调节；应设避雷措施。

3. 好氧与厌氧联合处理法

在实践中，此法常用工艺为水解——好氧联合工艺。在工程上，厌氧发酵产生沼气过程可分为水解、酸化和甲烷化 3 个阶段。水解池是把反应控制在第 2 阶段完成之前，不进入第 3 阶段，在水解池中实际上完成水解和酸化两个过程（酸化也可能不十分彻底）。水解池是改进的 UASB 反应器，不设三相分离器。所以水解池全称为水解升流式污泥床（HUSB）反应器，简称水解池。

水解池较之全过程的厌氧池具有以下特点：

(1) 不需要密闭的池子、搅拌器和三相分离器，降低了造价；系统对氧化还原电位、pH、温度等工艺参数要求不十分严格，易于控制；池体简单，便于维护。

(2) 充分利用水解产酸菌世代周期短、迅速降解有机物的特性，将不溶性有机物水解为溶解性物质，将难降解、大分子物质转化为易降解、小分子物质，提高污水可生化性，同时由于反应迅速，水解池体积小，基建投资省。

(3) 水解酸化池对悬浮物去除率高，去除的悬浮物在水解池可部分酸化，污泥也发生水解，从而减少污泥生成量。

水解酸化工艺近年来得到重视，并在啤酒废水中得到日渐广泛的应用。水解酸化工艺是一种预处理工艺，其后可以采用接触氧化法、氧化沟法、序批式活性污泥法（SBR）等工艺。据报道，水解酸化＋接触氧化工艺应用最为广泛。

水解/酸化-好氧处理工艺是一种准"厌氧-好氧"处理工艺，厌氧水解酸化的主要作用是改进废水的可生化性,其厌氧阶段的COD去除率只有30%~40%,不能有效降低好氧阶段的费用。据报道,桂林漓泉啤酒有限公司采用整改前工艺(水解/酸化-SBR工艺)时,水解/酸化反应池出水中夹带大量的腐败菌进入SBR反应池,造成膨胀问题,使SBR反应池不能正常运行,后整改为UASB-SBR工艺才获得成功。因此南开大学周长波认为,对可生化性较好的啤酒废水,采用产气工艺(UASB反应器目前应用最为广泛),在经济技术方面更占优势。其工艺流程如图6-6所示。

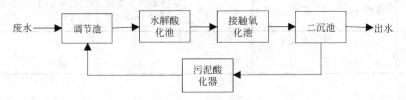

图 6-6　水解-好氧工艺流程图

6.3.2　味精工业废水处理

味精废水是一种高浓度的有机废水,味精废水的处理方法一般分为两步,首先对分流出的高浓度废水进行物化方法或饲料酵母法预处理,之后再与中、低浓度废水混合后处理。目前味精废水处理在工程实践中普遍存在工程投资大、运行管理复杂、处理难达标等不足。

1. 味精废水治理的技术路线

目前,味精废水的治理路线大体有两种:一种是将谷氨酸提取后的母液(高浓度废水)与其他低浓度废水混合,稀释至COD小于5g/L后进行处理;另一种是将味精生产工艺改进、综合利用和污水处理有机结合,通过工艺改进和一系列综合利用措施,逐步削减废水中的污染物浓度后再进行处理。第一种路线仅从污水处理的角度出发,当废水量不大或者有工业废水集中处理条件时,不失为一种简单易行的方案;然而当废水量较大时,处理设施的投资和运行费用相当庞大。第二种路线比较符合当前清洁生产与可持续发展的观点,虽然工序繁多,一次投资较大,但味精废水的资源化利用可以为企业带来可观的经济利润,用以维持环保设施的运行甚至收回环保投资。下面结合第二种技术路线介绍工艺改进、综合利用和污水处理三个环节的技术进展及其应用。

(1)味精生产工艺改进

味精生产工艺改进是清洁生产的关键,它不仅可以提高物料的转化率、减少物料流失,还可以从源头减少废水量或降低废水中污染物的浓度。其重点是提高谷氨酸的提取率。离交提取与等电提取相比,可以提高谷氨酸提取率,使废水的COD相应下降20%左右。采用冷冻等电点-离子交换两次提取,谷氨酸的提取率可提高到92%以上。再如发酵液或母液经过离心、超滤等处理去除菌体后,可以明显提高谷氨酸的提取率和质量。上海天厨味精厂的发酵液经过菌体离心分离、浓缩之后,谷氨酸的回收率从74%提高到80%以上。而经超滤处理后,谷氨酸的提取率甚至高达90%以上。此外,调整原料结构或改换工艺也能达到降低污染的目的。例如天津味精厂在制糖工艺以双酶法代替水解法后,每年减少了盐酸耗量230t,活性炭100多吨,并减少了废水排放量1800多吨。

(2)综合利用

综合利用是治理路线中重要的预处理过程。在实践中,人们根据味精废水的水质和生产厂家的实际情况,把前述的各种处理方法组合成不同的处理工艺后加以应用。综合利用的方面有：通过离心、絮凝或超滤等物化方法提取谷氨酸菌体蛋白；以味精废水或其浓缩液发酵生产酵母蛋白；加入碳酸钙、石灰粉、电石渣或氨水等进行脱硫处理，同时生产出副产品石膏，或者加入氨水、钾、磷等浓缩结晶制硫铵复合肥。此外，味精废水生产的菌体蛋白和酵母蛋白是优质的饲料添加剂，而且还可以用于提取核糖核酸、辅酶等制药化工原料。

（3）污水处理

经过综合利用，味精废水的有机污染负荷大大降低，通过生物或物化方法的组合工艺处理就可以达标排放。

目前味精废水处理中研究和应用较多的处理工艺有：厌氧发酵-好氧（接触氧化或 SBR）工艺、水解-接触氧化-混凝沉淀工艺、SBR 工艺等。例如周口莲花味精厂的离交废水提取菌体后，经厌氧发酵-生物膜-氧化塘处理，出水 COD 降至 350mg/L，达到 GB 8978—88 规定的排放标准。河南某味精厂废水经过提取蛋白、生产硫铵复合肥的预处理后，采用 SBR 法处理，COD 和 BOD_5 分别由原先的 45000mg/L 和 25000mg/L 降到 COD<100mg/L、BOD_5<25mg/L，扣除废水处理成本，每年还可盈利 946.2 万元。

2. 味精废水的处理方法

（1）物化处理

目前用于味精废水处理的物化方法主要有以下几种：离心分离、絮凝沉淀或气浮、超滤、蒸发浓缩和吸附。前四种方法主要用于去除味精废水中的悬浮物（尤其是菌体）。由于味精生产的发酵液中含有 5％～8％的湿菌体，去除的悬浮物中富含单细胞蛋白，可以生产饲料添加剂或肥料，具有很高的资源化利用价值。吸附主要是用于去除废水中溶解性有机物和色度。部分物化技术处理效果比较如表 6-15 所示。

部分物化技术处理效果比较 表 6-15

处理方法	废水类型或水质资料	处理效果	备 注
离心分离	谷氨酸或酵母发酵液	菌体提取率 55％～85％	国产高速离心机
超滤	谷氨酸发酵液或母液	菌体提取率 99％ COD 去除率 79％～98％	
浓缩干燥	谷氨酸母液	BOD 去除率 91％～98％ 氨氮去除率 85.5％	多效蒸发后干燥制肥
絮凝-沉淀	COD 10～30g/L COD 40g/L	COD 去除率 20％～38％ COD 去除率 30％～50％	与造纸黑液混合处理采用高分子絮凝剂，沉渣可制饲料
絮凝-吸附	COD 400g/L SS 9.6g/L	COD 去除率 69％ SS 去除率 43％	木质素做絮凝剂，沸石作吸附剂
吸附	COD<1.7g/L	COD 去除率 55％～66％	活性炭做吸附剂

1）离心分离

离心分离一般用于提取味精生产中发酵液或母液的谷氨酸菌体，以及回收味精废水酵母生产中的酵母菌体，国内对此已有多年的应用经验。高速离心提取的菌体经干燥后蛋白含量超过 75％，灰分低于 5％，而且含有 16 种氨基酸，是优质饲料蛋白。此法具有处理量大、可连续运行等特点，但进口碟片式离心机和干燥设备的投资费用较大，如果采用国产离心设备可降低部分投资。如国产 JMDJ211-VC-03 型高速离心机对菌体的回收率可达 80%～87%。目前上海天厨味精厂、福州味精厂等应用此法收到良好的经济效益。

2）絮凝沉淀或气浮

絮凝剂的凝聚作用有助于味精废水中悬浮菌体的回收，但加入絮凝剂和助凝剂后，制得的饲料添加剂中蛋白含量低于离心分离下的情况，只有 30%～50%。如考虑分离后菌体的资源化利用，处理中必须采用无毒害的絮凝剂和助凝剂。据研究，壳聚糖、聚丙烯酸钠、木质素等有机高分子絮凝剂和 $CaCl_2$、膨润土等助凝剂对味精废水母液的 COD 和 SS 都有显著的去除效果。此外，杭州味精厂以非金属活化矿粉作菌体絮凝载体处理等电点法味精废水，取得 30% 以上的 COD 去除率，制得的矿粉饲料蛋白含量高达 40%，而且含多种禽畜生长必需的微量元素。

根据木质素对菌体的絮凝作用，徐雪莹等人将味精废水与造纸黑液混合后处理。试验表明，碱性黑液中所含的溶解性木质素在味精废水的酸性环境中能逐渐析出，并在沉淀过程中网捕卷扫味精废水中的悬浮菌体，通过以废治废，去除木质素和菌体，调节了废水的 pH，COD 降低幅度为 20%～38%。味精废水中充足的氮源还解决了生物处理造纸黑液时氮源匮乏的问题。

3）超滤

超滤是近年来迅速发展的一项水处理新技术，它具有设备简单、占地面积小等优点。目前国内一些味精生产厂和研究机构正考虑将此项技术用于提取味精生产发酵液或母液中的菌体。超滤对菌体的去除率很高，可以超过 99%。但超滤设备的投资较大，为提高超滤膜的使用寿命，膜的性能、材质和清洗方法还有待深入研究和开发。

4）蒸发浓缩

日本、西欧发达国家多以浓缩法处理发酵工业废水。因此，国内有人提出以蒸发浓缩法处理味精废水。原轻工部环保所的试验结果表明：谷氨酸提取废液浓缩、干燥后可制成复合肥，废水的 COD 和 BOD 可去除 98% 以上。尽管流程简单、操作容易，但蒸发浓缩过程的能耗过大，不适合我国当前的国情。于是又产生味精废水脱硫除铵后的浓缩液固体发酵生产酵母的方案。与全浓缩相比，此工艺能耗有所降低，可以在最大程度上实现味精生产中物料的充分利用。

5）吸附

吸附主要是用于去除废水中溶解性有机物和色度。黄国林等人用活性炭吸附法处理 COD 小于 17g/L 的味精废水，取得 50% 的 COD 去除率，并得出吸附等温方程和活性炭再生条件。黄民生采用木质素絮凝沉淀-沸石吸附工艺预处理 COD 为 43g/L 的味精浓废水，COD、SS 和 SO_4^{2-} 的总去除率分别达到 69%、91% 和 43%。这种预处理工艺与国内常用的酵母生产法预处理工艺相比运行成本低廉，操作管理简单。

（2）生产酵母法

味精废水含有丰富的营养物质，如还原糖、有机酸、氨基酸、腺嘌呤及无机盐等，可用作生物发酵的营养基质生产生物产品，实现以废治废、变废为宝。主要包括：生产酵母工艺、苏云金杆菌发酵工艺和固体发酵工艺。

在味精废水的治理中，生产酵母法是应用时间最长、范围最广的预处理技术。味精废水经好氧培养生产假丝酵母，不仅能去除 60%～70% 的 COD，而且能将废水中丰富的有机物和氮源转化为饲料酵母，从而资源化利用。为了提高酵母得率以及菌种对味精废水低pH的适应性，研究者们在菌种的筛选优化和工艺、设备的改进上进行了大量的探索。

郭晨等人从味精废水中筛选出一种高活性的假丝酵母菌Y-10，并采用新型气升式反应器，使处理时间由22h缩短至18h，COD的去除率增至95.1%，菌体干重达22.62g/L。程树培等人通过将原核球形红假单胞菌与真核酿酒酵母细胞原生质融合，构建并筛选出一种废水资源化生产单细胞蛋白的理想菌株，其降解味精废水有机物的性能优于双亲菌株。敬一兵将固定化微生物技术用于味精废水的酵母生产研究中，发现假丝酵母和白地霉固定化后治理味精废水的有效率、使用次数、酶活性的持久性以及寿命都远高于非固定化时的情况，降低了酵母生产的成本，提高了处理效率。

除了生产酵母之外，研究者们还尝试以谷氨酸提取后的母液为原料生产医药或化工原料，如培养生物农药苏云金杆菌和生产符合药典要求的γ-氨基丁酸，拓宽了味精废水的资源化利用领域。

（3）厌氧生物处理

1）厌氧发酵

厌氧发酵是高浓度有机废水预处理的常用方法，它具有能耗低、负荷高、可以产沼气回收能源等优点。味精废水厌氧处理中常用反应器有上流式厌氧污泥床（UASB）、上流式厌氧过滤器（UAF）、上流式厌氧污泥床过滤器（UBF＝UASB＋AF）和厌氧发酵罐。处理效果见表6-16。由于味精废水含高浓度 $NH_3—N$、SO_4^{2-}（硫酸法废水），在厌氧环境下对甲烷菌具有毒害和抑制作用，一般可以采用预先脱硫脱氨、稀释进水或采用生物膜技术（如UAF）来减少影响。

味精废水厌氧发酵的处理效果

表6-16

废水水质 （gCOD/L）	反应器类型	COD去除效果	负荷率 ［kgCOD(m³·d)］	备注
10~30	UASB	70%~75%	4.2~8.2	废水为味精废水和造纸黑液混合沉淀后上清液废水
1~6	改进UASB	70%~77%	40	废水为味精废水和卡那霉素废水的混合废水
70	UBF	87%~91%	5.46~9.45	冷冻等电点法味精废水
5.1~14.3	UBF	83.4%	5.26	硫酸法味精废水
41	发酵罐（单相）	74%~85%	2.7~4.2	可以承受SSg/L的高负荷冲击
14~15.4	发酵罐（双相）	72%~76%	4.6~5.6	

惠平采用低浓度高负荷进水方式进行低碳硫比（COD/SO_4^{2-}＝2）味精废水的UASB厌氧处理，在5.26kgCOD/（m·d）的负荷下，COD和SO_4^{2-}处理效果良好，去除率分别为83.4%和62.8%，但产气率和沼气中的甲烷含量低于一般厌氧产气数据。为了促进厌氧系统中颗粒污泥的形成，避免系统在高负荷率下的污泥流失现象，郝晓刚等人提出一种改进的UASB系统，通过在悬浮层床部设置集气罩，预先排除床部产生的气体，将污泥控制在床部，保证了反应器在高负荷下的稳定运行。试验中他们以卡那霉素废水将味精废水稀释至COD为1~6g/L，在40kgCOD/（m·d）的负荷下取得70%~80%

的 COD 去除率。

2）两段厌氧消化工艺

味精废水含高浓度硫酸盐，在厌氧消化中硫酸盐还原菌（SRB）还原硫酸盐产生硫化氢，对产甲烷菌（MPB）活性起抑制作用。同时，SRB 比 MPB 竞争共同底物乙酸和氢的能力强，也会对 MPB 产生竞争抑制作用，所以用一个厌氧反应罐发酵产甲烷活性弱，处理效果很差。两段厌氧消化法就是将硫酸盐还原与产甲烷阶段分开，使它们在两个独立的系统中进行，各自处于最佳的活性状态，从而提高处理效率。

在吴金义的味精废水处理试验中，厌氧填充柱装置（UBF）的设计就是按消化池两段进行：第一段以酸化为主，COD 负荷仅 0.8kg/（$m^3 \cdot d$），但硫酸根的去除率达到 95% 以上；第二阶段以产甲烷为主，COD 负荷最高可达到 12.7kg/（$m^3 \cdot d$），总 COD 去除率达 88.9%。

3）水解酸化

由于味精废水中高浓度氨氮、Cl^- 和 SO_4^{2-} 对甲烷菌的抑制，以及沼气产量低利用价值不高等原因，研究者们开始尝试以厌氧水解（酸化）取代厌氧发酵。经过水解酸化，废水的 COD 降解并不明显，但废水中大量难溶性有机物转化为溶解性的有机物，提高了废水的可生化性，利于后续好氧生物降解。而且产酸菌的世代周期短，对温度、pH 以及有机负荷的适应性都强于甲烷菌，保证了水解反应的高效率稳定运行。周群英、罗楠等都曾研究以厌氧水解与好氧处理组合的工艺处理味精废水，COD 的总去除率达到 90% 以上。

（4）好氧生物处理

1）SBR 法

SBR 法（序批式活性污泥法）具有流程简单、运行灵活、自动化程度高、污泥浓度高、反应期间存在浓度梯度、能加快反应速度抑制污泥丝状膨胀等优点。随着自控技术和传感器技术的日趋成熟，SBR 法在污水处理领域，尤其是高浓度或有毒工业废水处理领域受到越来越多的重视和应用。

陈亮研究了 SBR 活性污泥法对 COD 浓度为 2750mg/L 味精废水的处理效果，试验表明：在 $0.2 \sim 0.4$kg(COD)/[kg(MLSS)·d] 的有机负荷下，通过 7h 的缺氧/好氧交替反应，出水 COD、氨氮均达到原轻工部颁发的味精行业废水排放标准。黄翔峰等曾研究 SBR 活性污泥法和生物膜法处理味精废水的差异，从试验结果来看，当废水的碳氮比较高，即有机污染为主时，生物膜法在提高 SBR 系统负荷率方面并未显示出优势，但相同负荷下生物膜法的硝化效果更佳，可以达到完全硝化（$NH_3-N<0.3$mg/L）。在 0.6kg(COD)/（m·d）的负荷下，出水 COD 和氨氮优于行业排放标准。

2）接触氧化法

接触氧化也是味精废水好氧处理中较为常见的方法，它能避免活性污泥法处理高浓度有机废水时因污泥膨胀而可能引发的运行问题。罗楠以水解-两级接触氧化工艺处理味精废水，停留时间 36h，COD 去除率达 93%，出水达到行业排放标准。

3）光合细菌法

光合细菌法（PSB）是污水生物处理领域涌现出的一种新方法。它具有有机负荷高、动力能耗低、氮磷去除效果好、污泥菌体蛋白含量高和综合利用价值高等特点，尤其适于高浓度有机废水的处理。

王菲凤在试验中发现，光合细菌在好氧条件下对味精废水（废水未经水解酸化预处理）有良好的降解作用；当进水 COD 为 10g/L 左右时，COD 去除率可达 85%～90%。程树培采用一种新型生物反应器-外循环气升式反应器（EALR）进行光合细菌处理味精废水的研究，发现此系统的生物负荷分别是活性污泥法和四槽光合细菌法的 5～11 倍和 16～18 倍；而且 EALR 能使废水与菌体充分混合，促进氧的转移，降低了 70% 的能耗。此工艺不仅结构简单、操作方便、处理效率高，而且得到的菌体蛋白含量高达 67.2%，利用价值高，对于味精废水处理而言工艺开发前景广阔。

（5）厌氧-好氧处理工艺

厌氧活性污泥法处理高浓度废水，其容积负荷和 COD 去除率高，抗冲击负荷能力强，因此能减少稀释水量并能大幅度削减 COD，可以降低基建、设备投资和运行费用。但厌氧微生物对有机物的不彻底分解又使其出水很难达标。好氧活性污泥法却能弥补这一缺陷，它是通过活性污泥中的微生物对废水中可溶解有机物的吸附和彻底氧化分解作用而实现对废水的净化。厌氧-好氧联合工艺则兼备二者的优势，极大地提高了废水处理效率。

周群英等采用 UBF-SBR 工艺处理味精浓废水稀释液，按工艺流程连续运作，整套 UBF-SBR 装置 COD 和 NH_3—N 的总去除率分别达到了 99% 和 99.4%；成应向等采用厌氧-两段 SBR 工艺处理高浓度味精废水（不稀释），COD、SO_4^{2-} 和 NH_3—N 去除率分别达到了 98%、74.3% 和 99.9%。该流程好氧工艺均采用 SBR，它的间歇运作方式使系统处于缺氧、好氧环境条件循环更替状态，因而具备很高的脱氮效率。

6.3.3 果汁工业废水处理

果汁废水属于高浓度有机废水，目前多采用以生化为主、生化与物化相结合的工艺处理果汁废水。与物理、化学等其他技术方法相比，生物技术具有效率高、成本低以及无二次污染等显著优点。由于果汁废水中污染物浓度较高。当前物化法、生化法处理果汁废水的具体情况见表 6-17 所示。

物化法、生物法处理果汁废水 表 6-17

处理方法	主要技术	处理单元	处理效果
物化法	过滤法、沉淀法、气浮法、吸附法、絮凝法等	一般作为果汁废水处理的预处理单元和后期处理单元	主要去除果汁废水中的 SS 和部分难溶解性的物质
生化法	好氧法、厌氧法、厌氧-好氧组合等	果汁废水处理普遍采用的方法承担绝大部分有机污染物去除	提高废水的可生化性；彻底降解有机污染物

由表 6-17 可看出，生化法承担着果汁废水中大部分有机污染物的去除，生化处理工艺主要指好氧技术、厌氧技术以及厌氧-好氧技术。

1. 好氧生物技术

好氧生物技术是在有氧条件下，有机物被好氧微生物氧化分解的过程，其对 BOD_5 去除效果好。目前采用的好氧生物法主要有活性污泥法、好氧生物膜法等。近年来国内外研究人员运用好氧技术展开了果汁废水处理的研究工作，取得了一定的进展。目前，国内果汁废水处理主要沿袭传统的好氧处理工艺。例如，魏永等用 CAST 工艺处理果汁废水，运行结果表明，当 COD_{Cr} 的质量浓度在 2000～6000mg/L 范围内时，尽管该处理系统进水浓度变化大，但处理后水质稳定，出水水质良好。林晓葱等采用加强水解酸化功能的间歇性 SBR 工艺对某饮料有限公司果汁灌装生产废水进行了治理。Blöcher 等用工业规模的好氧 MBR 工艺处理果汁废水，COD_{Cr} 去除率达到 95%。但单一的好氧生物处理技术具有投资大、能耗大、运转费用高等缺陷，且好氧生物处理法由于受到供氧条件的限制，一般仅适用于中、低浓度有机废水处理，对实际大规模果汁废水处理工程不能稳定达标。

2. 厌氧生物技术

厌氧生物处理技术是指在厌氧环境下，利用厌氧微生物降解废水中的有机污染物，达到净化废水的效果。近些年来厌氧生物处理工艺发展迅速，主要有升流式厌氧污泥床、膨胀颗粒污泥床等。一般厌氧工艺承受的有机负荷是普通好氧工艺的 5～10 倍，适用于高浓度有机废水处理。与好氧技术相比，厌氧技术不仅可大大减少剩余污泥量，而且消化过程产生的沼气还可作为洁净能源，承受的负荷变化及水质变化大，最重要的是降低了能耗，大大削减了运行费用，故在实际高浓度废水处理中具有明显的优势。E. E. Ozbas 等采用 UASB 处理果汁废水，有机负荷提升至 5kgCOD/（m^3·d）时，COD_{Cr} 去除率高达 90%。Koevoets 等用 UASB/EGSB 处理果汁废水，总 COD_{Cr} 去除率可达 70%～90%。H. El-Kamah 等用 2 个串联的升流式厌氧海绵反应器（简称 UASR，在 UASB 的基础上研制的厌氧反应器）处理果汁废水，其中 COD_{Cr}、BOD_5、TSS 和 TKN 的去除率分别达到 61%、70%、69% 和 51%。但是厌氧微生物特别是其中的产甲烷细菌对温度、pH 值等环境因素非常敏感，因此对厌氧反应器运行管理较为复杂，限制了其推广和应用。虽然厌氧生物处理工艺对 COD_{Cr}、SS 和 BOD_5 的平均去除率都较高，且比较稳定，但出水水质仍难以达到排放标准。

3. 厌氧-好氧联用技术

国际上更为通用的厌氧-好氧联合工艺在处理高浓度果汁废水方面具有巨大的优势。该联合工艺具有很好的可操作性，效果优于厌氧、好氧单独处理废水。厌氧-好氧联合技术已经成为目前国内外研究的热点。厌氧阶段处理的废水在理化性质上发生明显改变，使废水更适宜后续的好氧处理，可以用较少的气量在较短时间内完成净化，降低了需氧的电耗，且好氧段污泥回流至厌氧段，最大限度减少了剩余污泥量，进一步节约了污泥处理的成本。宋艳辉用"EGSB-生物接触氧化"联合工艺处理果汁废水试验结果表明：EGSB 反应器出水 COD_{Cr} 的质量浓度为 90mg/L 左右，BOD_5 的质量浓度在 25mg/L 以内，SS 的质量浓度不超过 50mg/L，pH 值为 6.6～7.4；联合工艺出水 COD_{Cr} 总去除率达到 99% 以上，出水水质达到《污水综合排放标准》GB 8978—1996 一级排放标准。王立军等采用预处理-IC-UASB-普通活性污泥法工艺处理徐州某果汁厂的浓缩果汁废水，COD_{Cr} 的质量浓度为 7800mg/L 的进水经 IC 反应器处理，COD_{Cr} 去除率为 76%，沼气产量为 3500m^3/d 左右，采用 IC 和 UASB 串联工艺，大大提高果汁废水厌氧段的处理效果，总处理效果优于 GB 8978—1996 一级排放标准。刘子俊采用厌氧旋流内循环反应器（EIC）-UASB-接触氧化工艺处理某饮料有限公司果汁生产废水，处理后出水水质均优于 GB 8978—1996 中的一级标准。H. El-Kamah 等用 UASR-AS（活性污泥法）联合工艺处理果汁废水，COD_{Cr}、BOD_5、TSS 和油脂的去除率分别达到 97.5%、99.2%、94.5% 和 98.9%。

6.4 工 程 实 例

6.4.1 啤酒工业废水

1. 工程概况

青岛啤酒（珠海）股份有限公司位于富山工业园区，年产 40 万 kL 啤酒，废水处理站设计规模为 7000m³/L，于 2011 年底建成并投入运行。废水处理站占地面积为 6700m²，工程投资为 1825 万元，竣工决算投资为 1805 万元。废水处理核心工艺采用沼气提升内循环厌氧反应器（CLR）和 A/O 池，污泥处理采用 2m 带宽的带式压滤机压滤脱水，尾水综合考虑执行《啤酒工业污染物排放标准》GB 19821—2005 和广东省《水污物排放标准》DB 44/26 2001 第二时段一级标准。废水处理站设计进水、出水水质见表 6-18。

废水处理站设计进水、出水水质 　　　　表 6-18

项目	COD（mg/L）	BOD₅（mg/L）	SS（mg/L）	NH₃-N（mg/L）	TP（mg/L）	温度（℃）	pH
进水	850～2400	1200	500	30～50	5	35～45	5～12
出水	60	20	50	5	0.5	—	6～9

2. 工艺流程

啤酒废水处理工艺流程见图 6-7。

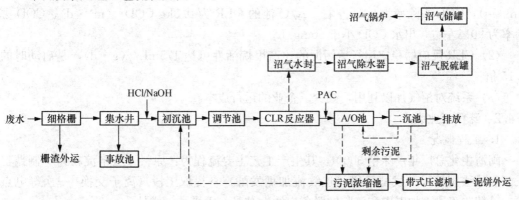

图 6-7　啤酒废水处理工艺流程

其中 CLR 反应器由两个 UASB 反应器串联而成，反应器的顶部装有气液分离器，两个反应室和气液分离器用提升管和回流管相连，依靠产生的沼气带动废水形成内部回流。

3. 运行效果

（1）A/O 运行效果

A/O 池缺氧区 DO<0.5mg/L、好氧区为 1.5～2.5mg/L。A/O 池进水与外回流污泥混合后以混合液的形式进入 A/O 池，内回流混合液有 30%～40%进入缺氧区，60%～70%进入好氧区，除磷效果明显。这是因为一方面进入缺氧区的硝酸盐及溶解氧的浓度降低，确保了聚磷菌的除磷效果；另一方面又使混合液在缺氧区的水力停留时间延长，从而使其进入好氧区后能超量吸磷，并以排放高磷污泥的形式较好地除磷。在二沉池进水前加入 PAC（0.5mg/L），通过微絮凝确保出水磷的稳定达标。A/O 池 OLR 为 0.5kg COD/

（$m^3 \cdot d$），COD 去除率可达到 90%。

（2）废水处理系统运行效果

该废水处理工艺中 CLR 系统的 COD 去除率为 4.80%，好氧系统的 COD 去除率为 90%，整个处理系统的 COD 去除率为 97.5%，去除量为 13.65 tCOD/d。该废水处理站 2012 年 2～7 月平均进出水水质见表 6-19。

2012 年 2～7 月平均进出水水质 表 6-19

月份	COD (mg/L)			BOD$_5$ (mg/L)			SS (mg/L)			NH$_3$-N (mg/L)			TP (mg/L)		
	进水	出水	去除率 (%)	进水	出水	去除率 (%)	进水	出水	去除率 (%)	进水	出水	去除率 (%)	进水	出水	去除率 (%)
2	1966	28	98.6	975	8.4	99.1	452	47	89.6	6.2	1.07	82.7	4.18	0.45	89.2
3	1881	32	98.3	1105	9.8	99.1	498	38	92.4	6.3	1.25	80.2	3.77	0.41	89.1
4	1941	26	98.7	1054	12.5	98.8	372	42	88.7	8.4	1.7	79.8	3.07	0.35	88.6
5	1756	28	98.4	1146	13.5	98.8	652	38	94.2	6.7	1.73	74.2	3.5	0.31	91.1
6	1869	32	98.3	940	13.9	98.5	547	29	94.7	10.1	1.43	85.8	3.57	0.35	90.2
7	2014	31	98.5	1020	13.1	98.7	653	23	96.5	8.4	1.22	85.5	3.92	0.42	89.3

4. 工程小结

（1）采用 CLR 反应器联合 A/O 池处理啤酒废水，CLR 反应器的 OUR 为 10kg COD/（$m^3 \cdot d$），COD 去除率为 80% 左右，A/O 池的 OLR 为 0.5kg COD/（$m^3 \cdot d$），COD 去除率为 90% 左右，出水 COD 小于 60mg/L。

（2）CLR 反应器稳定运行后污泥的比产甲烷活性可达 175mL/（$g \cdot d$），是启动时的 5.15 倍。

（3）系统对沼气加以利用，减少了企业的运行成本。

6.4.2 味精工业废水

1. 工程概况

闽清生化总厂年产味精 3000t，其生产工艺主要流程为：原料（玉米淀粉）→制糖工段（双酶法制糖）→发酵工段（连续流加糖发酵）→提取工段（离子交换- 一次等电点法）→精制工段（加碱中和、除铁脱色、浓缩结晶、干燥）→成品。

在生产过程中，排出经清污分流的高浓度和低浓度两股废水。高浓度废水来自提取工段，水量为 200t/d，水质为：pH 1.51～3.55，COD 浓度为 25100～58300mg/L，BOD$_5$ 浓度为 12100～57200g/L，SS 浓度为 1600～5110mg/L，NH$_3$—N 浓度为 1370～7979mg/L，SO$_4^{2-}$ 浓度为 2909～41150mg/L。低浓度废水主要来自制糖、精制等工段，其中制糖工段，洗米废水 80t/d，设备、地面冲洗水 30t/d；精制工段，活性炭脱色柱冲洗水 160t/d，设备、地面冲洗水 30t/d。水质约为：pH6～8，COD 浓度为 839～6000mg/L，BOD$_5$ 浓度为 504～3500mg/L，SS 浓度为 161～1500mg/L，NH$_3$—N 浓度为 26～60mg/L，SO$_4^{2-}$ 浓度为 32～300mg/L。

2. 工艺流程

根据废水处理的一般原则和菌体蛋白回收的原则，如图 6-8 和图 6-9 所示，高浓度废水应预先处理，来自提取工段的离子交换母液中菌体蛋白的回收工艺已被广泛使用，经提

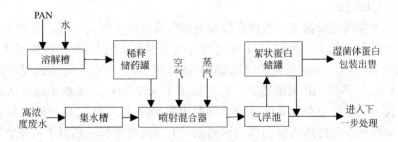

图 6-8 高浓度废水预处理工艺流程

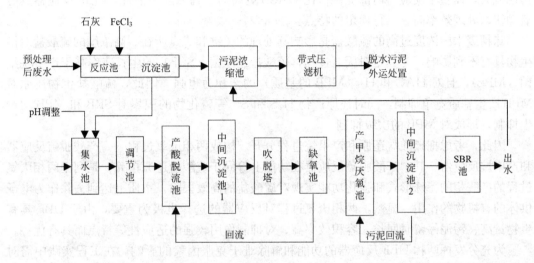

图 6-9 味精废水主体处理工艺流程

取后，高浓度废水的 COD 下降明显，这为后续工序的处理创造了有利条件。提取菌体蛋白的高浓度废水，其 pH 仍呈酸性，COD、NH_3—N、SO_4^{2-} 浓度仍很高，需经中和及降低 NH_3—N、SO_4^{2-} 浓度后再与低浓度废水混合。经均质、均量后的废水再经两相 UBF-SBR 主体工艺处理。

3. 工艺设计特点

（1）菌体蛋白回收预处理

离子交换母液（高浓度废水）含有菌体蛋白等大量悬浮物和胶体物质，通过絮凝气浮不仅可提取富有营养价值的饲料蛋白，同时也起到去除有机污染物的作用。COD 去除率可达 40%～70%。回收预处理后水质为：pH 1.51～3.08，COD 浓度为 12160～16800mg/L，BOD_5 浓度为 4816～10700mg/L，SS 浓度为 670～1010mg/L，NH_3—N 浓度为 2939～3672mg/L。

絮凝气浮对絮凝剂的选用很重要，常用的铁盐、铝盐等无机絮凝剂絮凝效果不好；聚丙烯酰胺毒性较强，也不合适；聚丙烯酸钠絮凝效果好、用量少、无毒、能适应较低范围的 pH，可不经调整 pH 直接使用，因此它在味精废水菌体蛋白回收中已被广泛使用。

气浮采用射流溶气方式，设有喷射混合器使废水、空气、PAN、蒸汽进行剧烈混合，通入蒸汽控制水温在 45℃，均可促进絮体的凝聚、絮凝和气浮。

（2）两相 UBF 法

两相厌氧消化法是根据参与酸性发酵和甲烷发酵的微生物的不同，分别在两个反应器内完成这两个过程的方法，两相 UBF 法是两个反应器均采用 UBF 的两相厌氧消化法。

UBF 反应器是由上流式污泥床（UASB）和厌氧滤池（AF）构成的复合式厌氧反应器，同时具有 UASB 和 AF 池的特点。它克服了 UASB 颗粒污泥难于形成从而难于启动的缺点，结合了 AF 耐冲击负荷的优点，同时也减轻了 UASB 三相分离器的固液分离性能要求。反应器底部保持高浓度的颗粒污泥床，上部附着生长于填料上的生物膜对游离性的菌胶团具有吸附截留作用，减少流过固液分离器的固体量，降低出水中的悬浮物含量和污泥流失，而整个反应器内部能保留比 UASB 更高的生物浓度。因此，UBF 反应器具有启动快、处理效率高、运行稳定的特点。

味精废水中浓度过高的硫酸盐是影响其处理的关键和难点所在。高浓度的硫酸盐对微生物具有不利影响，尤其是对厌氧过程，硫酸盐还原菌（SRB）的生长速率高于产甲烷细菌（MPB），且对 HAC 和 H_2（MPB 的基质）的亲和力也强。因此，硫酸盐生物还原对 MPB 产生基质竞争抑制，同时还原产物 H_2S 和 S^{2-} 等硫化物的积累对 SRB 和 MPB 均产生抑制，形成对 MPB 的次级抑制。

因此，考虑把硫酸盐还原和产甲烷过程分开。构成两相厌氧过程——产酸脱硫反应器和产甲烷反应器。其中产酸脱硫反应器在功能上等同于硫酸盐还原单元，是利用两相厌氧过程的产酸相的特殊形式和强化功能实现对硫酸盐的高效去除，本质上达到去除作为电子供体的有机物的作用。显然，两相厌氧过程对反应器的选择也极为重要，由于 UBF 具有生物量高、污泥停留时间长、容积效率高、对抑制作用较强的适应性等特点而具有优势。

为充分发挥两相 UBF 反应器的功能和解除难于克服因素的影响，在工程实践中需对各处理单元作合理组合。当进水中硫酸盐浓度超过 5000mg/L 时，反应器对 COD 的去除率急剧下降，为 3500mg/L 时，S^{2-} 浓度可达 700mg/L，将对硫酸盐还原过程产生明显的抑制作用。硫酸盐还原产物 H_2S 和 S^{2-} 等硫化物的次级抑制同时影响 SRB 和 MPB，因而其是主要抑制作用，当 S^{2-} 浓度小于 200mg/L 时，SRB 和 MPB 细胞生长没有受到抑制；当 S^{2-} 浓度大于 350mg/L 时，其抑制作用转为明显。为保证较高的 COD 去除率，通常要求 COD/SO_4^{2-} 不低于 2 较为合适。

根据以上分析，工程上采取的处理单元组合为：菌体蛋白回收后废水先经加石灰与硫酸盐反应生成 $CaSO_4$ 沉淀去除部分硫酸盐，同时也起到中和、脱氨氮作用，出水再与低浓度废水混合，把 SO_4^{2-} 稀释到<3500mg/L 进入产酸脱硫反应器，出水经吹脱塔去除部分硫化物后，再经缺氧池中好氧、兼氧微生物的好氧代谢除去因吹脱溶入的氧气，约 2/3 废水回流进入产酸脱硫反应器稀释进水 SO_4^{2-}（浓度 1000～1300mg/L）和反应池内的硫化物浓度（S^{2-}<300mg/L），约 1/3 废水其 S^{2-} 经吹脱后已低于 MPB 抑制浓度，进入产甲烷 UBF 反应器。

在工程实践中还考虑到如下措施以提高各处理单元的有效性和合理性：在石灰中和废水和去除 SO_4^{2-} 时，采用鼓风搅拌，一是加强反应强度、效率，二是吹脱部分氨氮；两相 UBF 反应器均采用出水回流和用泵大阻力配水，起到多方面作用，一是稀释进水 SO_4^{2-} 和反应池内的硫化物浓度，二是达到均匀布水和有效混合的作用，三是改善反应器的水力条件，强化了反应器中微生物与基质之间的传质作用，加速有机物从废水中向微生物细胞的传递过程，四是创造良好的微生物生长环境，增强微生物生态的稳定性，以上这些方面是保证厌氧反应器高效、稳定运行的重要条件。

在两相 UBF 反应器之间加入吹脱塔和缺氧池，吹脱塔主要用于去除硫化物，同时对氨氮也可部分去除，缺氧池起消除溶解氧的作用，吹脱塔和缺氧池用于流程中有一定的创新性，它们的技术经济性尚需进一步的研究。两相 UBF 反应器和吹脱塔产生的废气经用碱液作吸收剂的填料塔去除恶臭气体后高空排放，以避免二次污染。

（3）SBR 池

SBR 是间歇运行的活性污泥法，它把废水处理构筑物从空间系列转化为时间系列，在同一构筑物内进行进水、曝气、沉淀、排水、闲置等运行工序，因而具有工艺操作灵活、占地面积少、投资和运行费用低、具有脱氮功能、不易发生污泥膨胀、处理效果好和运行稳定等特点。经两相 UBF 反应器处理后出水再经 SBR 好氧处理，COD 去除率可达 70%。

（4）平面布置紧凑，减少工程造价和用地

合理布置各处理构筑物平面，构筑物之间可适当连体合建，在该工程设计中，调节池、SBR 池、污泥浓缩池合建，产酸脱硫反应器、产甲烷 UBF 反应器、中间沉淀池 1、2、缺氧池合建，有效降低了造价和节约用地。

4. 处理效果

该工程于 1997 年 3 月开始设计，1998 年 1 月开始施工，2000 年 5 月完工投入试运行。工程调试的接种污泥取自养猪场的猪粪便，第 1 次接种共投入 20t 猪粪便，接种量为：SBR 池 5t、产酸脱硫反应器 10t、产甲烷 UBF 反应器 5t。调试开始阶段，废水间歇进入两相 UBF 反应器，使污泥处于低负荷增殖、驯化状态。

1 个月后，再次投入两相 UBF 反应器各 5t 猪粪便，以加速污泥培养。几天后，两相 UBF 反应器开始连续进水，吹脱塔的风机根据厌氧产气程度开始启动。由于粪便中富含细小的颗粒物和废水中含有的少量粉末活性炭构成颗粒污泥晶核、废水生化性能较好和 UBF 自身特点等原因，工程调试经 4 个多月基本完成。该废水处理工程于 2000 年 10 月通过竣工验收，各项指标均达到《污水综合排放标准》GB 8978—1996 中味精行业二级排放标准。

离子交换母液（高浓度废水）含有菌体蛋白等大量悬浮物和胶体物质，通过絮凝气浮不仅可提取富有营养价值的饲料蛋白，同时也起到去除有机污染物的作用。COD 去除率可达 40%～70%。回收预处理后水质为：pH 1.51～3.08，COD 浓度为 12160～16800mg/L，BOD_5 浓度为 4816～10700mg/L，SS 浓度为 670～1010mg/L，NH_3—N 浓度为 2939～3672mg/L。在该工程实践中，两相 UBF 反应器取得比较满意的效果。在调节池的废水水质为：pH 5.53～7.98，COD 浓度为 6500～7400mg/L，BOD_5 浓度为 2920～3190mg/L，SS 浓度为 1030～1318mg/L，NH_3—N 浓度为 200～300mg/L，SO_4^{2-} 浓度为小于 3500mg/L，产酸脱硫反应器出水的 COD 约在 1800～2200mg/L，COD 去除率可达 70%。经两相 UBF 反应器处理后出水再经 SBR 好氧处理，COD 去除率可达 70%。

6.4.3 果汁工业废水

1. 工程概况

山西某果汁加工厂废水处理站采用预处理-UASB-接触氧化工艺处理高浓度果汁生产

废水。工程调试结果表明，该工艺对COD、BOD、SS去除率在90%以上，出水水质满足《污水综合排放标准》GB 8978—1996中的一级标准。在此类工艺调试过程中。要注意环境、进水水质对系统运行。尤其是UASB系统运行的影响，启动初期不能片面强调处理效率，容积负荷不高于$0.5kgCOD/(m^3 \cdot d)$。

该果汁厂废水主要由洗果排放水、设备漂洗水、离子交换吸附柱再生与冲洗水、果汁冷凝水、设备冷却水、实验室排水、锅炉排污和生活污水等组成，废水水量$3000m^3/d$。处理水量$125m^3/h$。通过对现场监测表明。该废水含有大量的碎果屑、果胶、淀粉等，SS高，有机负荷大，当车间进行设备清理时，水质变化大。系统出水将直接排放入自然水体，为了不对环境造成污染，处理系统执行《污水综合排放标准》GB 8978—1996中的一级标准，具体废水水质及排放标准如表6-20所示。

废水水质及排放标准 表6-20

项目	COD_{Cr}（mg/L）	BOD_5（mg/L）	SS（mg/L）	pH
废水水质	≤5500	≤2800	≤1100	4～11
排放标准	80	30	70	6～9

2. 工艺流程

针对废水水质特征，系统采用预处理＋UASB＋接触氧化工艺，其工艺流程如图6-10所示。

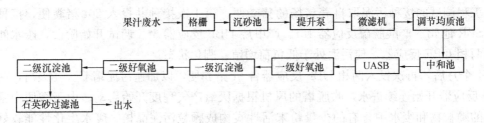

图6-10 果汁废水主体处理工艺流程

（1）前处理系统 前处理系统包括沉砂池、提升泵、微滤机。通过沉砂池和微滤机的沉淀、过滤作用，完成对水中颗粒杂质的去除，以免造成机泵磨损、管网堵塞，干扰甚至破坏处理工艺过程。

（2）调节系统 为了避免水质水量变化对处理效率及系统稳定性的影响，设置水质调节系统。调节池内含有大量的经驯化的兼氧微生物。可将难于降解的高分子有机物转化为易于降解的低分子有机物，提高了废水可生化性，为后续处理工艺创造了条件。

（3）UASB UASB系统是本次设计运行中的核心处理构筑物。UASB反应器具有结构紧凑、处理能力大、能耗低、处理效果好以及投资小等优点。在高浓度有机废水处理（如果汁废水）及低浓度有机废水处理（如城市污水）等方面都得到了广泛应用。

（4）接触氧化 接触氧化是一种好氧处理工艺，是在有氧条件下，利用好氧微生物包括兼性微生物的作用去除废水中的有机物。接触氧化法具有接触面积大、充氧效率高、剩余污泥少、可抑制污泥膨胀等优点。由于UASB不能将高浓度的有机废水直接处理到标准以下，故在该工程中另设了两级接触氧化装置。在接触氧化池中。废水中溶解态的有机物透过细菌的细胞壁进入细菌体内为细菌所吸收。而固体和胶体形式的有机物先被吸附在细菌体外，由细菌分泌的胞外酶分解为溶解性物质，然后再渗入细菌细胞中。一部分被吸收的有机物被氧化成简单化合物同时释放出细菌生长、活动所需要的能量；而另一部分有机物合成为新的原生质，作为细菌自身生长、繁殖所必需的营养物质。

3. 工程小结

预处理-UASB-接触氧化工艺对高浓度果汁废水具有良好的去除效果，出水水质可满足《污水综合排放标准》GB 8978—1996 中一级标准的要求。废水水质特征是影响 UASB 系统运行的重要因素，由于果汁废水水质变化较大，且 SS 含量较高，应当充分重视调节池在系统中发挥的作用，以免对后续工艺的运行造成不利影响。使用颗粒污泥接种允许有较大的接种量，可缩短系统的启动时间。在选择种泥时，应尽量选用与所处理水质相近的废水污泥种类，性质越相似，所需驯化时间越短。反应器启动初始阶段，容积负荷不能太高，一般在 $0.5kgCOD/(m^3 \cdot d)$ 以下，当可生物降解的 COD 去除率达 60% 后，再逐步增加负荷。可通过增加进水量或降低稀释比增加容积负荷，每次可增加 20%～30%。系统的启动受环境因素的影响。通常温度在 40℃，pH 在中性条件下有利于系统的快速启动。由于果汁生产废水水质单一，缺乏氮磷等营养元素，应注意进行补充。

本章参考文献

[1] 赵庆良，李伟光．特种废水处理技术[M]．哈尔滨：哈尔滨工业大学出版社，2003．

[2] 王凯军，秦任伟．发酵工业废水处理[M]．北京：化学工业出版社，2000．

[3] 我国发酵工业面临的任务．食品与发酵工业[J]．2007，33(10)：127．

[4] 郝瑞霞，贾胜温，程水源．我国啤酒工业废水治理技术现状及发展趋势[J]．河北轻化工学院学报．1998，19(1)：75～79．

[5] 沈淞涛，杨顺生，方发龙．等．啤酒工业废水的来源与水质特点[J]．工业安全环保，2003，29(12)：3～5．

[6] 张季惠．啤酒废水处理的研究[J]．西北民族大学学报(自然科学版)．2004，25(54)：22～27．

[7] 成应向．味精废水的治理技术及其发展趋势[J]．工业水处理．2003.23(2)：6～9．

[8] 陶涛，詹德昊，芦秀青，等．味精废水治理的现状及进展[J]．环境污染治理技术与设备，2002，3(1)：69～73．

[9] 李科林，孟范平，王平，等．啤酒工业废水处理与利用技术研究进展[J]．中南林学院学报，1999，19(1)：71～74．

[10] 闫庆松，杨本杰．啤酒废水的综合治理技术[J]．重庆环境科学，1996，10：53～55．

[11] 翟由涛，马玲，胡维佳．啤酒废水处理技术及评价[J]：江苏环境科技，1999，3：33～35．

[12] 周长波，张振家．啤酒废水处理技术的应用进展[J]．环境工程，2003，21(6)：19～25．

[13] 买文宁，曾科，吴连成．啤酒废水处理技术的生产性应用[J]．环境工程，2002，20(4)：35～37．

[14] 徐立根．CASS 法在啤酒废水治理中的应用[J]．环境保护，1999，12：14～15．

[15] 左剑恶，王妍春，陈浩．膨胀颗粒污泥床(EGSB)反应器的研究进展[J]．2000，18(4)：3～8．

[16] 黄翔峰，章非娟．味精生产废水治理技术发展[J]．中国沼气，2000，18(3)：3～8．

[17] 何晓娟．IC—CIRCOX 工艺及其在啤酒废水[J]．给水排水，1997，23(5)：26～28．

[18] 韩洪军，刘淑彦，张宝杰．水解酸化处理啤酒废水的试验研究[J]．哈尔滨建筑大学学报，1999，32(6)：97～99．

[19] 张振家，周长波，熊庆明．UASB—SBR 工艺处理啤酒生产废水[J]．中国给水排水，2001，17(9)：54～56．

[20] 徐富，邵尤炼缪恒锋，等．青岛某啤酒废水处理工程实例[J]．给水排水，2013，39(2)：88～92．

[21] 许玉东. 味精废水处理工艺设计[J]. 环境工程，2002，20(3)：18～21.

[22] 吴俊峰，何亚丽，王现丽. 果汁生产废水处理站工艺设计实例[J]. 工业水处理，2009，29(7)：84～85.

[23] 强绍杰，黄政新，鲁俊伦，等. CASS 工艺在啤酒废水处理中的应用[J]. 给水排水，1998，24(3)：30～33.

[24] 张振家，周长波，张守国，等. 啤酒废水处理工程运行分析[J]. 城市环境与城市生态，2001，14(6)：34～36.

[25] 王志坚，杨桂茹. 啤酒废水处理技术[J]. 酿酒. 2002，29(3)，39.

[26] 石明岩. 啤酒废水处理技术的革新与实践[J]. 工业水处理，2003，23(1)：16～19.

[27] 李庆召，刘军坛，彭伟功. 啤酒废水处理技术研究进展[J]. 工业水处理，2005，25(4)：5～8.

[28] 杨云龙，张少辉. 啤酒废水治理技术进展[J]. 环境开发，2000，15(3)：8～10.

[29] 刘咏，钱家忠，李如忠. 生化法处理啤酒废水的技术分析与展望[J]. 合肥工业大学学报(自然科学版)，2003，26(1)：145～149.

[30] 鲍启钧，张洪昌，曾华味. 精废水治理的技术路线探讨[J]. 中国给水排水，1998，14(6)：23～25.

[31] 石振清，王静荣，李书申. 味精废水处理技术综述[J]. 环境污染治理技术与设备，2001，2(2)：81～86.

[32] 张智维，刘素英，张宏，等. 味精废水生物处理技术的现状及看法[J]. 西北轻工业学院学报，2002，20(5)：72～74.

[33] 魏永，王书敏，由圆义，等. CAST 工艺在处理果汁加工废水中的应用[J]. 工业水处理，2005，25(9)：68～70.

[34] 林晓葱，程胜高，黎丽. 用 SBR 工艺处理果汁灌装生产废水[J]. 中国设备工程，2005，28(10)：46～47.

[35] Ozbas E E，Tufekci N，Yiimaz G，et a1. Aerobic and anaerobic treatment of fruit juice industry eflluents[J]. Journal of Scientific & Industrial Research，2006，65(10)：830～837.

[36] Blöcher C，Blitz T，Janke H D，et a1. Biological treatment of wastewater from fruit juice production using amembrane bioreactor：parameters limiting membFane performance[J]. Water Supply，2003，3(5)：253～259.

[37] Koevoets W A A，Versprille A I，Korthout H. P. High rate anaerobic treatment of fruit juice & processing effluents：a reliable and sustainable solution[C]. Latin American Workshop and Symposium on Anaerobic Digestion，Mérida，Yucatán，2002.

[38] El-Kamah H，Tawfik A，Mahmoud M，et al. Treatment of high strength wastewater from fruit juice industry using integrated anaerobic/aerobic system[J]. Desalination，2010，253(4)：158～163.

[39] 宋艳辉. EGSB－生物接触氧化联合工艺处理果汁废水试验研究[D]. 西安，长安大学，2009.

[40] 王立军，于德利，庞维珍，等. 浓缩苹果汁高浓度有机废水处理工程的改造[J]. 中国给水排水，2006，22(24)：35～37.

[41] 刘子俊. 利用 UASB 和 EIC 技术处理果汁废水[J]. 江苏环境科学，2006，19(3)：24～25.

7 肉类加工废水处理技术

肉类加工厂是屠宰和加工猪、牛、羊等牲畜和家禽、生产肉类食品和副食品的工厂。随着人们生活水平的逐步提高，肉类年消耗量不断增长，肉类加工厂在提供人们日常生活所需的食品方面的作用正变得愈来愈重要。有关资料表明，我国日宰生猪 500～5000 头的肉联厂已不下 600 个，禽蛋加工厂也不下几百个。肉类加工生产中要排出大量血污、油脂、油块、毛、肉屑、内脏杂物、未消化的食料和粪便等，废水的排放量逐年增多，废水中还含有大量与人体健康有关的微生物。

肉类加工废水如不经处理直接排放，会对周围环境和人畜健康造成严重危害。例如，废水中的大量有机物进入水体后，会消耗水中的溶解氧，造成鱼类和其他水生生物因缺氧而死亡，缺氧还会促使水中和底部有机物在厌氧条件下分解，产生臭味，恶化水质，污染环境，危害人畜。因此，处理好肉类加工废水对保护生态环境和人类健康是十分重要的。

7.1 肉类加工废水的来源

肉类加工指猪、牛、羊等畜类和鸡、鸭等禽类的屠宰加工。其生产过程大致为：在屠宰时进入屠宰区，首先用机械、电力或者化学方法将牲畜致晕，然后悬挂后脚割断静脉宰杀放血。宰杀后，牛采用机械剥皮，而猪一般不去皮，猪体进入水温为 60℃ 的烫毛池煮后去毛。而后剖肚取出内脏，将可食用部分和非食用部分分开，再冲洗胴体、分割、冷藏，以及加工成不同的肉类食品，如新鲜肉或花色配制品和腊、腌、熏、罐头肉等。图 7-1 表示了一个作业线完整的典型肉类加工厂的生产过程。

屠宰和肉类加工厂的废水主要产生在屠宰工序和预备工序。废水主要来自于圈栏冲洗、宰前淋洗和屠宰、放血、脱毛、解体、

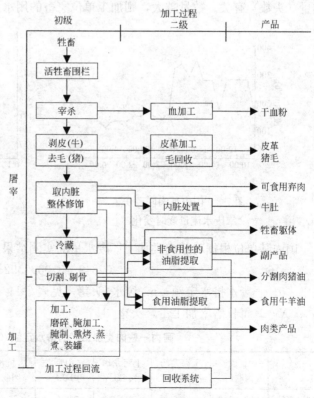

图 7-1 一个作业线完整的典型肉类加工工序简图

91

开腔劈片、清洗内脏肠胃等工序，油脂提取、剔骨、切割以及副食品加工等工序也会排放一定的废水。此外，在肉类加工厂还有来自冷冻机房的冷却水，以及车间卫生设备、洗衣房、办公楼和场内福利设施排出的生活污水等。

7.2 肉类加工废水的水量水质特征

7.2.1 肉类加工废水的水量

肉类加工工业是食品工业中的排污大户，全国每年排放废水近 $2 \times 10^9 m^3$，占废水总排放量的 6% 左右。肉类加工废水主要来自宰前饲养、屠宰、肉制品综合利用等排出的污水，主要是屠宰废水。肉类加工废水量与加工对象、数量、生产工艺、管理水平等因素有关。肉类加工生产一般都有明显的季节性，因此，肉类加工厂的废水流量在一年内有很大的变化（见图 7-2）。由于各肉类生产厂都具有其本身的生产特点，如每日一班生产、两班生产或三班连续生产，因此，废水流量在一天内也有较大的变化（见图 7-3 和图 7-4），远非均匀流出。

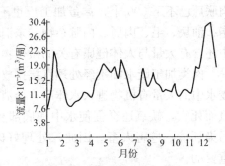

图 7-2 国外某肉类加工厂废水流量一年内的变化

研究结果表明，在生产工艺、管理水平一定的条件下，废水量与家畜生产加工对象的数量（头数）有关。数量越大，则加工单位家畜的用水量或排水量越低。

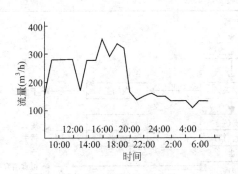

图 7-3 国内某肉联厂房宰废水流量逐时变化

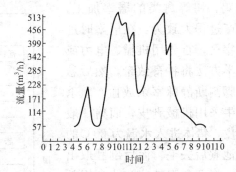

图 7-4 国外某肉类加工厂废水流量逐时变化

国内某单位根据对某肉类加工厂废水量的实测结果，经统计分析，得出以下计算式：

$$q = 0.849 - 0.0000592X$$

式中　q——废水排水定额，m^3 废水/头猪，见表 7-1；

　　　　X——每日屠宰加工量，头猪/d。

国内一些肉类加工厂的排水定额（m^3/头猪）　　　　　　表 7-1

厂名	北京肉联厂	上海大场肉联厂	上海龙华肉联厂	南京肉联厂	杭州肉联厂	成都南郊肉联厂	广西南宁肉联厂	安徽蚌埠肉联厂
排水定额	0.85	0.3	0.24	0.4	0.5	0.67	0.6	0.67

厂名	湖北当阳冷冻厂	江苏黄桥肉联厂	齐齐哈尔肉联厂	沈阳肉联厂*	贵州水城肉联厂	福州冷冻厂	四川渡口肉联厂	上海某家禽批发**
排水定额	0.35	0.4	0.48	0.88	0.5	0.67	1.23	23

*牛按3头猪计,羊按1头猪计; **单位为23L/只鸡。

7.2.2 肉类加工废水的水质

肉类加工废水含有大量的血污、油脂、蛋白、碎肉、畜毛、碎骨、内脏杂物、未消化食物、粪便和多种病原微生物,污水有令人不适的血红色和使人厌恶的腥臭味,悬浮物浓度很高,是一种典型的有机废水。该废水一般不含重金属及有毒化学物质,但含蛋白质及油脂,含盐量也较高。以屠宰加工为例,其废水中主要含高浓度含氮有机化合物、悬浮物、溶解性固体物、油脂和蛋白质、碎肉、食物残渣、毛、粪便和泥沙等,还可能含有多种与人体健康有关的细菌(如粪便大肠菌、细螺旋体菌、梭状芽孢杆菌、志贺氏菌和沙门氏菌等)。屠宰废水 BOD_5 在 $800\sim1500mg/L$ 左右,色度高,约 500 倍,外观呈暗红色。

肉类加工废水所含污染物主要为呈溶解、胶体和悬浮等物理形态的有机物质,其污染指标主要有 pH、BOD、COD、SS 等,此外还有总氮、有机氮、氨氮、硝态氮、总固体、总磷、硫酸根、硫化物和总碱度等。在微生物方面的指标为大肠杆菌。

由于受加工对象、生产工艺、用水量、废物清除方法等的影响,肉类加工废水的水质变化范围很大,国内与国外肉类加工厂废水的浓度相差也很大。一般来说,国外肉类废水的浓度要大于国内的浓度。这主要是由于国外肉类加工企业设备较先进,用水量较少和废弃物清除方法不同所致,表 7-2 和表 7-3 给出了部分国内肉类加工厂的废水水质资料。表 7-4、表 7-5 给出了国外一些肉类加工厂废水水质资料。图 7-5 和图 7-6 给出了国内外肉类加工废水水质的变化情况。

国内一些肉类加工废水资料 表 7-2

指标	北京肉联厂	南京肉联厂	武汉肉联厂	齐齐哈尔肉联厂	沈阳肉联厂	邯郸肉联厂
pH	7	7	7	$7.0\sim7.6$	$6.9\sim7.6$	$6.8\sim7.4$
BOD_5	$310\sim721$	759	475	$180\sim655$	801	$300\sim700$
COD	$621\sim1778$	1401		$246\sim1023$	1962	
油脂	$65\sim133$		224		28	
SS	$234\sim800$	556	573	$310\sim1036$	544	$1200\sim2700$
总氮	$34.7\sim65.2$		207	$39.1\sim44.1$		
有机氮	30.1					
NH_4^+—N	$17.2\sim80.4$	42	32	$1.51\sim28.5$	$6.25\sim48.0$	
硝酸盐氮				$2.56\sim5.5$	$1.58\sim45.2$	
总磷	$0.17\sim35.8$		61.6	$2.22\sim3.66$		
大肠杆菌	$(1.64\sim238)\times10^{10}$		$<1.74\times10^8$			$>1.6\times10$
沙门氏菌	$(1.6\sim2.4)\times10^4$				阳性率81.3%	

指标	北京肉联厂	南京肉联厂	武汉肉联厂	齐齐哈尔肉联厂	沈阳肉联厂	邯郸肉联厂
溶解固体	875			368~486		
硫酸根	10.1~16.3		46.8			
硫化物	2.1~9.4					
总碱度	8.3~10.6			3.81		

注：pH无单位，大肠杆菌和沙门氏菌的单位为cfu/100mL，其余指标的单位为mg/L。

国内某肉联厂分车间废水水质资料　　表7-3

指标	饲养车间	屠宰	畜产品厂	牛羊车间	总出水口
pH	8	7.5	7.2	7.2	6.8
BOD$_5$	736~770	458~521	583~604	334~375	177~208
COD	1432	1054	1120	824	562
SS	934~1017	70~905	1178~1234	1403~1625	1164~1201
有机氮	237	137~157	237~317	93~125	117
蛋白质	137~157	97~117	97~117	61	117
氨氮	850	100	200	75	46~66
总固体	5610~6206	5068~5990	5380~5533	5362~6796	5030~6306

注：除pH外，其余指标的单位为mg/L。

美国各类肉类加工厂的典型废水水质　　表7-4

指标	Peyton（美国）	W. E. Weeves（美国）	JohnMoriell&Co.（美国）	Mcerewa（新西兰）	Hendrix（荷兰）	阿卡普尔科（墨西哥）
BOD$_5$	5800	372~2800	1600	575~1765	300~1200	893
COD	9400	1675	2340	1131~1725	500~2000	2224
SS	3140	392~536	920	660~3020		
油脂	2000	434~1823	570	402~1480		
NH_4^+—N	10.0~15.5		11.4	7.2~23.8		
凯氏氮（蛋白氮）	100	79.0~110		29.2~71.4		
总磷		11.0~31.4				
大肠杆菌						5.7×10^7

注：大肠杆菌的单位为cuf/100mL，其余指标的单位为mg/L。

美国肉类加工厂分车间废水水质　　表7-5

指标	屠宰	屠宰加工	加工车间
BOD$_5$	650~2200	400~3000	200~400
SS	930~3000	230~3000	200~800
油脂	200~1000	200~1000	100~300

注：各指标单位均为mg/L。

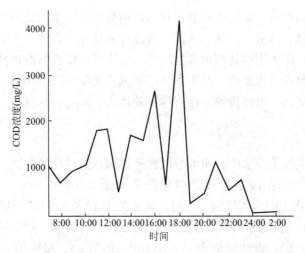

图 7-5　国内某肉联厂屠宰废水 COD 浓度逐时变化

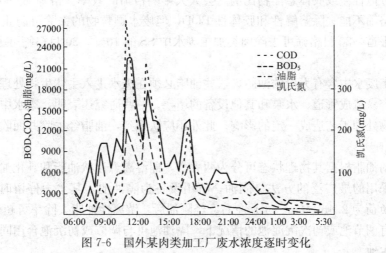

图 7-6　国外某肉类加工厂废水浓度逐时变化

由以上表格及折线图可见：其一，肉类加工厂各车间、工序排出废水的水质指标的数据是不相同的，而且有很大的差距；其二，从全厂总排水来看，由于生产工艺、排放体制的不同，不同时间、不同时刻的废水浓度也会有很大差异，有高峰也有低谷。因此，在进行废水处理系统的规划设计时，应考虑设置调节池，以调节水质、水量，保证处理系统的正常运行。

7.3　肉类加工废水的处理技术

肉类加工废水中含有大量的以固态或溶解态存在的蛋白质、脂肪和碳水化合物等，它们使肉类加工废水表现出很高的 BOD、COD、SS、油脂和色度等。对于易于生物降解的有机废水，生物处理工艺是最有效和经济的处理方法之一，特别在废水量大的情况下更是如此。由于肉类加工废水的水量一般都较大，因此，生物处理工艺是肉类加工废水处理采用得最普遍的主体工艺。又由于肉类加工废水中含有大量的非溶解性的蛋白质、脂肪、碳水化合物和其他杂物，同时肉类加工废水的水质和水量在 24h 内变化较大，为了防止设备的堵塞、回收有用副产品、降低生物处理设施的负荷和稳定生物处理工艺的处理效果，一些物理方法（如格栅、调节、隔油、沉淀、气浮等）和化学方法（如絮凝）也常常与生物处理工艺结合使用，作为生物处理的预处理单元。当废水排放标准很高、处理水需要回用时，对生物处理的出水还需要进一步采用一些物理或化学方法（如絮凝、砂滤、微滤、吸附、反渗透、离子交换、电渗析等）进行深度处理。

7.3.1 物理方法

1. 筛除

筛除是分离肉类加工废水中较粗的分散性悬浮固体最广泛的方法，所采用的设备为格栅和格筛。用于肉类加工废水处理的格栅栅条间距为 13～50mm，设计流速为 0.3～0.9m/s。眼尺寸变化范围是几目到 150 目，常用的为 10～40 目的金属布网。肉类内脏废水通常用 20 目格网，家禽加工含羽毛皮水可用 36～40 目格网。建议转动格筛的废水负荷率为 5～10m³/(m²·h)，振动格筛为 50～170m³/(m²·h)。格筛的效率与废水中颗粒的分布有关，分散性差或胶体悬浮物比例高会大大影响格筛的效率。格筛对 BOD 的去除率较低，因为格筛不能去除溶解性和胶体性 BOD，但废水颗粒物的去除可防止以后的再溶解。据日本报道，20 目格筛可去除肉类加工废水中 SS 的 10％，30 目格筛可去除 20％。

2. 隔油

肉类加工废水中含有大量的油脂，这些油脂必须在废水进入主体生物处理工艺前予以去除，否则容易造成管道、水泵和其他设备的堵塞。一些研究还表明，废水中油脂含量过高，会对生物处理工艺造成一定的影响。此外还应认识到，油脂经去除并回收后，有较大的经济价值。

废水中的油脂根据其物理状态可分为两大类，即游离悬浮状油脂和乳化油脂。去除悬浮状油脂所采用的最广泛的方法是隔油，所用设备为隔油池，其水力停留时间为 1.0～1.5h，表面负荷为 2.4m³/(m²·h) 左右。经隔油后，游离性油脂去除率可超过 90％。在处理流程设有调节池或初次沉淀池的情况下，隔油池可与调节或初沉池合用同一构筑物以节省投资和占地。

3. 调节

肉类加工废水 24h 内水质和水量的变化幅度都较大。为了使后续连续运行的处理工艺效果稳定，一些处理流程中常设置调节池对废水的水质和水量进行调节，以减弱水质和水量的冲击。调节时间一般为 6～24h，多为 6～12h。

4. 沉淀

沉淀在肉类加工废水处理中被用来去除原废水中的无机固体物和有机固体物，以及分离生物处理工艺中的生物相和液相。用于去除原废水中的有机固体物时称为初次沉淀，所用设备或构筑物为初沉池。用于分离生物处理工艺中的生物相和液相时称为二次沉淀，所用设备或构筑物为二沉池（相对于初沉池而言）。国内外的实践表明，初次沉淀可去除废水 BOD_5 约 30％，SS 约 55％。初沉池 HRT 一般为 1.5～2.0h，多为 1.5h。如采用斜板（管）沉淀池作二沉池，HRT 多为 1h 左右，表面负荷为 1.6～5.0m³/(m²·h)，多为 2.8～5.0m³/(m²·h)。斜板（管）池效果好，但易挂膜和藻类，应定期冲洗，防止堵塞。

5. 气浮

气浮是固液分离或液液分离的一种技术，在气浮时常使用混凝剂脱稳。气浮主要用于去除废水中的乳化油（除油率可达 95％），同时对 COD 和 BOD_5 也有较好的去除效果（去除率在 40％以上）。一般采用部分处理水回流加压溶气流程。溶气罐工作压力一般为 0.3～0.5MPa；回流比为 25～50％；气浮池过流速率一般为 2～8m^3/(m^2·h），HRT 为 30min。为提高破乳效果，常加破乳剂或混凝剂，铝盐或铁盐的用量为 15～300mg/L。助凝剂可用高分子聚合物，如聚丙烯酰胺，用量多在 2～10mg/L。现有资料表明，气浮可去除 95％以上的油脂和 40％～80％的 BOD 和 SS。

7.3.2 化学方法

1. 水解

该法使用碱性物质或酶水解来减少废水中的脂肪颗粒，常作为肉类加工废水的预处理单元。通常采用石灰、NaOH、胰脂肪酶、细菌酶等，其中采用石灰经济实用，但是会产生大量的废渣。用 NaOH 进行预处理时，控制 NaOH 的质量浓度在 150～300mg/L，可使脂肪颗粒的平均粒径降到处理前脂肪颗粒粒径的（73±7）％；用胰脂肪酶进行预处理效果最佳，胰脂肪酶 PL-250 可使脂肪颗粒粒径降到处理前废水中脂肪颗粒粒径的（60±3）％，特别要说明的是，胰脂肪酶尤其适用于水解牛肉脂肪。而如用细菌酶处理，细菌酶的使用量较多时才能达到明显的水解效果。但是用碱性水解法处理肉类加工废水时，会导致废水的 pH 出现波动，难以控制，影响后续处理工艺的正常运行。

2. 絮凝

肉类加工废水处理中所采用的化学处理方法主要为絮凝法，此外还有离子交换、电渗析等。絮凝法不能单独使用，必须和物理处理工艺的沉淀法或是气浮法结合使用，构成絮凝沉淀或絮凝气浮。

絮凝可通过投加化学药剂来实现，也可通过电解产生离子来实现。后者称为电解絮凝，应用不普遍，实际应用较多的主要还是化学絮凝。国外资料表明，投加 86mg/L 的硫酸铝和 86mg/L 的石灰，絮凝沉淀可去除 40％的 BOD、38％的 COD、60％的 SS 和 33％的油脂。国外的一些生产性试验表明，在初沉池中投加无机絮凝剂和有机聚合电解质可显著改善初沉池的处理效果（见表 7-6）。所采用的无机絮凝剂为 $FeCl_3$，有机聚合电解质为 $NaLC_0675$。前者的投加量为 51mg/L，后者的投加量为 1.1mg/L。

投加絮凝剂对初沉池处理效果的影响　　　　　　　　　　　　　　　　表 7-6

项目	投加絮凝剂			不投加絮凝剂		
	进水	出水	去除率（％）	进水	出水	去除率（％）
BOD_5（mg/L）	583	269	53.8	505	357	29.2
SS（mg/L）	356	101	71.7	359	157	55.6
N（mg/L）	55.7	42.9	23	49.1	43.5	11.4
P（mg/L）	10.9	5.6	48.4	11.5	9	21.8

国内采用聚铁絮凝剂和斜板沉淀池所进行的中试研究结果表明，在聚铁絮凝剂投加量为 37.5mg/L、斜板沉淀过流速率为 0.34m^3/(m^2·h）的条件下，屠宰废水 COD 的去除率为 77％，BOD 的去除率为 60％，SS 的去除率为 91％。

大连肉联厂废水主要是屠宰废水，其 COD 为 1600～2000mg/L，SS 为 450～950mg/L。采用聚合氯化硫酸铝铁（PAFCS）、水合氯化硫酸铝（PACS）进行混凝处理。工艺流程见图 7-7，运行效果见表 7-7。

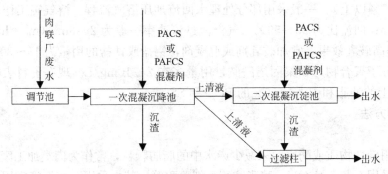

图 7-7 混凝法处理肉联厂废水流程

混凝、过滤处理肉联厂废水的结果（室温条件下） 表 7-7

废水样	处 理 前				处 理 后							
	COD (mg/L)	SS (mg/L)	pH值	浊度 (度)	COD (mg/L)		SS (mg/L)		pH		浊度（度）	
					PACS	PAFCS	PACS	PAFCS	PACS	PAFCS	PACS	PAFCS
1	1580	370	7.5	350	89	87	30	27	7.5	7.4	7	6
2	1470	344	7	325	82	80	29	25	6.9	6.9	6	6
3	1476	346	7.1	327	83	81	28	25	7	6.9	7	6
4	1900	478	7.5	445	98	95	40	36	7.4	7.3	9	8

7.3.3 生物方法

肉类加工废水中的污染物主要是易于生物降解的有机物，生物方法最为有效和经济。因此，生物方法是肉类加工废水处理采用得最普遍的处理方法。

1. 好氧生物处理

根据曝气形式不同可分为浅层曝气、射流曝气、延时曝气等。另外还有 SBR 工艺和生物接触氧化工艺。

（1）浅层曝气工艺

该工艺又名殷卡曝气法（Inka aeraMon）。浅层曝气理论指出，氧传递速率在气泡形成时最大，破裂时次之，上升过程最小。因此，利用气泡形成和破裂时氧传递速率最大（或较大）的特点，在水的浅层处进行曝气，以获得较高的氧传递速率。曝气器多设置在曝气池的一侧，距水面约 0.6～0.8m 处。为使池内水形成环流，池内设置导流板（见图 7-8）。20 世纪 70、80 年代期间，该工艺在肉类加工废水的处理中应用较多。

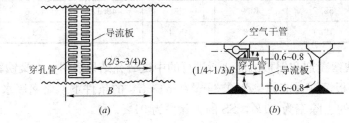

图 7-8 浅层低压曝气法

(a) 曝气池平面图；(b) 曝气池立面图

浅层曝气工艺可按传统活性污泥法、生物吸附再生法或阶段曝气法等运行方式进行设计。

浅层曝气法中的曝气器可选用低压鼓风机。在吸氧量相同的条件下，其与传统曝气池相比，可以节省动力费用。另外，由于风压减小，风量增加，故还可以采用一般的离心鼓风机。

浅层曝气法的优点是动力效率较高，曝气设备简单，维修管理方便，但占地面积较大，较适用于中小规模的废水处理站。

在应用浅层曝气处理肉类加工废水中所遇到的问题有：因预处理不好所引起的布水管严重堵塞、清理频繁；供气量越来越少，影响提升，部分污泥缺氧上浮；淡季加工量少时，废水浓度低，曝气池经常出现溶解氧偏高现象，导致污泥沉降性能差、结构松散、浓度降低；有些厂未设调节池，水质水量无法调节，构筑物进水浓度变化大，间歇运行，且处理设施规模大，造成浪费；有些设计进水浓度取值偏高、有些设计 MLSS 取值偏低，以及有些设计规模考虑偏小，造成无法适应污泥负荷变化等问题。表 7-8 所列为国内一些采用浅层曝气法处理肉类加工废水的实例。

浅层曝气法处理肉类加工废水应用实例　　　　　　　　　　表 7-8

建设单位	污水类别	规模（m³/d）	池深（m）	备注
上海禽蛋五厂	家禽加工污水	1000	3.0	1975 年竣工
上海北宝兴路家禽批发部	家禽加工污水	500	3.5	1977 年竣工
上海龙华家禽批发部	家禽加工污水	1100	3.0	1980 年竣工
上海川沙县食品公司	屠宰污水	500	3.0	1980 年竣工
江苏扬州外贸冷库	家禽加工污水	500	3.0	1980 年竣工
安徽淮南肉联厂	屠宰污水	2000	3.5	已竣工
浙江上虞食品厂	屠宰污水	300	3.0	已竣工

（2）射流曝气工艺

微生物对废水中底物的代谢可分为底物吸附到细胞表面、底物向细胞内运输和底物在细胞内代谢三步。吸附过程一般进行得很快，活性污泥细胞内酶的作用使细胞内底物的代谢速度远远大于底物从细胞表面向细胞内部输运的速度。因此，底物由水中向细胞内的转移是控制活性污泥代谢有机废物的限速步骤。

在射流曝气工艺中，废水、污泥和由射流造成的负压所吸入的空气同时通过射流器，废水、污泥和空气同时被剧烈剪切、粉碎，大大增加了它们之间的接触界面。这一方面加速了基质向细胞内的传递，提高了污泥代谢有机物的速率；另一方面活性污泥颗粒既可以吸收溶于废水中的氧，又可以通过与微气泡的接触从微气泡中直接吸氧，大大提高了氧的利用率。

射流曝气活性污泥法有处理效率高、氧利用率高、噪声低、操作管理简便、投资低、对负荷变化的适应性强等优点。但射流曝气法也有一些缺点，如对温度变化的适应性差，温度低时处理效率明显降低；当废水中存在表面活性剂（如分子量较大的有机酸）时，射流曝气会产生大量泡沫，造成污泥流失，影响设备正常运行和卫生条件；射流曝气装置产生的气泡小，气液分离不易彻底，曝气池出水中可能会夹带一些气泡，影响二沉池中固液分离。

（3）延时曝气工艺

延时曝气工艺的特征是有机负荷低，一般在 0.2kgBOD$_5$/（kgMLSS·d）以下，曝气时间长（一般在 1d 以上），微生物生长处于内源代谢阶段。因此，基本上无污泥外排，管理方便，有机物和氮的去除率都较高。

国内现有用于处理肉类加工废水的延时曝气主要为卡鲁塞尔曝气工艺。该设计中采用污泥负荷为 0.2kgBOD$_5$/（kgMLSS·d），MLSS 为 2400mg/L，容积负荷为 0.48kgBOD$_5$/（m^3·d），HRT 为 55h。对 BOD 去除率为 98%，总氮去除率为 90% 左右。

国外用于肉类加工废水处理的活性污泥工艺中，以延时曝气为多，停留时间一般为 30h 以上。国外卡鲁塞尔的一些实际运行数据为：污泥负荷为 0.09kgCOD/（kgMLSS·d），MLSS 为 3000mg/L，容积负荷为 0.27kgCOD/（m^3·d），HRT 为 4.63d 左右，对 COD 的去除率为 90%～97%，凯氏氮去除率为 95% 左右。

延时曝气工艺的主要缺点是曝气时间长，池子容积大。因此，该工艺的基建费和运行费较高，占地面积也较大。一般建议处理水量不超过 1000m^3/d。

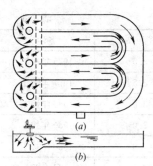

图 7-9 卡鲁赛尔
氧化沟结构示意图
（a）平面图；（b）立面图

（4）氧化沟工艺

氧化沟工艺的有机负荷也多在延时曝气工艺的负荷范围内，只是在曝气池的结构形式上与一般延时曝气池不同，采用沟形曝气池。其曝气时间一般多超过 1～2d。氧化沟工艺也称为 Pasveer 工艺，20 世纪 50～60 年代曾在西欧得到广泛应用。美国和加拿大的氧化沟处理厂超过 100 个。

国内采用的卡鲁塞尔氧化沟（见图 7-9），其设计污泥负荷为 0.2kg（BOD$_5$）/（kg（MLSS）·d），MLSS 为 2.4g/L；容积负荷为 0.48kgBOD$_5$/（m^3·d）；HRT 为 55h，BOD$_5$ 去除率为 98%，总氮去除率为 90% 左右。表 7-9 给出了国外采用氧化沟工艺处理肉类加工废水的一些结果。

氧化沟工艺处理肉类加工废水的参数与效果 表 7-9

运行参数		处理效率			
		项目	进水（mg/L）	出水（mg/L）	去除率（%）
HRT（d）	3.6	COD	2040	260	97.3
容积负荷 [kgBOD$_5$/（m^3/d）]	0.4	BOD$_5$	1400	70	94.8
温度（℃）	17	TSS	724	142	80.4
MLSS（mg/L）	1425	VSS	636	42	93.4
DO（mg/L）	0.8	NH$_3$-N	21	18.3	1.1
SVI（mL/L）	382	油脂	420	21	93.3

（5）间歇式活性污泥法（SBR 工艺）

该方法又称序批式活性污泥法，与传统活性污泥法相比，具有以下一些明显的特点：耐冲击负荷，运行稳定性较好，去除效率高；一般情况下，不易产生污泥膨胀问题；工艺简单，无需设置二沉池和污泥回流；多数情况下不需设置调节池；通过对运行方式的调节，可在单一的池子内完成除磷脱氮反应；建设费用和运行费用较低。

SBR工艺一般都采用自动化控制系统。处理肉类加工废水时污泥负荷为0.4kg/（m³·d），COD去除率为85%～98%，BOD₅去除率为86%～97%。

（6）生物吸附再生法

生物吸附再生法又名生物吸附活性污泥法。肉类加工废水中含悬浮物和胶态物质较多，废水在进入曝气池10～30min后即可基本完成生物吸附过程（第一阶段），使废水中85%～90%的BOD₅被去除。第二阶段为再生阶段，主要是由微生物去氧化、分解第一阶段被吸附的有机物。这一阶段所需时间较长。吸附和再生可分别在两个构筑物中进行，也可在一个构筑物中的两个部位完成（见图7-10）。

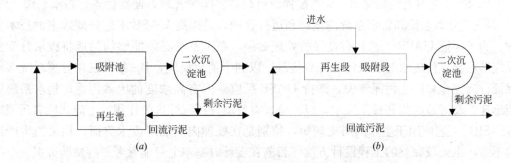

图7-10　生物吸附活性污泥系统示意图
（a）分建式吸附-再生活性污泥处理系统；（b）合建式吸附-再生活性污泥处理系统

生物吸附再生法的主要缺点是处理效果低于传统活性污泥法。国内用于处理肉类加工废水的生物吸附再生工艺，设计总停留时间为4h，其中吸附和再生的时间比为1∶3，污泥负荷为0.47kg（BOD₅）/（kgMLSS·d），MLSS为3000mg/L，容积负荷为1.4kgBOD₅/（m³·d），空气用量为46.4m³/（m³水）（或74m³空气/去除kgBOD），回流比为50%，实际BOD去除率为92.5%。

2. 厌氧生物处理

按厌氧微生物的培养形式，厌氧生物处理工艺可分为悬浮生长系统和附着生长系统。根据国内外的实际应用情况来看，前者主要有厌氧接触法、上流式厌氧污泥床等，后者包括厌氧滤池和厌氧流化床等。厌氧工艺一般作为好氧工艺处理的前处理单元，或是作为排放到城市下水道之前的预处理使用，很少有单独使用的。

（1）厌氧接触工艺

厌氧接触法是在普通厌氧处理法的基础上发展起来的厌氧处理工艺。该工艺通过在消化池后设置沉淀池，用回流沉淀池的污泥来提高厌氧消化池的污泥浓度和有机负荷，以缩短水力停留时间和改善出水水质。在该处理系统中还设置真空脱气装置，厌氧消化池的出水经脱气装置脱除沼气后，再进入沉淀池进行固液分离。国外采用的脱气技术有真空脱气和曝气脱气。真空脱气的真空度一般为5kPa，曝气脱气的曝气装置HRT为7～10min，曝气量为2.9m³（空气）/m³（水）。该工艺的出水水质较好，但需设置沉淀池、真空脱气装置和回流污泥系统，流程较复杂。

图7-11为厌氧接触法处理屠宰废水的工艺流程。根据国外的有关运行数据，温度为7～18℃，HRT为1.5～4.7d，容积负荷为0.18～1.11kgBOD₅/（m³·d），BOD₅去除率

为 92.3%～97.2%；温度为 32～35℃，HRT 为 0.6d，容积负荷 2.50kgBOD$_5$/（m^3·d），BOD$_5$ 去除率为 90.8%。

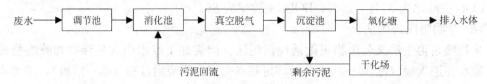

图 7-11 厌氧接触法处理屠宰废水的工艺流程

（2）上流式厌氧污泥床（UASB）

UASB 工艺具有结构简单、无需搅拌、负荷高、操作管理方便等优点，布水系统、气-液-固三相分离系统和集水系统的设计和运行管理，是提高 UASB 工艺处理效率的技术关键。为了保证 UASB 工艺具有良好的处理效果，布水系统必须能够均匀地将废水分配到反应器底部，使废水与厌氧污泥充分接触，以利于消化反应，气-液-固三相分离系统必须保证分离完全，防止污泥流失，维持 UASB 反应器内有高浓度的厌氧污泥；集水系统应能迅速、及时地收集和排除废水，以充分、有效地发挥沉淀区的作用。上流式厌氧污泥床（UASB）工艺应用于生产的历史较短，特别是在处理肉类加工废水方面，相关的生产经验不多，也无较完整的工程设计方法。目前在设计时基本上只能参考一些试验数据。

根据国内一些经验数据，在温度为 20～25℃时采用 UASB 处理肉类加工废水，HRT 为 8～10h，容积负荷为 4kgCOD/（m^3·d），污泥负荷为 0.15kgCOD/（kgSS·d），COD 和 BOD$_5$ 的去除率大于 76%，大肠菌群的去除率大于 99.9%。国外实验结果，当温度为 20℃时，HRT 为 6～6.8h，容积负荷为 6kgCOD/（m^3·d），COD 去除率为 91%；当温度 30℃ 为时，HRT 为 3.6～5.3h，容积负荷为 10kgCOD/（m^3·d），COD 去除率为 87%。

肉类加工废水经厌氧法处理后，出水悬浮物浓度仍较高，必须再经好氧生物处理，才能达标排放。

（3）厌氧滤池

厌氧滤池实际上是通过在厌氧反应器中设置可供微生物附着的介质来增加反应器中厌氧微生物的数量，以达到提高装置负荷能力和处理效果的目的。厌氧滤池也可称为厌氧接触池。20 世纪 60 年代，McCarty 等人进一步加以发展，从理论和实践上系统地研究了这种用于处理溶解性有机污水的固定膜厌氧生物反应器。20 世纪 70 年代初，厌氧滤池首次在生产上用于处理小麦淀粉废水。厌氧滤池由于在滤料上附着了大量厌氧微生物，因而其负荷能力较强，处理效果也较好。同时，由于厌氧滤池中微生物系附着生长，负荷突然增大不会导致厌氧微生物大量流失，因而有较高的耐冲击负荷的能力。此外，厌氧滤池装置结构较简单、运行操作方便。但厌氧滤池中由于使用了填料，易发生堵塞，这是厌氧滤池运行中的一个最大的问题。再者，使用填料也增加了工程的造价。

3. 稳定塘工艺

稳定塘工艺可分为好氧塘、兼氧塘、厌氧塘和生物塘（包括养鱼塘、人工植物塘）。厌氧塘、兼性塘较少单独使用，一般多和好氧塘串联使用，或作为其他工艺的前处理。采用厌氧塘、兼性塘和好氧塘串联系统处理肉类加工废水，从建造和运行角度而言是最经济的，并且处理效果令人满意、性能可靠。除了开始运行时有些气味外，不会产生其他问题。氧化塘串联级数在初沉池后，不少于4~5级；在生化处理后，2~3级。每级面积一般采用1.5~2.5hm²。

当厌氧塘表面形成油脂浮渣层而覆盖于塘面后，可防止塘中臭气外逸，且能使塘水与大气隔绝，有保温和防止表面复氧作用，可提高处理效果。因此，稳定塘前隔油池的除油效率不宜太高，以使塘面能形成足够的油脂覆盖层。其主要参数为：厌氧塘容积负荷为0.18~0.26kg（BOD₅）/（m³·d），BOD₅去除率为65%~80%；兼性塘表面负荷为58.4~589.5kg（BOD₅）/（hm²·d），BOD₅去除率为46%~71%；好氧塘表面负荷为5~15kg（BOD₅）/（hm²·d），BOD₅去除率为60%~80%。厌氧塘-兼塘串联系统的BOD₅和COD去除率分别可达95%~98%和90%~95%。另外，总氮、氨氮、总磷、醋酸盐的去除率也可达70%~90%。

我国还进行过采用养鱼塘处理肉类加工废水的试验，结果表明是可行的。投配负荷为22.5kg（BOD₅）/（hm²·d），每5d投配一次。

7.4 工 程 实 例

7.4.1 水解酸化－A²/O－MBR工艺

1. 工程概况

山西某肉类加工厂主营畜禽屠宰加工和熟肉生产加工业务，废水主要来自猪、鸡、鸭等畜禽屠宰车间、分割肉加工车间、肉制品加工车间和圈舍等。废水中主要含有血液、油脂、碎肉、畜毛和粪便等污染物，属高浓度有机废水。该废水呈褐红色，具有较浓的腥臭味。废水排放量为2000m³/d。设计出水水质要求同时达到《肉类加工工业水污染物排放标准》GB 13457—92的一级排放标准及《污水综合排放标准》GB 8978—1996的一级排放标准，处理难度较大。设计进、出水水质见表7-10。

设计进、出水水质   表7-10

项目	进水水质	出水水质
COD（mg/L）	1800~5000	≤70
BOD₅（mg/L）	900~2500	≤20
SS（mg/L）	1000~2400	≤60
氨氮（mg/L）	70~140	≤15
动植物油（mg/L）	100	≤10
pH值	6~9	6~9

2. 工艺流程

废水处理工艺流程见图7-12。

首先通过隔油沉淀池来收集、清除废水中的油脂，这样不仅可以降低进水负荷，确保达标排放，还可以产生可观的经济效益。鉴于屠宰车间水质水量变化大，为保证生物处理设施进水水质水量均衡，设置了均衡调节池，采用预曝气使废水中微小颗粒物质相互碰撞、粘结，产生絮凝作用，有利于沉淀分离，同时可将废水中H₂S等有害气体吹脱。气

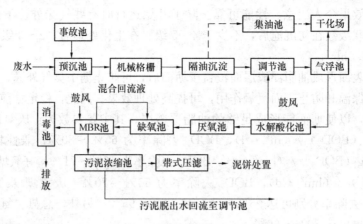

图 7-12　废水处理工艺流程

浮法能有效地去除废水中呈乳化状态的油，同时去除由油类物质引起的 COD。采用计量泵投加 PAC 与 PAM，以提高气浮效果。为提高废水的 BOD_5/COD 值而设置了水解酸化池，其作用在于使结构复杂的不溶性或溶解性的高分子有机物经过水解和产酸，转化为简单的低分子有机物，改善废水的可生化性，并提高生化系统的耐冲击负荷能力。

生化系统采用 A^2/O＋MBR 组合工艺。A^2/O 工艺去除氨氮的效果已经得到广泛认可，具有去除率高、运行稳定、成本低的特点。MBR 集膜的高效分离和生物降解于一体，是将污水生物处理技术与膜分离技术相结合的新型污水处理工艺。采用膜组件代替传统活性污泥工艺中的二沉池，可进行高效固液分离，克服了传统工艺中出水水质欠稳定、污泥易膨胀等不足。生物反应器内保持较高的污泥浓度，硝化能力强，污染物去除率高，部分混合液回流至缺氧池进行反硝化去除氨氮。MBR 池出水进入消毒池进行消毒后，可达标排放。

3. 处理效果

调试运行结束后，出水水质基本稳定，各项污染物指标均达到排放标准，具体处理效果见表 7-11（连续 5d 监测结果平均值）。

各单元的处理效果（5d 平均值）（单位：mg/L）　　　　　　　表 7-11

项目	COD	BOD_5	SS	氨氮	动植物油
进水	4200	2400	2000	120	100
水解酸化池	1960	1400	100	100	10
厌氧池	900	480	100	80	10
缺氧池	400	260	100	42	10
MBR 池	24	6	10	1	5
消毒池	24	6	10	1	5

由表 7-11 可见，总排污口平均出水 COD、BOD_5、SS、氨氮、动植物油的去除率分别为 99.4％、99.7％、99.5％、99.2％和 95.0％，优于设计指标，同时达到《肉类加工工业水污染物排放标准》GB 13457—92 一级标准及《污水综合排放标准》GB 8978—1996 一级标准。

4. 工程小结

该工程采用水解酸化－A²/O－MBR 工艺处理肉类加工废水，处理规模 2000m³/d。工程运行结果表明，该工艺处理效率高，最终出水 COD、BOD₅、SS、氨氮、动植物油分别低于 30mg/L、10mg/L、20mg/L、5mg/L、10mg/L，处理后的水质良好且稳定，可以直接回用。该工艺自动化程度高，操作简单，管理方便，并适合在北方地区的冬季正常运行。

7.4.2 隔油-气浮-水解酸化-SBR 工艺

1. 工程概况

沈阳某食品企业主要产品为酱卤肉制品、灌肠类肉制品、发酵蔬菜制品，主要原材料为鸭子、牛肉、猪肉、白条鸡、蔬菜、大豆组织蛋白淀粉、食盐、味精、白糖及各种植物香辛料。所排污水以生产污水为主，包括肉品解冻水、熟品盛箱清洗水、地面冲洗水、废弃的植物香辛料等；污水中不仅有机物、氨氮含量高，而且盐含量也很高。厂区污水最终通过市政排水管网排入某污水处理厂，因此，必须对污水进行处理，达到辽宁省《污水综合排放标准》DB 21/1627—2008 中排入城市污水处理厂的食品加工排水标准。

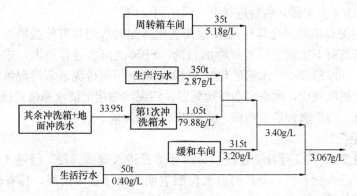

图 7-13　污水量及 COD

该工程污水处理量为 800m³/d。水站污水主要分为生产污水和生活水两部分。生产污水为主，由缓和车间与周转箱车间产生。通过水量计算，对出水进行了分析检测，检测结果取平均值如图 7-13 所示。由于出水要排入市政管网，出水要满足 DB 21/1627—2008 中的食品加工排水标准。设计水质见表 7-12。

废水进水水质及排放标准　　　　　　　　　　　　表 7-12

项目	COD (mg/L)	BOD₅ (mg/L)	ρ (mg/L)			
			NH₃−N	TN	SS	TP
进水水质	≤3100	≤1330	≤58	≤82	≤500	≤2.15
出水标准	≤300	≤250	≤30	50	≤300	5.0

2. 工艺流程

该污水处理站的废水处理工艺流程如图 7-14 所示。

生产污水首先经机械格栅去除粗大悬浮物，然后进入调节池；生活污水经化粪池厌氧处理后直接排入调节池。生活和生产污水均质均量后，混合污水由泵提升。经二级管道混

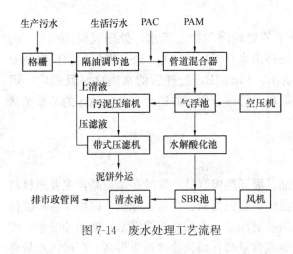

生产污水　生活污水　PAC　PAM

格栅 → 隔油调节池 → 管道混合器

上清液

污泥压缩机　气浮池 ← 空压机

压滤液

带式压滤机　水解酸化池

泥饼外运

排市政管网 ← 清水池 ← SBR池 ← 风机

图7-14　废水处理工艺流程

合器并加入无机絮凝剂聚合氯化铝（PAC）和有机助凝剂聚丙烯酰胺（PAM）反应后，污水进入气浮机中，利用空压机使压缩空气与污水在溶气罐中充分混合。溶气水在气浮槽中释放后产生大量气泡使大量悬浮物、油脂上浮，由刮渣机撇渣而被去除。

出水进入水解酸化池，经过水解池中污泥层拦截进一步去除细小的悬浮物质，并将污水中难生物降解物质转变为易生物降解物质，提高了污水的可生化性；同时去除部分COD后，自流进入序批式活性污泥法（SBR）池进行生物处理。

在SBR反应池内污水按时间顺序完成进水同时曝气2h、静止搅拌2h、再曝气2h、沉淀1h、排水1h4个步骤，然后进行下一周期的反应。

SBR池内污泥要培养驯化具有SBR池在驯化污泥时选用具有除盐能力的菌种，微生物可以在高含盐负荷下达到去除有机物的目的。SBR池出水进行消毒，达标后排放至园区内污水管网。气浮槽浮渣、水解酸化池和SBR剩余污泥排泥进入污泥浓缩槽，浓缩后污泥经带式压滤机压滤后，泥饼定期外运处置。污泥浓缩槽上清液和带式压滤机压滤水回到调节池再处理。由于磷含量未超标，故可以不考虑除磷。

3. 处理效果

该污水站自2012年5月开工建设，2013年6月进入调试阶段，经过3个星期的污泥驯化，水站正式投入运行。2个月的出水监测表明，处理效果很好，具有较高的去除效率，出水COD、BOD_5和氨氮及SS质量浓度分别为103.3mg/L、56.38mg/L和5.68mg/L、28.96mg/L，可以达到DB 21/1627—2008中排入城市污水处理厂食品加工排水标准，出水可以直接排入市政管道，进入污水厂进行进一步处理，可见该工艺适用于肉类加工食品废水的处理。

4. 工程小结

该工程采用隔油调节气浮—水解酸化—SBR工艺处理肉类加工食品废水，运行效果表明，该组合工艺可以有效降低污染物含量，对高盐含量、高有机物含量废水有一定的抗冲击能力和高负荷承受力，出水可以达到DB 21/1627—2008中的食品加工排水标准，可以满足城市污水处理厂的进水要求。

7.4.3　隔油-活性炭-气浮-水解酸化-BAF工艺

1. 工程概况

青海某屠宰车间排放的屠宰废水属于低温地区的一种食品废水，废水排放量为100m³/d，主要包括：屠宰前的清洗废水、屠宰时的猪血及清洗废水、内脏的清洗废水、地面清洗废水等。废水中含有大量的血污、毛皮、动物内脏、油脂和动物粪便等。进水水质列于表7-13。出水水质执行国家《肉类加工工业污染物排放标准》GB 13457—1992一级排放指标。

废水水质及排放标准   表 7-13

项目	COD (mg/L)	BOD₅ (mg/L)	ρ (mg/L)		
			SS	NH₃-N	动植物油
生产废水	1200~1500	500~800	800~1200	40~60	40~100
排放标准	≤80	≤30	≤60	≤15	≤15

2. 工艺流程

屠宰废水的特点是有机物含量高、可生化性好，国内有很多成功的工程案例。但是青海省温度偏低、日气温变化大，给水质净化处理带来较大困难，特别是该地区降水量小，实现污水达标排放甚至污水回用显得尤为重要。结合该工程的水质、水量特点，以及其特殊的气候条件，采用水解酸化—曝气生物滤池（BAF）工艺进行处理，具体流程见图7-15。

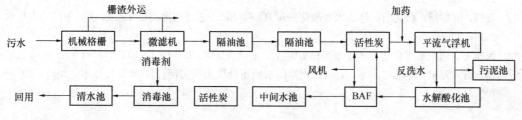

图 7-15 工艺流程图

由于曝气生物滤池对进水悬浮物的浓度要求比较高（通常进水 SS 含量一般不超过100mg/L，最好控制在 60mg/L 以下），所以该工程采用格栅、微滤机和气浮机三道处理工艺进行悬浮物的强化去除。屠宰废水首先经过回转式机械格栅，用以去除废水中的粗大物质。继而进入大孔径 0.250mm 转鼓式微滤机，进行液体中以猪毛为主的微小悬浮物的去除。然后经过隔油处理的废水用泵打入高效平流气浮系统，在混凝药品 PAC 和 PAM的作用下，使废水中残留的微小悬浮物和油滴以及部分可溶性污染物以絮凝体形式分离出来。

屠宰废水中的有机物主要是蛋白质、脂肪等大量高分子物质，为提高好氧处理效果，在曝气生物滤池前对污水进行水解酸化处理。酸化过程可以将大分子有机物降解成小分子有机酸，为后续好氧反应器提供优质底物。

曝气生物滤池是该屠宰废水处理工艺的核心。经过酸化处理的废水用泵打入滤池底部与曝气头出来的空气充分混合，向上流经滤池内的陶粒滤料，与陶粒滤料接触时，废水中污染物、溶解氧等会扩散到填料生物膜表面及内部，发生生物氧化降解反应，同时陶粒滤料层会截留污水中的大量悬浮物，保证出水的质量。由于曝气生物滤池为半封闭或全封闭构筑物，其生化反应受外界温度影响较小。很多学者研究表明，低温条件虽延长了曝气生物滤池的挂膜启动时间，但不影响挂膜质量，运行稳定后低温对 COD、SS 去除影响不大。

经过曝气生物滤池处理的污水用活性炭吸附法除去水中的剩余污染物，并用二氧化氯杀灭细菌和病毒，然后处理后的水流入清水池，进行回用。

3. 处理效果

调试运行成功后，对出水进行连续一周监测。对出水进行连续一周监测，运行期间废水水温为 8~10℃，水质监测平均结果如下：出水中 COD、BOD_5、SS、NH_3-H、动植物油含量分别为 64.5mg/L、16.7mg/L、14.3mg/L、9.8mg/L、2.4mg/L，均达到《肉类加工工业污染物排放标准》GB 13457—1992 一级排放标准。

本章参考文献

[1] 唐受印，戴友之，刘忠义，等. 食品工业废水处理[M]. 北京：化学工业出版社，2001.

[2] 程建光. 食品工业废水治理的探讨[J]. 山东科技大学学报（自然科学版），2000，19（3）：116~118.

[3] 赵庆良，李伟光. 特种废水处理技术[M]. 哈尔滨：哈尔滨工业大学出版社，2003.

[4] 章非娟. 工业废水污染防治[M]. 上海：同济大学出版社，2001.

[5] 段艳平，代朝猛，曾科，等. 含脂类废水处理研究进展[J]. 工业水处理，2008，28（2）：16~19.

[6] 陈友岚，杨文进. 厌氧消化法在肉类加工废水处理中的应用[J]. 现代农业科学，2009，16（4）：164~166.

[7] 黄辉，陈耀楠，杨文澜，等. 水解酸化—A^2/O—MBR 工艺处理肉类加工废水[J]. 中国给水排水，2013，29（4）：80~82.

[8] 魏春飞. 肉类加工食品废水处理工程实例[J]. 水处理技术，2014，40（8）：118~120.

[9] 刘玉梅，万东，赵维广，等. 青海某屠宰废水回用处理工程实例[J]. 水处理技术，2013，39（5）：125~127.

8　制革工业废水处理技术

皮革制造业是世界上最古老的行业之一，但它实际上只能使 20% 的原料皮转化为可出售的皮革，其余的则形成污染物或副产品，而且在加工过程中需要使用诸如盐等多种化工原料和助剂，导致制革废水的成分相当复杂，含有酸、碱、盐、染料、单宁、硫化物、铬、糖、氨氮、油脂等多种物质。因此，制革废水的处理也是目前工业废水处理的难点之一。

据统计，全球每年牛皮、羊皮、猪皮生产量约 8×10^6 t，制革每年所用各种化学药剂约 4×10^6 t，产生 3×10^8 t 废水、8×10^6 t 固废和脱水污泥；同时制革废水中还含有大量的盐类。在我国，每加工生产 1t 原料皮革，所产生的废水约为 $50 \sim 150$ t，每年制革工业要向环境排放废水达 8×10^7 t 以上，约占我国工业废水排放总量的 0.3%；皮革工业万元产值排污量在轻工行业居第 3 位，仅次于造纸和酿造行业。

目前，国内具有规模的制革企业有 2300 多家，但是对于废水进行不同程度处理的仅有 200 家左右。这些废水绝大部分不经任何处理就直接排放，造成了严重的环境污染。河南、河北、浙江等地的一些制革密集地，地下水已遭受污染，对生态环境、当地居民健康等构成了威胁。

8.1　制革工业废水的来源

8.1.1　工艺流程

制革所用的原料是动物的皮，主要是牛皮、猪皮和羊皮。工业上，原料皮常称生皮，成品革常称熟革。生皮极易腐烂，熟革经久耐用。皮革可分为重革和轻革两大类。重革指较大张和较厚实的皮革，轻革则相反。例如，做鞋底的底革是重革，做鞋面的面革是轻革。

制革过程包括准备、鞣制和整理三个工段，每个工段各有若干工序。制革生产工艺依皮革品种不同而异，图 8-1 所示为重革和轻革的一般生产流程。

准备工段包括浸水、浸灰、脱毛、刨皮、脱灰、软

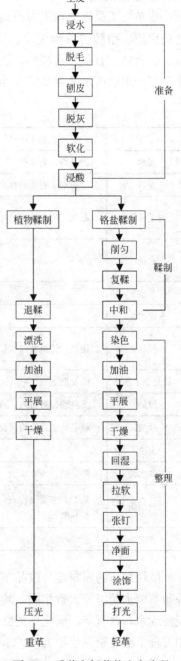

图 8-1　重革和轻革的生产流程

化、浸酸等工序，目的是准备半制品。鞣制工段是用鞣料处理裸皮，使皮的蛋白质纤维与鞣料结合，将裸皮制成熟革。裸皮干时坚硬，遇水易腐烂；而熟革柔韧，且具有抗水、微生物及化学药品的侵蚀能力，经久耐用。鞣制工段包括鞣制（铬鞣或植物鞣）、削匀、复鞣和中和水洗等工序。整理工序是把鞣制好的皮革进行机械加工，如平展、干燥、回湿、拉软、张钉、净面、涂饰、打光等，以增进其物理机械性能及感观性能，如色泽、手感、光洁度和坚实度等。

8.1.2 废水来源

皮革加工是以动物皮为原料，经化学处理和机械加工而完成的。在这一过程中，大量的蛋白质、脂肪转移到废水、废渣中。在加工过程中采用的大量化工原料，如酸、碱、盐、硫化钠、石灰、铬鞣剂、加脂剂、染料等，其中有相当一部分进入废水之中。制革各个工序产生的废水及主要成分参见表8-1。

制革各工序产生的废水及主要成分 表 8-1

工序	加工材料	作用	废水成分
浸水	渗透剂、防腐剂	使皮恢复鲜皮状态	血、水渗性蛋白、盐、渗透剂
脱脂	脱脂剂、表面活性剂	去除皮表面及肉部油脂	表面活性剂、蛋白质、盐
脱毛浸灰	石灰、硫化钠	去掉表皮及毛，并松散胶原纤维及皮膨胀	硫化钠、石灰、硫氢化钠、蛋白质、毛、油脂
水洗	—	洗掉表面的灰	硫化钠、石灰、硫氢化钠、蛋白质、毛、油脂
片皮		分层	皮块
灰皮水洗		洗掉表面灰	皮块
脱灰	铵盐、无机酸	脱去皮肉外部灰、中和裸皮	铵盐、钙盐、蛋白质
软化及水洗	酶及助剂	皮身软化，降低皮温	酶及蛋白质
浸酸	无机酸、有机酸、食盐	对鞣皮酸化	无机酸、有机酸、食盐
鞣质	碳酸氢钠、铬粉及助剂	使胶原稳定	铬盐、碳酸钠、硫酸钠
水洗			铬盐、碳酸钠、硫酸钠
中和水洗	醋酸钠、碳酸氢钠	中和酸性皮	中性盐
染色加脂	染料、加脂剂、有机酸及复鞣剂	上色，并使革柔软丰满	染料、油脂、有机酸及复鞣剂
水洗	—		染料、油脂、有机酸及复鞣剂

虽然制革的原料皮与成品革种类不同，生产工艺和使用的化工原料也有所不同，但各种制革废水的组分大致相同，均由下列几种废水组成：含有高浓度氯化物的原皮洗涤水及浸酸废水；含石灰、硫化钠的强碱性脱毛浸灰废水；含三价铬的蓝色铬鞣废水；含儿茶酸和没食子酸的茶褐色植鞣废水；含油脂及其皂化物的脱脂废水；各种颜色的加脂染色废水；成分、性质和 pH 完全不同的各工序的洗涤废水。

8.2 制革工业废水的水量水质特征

制革工业废水水量大，水量和水质波动大，污染负荷高，危害性大，属于以有机物为主体的综合性污染废水。

8.2.1 水量特征

1. 耗水量和废水排放量大

由于原皮大小、制革工艺与产品不同，管理水平有差异，原皮加工过程中的用水量差别较大。目前，我国制革厂每张猪皮的最小用水量为 $0.2m^3$，最大用水量为 $2m^3$，一般用水量控制在 $0.25 \sim 0.35m^3$。国家标准（GB 8978—1996）规定，现有和新建制革厂每吨原皮允许的最大排水量为：猪盐湿皮 $60m^3$，牛干皮 $100m^3$，羊干皮 $150m^3$。

以盐湿皮生产鞋面革为例，各工序排出的废水占总废水量的质量分数分别为：浸水，22.5%；浸灰、脱灰，17.5%；水洗，5.5%；酶软化，9.5%；水洗、浸酸，9.5%；铬鞣，2.0%；植鞣，2.0%；湿态整理，31.5%。由此计算得知，准备工段排放废水占总废水量的65%左右，其他工段（指鞣制和湿态整理，如染色、加油、填充）约占35%。

2. 水量变化波动大

制革加工中的废水通常是间歇式排出，水量变化系数达到 2，其水量变化主要表现为时流量变化和日流量变化。

（1）时流量变化

由于制革生产工序的不同，在每天的生产中都会出现排水高峰。通常一天可能会出现 5h 左右的高峰排水。高峰排水量可能为日平均排水量的 $2 \sim 4$ 倍（如南方某猪皮生产厂日投皮 1200 张，日排水 $563m^3$，平均每小时排水 $27.75m^3$，高峰排水 $56m^3/h$）。综合废水日流量变化如图 8-2 所示，从图中可以看出，排水高峰主要集中在 9：00～19：00、10：00、15：00 和 18：00。

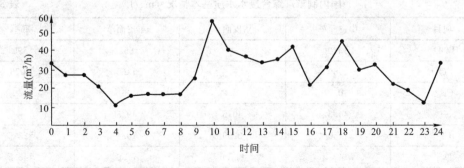

图 8-2 综合废水日流量变化曲线

（2）日流量变化

根据操作工序的时间安排，在每个周末，准备工段剖皮以前的各工序可能停止，因此，排水量约为日常排水量的 2/3 左右，而周日排水则更少，形成每周排水的最低峰。

8.2.2 水质特征

1. 水质变化波动大

制革废水水质变化同水量变化一样，差异很大，波动系数可达 10 以上。随生产品种、生皮种类、工序交错等变化而变动。如某猪皮制革厂，综合废水平均 COD 浓度为 3000～4000mg/L，BOD 浓度为 1500～2000mg/L。由于工序安排和排放时间不同，一天中 COD 浓度在 3000mg/L 以上的情况会出现 4～5 次，BOD 浓度在 2000mg/L 以上的情况会出现 3 次以上。综合废水 pH 平均为 7～8，而一天中 pH 最高可达 11，最低为 2 左右。水质变化大，显示出污染物排放的无规律性。表 8-2 为浙江某制革厂废水污染物监测数据。

浙江某制革厂废水监测数据   表 8-2

时间	COD（mg/L）	SS（mg/L）	pH	总铬（mg/L）	硫化物（mg/L）
8：00	9.66×10^3	5.9×10^3	7.07	6.38	3.11
10：00	3.43×10^3	6.58×10^2	7.68	2.18	2.47
12：00	8.88×10^3	8.39×10^2	8.60	0.81	1.67
14：00	3.28×10^4	5.2×10^3	12.32	1.46	451.3
16：00	1.29×10^4	2.37×10^3	7.68	2.40	14.81

2. 污染负荷重

制革工业废水碱性大，其中准备工段废水 pH 在 10 左右，色度高，耗氧量高，悬浮物多，同时含有硫、铬等。排放量最大的是化学需氧量（COD），高达 2648.83t/a，占制革行业污染物排放量的 34.6%；第二位是悬浮物，排放量为 2431.15t/a，占制革行业污染物排放量的 31.8%；第三位是 5 日生化耗氧量（BOD_5），排放量为 2128.83t/a，占制革行业污染物排放量的 27.8%。另外，S^{2-}、NH_4^+、Cr^{3+} 等排放量也很大。国内制革厂综合废水水质基本情况见表 8-3，制革加工不同工段废水水质情况见表 8-4。

国内制革厂综合废水水质基本情况（mg/L）   表 8-3

项目	牛皮面革	猪皮面革	羊皮面革	底革
BOD_5	1370	—	652	599
COD	2160	—	1365	2076
Cr^{3+}	10.7	20.2	46	
S^{2-}	40.3	40.5	49.5	—
Cl^-	1150	2259	1034	823.5
单宁	42	114.6	77.6	148.5
NH_3-N	31	92	39.6	—
SS	2102	1331	1610	722
油脂	176	241	53.5	330.5
酚	1.50	3.50	0.44	0.625
pH	8.48	8.76	10.36	6.29

工段	准备工段		鞣质工段		整理工段		共计	
用水比例（%）	48		28		24		100	
参数 污染物	质量分数 (kg/t)	比例 (%)	质量分数 (kg/t)	比例 (%)	质量分数 (kg/t)	比例 (%)	质量分数 (kg/t)	比例 (%)
COD	140~153	71	8	4	50~80	25	198~241	100
BOD_5	57.5~72	80	3.5	4.6	11.5~14.5	15.4	72.5~90	90
SS	100	71.5	10	7.2	30	21.3	140	100
S^{2-}	87.9	99.1	0.1	0.9	—	—	88	100
Cr^{3+}			7	7.5	1	12.5	8	87.5

从表 8-4 可以看出，制革废水随不同工段、不同工艺、不同工序变化很大。其中悬浮物、硫化物、耗氧量等污染指标主要来自于准备工段，铬主要来自铬鞣工段。

3. 污染危害严重

（1）制革废水色度较大，采用稀释法测定其稀释倍数，一般在 600~3500 倍之间，主要由植鞣、染色、铬鞣和灰碱废液造成，如不经处理而直接排放，将使地表水带上不正常颜色，影响水质和外观。

（2）制革废水总体上呈偏碱性，综合废水 pH 在 8~10 之间。其碱性主要来自于脱毛等工序用的石灰、烧碱和 Na_2S。碱性高而不加处理会影响地表水的 pH，若地表水下游作为农灌使用则会影响农作物生长。

（3）制革废水中的悬浮物（SS）高达 2000~4000mg/L，主要是油脂、碎肉、皮渣、石灰、毛、泥沙、血污，以及一些不同工段的废水混合时产生的蛋白絮、$Cr(OH)_3$ 等絮状物。如不加处理而直接排放，这些固体悬浮物可能会堵塞机泵、排水管道及排水沟。此外，大量的有机物及油脂也会使地表水耗氧量增高，造成水体污染，危及水生生物的生存。

（4）硫化物主要来自于灰碱法脱毛废液，少部分来自于采用硫化物助软的浸水废液及蛋白质的分解产物。含硫废液在遇到酸时易产生 H_2S 气体，含硫污泥在厌氧情况下也会释放出 H_2S 气体，对水体和人的危害性极大。

（5）氯化物及硫酸盐主要来自于原皮储藏、浸酸和鞣制工序，其含量为 2000~3000mg/L。当饮用水中氯化物含量超过 500mg/L 时可明显尝出咸味，如高达 4000mg/L 时会对人体产生危害。而硫酸盐含量超过 100mg/L 时也会使水味变苦，饮用后易产生腹泻。

（6）制革废水中的铬离子主要以 Cr^{3+} 形态存在，含量一般为 60~100mg/L。Cr^{3+} 虽然比 Cr^{6+} 对人体的直接危害小，但它能在环境或动植物体内积蓄，从而对人体健康产生长远影响。

（7）由于制革废水中蛋白质等有机物含量较高又含有一定量的还原性物质，所以 COD 和 BOD 都很高，若不经处理直接排放会引起水源污染，促进细菌繁殖；同时废水排入水体后要消耗水体中的溶解氧，而当水中的溶解氧低于 4mg/L 时，鱼类等水生生物的呼吸将会变得困难，甚至死亡。

（8）酚类主要来自于防腐剂，部分来自于合成鞣剂。酚对人体及水生生物的危害是非常严重的，是一种有毒物质，国家规定允许排放的最高浓度是 0.5mg/L。

8.3 制革工业废水的处理技术

制革废水按其来源主要分为三股：脱脂废液、灰碱脱毛废液和铬鞣废液。这三股废液因其水质差别很大，一般情况下是分别单独处理，然后将单独处理后的废水连同其他废水综合起来用生物方法处理；在工厂规模小、水量少的情况下也可以不经过单独处理，而是直接综合后处理。

8.3.1 脱脂废液（含脂废水）的处理

原料皮经组批后，要经过去肉、浸水和脱脂。一般情况下，生猪皮的油脂含量在 21%～35%（质量分数）之间，去肉（机械脱脂）后油脂去除率为 15%，脱脂后油脂去除率为 10%；浸灰、鞣制后，原有油脂的 85% 左右被去除，大多数转移到废水中，并主要集中在脱脂废液中，致使脱脂废液中的油脂含量、COD 和 BOD 等污染指标很高。

1. 水量和水质

以猪皮脱脂为例，脱脂操作通常分两次进行。脱脂使用的化工材料为 Na_2CO_3 和脱脂剂，其废水量约占制革废水总量的 4%～6%（质量分数），每张皮平均产生脱脂废液 25～30L，其污染负荷相当高，其中含油量达 1%～2%（质量分数），COD 浓度为 20000～40000mg/L（1g 油脂相当于 COD 值 3000mg/L），其有机污染物负荷占污染总负荷的 30%～40%（质量分数）。

2. 油脂回收方法

由脱脂废液的水质、水量特征可见，对脱脂废液进行分隔治理，回收油脂，在皮革废水治理中是切实可行的，同时也是一种经济、环境效益明显的治理手段。以每吨盐湿猪皮产生 3t 含油脂 1%（质量分数）的脱脂废液计，每吨盐湿猪皮可回收混合脂肪酸 30kg，油脂回收率可达 90%，COD 去除率为 90%，总氮去除率达 18%。

油脂回收可采用酸提取法、离心分离法或溶剂萃取法。据有关资料介绍，当废液中油脂含量在 6000mg/L 以上时，采用离心分离法分离油脂是经济的。一些制革厂采用这种方法时，经一次离心，废水中油脂去除率达 60%，再经第二次离心，油脂去除率可达 95%。但离心分离技术从设备投资、能量消耗和操作管理上看，现阶段还是较难实现的。目前，较易被制革厂广泛接受的方法是酸提取法。

(1) 酸提取法

含油脂乳液的废水在酸性条件下破乳，使油水分离、分层，将分离后的油脂层回收，经加碱皂化后再经酸化水洗，最后回收得到混合脂肪酸。酸提取法工艺流程如图 8-3 所示。

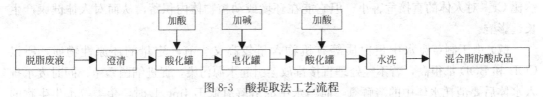

图 8-3 酸提取法工艺流程

制革厂中使用最多的破乳剂通常为硫酸，但是对设备腐蚀性大，需要对处理设备进行防腐处理。同时，为使分离效果最佳，需控制 pH 在 4，并对反应温度加以控制，通常在 60℃。

脱脂废液回收的粗油脂经加工处理可制成建筑用脱膜油。此外，回收的混合脂肪酸还可作家禽饲料，是一种很有价值的饲料资源。

（2）溶剂萃取法

溶剂萃取法的简单工艺过程如图 8-4 所示。

脱脂废液经简单沉降后分为三层。一层是溶剂，这层溶剂中溶有从生皮中脱出来的油脂。根据生皮来源的不同，溶剂中的油脂含量为 30～300g/L。另一层是盐水，这层盐水含有表面活性剂和少量油脂（0.5～1g/L）。第三层为中间层，呈浅灰色、扩散状，表面像乳油。

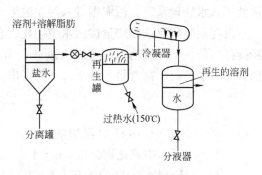

图 8-4　溶剂萃取法工艺流程

8.3.2　灰碱脱毛废液（含硫废水）的处理

制革过程中，常规脱毛工艺大多采用灰碱法脱毛，利用硫化碱破坏毛蛋白中的双硫键，达到使毛溶解的目的。保毛脱毛技术则是利用石灰对毛干进行护毛处理后，再用少量的硫化碱或蛋白酶破坏毛根而使毛脱去。

1．水量和水质

灰碱脱毛是制革过程中产生污染最严重的一个工序，用的化工原料主要是 Na_2S 和石灰，所产生的废水量约占制革污水总量的 10%。每加工一张猪皮平均产生脱毛废液 15～20L，每张牛皮产生脱毛废液 65～70L。硫化物占该工序污染总量的 95% 以上，COD 占其污染总量的 50%。此外，悬浮物和浊度值都很大，污染负荷高，毒性大。

2．处理方法

常用于处理灰碱脱毛废水的方法有：化学沉淀法、酸吸收法或催化氧化法。

（1）化学沉淀法

总原理：用铁盐或亚铁盐（$FeCl_3$ 或 $FeSO_4$）与 S^{2-} 形成 Fe_mS_n 沉淀，以去除 S^{2-}。此法反应迅速，操作简单，处理彻底，但生成的黑色污泥量大，处理困难，对高浓度含硫废水，药剂耗量大，费用高。采用亚铁盐时，利用 S^{2-} 和 Fe^{2+} 在 pH 大于 7.0 的条件下，反应生成不溶于水的 FeS 沉淀，然后进行硫化物分离，其反应式为：

$$FeSO_4 + Na_2S = FeS \downarrow + Na_2SO_4 \tag{8-1}$$

化学沉淀法处理灰碱脱毛废液的工艺流程如图 8-5 所示。

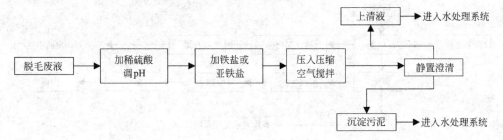

图 8-5　化学沉淀法处理灰碱脱毛废液工艺流程

由于脱毛废液是强碱性溶液,如直接加铁盐或亚铁盐脱硫,沉淀剂用量过大、颗粒细、速度慢。通常是先向脱毛废液中加入少量硫酸,调节废液 pH 在 8～9 之间,再投入沉淀剂,除硫效果好,反应终点 pH 在 7 左右,不会产生硫化氢气体。待静置澄清后,上清液进入水处理系统,污泥则进入污泥浓缩干化系统。

沉淀剂硫酸亚铁投加量按污水中硫化物含量计算,可预先配成一定浓度的溶液,在不断搅拌的条件下缓慢地投入,加入量一般为污水量的 0.2%。$FeSO_4 \cdot 7H_2O$ 实际投加量根据污水中的硫化物含量,按下式计算得出。

$$W = \frac{C \times D \times M}{1000} \qquad (8\text{-}2)$$

式中　W——$FeSO_4 \cdot 7H_2O$ 投加量,kg;

C——污水中硫化物含量,mg/L;

D——$FeSO_4 \cdot 7H_2O$ 与硫化物的摩尔质量比;

M——含硫化物的污水处理量,m^3。

由于脱硫后的废水中含有大量有害杂质,虽然经过脱硫沉淀,但处理后的水质仍不稳定,存放期稍微加长就会出现水质变浊的现象,这主要是由于存在大量不稳定的中间产物。向废水中加入一定量的氧化剂或通入空气进行曝气氧化即可克服上述缺陷,其中通入空气曝气较投加氧化剂在成本上要合理得多。另外,曝气搅拌可促使反应更加充分。

(2) 酸化吸收法

总原理:向含硫废水中加入适量的酸,可与废水中的 Na_2S 反应产生 H_2S,然后通入压缩空气将 H_2S 由液相转入气相,再用 NaOH 溶液吸收生成 Na_2S 回用。与此同时,废水中的蛋白质经酸化后分离、回收和利用。此法处理含硫废水对硫的去除比较彻底,去除率可达 90% 以上,COD 去除可达 80%,又可以回收 Na_2S 和蛋白质。但该法对回收设备要求很严格,投资较大,操作相对复杂。反应方程式如下:

加酸生成硫化氢气体

$$Na_2S + H_2SO_4 \longrightarrow H_2S\uparrow + Na_2SO_4$$

碱液吸收

$$H_2S + 2NaOH \longrightarrow Na_2S + 2H_2O$$

$$H_2S + NaOH \longrightarrow NaHS + H_2O$$

$$Na_2S + H_2S \longrightarrow 2NaHS$$

酸化吸收法处理灰碱脱毛废液工艺流程见图 8-6,整个过程约需要 6h 才可完成。

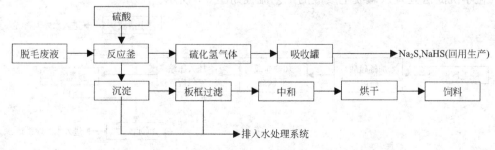

图 8-6　酸化吸收法处理灰碱脱毛废液工艺流程

在整个反应过程中，要求吸收系统完全处于负压和密闭状态，以确保硫化氢气体不外漏。反应完毕后的残渣可直接进入板框压滤机进行脱水。这种残渣中主要含有有机蛋白质，可用作农肥或饲料。

（3）催化氧化法

在化学沉淀法和酸化吸收法的脱硫体系中，特别是化学沉淀法除硫操作中，会产生大量的含硫污泥，而硫化物在污泥中的积累是皮革废水处理所不希望的，它极易造成二次污染，给污泥的后期处置带来很大的问题。为了避免硫化物在污泥中积蓄，应将废水中有毒的 S^{2-} 转变为无毒的硫酸盐、硫代硫酸盐或单质硫。催化氧化法可达到这一目的。

总原理：将脱毛原液（碱性）在曝气氧化池中用稀硫酸调至 pH 为 10 ± 0.5，用硫酸锰作催化剂，进行表面曝气处理 $4\sim8h$，然后加硫酸亚铁处理，可以将含硫（S^{2-}）2000 $\sim3000mg/L$ 的碱液处理至含硫 $5\sim10mg/L$ 以下，处理效率可达 99% 以上。有毒的 S^{2-} 经氧化后变为无毒的硫酸盐、硫代硫酸盐或单质硫。此法技术成熟，投资费用低，操作安全，脱硫率高。其后添加 $FeSO_4$ 作辅助脱硫剂，并调节 pH 为 5.0 左右，可析出并回收利用蛋白质。

通常，不论在酸性条件下还是碱性条件下，氧气都可将负二价硫氧化成单质硫，其反应如下：

碱性条件 $\quad O_2 + 2S^{2-} + 2H_2O \longrightarrow 2S\downarrow + 4OH^-$

酸性条件 $\quad O_2 + 2S^{2-} + 4H^+ \longrightarrow 2S\downarrow + 2H_2O$

虽然在酸性条件下电位差值大，氧化反应很容易，但在实际生产中，其氧化反应是按碱性条件下的反应式进行的。

目前，国内制革厂对含硫废液进行分隔治理时多采用空气-硫酸锰催化氧化法。硫酸锰只是一种催化剂，起载体作用。在碱性条件下，Mn^{2+} 会促进空气中氧对 S^{2-} 的氧化，其反应式为：

$$2S^{2-} + 2O_2 + H_2O \longrightarrow S_2O_3^{2-} + 2OH^-$$

$$2HS^- + 2O_2 \longrightarrow S_2O_3^{2-} + H_2O$$

$$4S_2O_3^{2-} + 5O_2 + 4OH^- \longrightarrow 6SO_4^{2-} + 2S\downarrow + 2H_2O \tag{8-3}$$

通常，氧化 1kg 的硫化物需 O_2 为 1kg，相当于空气 $3.7m^3$（标准大气压）。但在废水处理中，反应式（8-3）存在，也需消耗 O_2，故必须通入过量的 O_2 以使反应完全、较快地进行。催化氧化法工艺流程如图 8-7 所示，处理效果见表 8-5。

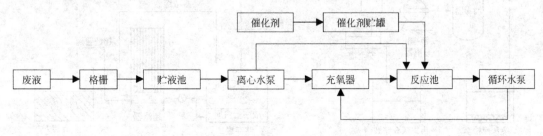

图 8-7　催化氧化法工艺流程

废水来源	处理量 (m³)	MnSO₄ 用量 (mg/L)	质量浓度 ρ（Na₂S）(mg/L)		处理时间 (h)
			处理前	处理后	
猪皮脱毛	20	400	1420	未检出	2.0
猪皮脱毛	40	400	2360	未检出	2.5
牛皮脱毛	30	400	1101	<10	2.0
牛皮脱毛	40	300	760	未检出	3.5

充氧器的作用是提供足够的氧气，使氧能充分地与硫化物接触反应，故充氧器的结构、所采用的充氧方式等是使氧气与硫化物充分接触的一个重要因素。另外，废水本身的性质以及有效锰盐的浓度及氧在锰载体上的迁移速度，都将对脱硫效率产生影响。

3. 废灰液中蛋白质的回收

各种制革废液中蛋白质含量以废灰液中最高，每吨盐腌皮的废灰液含干蛋白质约 $30\sim40kg$，其中主要是角质蛋白质。把这些具有营养价值的蛋白质加以回收，不仅可以增加效益，而且由于将蛋白质从灰液中分离，也为回收利用 Na_2S 创造了条件，从而进一步减轻了废水中污染物的负荷。废灰液中蛋白质的回收可以采用直接沉淀法和超滤法。

（1）直接沉淀法

废灰液中的蛋白质在分离前必须先进行沉淀，为了做到这一点，可把整个废液的 pH 调到蛋白质的等电点，即 pH＝4 左右，为此必须进行酸化。酸化原料可以是稀硫酸，蛋白质在此 pH 下即可沉淀。从技术、经济观点看，直接沉淀法具有以下优点：1）可节省约 50％的硫化钠；2）可节省水的消耗量；3）无废灰液被排放。其处理工艺装置示意图如图 8-8 所示。

（2）超滤

超滤法分离蛋白质是采用超滤膜（有机或无机的）作为分离介质进行分离的。它具有良好的选择渗透性，能把溶液中某些溶质较好地分离出来。该方法使用的超滤膜多为有机膜，材质有聚砜（PSf）、聚醚砜（PES）、聚丙烯腈（PAN）、聚偏氟乙烯（PVDF）等，其工作流程参见图 8-9。该方法的优点在于：1）可回收 40％的 Na_2S、20％的石灰和 60％～70％

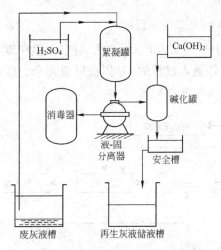

图 8-8　废灰液中蛋白质的酸化
法回收和 Na_2S 的再循环示意图

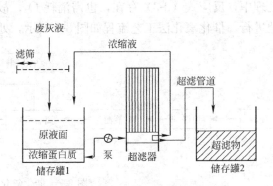

图 8-9　废灰液超滤设备工作流程

的液体；2）由于脱毛废液不进行排放，从而减轻了污染程度；3）可回收大量蛋白质，据估算，每吨盐脂皮可获得30～40kg的角蛋白，因而具有较好的经济效益。

目前，超滤也被直接用于脱毛废液的处理。牛涛涛等对超滤处理脱毛废水的性能及参数控制进行了试验研究，试验结果见表8-6。可见，用超滤膜可以有效地去除脱毛废液中的污染物质。经400目筛网预处理后的脱毛废液由超滤膜处理，其COD去除率为92.41％，SS去除率为98.48％，S^{2-}去除率仅有40％左右。因此，只需补加适量的硫化碱和石灰，即可将透过液循环回用于脱毛工段。超滤膜处理脱毛废液试验的最佳操作条件为：操作压力0.06MPa，膜面流速0.75m/s。超滤用于脱毛废水处理，在透过液回用的同时，浓缩液经处理后可作为动物饲料或者肥料，具有较高的经济和环保价值。

超滤处理脱毛废液试验结果　　　　　　　　　　　　　　　　表8-6

项目	水量（mL）	色度（度）	SS（mg/L）	S^{2-}（mg/L）	COD（mg/L）
废液原液	23153	7652	8765	1536	27658
透过液	19658	35	102	875	2100
去除率（％）		99.54	98.84	43.03	92.41

8.3.3 铬鞣废液（含铬废水）的处理

含铬废水主要是铬鞣制工段产生的废水，故又称之为铬鞣废水。在实际的生产工艺中，含铬废水主要有3股：铬鞣工序产生的含铬废水，含铬量为3000～4000mg/L，占总铬污染的70％；复铬鞣操作产生的含铬废水，含铬量为1500mg/L左右，占总铬污染的25％；其余的含铬废水都在水洗、搭马和挤水操作中流失。

国家对皮革厂污水排放中的铬含量有严格要求，在《污水综合排放标准》GB 8978—1996中规定，总铬浓度最高允许为1.5mg/L，Cr（Ⅵ）为0.5mg/L。而据报道，制革所用铬鞣剂中三价铬的利用率仅为60％～70％，其余铬盐全部残留在废水中，鞣制后的废铬液含铬量（以Cr_2O_3计）高达2000～4000mg/L。铬废水如不加以净化处理，肆意排放，进入水环境系统、土壤及食物链，会对生物产生巨大的危害。

1. 水量水质

含铬废液主要包括来自铬鞣工序的废液和采用铬复鞣操作的废液。铬鞣操作工序中，Cr_2O_3用量通常为4％，液比为2～2.5，废液含铬量为3～4g/L，废水量占总水量的2.5％～3.5％；复鞣操作工序中，Cr_2O_3用量为1％～2％，液比为2.5～3.0，废液含铬量为1.5g/L左右，废水占总水量的3.5％～4.0％。铬鞣工序产生的铬污染约占总铬污染的70％，含铬废水含铬浓度较高。铬以三价形式Cr^{3+}存在。表8-7给出了不同皮革铬鞣废水的产生量和浓度情况。

各种皮革的废铬液量和浓度水平　　　　　　　　　　　　　　表8-7

品种	废液量（m³/1000张）	质量浓度ρ（Cr^{3+}）（g/L）
牛面革	28	6.8
猪面革	13	2
羊面革	5	2.5

在铬鞣废水中，除铬的含量较高外，还有相当一部分有机物，如胶原蛋白、动物纤维及硫化物、固体悬浮杂质等，使得铬鞣废水的 COD 含量高，成分复杂，给分离提纯带来了困难。

2. 处理方法

废铬液回收和利用的方法很多，其中包括碱沉淀法以及直接循环利用、溶液萃取法等方法。

(1) 碱沉淀法

铬化合物在水中的存在形式如下：

$$Cr^{3+}+3OH^- \Longleftrightarrow Cr(OH)_3 \Longleftrightarrow H^++CrO_2^-+H_2O$$

根据平衡移动原理，加酸时，平衡向生成 Cr^{3+} 的方向移动，加过量碱时平衡向 CrO_2^- 方向移动，只有 pH 在 8.5～10 的范围内时，才生成难溶的 $Cr(OH)_3$ 沉淀。沉淀下来的铬泥（主要为 $Cr(OH)_3$）用板框压滤机脱水，得到滤饼。$Cr(OH)_3$ 在强酸碱介质中（如硫酸介质中），又可还原生成碱式硫酸铬，因此可重复使用。此法技术成熟，工艺简单，适用于大型制革厂，工艺流程如图 8-10 所示。

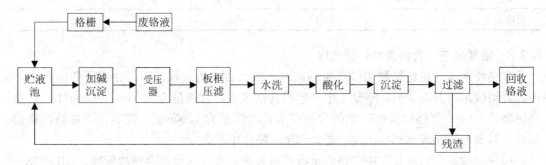

图 8-10 碱沉淀法处理废铬液工艺流程

为使沉淀效果最佳，需控制好反应条件，pH 一般在 8.2～8.5 时沉淀最好，废液中 Cr^{3+} 去除率达 99% 左右，出水含铬量小于 1mg/L；反应温度以 40℃ 为宜；沉淀剂目前多用 NaOH，但因 NaOH 碱性太强，中和过程中容易使局部废液超过最佳 pH 的控制范围。因而在国外有不少制革厂选用 MgO 作沉淀剂，其沉淀致密，速度快，但价格昂贵，在工程应用中受到限制。新疆的赵彤昕等用 $FeSO_4$ 作为沉降剂应用在铬废液处理中，$FeSO_4$ 投加量控制在 150～200mg/L，不仅可使废水中铬的去除率保持在 99% 以上的水平，而且处理费用较 MgO 法要低 50% 以上。

(2) 废铬液直接循环法

废铬液经沉淀过滤后，先分析确定其中各种物质的含量，再回用到浸酸或铬揉工段。如此周而复始地循环使用，可基本实现初铬鞣工序铬废液的"零"排放。该法设备简单，投资少，适用于中小型制革厂。国外已有 60% 的制革厂采用这一方法，国内几家制革厂经过使用，也获得良好的效果，工艺流程见图 8-11。

(3) 溶液萃取法

该法以 R 溶剂为萃取剂。萃取时，将萃取体系的 pH 控制在 4 左右，R 溶剂中的 H^+ 和废液中的铬离子即以 3:1 的交换比进行交换。操作前，先要中和萃取剂中的部分酸（即皂化），使整个过程的 pH 保持恒定，以保证萃取效果。但由于 R 溶剂和三价铬的交换

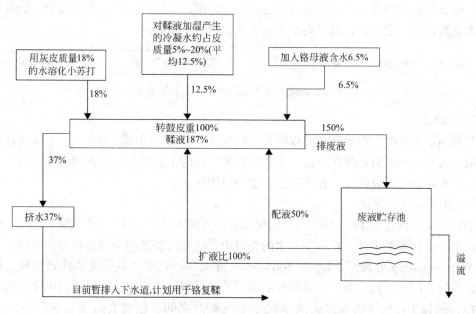

图 8-11 废铬液循环使用工艺流程

比为 3∶1，以致形成了稳定的环状结构，对其只能在碱性条件下加以破坏。因此，在反萃前应先加碱，再加酸，这样才能使反萃顺利进行。用这种方法回收的三价铬有较高的纯度。

8.3.4 综合废水处理

制革综合废水处理技术按其处理流程，分为一级处理部分和二级处理部分。一级处理部分由各种形式的格栅、格网、沉砂池及各种形式的调节池和沉淀池等组成。为了降低二级处理的污染负荷量，采用化学混凝和絮凝的气浮处理以加强一级处理的制革污水处理系统也日趋增多。二级处理部分目前主要以好氧生物处理为主。

1.一级处理

（1）物理处理法

制革混合废水的固态悬浮物（碎皮、皮块、皮毛）含量很高。格栅的作用就是去除这一类固态杂质，使其不进入后续处理系统。一般需设置粗、细两道格栅。格栅的形式有固定式、旋转式和振动式三种。制革废水中约有 20％的污染物可以通过自然沉淀法或气浮法去除。自然沉淀法的工程投资省，如有场地，应尽量采用，其沉淀时间宜大于 4h。而气浮法占地面积较小，但运行费用较高。为提高气浮法的处理效率，较多采用混凝气浮法。

（2）物化处理法

制革混合废水中还含有大量较小的悬浮污染物和胶态蛋白，投加混凝剂可加速其沉淀或上浮，提高处理效果。物化方法处理混合废水的基本流程如图 8-12 所示。混合废水首先通过粗、细两道格栅，拦截掉一些毛皮杂质等，然后进入集水池，由水泵送至混凝沉淀池或混凝气浮池。其 COD 和 BOD_5 的去除率约为 50％，S^{2-} 去除率大于 70％，SS 与色度的去除率大于 80％。该方法的主要特点是处理效果较物理处理法好，可去除磷、有机氮、色度、重金属和虫卵等，且处理效果稳定，不受温度、毒物等影响，投资适中。缺点是处理成本较高，污泥量较大，出水尚不能达标，需做进一步处理。

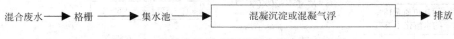

图 8-12　物化方法处理制革混合废水基本流程

2. 二级处理

目前制革废水的二级处理主要以好氧生物处理，即活性污泥法为主，为了降低处理成本，减少污水处理投资，生产中进行了各种处理方法的工艺组合。目前制革废水的厌氧生物处理技术正处于研究阶段，在实际生产中的应用并不多。

（1）传统活性污泥法

活性污泥法创建于 1913 年，是利用河川自净原理的人工强化高效处理工艺，已成为有机污水生物处理的主体。在制革废水的处理中，活性污泥法的应用是相当普遍的，如西德的 Wam 制革污水处理厂、Lonis Sonwe-izer 皮革厂，日本"室"皮革株式会社，国内北京东风制革厂、常州皮革厂、哈尔滨制革厂等都采用活性污泥法，该法对生化需氧量去除率在 90％以上，化学需氧量去除率在 60％～80％之间。色度去除率在 50％～90％之间，硫化物在 85％～98％之间。传统活性污泥法处理效率高，适用于处理要求高且水质相对稳定的污水，但它要求进水浓度尤其是抑制物浓度不能高，而制革废水中的硫化物及铬在超过一定浓度时会对生化反应有抑制，同时它不适应冲击负荷，需要高的动力和基建费用。

（2）SBR 工艺

SBR（Sequencing Batch Reactor Activated Sludge Process）是序批式活性污泥法的简称，是一种好氧微生物污水处理技术，是周期循环间歇曝气系统。该工艺集调节、初沉、曝气、二沉、生物脱氮等过程于一池，按不同的时间顺序进行各种目的的操作，全部过程都在一个池体内周而复始地进行，工艺流程简洁，布局紧凑合理，是一种先进的污水处理系统。

SBR 本质上仍属于活性污泥法的一种，它由 5 个阶段组成（见图 8-13），即进水（Fill）、反应（React）、沉淀（Settle）、排水（Decant）、闲置（Idle），从污水流入开始到待机时间结束为一个周期，在一个周期内，一切过程都在一个设有曝气或搅拌装置的反应池内进行，这种周期周而复始地反复进行。

图 8-13　SBR 工艺操作过程

用 SBR 工艺处理制革废水与其他工艺相比，具有以下优势：

1）对水质变化的适应性好，耐负荷冲击能力强。制革生产废水为间歇排放，流量不均匀系数在 1.7 左右，采用 SBR 工艺处理制革废水尤其适合制革废水排放相对集中及水质多变的特点。实际运行情况表明，当 COD 冲击负荷为平均值的 1.5 倍，S^{2-} 冲击负荷为平均值的 4.1 倍，Cr^{3+} 冲击负荷为平均值的 2.9 倍时，SBR 生化处理系统仍能正常运行，出水稳定达标。

2）SBR 处理工艺投资较省，运行成本较一般活性污泥法低。采用传统的活性污泥法、氧化沟法处理制革污水时，为避免负荷冲击，调节池容量设计得较大，水力停留时间在 10～16h 左右，有的甚至建议更长的调节时间。而采用 SBR 工艺时，调节池容量可以大大缩小，只要考虑水量调节即可，与采用其他同等规模的处理设施相比，该工程投资节约在 30％左右。

3）SBR 工艺可省去二沉池和污泥回流系统，工艺流程简单，可根据处理要求和效果调整运行方式及周期内各个阶段的时间，工艺的沉淀过程在静止的状态下进行，处理水质优于连续式活性污泥法。

4）制革废水中含有大量的硫化物，而硫化物又易导致污泥膨胀。SBR 工艺具有有效抑制污泥膨胀的作用，该工程运行以来，没有发生污泥膨胀现象。

5）SBR 工艺的操作运行维护、管理方便灵活，它采用其独特的批处理运行模式，能针对不同的水质水量和气温采取最佳的运行方案，保证出水达标排放。

SBR 已经广泛被用于制革综合废水的处理，詹伯君等将 SBR 工艺与生物接触氧化工艺结合创建了生物膜法 SBR（BSBR）工艺，并将其应用于制革废水的处理，COD 去除率稳定在 70％以上。江苏省沛县革制品总厂日排综合废水约 150～200t，COD 去除率也在 70％以上；广西玉林国标制革厂日产猪皮 1000 张，日排放综合废水 500m³，出水达到了《污水综合排放标准》GB 8978—1996 要求。

（3）氧化沟工艺

氧化沟（Oxidation Dictch，OD）污水处理工艺是由荷兰卫生工程研究所（TNO）在 20 世纪 50 年代研制成功的。1997 年，轻工业行业总会推荐氧化沟技术为制革废水处理实用技术；同年 10 月，在印度召开的亚洲国家制革污水处理厂设计、运行、维护国际研讨会上，该项技术又得到与会国家的肯定，2000 年再次被国家环保总局确认为 2000 年国家重点环保实用技术。

氧化沟污水处理技术作为一种革新的活性污泥工艺，与其他生物处理工艺相比，有以下一些技术、经济方面的特点：

1）工艺流程简单，构筑物少，运行管理方便。

2）氧化沟可不设初沉池，因为其水力停留时间和污泥龄比一般的生物处理法长得多，悬浮状有机物可以在曝气过程中与溶解性有机物同时得到较彻底的降解。其次，简化了剩余污泥的后处理工艺，剩余污泥少，不需要进行厌氧消化处理，省去了污泥消化池，还可将二沉池与曝气池合建，省去了二沉池和污泥回流系统，从而使处理流程更为简单。处理流程的简化可节省基建费用，减少占地面积，并便于运行和管理。

3）曝气设备和构造形式的多样化、运行灵活。

4）氧化沟技术的发展与高效曝气设备的发展是密切相关的，氧化沟具有不同的构造形式和运行方式，可以呈圆形、椭圆形和马蹄形等，也可以是单沟或多沟系统，多沟系统可以是一组同心的互相连通的沟渠（如 Orbal 氧化沟），也可以是互相平行、尺寸相同的一组沟渠（如三沟式氧化沟）。多种多样的构造形式赋予了氧化沟灵活的运行方式，使它能结合其他的工艺单元，满足不同的出水水质要求。

5）处理效果稳定、出水水质好，并可以实现脱氮的目的。

6）试验研究和生产实践均表明，氧化沟在去除 BOD₅ 和 SS 方面，均取得了比传统活性污泥法更好的出水水质，运行也更加稳定、可靠，基建投资省、运行费用低。

7）在出水有氨氮指标要求时，一般不需要增加很多投资和运行费用，而其他方法则不同，由此更显示出氧化沟的优越性。

许多工程经验证明，氧化沟工艺对 Cr^{3+}、硫化物的预处理要求不是很高。从已有氧化沟的运行效果来看，只要有足够的水量、水质调节时间，保证进氧化沟的 S^{2-} 浓度低于 $100\sim150mg/L$、Cr^{3+} 浓度低于 $10mg/L$，经生物驯化、适应，系统均能正常运行，氧化沟工艺对 COD、S^{2-} 的去除率能分别达到 87% 和 99%。表 8-8 列出了氧化沟工艺处理制革废水的典型工程及运行结果。

典型工程简介及主要出水指标　　　　　　　　　　表 8-8

工程名称	处理规模 (m³/d)	工艺流程	进水 COD 平均值 (mg/L)	出水指标				
				COD (mg/L)	SS (mg/L)	硫化物 (mg/L)	总铬 (mg/L)	pH
南京制革厂	1500	①	2500	153.5	30	0.31	0.076	8.0
烟台制革厂	3500	①	2300	157.8	50.2	0.92	0.020	8.1
利达制革厂	800	②	1768	245	70	0.80	0.005	8.4
乐山制革厂	2000	③	2456	97.7	65.3	0.61	0.044	7.8
广州迪威皮革有限公司	8000	④	1600	158	135	0.04	0.051	8.2
海宁上元皮革有限公司	3000	④	4200	260	96	0.40	0.190	7.6

①调节池-气浮-氧化沟工艺；②调节池-生物膜、活性污泥混合工艺；③调节池-初沉池-氧化沟-气浮工艺；④曝气调节池-氧化沟工艺。

（4）生物接触氧化工艺

生物接触氧化法采用的装置为生物接触氧化池，又称为生物曝气滤池，它实际上是生物滤池和曝气池的结合体，即在装有曝气装置的曝气池中放上滤料。滤料大多为蜂窝型硬性填料或纤维型软性填料，填料表面长满由好氧微生物组成的生物膜。废水在压缩空气或机械装置的带动下，与滤料上的生物膜充分接触，在此过程中废水中的有机物被吸附、氧化分解。生物接触氧化法用于工业废水处理，一般采用二段法流程，如图 8-14 所示。

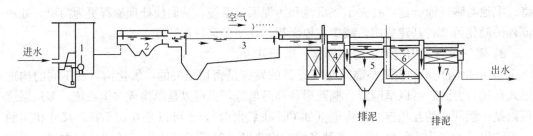

图 8-14　二段接触氧化法处理工业废水工艺流程

1—泵房；2—沉砂池；3—初沉池；4—第一氧化池；5—第一沉淀池；6—第二氧化池；7—第二沉淀池

二段法流程对于水量、水质的冲击负荷具有很强的耐冲击能力。由于制革废水排放的瞬间性和负荷变化较大，因此采用二段法在第一段氧化池中的微生物遭受毒害时，导致处理能力降低，而对第二池影响较小，这时出水水质仍相对稳定。

二段接触氧化法主要设备由池体、填料、布水设备和曝气设备等组成。氧化池一般呈矩形，第一氧化池头部多为淹没孔进水，水流自下而上通过填料，与空气同向。填料高度一般在2～3m。填料顶部距水面设稳定层，高度一般为40～50cm。填料下部留有60cm的安装高度。设置在填料下面的布气设备通常采用多孔管曝气，孔直径为4～5mm，扎口向下呈45°交错排列。布气管的安装要便于运行过程的检修和调整。

采用此工艺技术处理废水，主要有以下一些技术特点：

1）处理时间短；

2）空气用量小，总水气比为1∶3，其中第一氧化池为1∶2，第二氧化池为1∶1，耗电最低，运行费用低，体积负荷高；

3）抗冲击负荷能力强；

4）污泥产量少；

5）操作管理简便；

6）接触沉淀池效率高。

8.4 工 程 实 例

8.4.1 混凝-水解酸化-活性污泥法-二级接触氧化工艺

1. 工程概况

江门某皮革厂位于江门市蓬江区杜阮工业园，主要以脱脂脱毛牛皮为原料生产鞋面皮及沙发皮革，生产工序包括铬鞣、染色、固色喷涂及后整等。该厂车间排放废水分为铬鞣废水、染色废水、喷涂废水及清洗废水。染色、喷涂及清洗废水不含重金属，采用合流制直接进入综合废水调节池。铬鞣废水不仅有机物含量高、色度高，同时含有毒性重金属铬，必须单独收集。经预处理除铬之后再进入综合废水调节池与染色、喷涂及清洗废水进行混合，形成皮革综合废水。根据生产规模，设计含铬废水水量为10m³/d，综合废水水量为120m³/d，24h运行。平均每小时需要处理的综合废水水量为5.0m³。工程设计进、出水水质如表8-9所示。外排尾水各项水质指标均需达到广东省《水污染物排放限值》DB 44/26—2001一级标准的要求。

皮革废水水质 　　　　　　　　表8-9

项目	pH值	色度（倍）	ρ（COD_{Cr}）(mg/L)	ρ（BOD_5）(mg/L)	ρ（SS）(mg/L)	ρ（Cr^{3+}）(mg/L)	ρ（Cr^{6+}）(mg/L)	ρ（NH_3-N）(mg/L)	ρ（TP）(mg/L)
铬鞣废水	<6	<2000	<7000	<1600	<3500	<4000	<0.2	<100	<5
综合废水	6～9	<800	<4000	<1500	<3000	<40	未检出	<100	<5
排放标准	6～9	≤40	≤100	≤20	≤60	≤0.5	≤0.5	≤10	≤0.5

2. 工艺流程

废水处理工艺流程如图8-15所示。

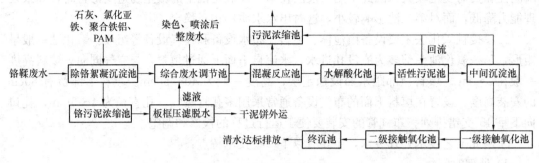

图 8-15 废水处理工艺流程

废水来源分为铬鞣及染色后整废水。铬鞣废水有机物含量高、含有大量重金属铬，对微生物有强烈的抑制作用。必须先进行预处理除铬、除有机物。由于铬鞣废水含有大量有机物，单纯加碱根本无法使 Cr^{6+} 沉淀。通过调试工艺，采用投加氯化亚铁、聚合铝铁净水剂、石灰及阴离子聚丙烯酰胺的方法将铬鞣废水中的铬沉淀分离出来，铬污泥经板框压滤机压滤脱水形成泥饼，滤液进入皮革废水综合调节池，与染色、喷涂清洗废水等混合形成皮革综合废水，进入后续组合工艺处理设施。

中和、染色、喷涂废水不含重金属铬，通过沉渣格栅后即可直接进入综合调节池。综合皮革废水经提升水泵提升至合建式混凝反应沉淀池，在混合阶段再次投加石灰调节废水的 pH 值，并投加氯化亚铁、聚合铝铁净水剂、阴离子聚丙烯酰胺，对综合废水进行混凝脱色、降 COD_{Cr} 预处理，以保证进入生化系统的废水 $COD_{Cr} < 1500mg/L$。在沉淀池内絮凝体在重力作用下与废水分离，絮凝体沉淀至池底泥斗形成污泥。上清液从沉淀池溢流堰流出，进入后续水解酸化池。在水解酸化池内设置组合填料，以增加微生物附着面积，提高厌氧水解菌生物总量。水解酸化不需外加能源，废水中的有机物在厌氧微生物作用下被水解和酸化，大分子有机物降解为小分子物质，难降解物质转化为易于降解物质。为后续好氧生化处理创造良好条件。

由于曝气活性污泥法能够处理高浓度有机废水，因此在厌氧水解酸化池后设置好氧活性污泥池。活性污泥处理工段由曝气悬浮活性污池、中间沉淀池及污泥回流系统组成。利用悬浮微生物的生长代谢功能降解有机物，将 COD_{Cr} 浓度降低至后续接触氧化池进水水质要求。为了保持活性污泥池的污泥浓度，需要在中间沉淀池内安装污泥泵，将部分污泥回流至活性污泥曝气池，并将剩余的活性污泥排至污泥浓缩池。

中间沉淀池出水逐步进入一级接触氧化池和二级接触氧化池，接触氧化池内安装组合填料，大量微生物附着在填料表面。废水流经填料。在曝气作用下与微生物接触，水中的有机物被进一步降解。

接触氧化池出水中由于含有少量微生物残体。需在二级接触氧化池后设置终沉池，降低出水悬浮物浓度以达到排放标准的要求。

3. 处理效果

该工程于 2011 年 7 月竣工并投入调试运行，9 月调试基本完成，系统正式稳定运营。2011 年 10 月份监测数据汇总结果如表 8-10 所示。由表 8-10 可知，出水水质完全满足 DB 44/26—2001 第二时段一级标准的要求。

日期	pH 值	色度（倍）	ρ (COD$_{Cr}$) (mg/L)	ρ (BOD$_5$) (mg/L)	ρ (SS) (mg/L)	ρ (总 Cr) (mg/L)	ρ (NH$_3$-N) (mg/L)	ρ (TP) (mg/L)
2011-10-09	7	20	83.42	17	30	0.7	8.40	0.42
2011-10-15	7	20	78.90	14	25	0.6	7.46	0.40
2011-10-29	7	20	76.00	14	24	0.6	7.51	0.39

8.4.2 气浮 + UASB + 双泥法 OAO 工艺处理制革废水

1. 工程概况

河南省焦作市某皮革企业主要利用进口绵羊皮和国产绵羊皮生产加工毛皮产品，由于生产规模扩大，原有的污水处理站处理能力已不能满足生产发展要求，因此需要新建 1 套污水生化处理系统。设计处理量为 1500m³/d，原水水质见表 8-11，出水水质执行《污水综合排放标准》GB 8978—1996 中的一级标准。

原水水质和排放标准 表 8-11

项目	pH 值	ρ (mg/L)		
		COD	SS	NH$_3$-N
原水水质	6.5~8.5	2500~3500	400~1000	80~100
排放标准	6~9	100	70	15

2. 工艺流程

废水来源主要为生产废水、锅炉房排水及办公生活废水。污染物主要为有机物、无机物及总铬。铬液采用加碱沉淀法，上清液和压滤液进入调节池，对铬泥进行了回收利用，处理流程如图 8-16 所示。

综合废水设计工艺流程如图 8-17 所示。由于原水中含有大量的皮渣、羊毛、血脂等，经格栅去除一部分后需再设初沉池，进一步沉淀去除，以防杂物堵塞管道和泵体，同时减轻后续生化处理负荷。由于工业废水水质水量变化大，需要调节池进行调节和控制，利于生化反应系统的稳定运行。调节池出水经泵提升进入加药混合器，与加入的 PAC 和 PAM 充分反应后

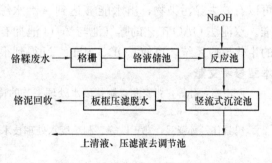

图 8-16 铬鞣废水处理工艺流程

进入气浮池内，大量悬浮物在这里被去除。气浮池出水进入集水井，经泵打入 UASB 反应器，高浓度有机污染物被厌氧微生物大幅降解，同时产生沼气，可用于燃烧加热或发电，出水进入一体化 OAO 反应池。曝气池 + 中沉池 + A/O + 二沉池组成双泥法 OAO 工艺。曝气池中微生物活性好，具有很强的吸附能力，主要完成对有机物的去除，中沉池用于实现泥水分离，同时污泥回流为曝气池提供菌种。A/O 反应池不仅去除氨氮效果好，还能进一步降解有机污染物。曝气池与 A/O 池各自拥有独立的污泥回流系统，分工明确，相互隔离，保证了各自不同微生物的生化反应系统和较好的污染物去除效果。生化反应池

出水进入二沉池，经沉降后，泥水分离，达标排放。

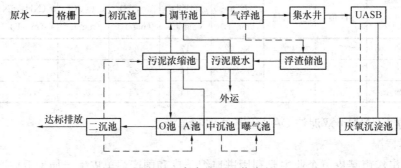

图 8-17 废水处理工艺流程

3. 处理效果

该工厂调试运行 3 个月后，连续监测各处理单元的处理效果见表 8-12。

各处理单元运行效果　　　　　　　　　　　　　　　　表 8-12

项目	pH 值	ρ (mg/L)		
		COD	SS	NH₃−N
调节池	6.6～8.2	1915～2658	380～865	61.6～70.5
气浮池	6.6～8.2	1550～2184	285～420	43.2～56.4
UASB 反应器	6.5～7.5	420～725	215～346	49.3～68.2
中沉池	6.7～7.6	201～320	69～138	40.8～60.7
二沉池	6.6～7.4	67～94	9～23	9.2～14.5

结果表明，羊皮制革企业综合废水采用初沉＋气浮＋UASB＋双泥法 OAO 处理工艺，可以有效去除污染物，出水能够达到《污水综合排放标准》GB 8978—1996 中的一级标准。双泥法 OAO 工艺的曝气池与 A/O 池拥有独立的污泥回流系统，保证了各自微生物的生化反应系统，可使 COD、NH₃−N 得到很大程度的去除。

本章参考文献

[1] 陈南南，孙静，张安龙．制革废水处理工艺的特点及其研究发展方向[J]．污染防治技术，2009，22(1)：56～62.

[2] 冯景伟，孙亚兵，郑正，等．制革废水处理技术研究进展[J]．环境科学与技术，2008，31(6)：73～77.

[3] 章非娟．工业废水污染防治[M]．上海：同济大学出版社，2001.

[4] 王又蓉．工业废水处理问答[M]．北京：国防工业出版社，2007.

[5] 赵庆良，李伟光．特种废水处理技术[J]．哈尔滨：哈尔滨工业大学出版社，2003.

[6] 李闻欣．制革污染防治及废弃物资源化利用[M]．北京：化学工业出版社，2005.

[7] 吴浩汀．制革工业废水处理技术及工程实例(第二版)[M]．北京：化学工业出版社，2010.

[8] 高忠柏，苏超英．制革工业废水处理[M]．北京：化学工业出版社，2001.

[9] 董国日，柳建设，周洪波，等．国内制革废水处理工艺研究现状[J]．工业水处理，2003，23(7)：1～4.

[10] 汪建根，阎晓，周立哲，等．制革脱毛废水的处理与回用[J]．皮革科学与工程，2009，19(3)：63～67.

[11] 牛涛涛，汪建根，李娟，等．超滤处理脱毛废水的性能及参数控制[J]．中国皮革，2009，38(3)：30～32．

[12] 连培聪，孙根行．制革废水处理技术研究进展[J]．西部皮革，2008，30(8)：25～28．

[13] 王俊耀，苏海佳，谭天伟．制革厂铬鞣废水中铬的回收处理研究[J]．环境工程学报，2007，1(1)：23～26．

[14] 钟雅洁，王斌，李恩斯，等．制革业铬鞣废水的治理研究[J]．环境科学与管理，2007，32(10)：100～104．

[15] 朱凡，张艳，陈迪嘉，等．国内制革废水处理工艺应用现状[J]．天津建设科技，2008，增刊：130～132．

[16] 张杰，刘素英，郑德明．序批式活性污泥(SBR)法在制革生产废水处理中的应用[J]．陕西科技大学学报，2006，24(3)：143～145．

[17] 李闻欣，付强，马清才．生物接触氧化法处理制革综合废水中的常见问题及对策[J]．中国皮革，2002，31(9)：10～13．

[18] 董申伟，刘保忠，李明玉．皮革废水治理工程实例[J]．工业用水与废水，2012，43(4)：66～68．

[19] 徐洪斌，马浩亮，李根灿，等．制革废水处理工程设计[J]．水处理技术，2014，40(12)：126～129

9 印染工业废水处理技术

印染行业是工业中的排污大户，印染废水是纺织印染行业的主要排放物。印染厂每加工 100m 织物，会产生 3～5t 废水。据统计，中国具有一定生产规模的、有统计资料的印染织物生产总量 2003 年为 2.9×10^{10} m，加上未能统计的小型印染厂，估计总印染织物生产总量为 3.2×10^{10} m。到 2007 年，我国印染布产量达 660 亿 m，占世界总量的 30% 以上。据不完全统计，全国印染废水排放量约为 $(3～4) \times 10^{6}$ m^3/d，约占整个工业废水的 35%。全国每年产生印染废水约为 1.6×10^{9} t。印染废水排放总量位居全国工业部门第五位，占纺织工业废水排放量的 80%。2004 年，全行业排水量 13.6 亿 m^3，而其污染物排放总量（以 COD 计）则位于各工业部门第六位。

印染废水中含有纤维原料本身的夹带物以及加工过程中使用的浆料、油剂、染料和化学助剂等，具有生化需氧量高、色度深、碱性大、难生物降解、多变化的特点。废水中的染料组分，即使浓度很低，排入水体也会造成水体透光率和水体中气体溶解度的降低，会影响水中各种生物的生长，从而破坏水体纯度和水生生物食物链，最终将导致水体生态系统的破坏。可见，印染废水的综合治理已成为一个迫切需要解决的问题。

9.1 印染废水的来源

根据产品使用的原料、产品的品种、产品的加工方式和产品的用途不同，印染行业有不同的行业划分方式。但从控制污染和治理污染方面考虑，由于使用原料的不同，其产品加工方式和产生污染物的性质和数量不同，其控制污染和治理污染的方法也就不同。

因此，按原料进行分类较为适宜，据此可分为棉纺印染行业、毛纺印染行业、丝绸印染行业和麻纺印染行业。据统计，目前在棉、毛、丝、麻各类天然纤维中，以棉花为主加工成的棉织物数量占天然织物总量的 85% 以上，是数量最大的一种产品；毛织物产品占 10%；丝和麻产品占总量的 5%（丝织品中，仿真丝产品占 85% 左右，真丝产品占 15%）。本章仅就棉纺织业废水处理工艺作简要介绍。

9.1.1 工艺流程

棉纤维与染料的结合力主要靠范德华力和氢键，其使用的染料主要为活性、还原、直接、硫化等类，这些染料价格较低，上染率却不太高，尤其是硫化染料，上染率只有 30% 左右，其余均残留在水中，造成废水中污染物浓度较高。棉的混纺织物的化学纤维主要是涤纶，这种纤维的染色主要采用分散染料。与上述适宜棉织物的染料相比，分散染料上染率较高，但染料的填充剂较多，也给废水治理带来困难。棉及其混纺织物印染加工的一般工艺流程如图 9-1 所示。

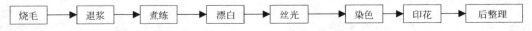

图 9-1 棉及其混纺织物印染加工工艺

烧毛的目的在于烧去布面上的绒毛,使布面光洁美观,并防止在染色印花时因绒毛的存在而产生染色不匀及印花瑕疵。在织造前经纱一般都要经过上浆处理,经纱上浆方便织造,但给印染加工带来许多困难,它不仅影响织物的渗透性,阻碍化学药剂和染料与纤维的接触,多耗用染化药品,还会影响产品质量。所以在棉布练漂前要进行退浆。煮练就是用化学方法去除棉布上的天然杂质、提纯纤维素的过程。漂白的目的主要是去除天然色素,赋予棉布以必要的和稳定的白度,同时也可以进一步去除棉布上残留的其他杂质,提高其润湿性能。丝光是棉织物在一定张力状态下,浸轧浓碱的加工工序。染色是使染料与纤维发生化学或物理化学的结合,或者用化学方法直接在纤维上合成颜料,并使纺织品具有颜色的加工过程。印花是染料在纤维上局部着色的过程。织物经过染色或印花后一般需进行整理,以使产品更具有挺括、光滑感或其他特性。

9.1.2 废水来源

印染生产需要大量的水,每千米印染布约耗水 20～25t。同时在加工过程中,大量使用染料、化工原料、各类助剂等原料,其中绝大部分随着加工残液排放到废水中,故印染工厂既是用水点大户,又是严重污染的行业之一。

印染业主要污染源包括:(1)在精炼及染色中所用的酸、碱会导致废水的 pH 偏向极端;(2)由于精炼及染色工序均在高温下进行,因而产生高温的废水;(3)废水的高悬浮物主要来自退浆及精炼工序所产生的毛碎、纤维及杂质;(4)在退浆中所产生的淀粉、胶、蜡,使废水中的 BOD 值提高,常用的乙酸等酸化剂也会提高 BOD 值;(5)废水中 COD 主要来自聚乙烯醇(PVA)等化学浆料、各种染料及颜料。印染废水的两大污染源是退浆及染色(印花)工序,它们在整个印染工艺流程所产生的废水中占有非常高的比重。印染工艺各工序排放废水中的主要化学品及其污染特征见表 9-1。

印染工艺各工序排放废水中的主要化学品及其污染特征　　　　表 9-1

工序	带入废水中污染物的化学成分	污染特征
退浆	淀粉分解酶、烧碱、亚溴酸钠、过氧化氢、PVA 或 CMC 浆料	废水量占印染总废水量的 15%,pH 较高,有机物含量高,BOD 占印染废水总量的 45% 左右,COD 较高
煮练	碳酸钠、烧碱、碳酸氢钠、多聚磷酸钠等	pH 高(10～13),废水量大,废水呈深褐色,BOD、COD 较低,污染程度较小
漂白	次氯酸钠、亚溴酸钠、过氧化氢、高锰酸钾、保险粉、亚硫酸钠、硫酸、乙酸、甲酸、草酸等	漂白剂易分解,废水量大,BOD 约为 200mg/L,COD 较低,污染程度较小
丝光	烧碱、硫酸、乙酸等	碱性较强,pH 高达 12～13,SS 和 BOD 较低
染色	染料、烧碱、元明粉、保险粉、重铬酸钾、硫化钠、硫酸、吐酒石、苯酚、表面活性剂等	水质组成复杂、变化多,色度一般很深,高达 400～600 倍,碱性强(pH 在 10 以上),COD 较高,BOD 低,可生化性较差
印花	染料、尿素、氢氧化钠、表面活性剂、保险粉等	废水中含有大量染料、助剂和浆料,BOD 和 COD 较高,废水中 BOD 约占染印废水 BOD 总量的 15%～20%,色度高,氨氮含量高
整理	树脂、甲醛、表面活性剂等	废水量少,对整个印染废水水质影响较小

工序	带入废水中污染物的化学成分	污染特征
碱减量	对苯二甲酸、乙二醇等	pH高（>12），有机物浓度高，COD可高达90~100g/L，高分子有机物及部分染料很难降解，属高浓度难降解废水
洗毛	碳酸钾、硫酸钾、氯化钾、硫酸钠、不溶性物质和有机物、羊毛脂等	废水呈棕色或浅棕色，表面浮有一层含各种有机物、细小悬浮物及各种溶解性有机物的含脂浮渣

9.2 印染废水的水量水质特征

9.2.1 水量特征

印染废水排放量约为全厂用水量的60%~80%。废水量随工厂的类型、生产工艺、机械设备、加工产品的品种不同，差异较大。根据国内外的资料估算，每加工一匹棉织物，用水量约为1~1.2m³。表9-2所示为不同织物的排水量，表9-3所示为某印染厂各工段废水量。实际工程中，常需通过调研确定确切的设计排水量。

印染厂废水排放量　　　　　　表9-2

产品名称	纯棉织物（染色+印花）	棉混纺织物（染色+印花）	纯棉织物（漂白+染色）	针织纯棉织物（染色+印花+漂白）	针织棉混纺（染色+印花+漂白）
排水量[m³/m（织物）]	0.25~0.35	0.25~0.35	0.20~0.25	0.25~0.30	0.20~0.25

某印染厂各工段的废水量（织物年产量8×10⁷m）　　表9-3

工段	废水量（m³/d）	占全部废水量的比例（%）
漂练	6000	54.5
染色	1300	11.8
印花	3000	27.3
整理	700	6.4
合计	11000	100

国内各类型印染厂的废水量列于表9-4，国外纺织印染厂的废水量列于表9-5。

国内各类型印染厂的废水量　　　　　　表9-4

厂别	主要产品	产量（m/a）	主要染料	废水量（m³/d）
印染厂（一）	涤棉	8×10⁷	分散、印地科素、活性和纳夫妥	5000
印染厂（二）	灯芯绒、平绒、起绒布、涤/棉	(5~6)×10⁷	硝化、活性、分散、纳夫妥、士林	5000
漂染厂	纯棉、涤/棉	4.5×10⁷	还原、分散、纳夫妥	5000
毛纺厂（一）	毛条、精纺毛织物、针织绒毛丝	毛织物3.7×10⁶；毛条5300t/a；绒丝1350t/a	媒染、酸性、阳离子、直接	3000

厂别	主要产品	产量 (m/a)	主要染料	废水量 (m³/d)
毛纺厂（二）	精纺呢绒	104	媒染、酸性、分散	500
丝绸印染厂	各种印花绸	107	直接、酸性、分散、活性、还原	2000
绸纺厂	细丝、细绸	细丝 700t/a 细绸 4×10^6 抽丝 360t/a 腈纶针织绒 250t/a		5000
针织厂	化纤针织品	2000t/a	分散	1000
制线厂	棉线漂染	1144 包纱/d	硫化、士林	1000
毛巾厂	毛巾、浴巾、枕巾	2000 包纱/d	活性、纳夫妥、还原、硫化	2400
内衣厂	内衣漂染	卫生衫裤 10^6 件/a 棉毛衫裤 8×10^5 件/a 汗衫背心 10^6 件/a 针织涤纶外衣 21t/a	直接、活性、纳夫妥、士林、阳离子	250 （染色废水）

国外棉纺织厂废水量（单位：L/kg 产品）   表 9-5

产品	纱厂和织厂	漂白厂	染厂	印花厂	漂染车间
纱和织物	20～40	100～150	50～100	—	150～200
精加工织物	—	200～300	150～250	200～350	400～600

9.2.2 水质特征

印染生产有烧毛、退浆、煮练、漂白、染色、印花、整理、装潢等工序，由于每个工序采用的染化料、助剂等的不同，用水量的多少及所产生的废水也就不同。

织物烧毛是物理的干态加工过程，无废水产生。

退浆废水——退浆是用化学药剂将织物上所带的浆料退除（被水解或酶分解为水溶性分解物），同时也除掉纤维本身的部分杂质。退浆废水是碱性有机废水，呈淡黄色，含有浆料分解物、纤维屑、酶等，COD 和 BOD_5 都很高。退浆废水水量较少，但污染较重，是练漂废水有机污染物的主要来源。当采用淀粉浆料时，废水的 BOD_5 含量约占印染废水的 45% 左右；当采用 PVA 或 CMC 化学浆料时，废水的 BOD_5 下降，但 COD 很高，废水更难处理。PVA 浆料是造成印染废水处理效果不好的主要原因之一。表 9-6 是常用浆料的 BOD_5 和 COD 值。

100mg/L 浆料中 BOD_5 和 COD 值   表 9-6

浆料名称	BOD_5 (mg/L)	COD (mg/L)	BOD_5/COD
可溶性淀粉	55	81	0.68
乙醚代淀粉	21	79	0.27
合成龙胶	14	61	0.22

浆料名称	BOD$_5$（mg/L）	COD（mg/L）	BOD$_5$/COD
海藻酸钠	<5	55	0.09
CMC	<5	79	<0.06
PVA	<5	149	<0.03

煮练废水——煮练是用烧碱和表面活性剂等的水溶液，在高温（120℃）和碱性（pH＝10～13）条件下，对棉织物进行煮练，去除纤维所含的油脂、蜡质、果胶等杂质，以保证漂白和染整的加工质量。煮练废水呈强碱性，含碱浓度约为 0.3％，呈深褐色，BOD$_5$和 COD 值较高（每升达数千毫克），其水质见表 9-7。

棉纺厂染整厂煮练废水水质　　　　　　　　　　表 9-7

品种	pH	色度（倍）	总固体（mg/L）	COD（mg/L）	OC（mg/L）	BOD$_5$（mg/L）
棉厚织物	13	700	25600	21500	5900	
棉薄织物	10.8	800	21500	—	6760	8140
涤棉织物	9.5	—		7015	2268	736
中长纤维	6.5	无色		600	270	120

漂白废水——漂白是用次氯酸钠、双氧水、亚氯酸钠等氧化剂去除纤维表面和内部的有色杂质。漂白废水的特点是水量大，污染程度较轻，BOD$_5$和 COD 均较低，属较清洁废水，可直接排放或循环再用。

丝光废水——丝光是将织物在氢氧化钠浓溶液中进行浴液处理，以提高纤维的张力强度，增加纤维的表面光泽，降低织物的潜在收缩率和提高对染料的亲和力。丝光废水（含 3％～5％左右的 NaOH）一般经蒸发浓缩后回收，由末端排出的少量丝光废水碱性较强。

染色废水——染色废水的主要污染物是染料和助剂。由于不同的纤维原料和产品需要使用不同的染料、助剂和染色方法，加上各种染料的上色率不同和染液的浓度不同，使染色废水水质变化很大。染色废水的色泽一般较深，且可生化性差。其 COD 一般为 300～700mg/L，BOD$_5$/COD 一般小于 0.2，色度可高达几千倍，其水质见表 9-8。

染色废水的水质　　　　　　　　　　表 9-8

使用染料	pH	BOD（mg/L）	使用染料	pH	BOD（mg/L）
硫化染料	10～12	11～1800	直接染料	6.5～7.6	220～600
还原染料	8～10	125～1500	碱性染料	6～7.5	100～200
不溶性偶氮（冰染）染料	5～10	15～675	苯胺黑染料	—	40～55

印花废水——印花废水主要来自于配色调浆、印花滚筒、印花筛网的冲洗废水，以及印花后处理时的皂洗、水洗废水。由于印花色浆中的浆料量比染料量多几到几十倍，故印花废水中除染料、助剂外，还含有大量浆料，BOD$_5$和 COD 都较高。由于印花滚筒镀筒时使用重铬酸钾，滚筒剥铬时有三氧化铬产生。这些含铬的雕刻废水应单独处理。

整理废水——整理废水含有树脂、甲醛、表面活性剂等。整理废水量很小，对全厂混合废水的水质水量影响也小。

总体说来，印染工业废水具有以下特征：（1）色度大、有机物含量高。印染废水总体上属于有机性废水，其中所含的颜料及污染物主要由天然有机物质（天然纤维所含的蜡质、胶质、半纤维素、油脂等）及人工合成有机物质构成。（2）水质变化大。在所排放的废水中，化学需氧量（COD）高时可达 2000～3000mg/L，且 BOD/COD 小于 0.2，可生化性差。（3）由于不同纤维织物在印染加工中所使用的工艺不同，在染色或印花中为使染色溶液和印花色浆更好地上染到不同织物上，需要在不同 pH 条件下进行染色。因此，不同纤维织物在印染加工中所排放废水的 pH 是不同的。一般来说，由于棉及其混纺织物印染加工中很多工艺都需要加入碱，造成废水中 pH 较高。（4）水温水量变化大，由于加工品种、产量的变化，导致水温水量的不稳定。表 9-9 所列为国内几家有代表性的印染厂废水水质。

几家印染厂的废水水质　　　　　　　　　　　　　　　　表 9-9

指标	pH	色度（倍）	COD/（mg/L）	BOD$_5$（mg/L）	硫化氢（mg/L）	总固体（mg/L）	悬浮物（mg/L）	酚（mg/L）	氰（mg/L）
印染全能厂	9～10	300～400	600～800	150～200	0.7～1.0	900～1200	100～200	0.05	0.04
卡其全能厂	10～11	400～450	600	150	20～30	1800～2000	150～200	0.02	0.01
人棉印染厂	6.5～8	500	1200	300	2～3	2500	500	0.04	0.15
灯芯绒厂	9～10	500～600	500～600	200～300	4～6	1800～2000	150	0.02	0.5
织袜厂	8～9	150～200	500～600	120～150	4～6	1200	60～80	0.3	0.02
丝绸厂	6～7	150～200	700	150	2～3	1200	250	0.4	0.05

9.3　印染废水的处理技术

印染废水是以有机污染为主的成分复杂的有机废水，处理的主要对象是 BOD、不易生物降解或生物降解速度缓慢的有机物、碱度、染料色素以及少量有毒物质。虽然印染废水的可生化性普遍较差，但除个别特殊的印染废水（如纯化纤织物染色）外，仍属可生物降解的有机废水。其处理方法以生物处理法为主，并同时需要物理化学方法加以辅助。

物理法主要有格栅与筛网、调节、沉淀、气浮、过滤、膜技术等，化学法有中和、混凝、电解、氧化、吸附、消毒等；生物法有厌氧生物法、好氧生物法、兼氧生物法。印染废水常用处理技术见表 9-10。

印染废水常用处理技术　　　　　　　　　　　　　　　表 9-10

名称	主要构筑物、设备及化学品	处理对象
格栅与筛网	粗格栅、细筛网	悬浮物、漂浮物、织物碎屑、细纤维
中和	中和池、碱性/酸性药剂投加系统；各类中和剂（如 H_2SO_4、HCl 等）	pH
混凝沉淀（气浮）	各种类型反应池（机械搅拌反应池、隔板反应池、旋流反应池、竖流折板反应池）、加药系统、沉淀池（平流式、竖流式、辐流式）、气浮分离系统（加压溶气气浮、射流气浮、散流气浮）；药剂（如 $FeSO_4$、$FeCl_3$、$Ca(OH)_2$、$Al_2(SO_4)_3$、PAC、PAM、PFS 等）	色度物质、胶体悬浮物、COD、LAS

名称	主要构筑物、设备及化学品	处理对象
过滤	砂滤、膜滤（MF、UF、NF 等）	细小悬浮物、大分子有机物、色度物质
氧化脱色	臭氧氧化、二氧化氯氧化、氯氧化、光催化氧化	COD、BOD、细菌、色度物质
消毒	接触消毒池；氯气、NaClO、漂白粉、臭氧	残余色度物质、细菌
吸附	活性炭、硅藻土、煤渣等吸附器及再生装置	色度物质、BOD、COD
厌氧生物处理	升流式厌氧颗粒污泥床（UASB）、厌氧附着膜膨胀床（AAFEB）、厌氧流化床（AFBR）、水解酸化	BOD、COD、色度物质、NH_3-N、磷
好氧生物处理	推流曝气、氧化沟（Orbal，Caroussel）、间歇式活性污泥法（SBR）、循环式活性污泥法（CAST）、吸附再生氧化法（A/B）、生物接触氧化法	BOD、COD、色度物质、NH_3-N、磷

9.3.1 物理处理技术

印染废水物理处理对象有：原水中带有的漂浮物、悬浮物及细小纤维，废水经化学处理的反应产物，废水生物处理后的活性污泥或生物膜。物理处理的方法有格栅、沉淀、气浮、过滤等。

1. 格栅和筛网

格栅是由一组平行的金属栅条制成的框架，斜置在水流经的渠道上，用以截阻大块的呈悬浮状态的污物。对于印染废水，栅条的间距一般采用 10～20mm。

格栅截留的污物数量因栅条间距、废水悬浮物的不同而异，印染废水处理用格栅的污物截留量约为水中悬浮物的 60%～70%，污物的含水率为 70%～80%，密度约为 $750kg/m^3$。印染废水处理中，当原水悬浮物含量高、处理水量大（每日截留污物量大于 $0.2m^3$ 的格栅）、清除污物数量大时，为了减轻工人劳动强度，一般考虑采用机械格栅。对于不能用格栅去除的 1～200mm 的纤维类杂物可考虑用筛网去除。

2. 均和调节

如前所述，印染废水的水质水量变化幅度大，因此，印染废水处理工艺流程中一般都设置调节池，以均化水质水量。为防止纤维屑、棉籽壳、浆料等沉淀于池底，池内常用水力、空气或机械搅拌设备进行搅拌。水力停留时间一般为 8h 左右。

3. 沉淀

废水中的悬浮物、经混凝后形成的絮体、生物处理后产生的污泥或脱落的生物膜可在重力作用下进行分离，这一过程称为沉淀。沉淀法只适用于去除 20～$100\mu m$ 及以上的颗粒。印染废水中染料、某些助剂等通常需经混凝处理后，使上述胶体物质集聚成较大的颗粒方能去除，其中疏水性染料混凝沉淀去除率较高，而亲水性染料对混凝条件要求较严格。

4. 吸附法

在物理化学法中应用最多的是吸附法，这种方法是将活性炭、黏土等多孔物质的粉末或颗粒与废水混合，或让废水通过由颗粒状物组成的滤床，使废水中的污染物质被吸附在多孔物质表面或被过滤除去。活性炭至今仍是印染废水脱色的最好吸附剂。两级联合作用，色度总去除率达 92.17%，COD 去除率达 91.15%，达到了纺织工业部洗涤用水标准，可回用于生产中洗涤工序。活性炭对染料的吸附具有选择性，能有效去除废水中的活性染料、碱性染料、偶氮染料等水溶性染料，但不能吸附悬浮固体和不溶性染料；而且活性炭再生费用昂贵，所以活性炭不能直接用于原始印染废水的处理，一般用于量少、浓度较低的染料废水处理或深度处理。

研究表明，以活性炭的筛余炭作基炭，用碳酸铵溶液浸泡，烘干后再用水蒸气活化，可提高活性炭的吸附容量和使用寿命。此外，由于活性炭本身的催化氧化作用不能满足实际废水氧化处理过程的要求，需负载若干金属来提高。李伟峰用负载铜活性炭催化剂处理印染废水，结果表明：最佳反应条件下 COD 去除率及色度去除率分别为 84.6％和 85％，且去除效率随时间的延长而增加，而未改性活性炭对 COD 去除率不足 40％，后期由于逐渐饱和，去除率增加趋缓。

5. 泡沫分离法

印染废水中含有大量的洗涤剂（通常为烷基苯磺酸盐），属表面活性物质，浓度一般为 60～90mg/L，许多亲水性染料带有活性基团，也属于表面活性物质。生物处理法通常对表面活性物质难以降解，它们的存在对氧的转移、微生物对有机物的吸附降解都有严重的影响；对混凝剂有分散作用，因而将会增加混凝剂用量；引起大量泡沫，增加运转管理上的困难。为此，印染废水处理前，最好预先去除废水中所含的表面活性物质。泡沫分离法有良好的去除效果，设备简单，管理方便，成本低，其流程如图 9-2 所示。

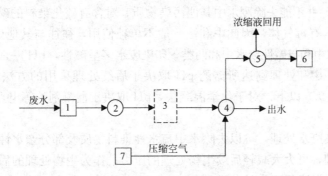

图 9-2　泡沫分离系统流程图
1—贮水池；2—加压泵；3—沉淀（过滤）器；4—泡沫分离器；
5—泡沫收集器；6—浓缩液处理器；7—鼓风机

6. 膜分离法

膜分离法是利用膜的微孔进行过滤，利用膜的选择透过性，将废水中的某些物质分离出来的方法。目前用于印染废水处理的膜分离法主要是以压力差作为推动力，如反渗透、超滤、纳滤等方式。膜分离法是一种新型分离技术，具有分离效率高、能耗低、工艺简单、操作方便等优点。但由于该技术需要专用设备、投资高且膜有易结垢、堵塞等缺点，目前还未能大范围推广。

Jiraratananon 等用 Nitto Denko 公司生产的荷负电的 ES20 和 LES90 纳滤膜以及电中性纳滤膜 NTR-729HR 对活性染料的截留行为进行了研究，ES20 和 LES90 纳滤膜对染料的截留率都达到了 99％以上；NTR-729HR 纳滤膜对染料和盐的截留率都低于荷负电的 ES20 和 LES90 膜。刘梅红用纳滤膜去除印染废水中 COD 可达 98％以上，达到国家一级排放标准，具有较高的应用价值。郭明远等研究了纳滤膜对活性染料 X-3B 水溶液的分离性能，结果表明，纳滤膜可用于活性染料印染废水的处理和染料回收。赵宜江等人采用氢氧化镁吸附预处理的陶瓷膜微滤技术对含活性染料的印染废水进行脱色处理，脱色率可达98%以上，膜通量在150L/（$m^2 \cdot h$）左右。

7. 超声波气振法

超声波气振法是基于超声波能在溶液中产生局部高温、高压、高剪切力，诱使水分子和染料分子裂解成自由基，引发各种反应，促进絮凝。华彬等用超声氧化技术降解浓度为44.4mg/L 的酸性红废水，投加 NaCl 约 1g/L，处理 50min 酸性红废水脱色率近 90%。清华大学陶媛等采用探头式超声波发生器和自制平板超声波发生器降解多种高浓度染料废水，结果表明，降低超声辐射声强及增大辐射有效面积可降解染料并增大处理废水的体积，但单独使用超声波气振法降解结构复杂的染料废水仍难以达到工业应用水平。

9.3.2 化学处理技术

1. 中和

印染废水的 pH 往往很高，除通过调节池均化其本身的酸、碱度不均匀性外，一般还需要设置中和池，以使废水的 pH 满足后续处理工艺的要求。

中和法的基本原理是使酸性废水中的 H^+ 与外加的 OH^-，或使碱性废水中的 OH^- 与外加的 H^+ 相互作用生成水和盐，从而调节废水的酸碱度。在印染废水处理中，中和法一般用于调节废水的 pH，并不能去除废水中其他污染物质。对含有硫化染料的碱性废水，投加中和剂会释放出 H_2S 有毒气体，因此中和法一般不单独使用，往往与其他处理法配合使用。中和法分酸性废水中和与碱性废水中和两类。印染废水多呈碱性，pH 一般为 9～12，故常需进行中和处理。中和处理到达所需的 pH 取决于后续处理采用的方法。对于生物处理法，pH 应调节到 9.5 以下；对于化学混凝法，pH 取决于混凝剂的等电点和排放标准。

2. 混凝

混凝用于印染废水处理，可以去除水中疏水性染料物质及部分亲水性染料物质；作为生物处理的预处理，可大大减轻后续生物处理的压力；作为生物处理的后处理，可去除水中残存染料物质，以降低废水的色度。

混凝法具有投资费用低、设备占地少、处理容量大、脱色率高等优点。混凝剂有无机混凝剂、有机混凝剂及生物混凝剂等。传统混凝法对疏水性染料脱色效率很高，缺点是需随着水质变化而改变投料条件，对亲水性染料的脱色效果差，COD 去除率低。如何选择有效的混凝脱色工艺和高效的混凝剂，则是该技术的关键。由表 9-11 可见混凝处理效果。

某毛织厂聚铁混凝中试结果 表 9-11

项目 废水 名称	COD（mg/L）			BOD（mg/L）			SS（悬浮物）（mg/L）			色度（倍）		
	原水	出水	COD 去除率（%）	原水	出水	BOD 去除率（%）	原水	出水	SS 去除率（%）	原水	出水	色度去除率（%）
染色废水	1257	141	90	379	35	90.17	290	70	76	331	42	87

近年来，许多专家学者对于絮凝剂进行了深入的研究。如陈建琴等复合成了 SDF 絮凝剂，即以甲醛、二氰胺为主要原料，以氯化铵为催化剂及一定量的助剂，研制出 SDF

阳离子絮凝剂。其对模拟废水和工业废水的处理结果表明，在最佳操作条件下，SDF絮凝剂对工业印染废水和模拟印染废水均有理想的处理效果，脱色率和COD去除率分别超过95%和75%，在与其他絮凝剂比较时，SDF絮凝剂的综合性能明显优于聚丙烯酰胺（PAM）、聚合氯化铝（PAC）、聚合硫酸铁（PFS）等絮凝剂。黎载波等合成了改性双氰胺-甲醛絮凝脱色剂，其通过在原料中引入尿素，合成出了改性双氰胺-甲醛絮凝脱色剂，并应用于印染废水处理中，其实验结果表明，在反应温度65℃、反应时间3h、反应物配比n（双氰胺）∶n（尿素）∶n（氯化铵）∶n（甲醛）为0.714∶0.286∶0.9∶1.4的最佳条件下，对实际印染废水的脱色率和COD去除率，可分别达到99%和93.4%。

混凝与其他工艺组合也有很好的应用效果。谢凯娜等通过对南京某纺织有限公司废水处理的实例分析，说明采用水解-接触氧化-混凝工艺处理印染废水，能够取得很好的处理效果，处理后的出水水质达到《污水综合排放标准》的一级标准。

3. 氧化脱色

印染废水的特征之一是带有较深的颜色，主要由残留在废水中的染料造成。同时，水中有些悬浮物、浆料和助剂也可以在氧化脱色过程中同时去除。常用的氧化脱色法有臭氧氧化脱色法、Fenton试剂氧化法、氯氧化脱色法、光催化氧化脱色法等。

（1）臭氧氧化法

在印染废水处理中，臭氧被用于脱色，一般认为，染料显色是由其发色基团引起的，如乙烯基、偶氮基、氧化偶氮基、羰基、硫酮、亚硝基、亚乙烯基等。这些发色基团都含有不饱和键，臭氧能使染料中所含的这些不饱和键氧化分解，生成分子量较小的有机酸和醛类，使其失去显色能力。所以臭氧是良好的脱色剂。臭氧对几种染料的COD、色度去除效果见表9-12。臭氧氧化法不产生污泥和二次污染，但是处理成本高，不适合大流量废水的处理，而且COD去除率低。

臭氧氧化对染料废水的处理效果 表9-12

染料	结构	臭氧投加量（mg/L）	COD去除率（%）	色度去除率/（%）
酸性蓝142	三苯基甲烷	49.5	30.7	11.6
		112.1	44.3	91.5
酸性蓝113	偶氮类	54.8	5.2	87.8
		117.3	54.6	98.7
酸性蓝260	蒽醌类	31.7	5.5	82.3
		99.3	47.9	99.3
碱性蓝414	偶氮类	44.4	14.4	97.6
		72.0	35.6	100.0
还原染料	蒽醌类	40.0	2.9	0.0
		84.6	36.7	19.8
还原绿1	偶氮类	40.5	13.2	11.1
		103.5	35.5	53.1
直接红90	偶氮类	44.9	40.0	94.4
		79.9	100.0	100.0

染料	结构	臭氧投加量(mg/L)	COD 去除率(%)	色度去除率/(%)
硫染料	—	50.9	46.8	62.0
		92.7	83.0	95.5
分散兰 56	蒽醌类	27.2	4.0	1.4
		88.3	34.1	99.6
分散兰 235	偶氮类	36.8	18.5	5.2
		60.8	36.1	11.5

通常很少采用单一的臭氧氧化法处理印染废水,而是将它与其他方法相结合,彼此互补,达到最佳的废水处理效果。汪晓军等在试验室配制含酸性玫瑰红染料的印染废水,采用臭氧氧化-曝气生物滤池工艺开展处理试验,试验运行结果表明,臭氧氧化处理能提高模拟废水的可生化性,BOD/COD 值由原水的 0.18 上升到 0.36。经组合工艺处理后,出水 COD<40mg/L,色度在 40 倍以下,SS 约 50mg/L,处理效果良好。赵伟荣等研究了 O_3 与生化组合处理印染废水的工艺,生化-物化-O_3 法处理出水的色度指标,可完全满足《纺织染整工业水污染物排放标准》GB 4287—2012 的一级排放要求。

(2) Fenton 试剂氧化法

1894 年,法国科学家 Fenton 在一项科学研究中发现酸性水溶液中有亚铁离子和过氧化氢共存时可以有效地将酒石酸氧化。这项研究的发现为人们分析还原性有机物和选择性氧化有机物提供了一种新的方法。后人为纪念这位伟大的科学家,将 Fe^{2+}/H_2O_2 命名为 Fenton 试剂,使用这种试剂的反应称为 Fenton 反应。Fenton 试剂反应过程如下:

$$H_2O_2 + Fe^{2+} \longrightarrow \cdot OH + Fe^{3+} + OH^-$$
$$Fe^{3+} + H_2O_2 \longrightarrow Fe^{2+} + HO_2 \cdot + H^+$$
$$Fe^{2+} + \cdot OH \longrightarrow Fe^{3+} + OH^-$$
$$HO_2 \cdot + Fe^{3+} \longrightarrow Fe^{2+} + O_2 + H^+$$
$$\cdot OH + H_2O_2 \longrightarrow HO_2 \cdot + H_2O$$
$$Fe^{2+} + HO_2 \cdot \longrightarrow HO_2^- + Fe^{3+}$$

其中,产生 ·OH 的反应控制了整个反应的速度。Fenton 试剂之所以具有非常强的氧化能力,是由于过氧化氢被催化分解成羟基自由基。羟基自由基具有比其他一些常用的强氧化剂更高的氧化还原电位,因此羟基具有很强的氧化性。

传统 Fenton 法氧化能力相对较弱,随着人们对 Fenton 法研究的深入,近年来又把紫外光(UV)、草酸盐等引入 Fenton 法中,使 Fenton 法的氧化能力大大增强。张良林等研究了均相 Fenton 氧化-混凝法强化处理印染废水,并采用均相 Fenton 氧化-混凝法对印染废水进行了强化处理。试验结果表明,该法特别适用于处理同时含有亲水性和疏水性染料的印染废水,处理过程充分发挥了均相 Fenton 氧化和混凝的协同作用,对废水中的水溶性有机物、胶粒和疏水性污染物均有较好的去除效果。在印染废水初始 pH 为 4.0 左右,H_2O_2、$FeSO_4 \cdot 7H_2O$ 和絮凝剂聚硅酸氯化铝(PASC)的加入量分别为 3.6mL、1.8mL、8mL 时,处理后的废水色度降到 35,COD 降到 103mg/L,去除率分别高达 95% 和 94.3%,脱色效果显著。

李亚峰等为了解决印染废水的色度与有机物难于处理的问题，研究了混凝-Fenton 法对印染废水色度和 COD 的处理效果，并分析了水样中的 H_2O_2 浓度、$FeSO_4 \cdot 7H_2O$ 浓度等因素对处理效果的影响。研究表明，混凝-Fenton 法对印染废水色度和 COD 能够有效的去除，处理后的水质达到了国家排放标准。顾晓扬等进行了 O_3 和 Fenton 法处理印染废水的试验研究，其采用 O_3 和 Fenton 试剂进行氧化处理，研究结果表明，在最佳运行参数下，O_3 处理废水的色度去除率大于 99%，COD 的去除率为 30%；Fenton 试剂处理色度去除率大于 99%，COD 去除率为 47%。而且两种化学氧化处理，都可以大大提高模拟废水的可生化性。

（3）氯氧化脱色法

氯氧化脱色法利用存在于废水中的显色有机物具有比较容易氧化的特性，应用氯或其化合物作为氧化剂，氧化显色有机物并破坏其结构，达到脱色的目的。常用的氯氧化剂有液氯、漂白粉和次氯酸钠等。其中次氯酸钠价格较高，但设备简单，产泥量少。漂白粉价格便宜，来源广，可就地取材，但产泥量多。

赵茅俊等利用二氧化氯对活性艳红 K-2G 和分散蓝 2BLN 染料进行了脱色研究，发现活性艳红 K-2G 染料在碱性条件下比酸性时与 ClO_2 反应要快得多，而且碱性越强，反应越快。在这一过程中 OH^- 是否起到了催化作用，尚待进一步研究。由于实际的印染废水 pH 一般都在碱性范围内，这对于含活性染料废水的脱色处理是十分有利的。pH 在 $5 \sim 8$ 的范围内对分散蓝 2BLN 染料溶液与二氧化氯作用的结果，由于其脱色在很短时间内便趋于稳定，因此看不出明显差异。张春辉等人对浓度为 30mg/L 的罗丹明 B 染料进行溶液的 pH 调节，得到罗丹明 B 在不同 pH 条件下的脱色效果。结果表明，二氧化氯在低酸度下具有更强的氧化性。

（4）光催化氧化脱色法

催化剂在光照的条件下，使有机物氧化和降解的机理被认为是当催化剂吸收的光能高于其禁带宽度的能量时，就会激发产生自由电子和空穴，空穴与水、电子与溶解氧反应，分别产生 $\cdot OH$ 和 O_2^-。由于 $\cdot OH$ 和 O_2^- 都具有强氧化性，因而促进了有机物的降解。

关于光催化氧化降解染料的研究，主要集中在对光催化剂的研究上，其中 TiO_2 化学性质稳定、难溶无毒、成本低，是理想的光催化剂。传统的粉末型 TiO_2 光催化剂，由于存在分离困难和不适合流动体系等缺点，难以在实际中应用。近年来，TiO_2 光催化剂的掺杂化、改性化成为研究的热点。孙柳等人采用溶胶凝胶法制备了 $La^{3+} + TiO_2$ 光催化剂，在模拟的太阳光照射下，考察了该催化剂对酸性红 B 的光催化降解效果。研究结果表明，掺杂量为 $w(La^{3+})1\%$、催化剂用量为 1g/L、通气量为 100mL/min、体系 pH 为 7 时，50mg/L 的酸性红 B 经 3h 光催化降解，其降解率可达 92.9%，与纯 TiO_2 相比，$La^{3+} + TiO_2$ 光催化剂显示出良好的太阳光催化活性。吴树新研究了在复合半导体的基础上，采用超声浸渍法对催化剂表面作进一步的铜改性，制备了铜锡改性的纳米二氧化钛光催化剂 $CuO_x\text{-}SnO_2/TiO_2$，并考察了表面铜改性、二氧化锡复合对催化剂光催化氧化还原性能的影响。研究结果表明，表面铜改性和二氧化锡复合都有利于提高催化剂光催化氧化还原能力，二者间表现出相互增强的作用。孙剑辉等研究了掺杂纳米 TiO_2 对难降解废水处理的应用，并进一步分析了该研究领域所存在的问题，为今后光催化技术的发展方向提出展望，如寻求新的掺杂离子、研制掺杂负载型纳米光催化剂和加强降解机理研究等。

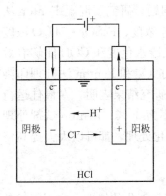

图 9-3 电解槽示意图

4. 电解处理技术

借助于外加电流的作用使电解质溶液产生化学反应的过程称电解，用来进行电解的装置称为电解槽，如图 9-3 所示。利用电解过程的化学反应，使废水中的有害杂质转化而被去除的方法称废水电解处理法，简称电解法。

电化学法具有设备小、占地少、运行管理简单、COD 去除率高和脱色好等优点，但是沉淀物生成量及电极材料消耗量较大，运行费用较高。传统的电化学法可分为电絮凝法、电气浮法、电氧化法以及微电解、内电解法等。国外许多研究者从研制高电催化活性的电极材料着手，对有机物电催化影响因素和氧化机理进行了较系统的理论研究和初步的应用研究，国内在这一领域的研究才刚刚起步。

Fockedey E 等采用三维电极处理苯酚废消毒水，国内学者也进行了这方面的研究。景晓辉等采用三维电极电化学方法对活性墨绿 KE-4BD 染料废水进行降解试验。试验结果表明，以 1Cr18Ni9Ti 不锈钢作阳极，石墨作阴极，直径为 4mm、长度为 6mm 的圆柱形活性炭作粒电极，在电压为 30V、电流密度为 $6mA/cm^2$、主电极极间距为 6cm 的条件下，初始浓度为 800mg/L 的活性染料废水，电解 40min 后，脱色率达 99.5％以上，COD 去除率达 92.2％以上。熊林等的研究表明，三维电极流化床装置，比二维电极电解槽脱色速度快、处理效率高，而且脱色率可提高 30％～50％；紫外可见光吸收光谱分析表明，三维电极流化床不仅能对酸性大红 3R 的生色基团进行降解脱色，对萘环不饱和共轭体系也具有降解破坏作用。

9.3.3 生物处理技术

生物处理法主要包括好氧法和厌氧法。目前国内主要采用好氧法进行印染废水的处理。好氧法又分为活性污泥法和生物膜法。活性污泥法既能分解大量的有机物质，又能去除部分色度，还可以微调 pH，运转效率高且费用低，出水水质较好，适合处理有机物含量较高的印染废水；生物膜法对印染废水的脱色作用较活性污泥法高。但是生物法存在剩余污泥的处理费用较高和单一运用生物法不能满足实际运用需要解决的问题。

1. 好氧处理技术

（1）传统活性污泥法

这是目前使用最多的一种方法，有推流式活性污泥法、表面曝气池等。活性污泥法具有投资相对较低、处理效果较好等优点。污泥负荷的建议值通常为（0.3～0.4）kg (BOD$_5$)/[kg(MLSS)·d]。该法的 BOD 去除率大于 90％，COD 去除率大于 70％。据上海印染行业的经验表明，当污泥负荷小于 0.21kg(BOD$_5$)/[kg(MLSS)·d] 时，BOD$_5$ 去除率可达 90％以上，COD 去除率为 60％～80％。

（2）SBR 法

由于 SBR 工艺的很多优点，如能灵活方便地实现缺氧、厌氧、好氧条件的任意组合，时间上的推流提高了反应速率，加上难降解有机物处理中水力停留时间较长更适合于间歇操作，对间断废水和高浓度废水更为适应，将其用于难降解有机物处理的研究越来越受到重视，成为处理难降解有机物极具潜力的工艺。许多研究者选用 SBR 工艺及其组合工艺处理印染废水，取得了良好的效果。

郝消霞采用 SBR 法处理石家庄某印染厂各车间混合废水，操作程序为：进水 1h，曝气 8h，沉淀 1h，排水 0.5h，闲置 13.5h，24h 为一周期。试验结果表明，在进水 COD 为 600～1500mg/L，BOD_5 为 250～400mg/L，色度为 200～800 倍时，COD 去除率在 70% 以上，比连续流活性污泥法提高 5%～15%，BOD_5 和色度去除率均在 90% 以上。福建省泰和柜业有限公司采用铁炭过滤＋SBR 的治理工艺，建设了一套设计处理水量为 350m^3/d 的治理设施，出水全部回用于漂染的漂洗生产工序。系统运行多年，处理效果稳定，未出现过系统堵塞现象。

（3）生物接触氧化法

该法具有容积负荷高、占地小、污泥少、不产生丝状菌膨胀、无需污泥回流、管理方便、可降解特殊有机物的专性微生物等特点，因而近年来在印染废水处理中被广泛采用。生物接触氧化法特别适用于中小水量的印染废水处理，当容积负荷为（0.6～0.7）kg（BOD_5）/［kg（MLSS）·d］时，BOD 去除率大于 90%，COD 去除率为 60%～80%。

（4）CASS 工艺

CASS 反应器由生物选择区（预反应区）和主反应区两个区域组成，也可在主反应区前设置一兼氧区。CASS 工艺具有以下特点：1) 生物选择区的设置有利于絮凝性细菌的生长并提高污泥活性、抑制丝状菌的生长和繁殖，反应器在任意进水量及完全混合条件下不会发生污泥膨胀，运行较稳定；2)CASS 工艺混合液污泥浓度在最高水位时与传统定容活性污泥法相同，由于曝气结束后的沉降阶段整个池子面积均可用于泥水分离，其固体通量和泥水分离效果均优于传统活性污泥法；3)CASS 工艺具备良好的脱氮除磷性能，其脱氮性能体现在三个方面，即曝气阶段的同步硝化反硝化、非曝气阶段沉淀污泥床的反硝化及污泥回流在生物选择区的反硝化，CASS 工艺系统中活性污泥不断地经过好氧和厌氧循环，聚磷菌得以生长和积累，使系统同时具有较好的除磷性能；4) 可变容积的运行及生物选择区的设置使工艺对水质、水量波动具有较好的适应性，操作运行灵活；5) 工艺流程简单，土建费用低，运行费用省（系统污泥回流比一般为 20%），自动化程度高，同时采用组合式模块结构，布置紧凑，占地少。

（5）MBR 工艺

膜生物反应器与其他废水处理技术相比有其独特的优点：1) 膜分离组件可以提高某些专性菌的浓度和活性，还可以截留许多分解速度较慢的大分子难降解物质，通过延长其停留时间而提高对它的降解效率；2) 膜组件可以通过分离出废水中的聚乙烯醇、染料、羊毛脂、油剂等污染物来降低废水的 COD，在处理废水的同时回收化工原料；3) 处理后排出的水部分指标能达到回用水标准。

同帜等设计厌氧-好氧（A/O）MBR 处理印染废水时发现，停留时间的长短对去除率有较大影响。停留时间短，去除率低；停留时间长，去除率相对高，但也不能过长，否则会引起污泥浓度（MLSS）的降低。故 HRT 以 9～12h 为宜，当溶解氧控制在 2～3g/L 时，可保证 COD 的总去除率在 95% 左右。Mi-Ae Yun 等利用 MBR 分别在富氧和缺氧的条件下处理染料废水，结果表明，两种条件下的 COD 去除率分别为 94.8% 和 27.0%，同时缺氧条件下 MBR 的膜污染速率是好氧条件下的 5 倍。采用 A/O-MBR 处理毛纺染色废水，MLSS 在 0.32～2.8g/L 的范围内波动，COD 的去除效果还比较理想，系统出水比较稳定，但 MLSS 与上清液 COD 却存在明显的负相关。

2. 厌氧处理技术

对浓度较高、可生化性较差的印染废水，采用厌氧处理方法能较大幅度地提高有机物的去除率。厌氧处理在试验室研究、中试中已取得了一系列成果，是较有发展前途的新工艺。

徐向阳等以偶氮染料生产废水为研究对象，根据受试染化废水水质特性及染料厌氧生物降解机理，提出用易降解有机废水作为染料厌氧生物降解的外加碳源的研究策略，对厌氧反应器启动与厌氧污泥培养、运行性能以及维持条件进行了研究。结果表明，在进水 COD 为 3.1～3.5g/L，COD/COD 染化比值为 4.0，HRT 为 3.0d 的条件下，COD 去除率＞80%，最低染化 COD 去除率＞45%，色度去除率＞85%。

总体上来说，虽然厌氧法对染料中的偶氮基、蒽醌基和三苯甲烷基均可降解，但还不能完全分解一些活性染料的中间体，如致癌的芳香胺等。且由于厌氧处理后出水往往达不到排放标准，因此常在其后串联好氧生物处理。

3. 厌氧-好氧综合处理技术

安虎仁等利用厌氧-好氧工艺处理染料工业废水，在进水 COD 约为 1200mg/L、色度为 500 倍、厌氧段有机负荷 COD＜5.3kg/(m³·d) 和水力停留时间为 6～12h，好氧段水力停留 6.5h 的条件下，出水 COD＜200mg/L，色度＜50 倍；戚新开发了气浮-厌氧-好氧处理工艺，应用于规模为 500m³/d 的印染废水处理工程中，厌氧 HRT 为 20h，兼氧好氧HRT 为 14h，进水为 2883mg/L，经处理后气浮出水为 1539mg/L，厌氧池出水为1192mg/L，好氧池出水为 225.3mg/L，总去除率为 92.2%。

4. 真菌技术

真菌技术是新近发展起来的一项创新的环境生物技术，主要是利用以黄抱原毛平革菌为代表的白腐真菌对各种有害的、难降解的、在环境中宿存的异生物质具有广谱、高效、低耗、适用性强的生物降解能力。许多白腐真菌对染料有广谱的脱色和降解能力，可能是由于其在次生代谢阶段产生的木质素过氧化酶和锰过氧化酶所致。培养条件对白腐真菌脱色及降解活性有较大的影响。

Conneely 等的研究表明，白腐真菌对一些染料废水有较好的生物吸附作用，并通过胞外酶的代谢作用使染料得以脱色。陈熙等从印染厂污水处理站的活性污泥中分离出 5 株有脱色能力的菌株(T1，T2，T3，T4，T5)，其中 T4 菌株降解能力最强，脱色率可达84.5%。另外，混合菌的脱色效果要优于 T4 单菌株，脱色率可提高至 87.6%。吴敏赞等从印染厂取活性污泥后，进行分离、驯化，获得 4 株不同的菌种，并从中筛选出对兰纳素藏青 B-01 脱色效果最好的一株菌株 X3，对染料的脱色率为 51.5%～65.07%。

9.4 工 程 实 例

9.4.1 生物接触氧化法

1. 工程概况

浙江某针织印染有限公司主要从事棉针织产品的印花和染色，生产过程主要由煮练、漂白和染色等组成，其生产工艺流程见图 9-4。

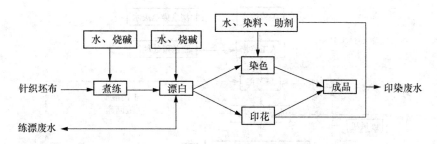

图 9-4　某公司生产工艺及废水产出流程图

该公司产生的废水可分为印染废水和练漂废水两种。印染废水产生于针织布的染色和印花加工过程，水质特点主要是色度较高、SS 浓度较低；练漂废水产生于针织布的煮练和漂白加工过程，水质特点是色度较低、SS 浓度较高。根据该公司的生产情况和相关数据，确定该公司每天废水处理总量为 2700t。公司排水口排放废水执行《纺织染整工业水污染物排放标准》GB 4287—2012。废水水质及排放标准见表 9-13。

废水水质及排放标准　　　　　　　　　表 9-13

项　　目	COD_{Cr} （mg/L）	BOD_5 （mg/L）	SS （mg/L）	pH 值	色度（倍）
水质	850	300	300	8～9	150～200
排放标准	80	20	50	6～9	50

2. 工艺流程

根据对该公司废水水质污染分析，确定采用如下处理工艺：废水分类预处理→水解酸化→生物接触氧化→物化处理，具体工艺流程如图 9-5 所示。

收集车间排出的废水，经粗细两道格栅，去除较大悬浮物后，进入调节池。当染色废水色度较高时，需要先将其排入脱色预处理池进行脱色预处理，以减轻系统的处理负荷，然后进入调节池。调节池底部设置曝气穿孔管，采用空气搅拌进行调节。废水经均质均量后，由提升泵提升到水解酸化池。水解酸化池内设置弹性填料，提供厌氧细菌的生长环境，提高去除效率。废水在水解酸化池停留时间较长，一方面可去除污水中的污染物，另一方面也可减轻后续处理的负荷，提高污水的可生化性和处理效率。之后，废水进入二段生物接触氧化池。该氧化池内设置组合填料，为微生物提供生长环境，增大废水与微生物的接触面积，提高对有机物的去除效率。在鼓风曝气提供充足氧源的情况下，好氧微生物通过自身的新陈代谢等生命活动，充分去除废水中的有机质。二段生物接触氧化池出水进入混凝反应池，在反应池进水端投加混凝剂，与废水充分混合反应。然后，进入沉淀池进行固液分离。沉淀池部分污泥回流至水解酸化池和二段生物接触氧化池，剩余污泥排放进入污泥浓缩池。经沉淀池处理的废水流入脱色池，在脱色剂的作用下进一步去除废水中的色度，达标后外排。剩余污泥进入污泥浓缩池内进行浓缩处理，然后由螺杆泵打入板框压滤机进行脱水处理。滤液回流到调节池内，泥饼由运泥车外运卫生填埋或锅炉焚烧处理。

3. 运行效果

该工程 2012 年 3 月动工建设，2013 年 2 月开始调试，调试期约 3 个月，现已成功运

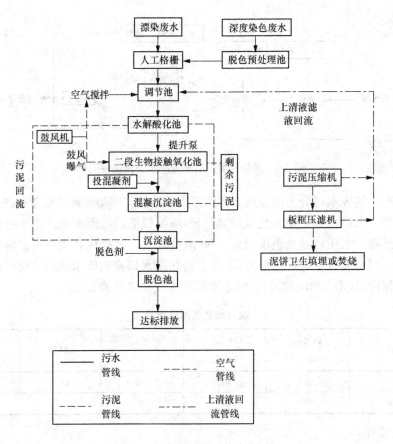

图 9-5 废水处理工艺流程图

行一年，处理效果良好，其监测数据见表 9-14。

各单元处理效果

表 9-14

处理单元	指标	COD_{Cr} (mg/L)	BOD_5 (mg/L)	SS (mg/L)	pH 值	色度 (倍)
调节池	进水	784~842	285~312	279~308	8~9	139~221
	出水	706~757	271~297	251~278	8~9	139~221
水解酸化池	出水	423~454	190~207	126~139	7	115~178
生物接触氧化池	出水	84~91	19~22	151~167	7	108~167
混凝反应池、沉淀池	出水	64~73	11~13	22~25	7	97~146
脱色池	出水	59~67	11~13	22~25	7	29~41
排放标准	—	≤80	≤20	≤50	6~9	≤50

该工程针对针织印染废水达标排放，部分有机物在物化池去除，剩余的有机物在生化池中完成降解，SS 主要在沉淀池中去除。处理工艺设计较合理，处理效果较好，可满足出水要求。

9.4.2 CASS 工艺实例

1. 工程概况

晋江市某织造有限公司从事机织布后整理加工业务，废水包括染整废水、锅炉除尘废水、蒸汽冷凝水和生活废水，该公司年加工量为 3600 万码，废水量为 2000m³/d。根据项目环评要求，废水排放执行《纺织染整工业水污染物排放标准》GB 4287—2012，业主要求 90％的废水经深度处理后回用于洗车、浇地等。具体废水水质、排放标准、回用标准见表 9-15。

设计废水水质、排放标准及回用标准　　　　　　　　表 9-15

项目	COD(mg/L)	BOD$_5$(mg/L)	SS(mg/L)	色度(倍)	pH
废水水质	1200	360	300	400	6～10
排放标准	100	25	70	40	6～9
回用标准	50	10	10	10	6.5～7.5

2. 工艺流程

废水进入处理流程后先进入调节池，调节池内安装穿孔曝气装置 1 套，气水比为 4：1，以防止污泥及杂质沉积于池底，使各种废水混合完全，同时起到降温的作用。同时，池内设 pH 自动控制装置，便于实时检测废水的 pH。为了避免因为水质情况不稳定对生化阶段造成冲击，调节池主要调节水温与 pH。调节水温采用的是鼓风曝气冷却和热源来水混合调节的办法，CASS 工艺中微生物适宜温度为 10～35℃，工厂所在地常年温度基本维持在这一范围，基本符合生化处理的温度要求。酸碱调节主要采用废酸和废碱进行调节，pH 维持在 6～8。

该工程废水色度较高，因此从调节池流出的水进入斜管沉淀池，需投加 PAC 进行絮凝，产生的新生 ［H］⁺ 能与废水中的染料发生氧化还原反应，破坏废水中染料发色物质的发色功能团，一方面降低了色度，改善了水质，另一方面减轻了对后续的生化处理步骤中微生物的冲击。

然后经生化处理过的废水再流经集水池、澄清池、无阀滤池及清水池后排放或者回用。系统产生的污泥经厢式压滤机脱水后外运。废水处理工艺流程见图 9-6。

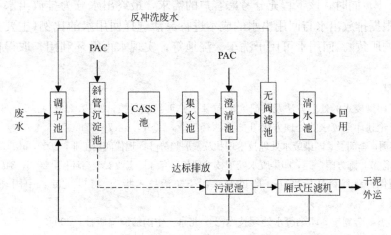

图 9-6　废水处理工艺流程图

3. 处理效果

该工程投产后经过 2 个多月的调试运行，系统逐步完善，机械设备运转正常，排放水和回用均达设计要求(见表 9-16)。

系统对污染物的处理效果

表 9-16

项目	COD(mg/L)	BOD$_5$(mg/L)	SS(mg/L)	色度(倍)	pH
进水	1000	220	300	400	6～10
调节池	900	209	300	400	7～9
斜管沉淀池	450	125.4	60	60	6.5～8
CASS 池	81	19	60	36	6.5～8
无阀滤池	40.5	9.5	9	8	6.5～8
排放标准	100	25	70	40	6～9
回用标准	50	10	10	10	6.5～7.5

4. 工艺小结

(1) 在工程调试过程中,该工程安装了 PLC 自控系统,出于成本考虑,在实际操作过程中发现用人工操作可以代替自控系统,同时不影响工程运行。工程经多次调试,对 COD、BOD$_5$ 去除率进行测试,确定兼氧区 DO 为 0.5mg/L 左右,好氧区 DO 为 2～2.6mg/L,处理效果较好。

(2) CASS 工艺采用多池串联运行,使废水在反应器的流动呈现出整体推流,而在不同区域内为完全混合的复杂流态,管理简单,运行可靠,可有效防止污泥膨胀。CASS 的生物选择区,使系统选择出良好的絮凝性生物,同时连续进水(沉淀期、排水期仍连续进水),没有明显标志的反应阶段和闲置阶段,增加了时间和空间利用率,大大提高了经济效益。

(3) 由于印染废水水质、水量变化较大,因此水质的均化对于该工程至关重要,可以在工程成本控制范围内,尽可能扩大调节池的容积。

(4) 工程运行一段时间后,其出水情况均能达到预期效果,甚至经常出现排放出水 COD≤30mg/L。同时,该工程充分考虑客户的需求,最终出水分为排放出水和回用出水两部分,可根据排放出水与回用出水的成本进行灵活选择回用水的比例(主要是药剂费的价格波动影响所致)。回用水可用于洗车、浇地等,实现水再循环利用,取得良好的经济效益。

本章参考文献

[1] 王佳伟. 印染废水的处理方法及其研究动向[J]. 广西纺织科技,2010,39(1):64～66.

[2] 刘雁鹏. 论述印染废水的处理方法[J]. 广西轻工业,2007,6:76～78.

[3] 王辉,张玥,李朗晨. 印染废水处理技术现状及发展趋势[J]. 现代商贸工业,2009,10:279～280.

[4] 韩月,卢徐节,陈方雨,等. 印染废水处理技术现状研究[J]. 工业安全与环保,2008,34(7):12～14.

[5] 国家环境保护总局科技标准司. 印染废水污染防治技术指南[M]. 北京:中国环境科学出版社,2002.

[6] 朱红,孙杰,李剑超. 印染废水处理技术[J]. 北京:中国纺织出版社,2004.

[7] 张林生,张胜林,夏明芳. 印染废水处理技术及典型工程[M]. 北京:化学工业出版社,2005.

[8] 陈晓维,汪瑛. 印染废水处理工艺研究及实例[J]. 江西化工,2008,2:124～127.

[9] 章非娟. 工业废水污染防治[M]. 上海:同济大学出版社,2001.

[10] 李勇华,王少波. 印染废水的特点及处理方法[J]. 舰船防化,2008.3:19～22.

[11] 孙凌凌，俞从正．印染废水的治理现状及展望[J]．印染助剂，2009，26(12)：1～6．

[12] 付兴隆，裴亮，张磊，等．印染废水分离处理新技术研究进展[J]．过滤与分离，2009，19(1)：7～9．

[13] 李佳，苏宏智．印染废水处理方法及其研究进展[J]．污染防治技术，009，22(6)：57～61．

[14] 陈中健，杨玉杰，黄永明．应用 CASS 工艺处理印染废水的工程实例[J]．给水排水，2009，35(11)：73～75．

[15] 戴兴国，吴礼光，张林，等．膜生物反应器处理印染废水工艺条件的研究现状[J]．水处理技术，2009，35(2)：5～9．

[16] 高世江，顾志恒．印染废水处理技术应用与研究进展[J]．科技资讯，2008，26；132．

[17] 张旭，陈胜，孙德智．印染废水生物法处理技术研究进展[J]．长春工业大学学报(自然科学版)，2009，30(1)：26～32．

[18] 代学民，杨国丽，南国英，等．针织印染废水处理工程设计实例[J]．环境工程，2014，(18)：33～35．

10 制浆造纸工业废水处理技术

造纸业是传统的污染大户，也是造成水污染的重要污染源之一。造纸工业废水排放量大，污染物含量高，废水中含有大量的半纤维素、木质素及化学药品，耗氧量大，能引起纳污水系整个水体的污染和生态环境的严重破坏。目前，我国造纸工业废水的排放量及COD排放量均居各类工业废水排放量的首位，对水环境的污染最为严重。如何有效地对造纸工业废水进行处理，不但是我国造纸工业污染防治的首要问题，也是全国工业废水进行达标处理的首要问题。2005年造纸工业废水排放量36.7亿t，约占全国重点统计企业废水排放总量的17.0%，COD排放量159.7万t，占全国重点统计企业COD排放总量的32.4%。其中，草类制浆COD排放量占整个造纸工业排放量的60%以上(其中草浆生产线有碱回收装置的产量仅占草浆总产量的30.0%)，仍然是主要的污染源。据联合国环境组织统计，全世界造纸工业年排废水超过274亿t，其中BOD_5 5854万t，SS 594万t，硫化物100万t。美国造纸工业废水占其工业废水的15%以上，日本占60%，瑞典和芬兰造纸工业的污染负荷，以BOD_5量计，约占其全部工业废水BOD_5排放总量的80%以上。因此，美国将造纸工业废水列为六大工业公害之一，日本列为五大公害之一。近年来，经多方不懈努力，我国造纸工业水污染防治已经取得了一定的成绩，但随着造纸行业废水排放标准的日益严格，废水污染防治任务还相当繁重。

10.1 制浆造纸工业废水的来源及特征

制浆造纸工业中的制浆是指利用化学方法、机械方法或是化学与机械相结合的方法，使植物纤维原料离解变成本色纸浆或漂白纸浆的生产过程；而造纸则是指将纸浆抄造成纸产品的过程。制浆造纸工艺流程如图10-1所示。

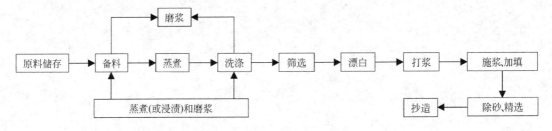

图 10-1　制浆造纸工艺流程图

目前，主要的制浆方法有化学法制浆、半化学法制浆、化学机械法制浆和机械法制浆，如图10-2所示。

制浆造纸工业的废水水量及其污染负荷，随着原料种类、生产工艺以及产品品种的不同，存在很大的差异。即使采用同样的原料、同样的生产工艺，生产同样的产品，由于技术和管理水平的差异，不同工厂的废水排放量以及其中的污染物质含量等，都会存在很大

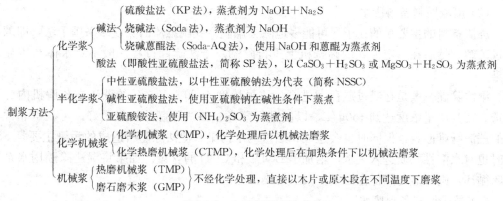

图 10-2 主要制浆方法分类

的差异。由制浆造纸工业的性质所决定，即使对于技术装备先进、操作管理完善的企业，废水及其污染物质的排放，依然是必须予以重视的问题。制浆造纸整个生产过程的各个车间和工段都有废液和废水的产生和排放，必须采用相应的回用和处理措施。

制浆造纸废水主要来自于工艺的备料、制浆、洗涤、筛选、漂白和造纸等阶段，主要包括备料废水、制浆废水、中段废水、污冷凝水和造纸废水等。

10.1.1 备料废水

1. 原木备料废水

制浆造纸厂必须储存一定数量的原料，以满足生产工艺和连续生产的需要。一般来讲原料储存对于环境没有危害。但是，采用水上储木的方式，原木的湿法剥皮、切片的水洗都会产生污水。备料工段的废水含有一定量的木材抽出物成分，它们以溶解胶体物质的形式存在，是废水毒性的重要来源。

采用干法剥皮可以大大减少废水的产生量。另外，尽量将备料系统的用水处理之后回用，或者利用造纸系统的多余白水作为调木作业和湿法剥皮用水，都可以使污水的产生和排放量大为减少。

2. 非木材原料的备料废水

在我国制浆造纸行业广泛应用的非木材原料有草类(芦苇、麦草、稻草)、蔗渣、竹子等，与木材相比，在备料工段有其特殊性。

(1) 草类原料备料废水

草类原料的备料多采用干法备料流程。为了防止大量尘土和草屑飞扬造成大气污染，同时也为了改善工作条件，多数工厂在集尘和除尘设备中增设对排风的喷淋装置，以达到降尘的目的。这样做的结果，减轻了大气的污染，但大量的悬浮物转入水中，即由对大气的污染转为对水体的污染。当草类原料含有大量杂质和泥土时，采用干、湿法相结合的备料工艺可改进成浆质量。其用水量取决于水回用程度，一般在 $2\sim50\mathrm{m}^3/\mathrm{t}$ 干草。

草类备料废水主要含有草屑、泥沙等固体悬浮物，同时草屑及原料中的部分水溶性物质进入备料废水中，增加了废水中 BOD_5 和 COD 的含量。因此，对备料工段的喷淋等废水应进行澄清、净化，并对分离出来的污泥进行填埋等必要的处理，同时对废水中 BOD_5 和 COD 含量进行必要的处理。

（2）蔗渣原料备料废水

蔗渣备料的主要目的在于尽可能多地除去蔗髓。我国蔗渣的除髓多采用干法，即蔗渣经过疏解，然后在一定形式的筛选机上进行除髓。干法除髓过程一般不对水体产生显著污染。

湿法除髓一般是在经过贮存后进行。质量浓度为 $20\sim40g/L$ 的蔗渣在疏解机内分离筛选，使其质量浓度达到 $150g/L$，以便进行蒸煮。湿法除髓的效果最好，可获得非常干净的蔗渣纤维原料，但同时也会造成相当量的水污染。湿法除髓所造成的污染主要是 SS，同时也有水溶性物质进入废水，增加了 BOD_5 和 COD 的含量。如果将湿法除髓用水系统封闭循环，则可显著降低排污量，减少污染。

（3）竹子原料备料废水

竹子的备料与木材相似，在竹子的削片、洗涤和筛选过程中，一部分溶出物溶解于水中，造成水污染。竹子备料的用水量变化较大，可达 $2\sim30m^3/m^3$ 实积竹材。竹子备料废水的污染负荷较低，除去水中的砂石、碎屑等之后，可以回用。

10.1.2 制浆废水

1. 化学法制浆废液

化学法制浆废液是制浆造纸工业的主要污染源之一，其化学构成根据原料品种、蒸煮工艺以及化学药品的种类和用量不同，存在着很大的差异。化学法制浆废液是制浆蒸煮过程中产生的超高浓度废液，包括碱法制浆的黑液和酸法制浆的红液。

碱法制浆是指将木材和草材等原料粉碎后加入碱或碱与硫酸盐制浆的方法，我国目前大部分造纸厂采用碱法制浆，所排放的废液是制浆过程中污染物浓度最高、色度最深的废水，呈棕黑色，故称"黑液"。它几乎集中了制浆造纸过程 90% 的污染物，含杂质量达 10%～20%。在这些杂质中，35% 左右为无机物，65% 为有机物（主要有纤维素、半纤维素、木质素和果胶、丹宁、树脂等），废水中还含有大量的烧碱。每生产 1t 纸浆约排放黑液 $10t(10°Bé)$，其特征是：pH 为 $11\sim13$，BOD_5 为 $34500\sim42500mg/L$，COD 为 $106000\sim157000mg/L$，SS 为 $23500\sim27800mg/L$。

亚硫酸盐法制浆主要指酸性亚硫酸盐法和亚硫酸氢盐法，所用盐基为钙或镁，废液呈褐红色，故又称"红液"。它也集中了制浆造纸过程 90% 的污染物，其中含有大量木素磺酸盐、半纤维素降解产物、色素、戊糖类及其他溶出物。每生产 1t 纸浆约排红液 $10m^3$ $(10°Bé)$，其特征是：pH 在 5 以下，BOD_5 为 $170\sim345kg/t$ 浆，COD 为 $1106\sim1555kg/t$ 浆。

亚铵法制浆废液呈红褐色，杂质约占 15%，其中钙、镁盐及残留的亚硫酸盐约占 20%，木素磺酸盐、糖类及其他少量的醇、酮等有机物约占 80%，废水的 BOD 值很高。

中性亚硫酸盐制浆废水（半化学制浆），含亚硫酸盐木素化合物，丹宁和低级脂肪酸等。

2. 高得率制浆废液

高得率浆包括机械浆（SGW）、化学机械浆（CMP）、木片热磨机械浆（TMP）、化学预处理热磨机械浆（CTMP、BCTMP）及碱性过氧化氢化学机械浆（APMP）等。高得率制浆废水主要来自木片洗涤、化学预处理残液及浆料的洗涤、筛选等工艺。废水中的污染物主要是生产过程中溶出的有机化合物和流失的细小纤维。溶解的有机化合物含量取决于制浆方法和原料种类。一般来说，化学机械法制浆过程的废液排放量约为 $20\sim30m^3/t$ 浆，BOD_5 和 COD 分别为 $40\sim90kg/t$ 浆和 $65\sim210kg/t$ 浆，并且含有大量的悬浮物和较深的色度。BOD_5 和 COD 的主要成分是木素降解产物、多糖类和有机酸类等，其中木素降解产物占 $30\%\sim40\%$，多糖类占 $10\%\sim15\%$，有机酸类占 $35\%\sim40\%$。显然，如果不加以处理就直接排放，必然会对水体造成严重的污染。

表 10-1 比较了机械法制浆和化学机械法制浆废水的污染负荷，从表中数据可以看出：由于制浆方法的不同，废液的污染负荷存在着很大的差异。SGW、RMP 和 TMP 在制浆过程中产生的溶解性有机化合物约为 $2\%\sim10\%$，主要构成是低分子量的木素降解产物、碳水化合物降解产物和水溶性抽出物等。由于使用化学药品进行预处理，CMP 制浆废液的 COD 显著提高，产生的溶解性有机化合物一般在 $5\%\sim10\%$ 或者更高，这是木材中某些组分如木素、树脂等，在化学药品作用下更多地降解和溶出的结果。

机械法制浆和化学机械法制浆废水的污染负荷(单位：kg/t 浆)   表 10-1

制浆方法	SGW(针叶木)	RMP(针叶木)	TMP(针叶木)	CMP(阔叶木)	木片洗涤	漂白处理
BOD_5	10~20	12~25	15~30	40~90	1~4	10~25
COD	22~50	23~55	25~70	65~210	2~6	15~40
SS	10~50	10~50	10~50	10~50		

3. 废纸制浆车间废水

废纸再生过程产生的最大量的污染物是废水，其物理化学特性与一般制浆车间排出的废水相比有很大的不同。废纸制浆废水因废纸的种类、来源、处理工艺、脱墨方法及废纸处理过程的技术装备情况的不同，所排放的废水特性差异很大。

废纸再生过程所产生的废水主要来自废纸的碎解、疏解，废纸浆的洗涤、筛选、净化，废纸的脱墨、漂白以及抄纸过程。来自废纸制浆车间的废水，其中的固体悬浮物（SS）是由纤维、细小纤维、粉状纤维、矿物填料、油墨微粒、胶体状的有机物或无机物组成的混合物。根据回收废纸的不同，其各组成比例会改变，例如包装类的废纸，由于加填量较低，所以它们的固体负荷就较低。相反，由于涂布纸有较高的固体负荷，所以在废纸再生工艺过程中，总损失可高达 40%。其矿物填料包括碳酸钙、高岭土、滑石粉和二氧化钛等。

废水中的有机物组分也随着废纸的种类而变化，其主要成分是碳水化合物，它们或者是来自纤维素或半纤维素的降解，或者是来自淀粉，是废水中 BOD_5 的主要来源。另外还含有木素的衍生物，不仅会构成废水的 COD，而且会加深废水的色度。其他还有一些有机物组分，包括蛋白质、黏合剂、涂布胶粘剂、食物残渣等，它们也会产生 BOD_5、COD 或色度。通常情况下，废水的 BOD_5/COD 大于 0.3，这说明废纸再生的废水还是比较容易由生物法来处理的。废水的实际有机物负荷还受下述四个因素的影响：(1)废纸的地域，例如欧洲的废纸比北美洲的含有更多的淀粉；(2)废纸的种类，例如废杂志纸比旧新闻纸有更多的 BOD_5；(3)废纸内部处理系统，例如废水通过澄清处理可以去除大部分 SS 和一部分 COD；(4)废纸再生的单位水耗。

一般情况下，无脱墨工艺的废纸再生浆，其废水排放量及废水的 BOD、COD 排放负荷均比有脱墨工艺的废纸制浆要低得多。洗涤法脱墨由于其工艺特点决定了用水量远高于浮选法脱墨，且废水的 COD、BOD、SS 排放总量也比浮选法高。对于同种脱墨方式而言，用于生产薄页纸等高档纸的脱墨浆的废水，其 COD、BOD、SS 以及溶解性胶体物质等污染物排放量要高于生产新闻纸用的脱墨浆的废水。

10.1.3 中段废水

制浆中段废水是经黑液提取后的蒸煮浆料在洗涤、筛选、漂白等工段所排出的废水。化学成分与黑液相仿，仅浓度稍低，废水量较大，每吨浆约产生 50～200t 中段废水。中段废水的污染量约占 8%～9%/t 浆，COD 负荷为 310kg 左右，含有较多的木质素、纤维素、有机酸等有机物，以可溶性 COD 为主。一般情况下其水质特征为：pH 为 7～9，COD 为 1200～3000mg/L，BOD 为 400～1000mg/L，SS 为 500～1500mg/L。

1. 洗涤、筛选工段废水

多段逆流洗浆的工艺流程，如果管理状况良好，用水系统是封闭操作的，基本上不排放废水。但是，在工厂实际操作中，由于工艺管线长，浆泵和黑液贮槽多，容易发生跑、冒、滴、漏的现象。另外，正常检修时的停机、开机清洗也需要用水，这也是洗浆废水的主要来源，并且洗涤工段的废水量波动较大。

浆料经洗涤提取蒸煮液，再经筛选后，可以去除大部分杂质。但是不管是化学法、机械法，还是化学机械法，所得粗浆中都会含有生片、木节、纤维素及非纤维素细胞，甚至还有砂粒、金属屑等，因此都要进行筛选和净化。这一工艺环节需要大量的水，而且筛选后还要浓缩排水，它们是筛选废水的主要来源。对化学浆及化学机械浆，洗涤与筛选废水的主要污染物同相应的蒸煮液一样，其浓度高低与蒸煮液提取率直接相关。此外，还会有一定量的细小悬浮纤维。对于机械浆，洗涤与筛选废水中的主要污染物是细小悬浮纤维以及纤维原料中的溶解性有机物。筛选系统用水的封闭是提高洗涤效率、减少废水排放量的有效措施。浆料筛选开放系统和封闭系统排放废液的水量及其污染负荷如表 10-2 所示。

开放式和封闭式筛选洗浆系统吨浆废液量及污染负荷　　　　　　　表 10-2

项目	废水量(m³)	BOD₅(kg)	色度(C.U.)	SS(kg)
开放系统	30～100	10	30～50	5～10
封闭系统	6～8	5	10～20	0

2. 漂白工段废水

化学法制浆过程的本质是脱木素，而漂白是将残余木素从未漂浆中分离出去。传统漂白工艺是由氯化(C)、碱抽提(E)、次氯酸盐漂(H)等几段工序组成。现代漂白工艺则着眼于减少氯代有机物的形成，漂白废水可以分为传统漂白废水(元素氯用量占总用氯量的 10% 以上)、无元素氯漂白(ECF)废水和完全无氯漂白(TCF)废水。漂白废水的基本特性如下：

(1) 色度

在针叶木硫酸盐浆和阔叶木硫酸盐浆传统漂白废水中，氯化与碱处理段废水色度含量占漂白废水总颜色的 90% 以上，仅碱处理段废水就占漂白废水总颜色的 70%～80%。废水色度随着氯化段二氧化氯取代率的增加而降低。氧气预漂白降低漂白废水的颜色达 63%～80%，而在 ECF 漂白工艺中，若第一段用臭氧取代二氧化氯，则可以显著降低漂白废水的颜色。

（2）化学耗氧量（COD）

纸浆漂白废水中的 COD 值取决于未漂浆的卡伯值。采用二氧化氯漂白时，由于二氧化氯漂白的氧化程度比元素氯高，其漂白废水的 COD 负荷随二氧化氯取代率的增加而降低，当二氧化氯完全代替元素氯进行漂白时，废水 COD 负荷可降低 20%～25%。采用氧脱木素同样可降低漂白废水的 COD 负荷，其 COD 负荷的降低程度与氧脱木素后纸浆卡伯值的降低程度成比例，一般可降低 40%～50%，TCF 纸浆漂白废水中 COD 负荷在 30～50kg/t 浆之间。

（3）生化耗氧量（BOD）

由于在漂白过程中，浆中残余木素及残余黑液中的成分溶出，使漂白废水的 BOD 与未漂浆的卡伯值和洗涤程度密切相关。漂白工艺中二氧化氯取代率对 BOD 的影响不大，即便采用 100% 的二氧化氯代替氯气，漂白废水 BOD 的变化也并不显著。在常规的漂白工艺和采用二氧化氯代替部分元素氯的漂白工艺中，在漂白工艺前采用氧气脱木素预处理，可降低 BOD 到 70%。在 TCF 漂白工艺中，每吨纸浆所排放的 BOD 负荷为 12～39kg/t 浆。一般情况下，由于未漂阔叶木硫酸盐浆的卡伯值比未漂针叶木浆低，因此，阔叶木硫酸盐浆漂白废水的 BOD 负荷比针叶木硫酸盐浆漂白废水低。

（4）可吸附有机卤化物（AOX）

由于环境保护与市场两个方面的压力，最大限度地限制漂白工艺中元素氯的使用已成为纸浆漂白发展的主题。各国科学家投入很大的精力来研究纸浆漂白过程中 AOX 的形成这一棘手的课题。研究表明，纸浆漂白厂中的 AOX 来源于纸浆中的木素。采用预漂工艺，例如延时脱木素制浆新技术和氧脱木素预处理技术，可大大降低待漂浆的卡伯值，从而降低漂白废水的 AOX。

典型漂白废水的 AOX 负荷为 3.7～6.8kg/t 浆；而 ECF 漂白的 AOX 负荷仅为 0.9～1.7kg/t 浆。在传统漂白工艺和采用氧脱木素的漂白工艺中，漂白废水 AOX 负荷与氯化段二氧化氯取代率的增加呈线性下降关系。当用二氧化氯完全代替元素氯时，废水中 AOX 的发生量很小。AOX 的形成是复杂的，取决于漂白工艺中漂白剂的种类、有效氯在各漂白段的分配情况、氯的加入形式等。减小有效氯用量及采取分步加入的漂白工艺可降低漂白废水中 AOX 的负荷。TCF 漂白废水中基本上检测不到 AOX 的存在。

（5）pH

传统漂白氯化段废水的 pH 很低，呈很强的酸性；而碱处理段废水的 pH 很高，呈很强的碱性。各不同漂段的 pH 均有不同的要求。所以在浆料逆流洗涤时，应当充分考虑废水的 pH。

总体来说，降低漂白车间废液的污染负荷可以通过以下途径：1）采用强化脱除木素的制浆工艺，达到深度脱除木素的目的，以降低漂白处理的化学药品消耗；2）采用氧碱漂白工艺，废液可以和蒸煮工段废液一起送碱回收车间处理；3）采用浆料逆流洗涤工艺，减少废液总体积和增加固形物浓度；4）漂白工艺采用二氧化氯取代氯，减少废液中 AOX 的含量；5）后续漂白工段采用氧、过氧化氢、臭氧等处理工艺，进一步降低废液的污染负荷。

10.1.4 污冷凝水

化学制浆过程中，蒸煮锅小放气和蒸煮结束时放锅排出的蒸汽，经直接接触冷凝器或表面冷凝器冷却产生的冷凝水，是污冷凝水的来源之一。碱法蒸煮过程中产生的污冷凝水，主要含有萜烯化合物、甲醇、乙醇、丙酮、丁酮及糠醛等污染物；硫酸盐法制浆过程中产生的污冷凝水，还有硫化氢及有机硫化物。制浆原料是针叶木时，冷凝液表面还会漂有一层松节油。

黑液与红液在综合利用或送碱回收炉燃烧前，都要通过多效蒸发器浓缩，蒸发浓缩过程中产生的污冷凝水是浆厂污冷凝水的另一来源。黑液蒸发工序中，一般多效蒸发器中第一效的冷凝水是新蒸汽冷凝水，应该回送动力系统或者供洗涤或苛化工序利用。其余各效的二次蒸汽污冷凝水都或多或少都带有甲醇、硫化物，有时还会有少量黑液。碱法制浆产生的污冷凝水，经过汽提法处理之后，方能回用或者排放。

在亚硫酸盐法浆厂中，红液蒸发污冷凝水是重要污染源，具有很高的污染负荷，可以达到 30kg BOD_5/t 浆以上。其中主要成分是乙酸，其次是甲醇及糠醛。可以通过中和的方法，在蒸发前的稀红液中加入与蒸煮相同盐基的碱性化学药品，降低冷凝水中的乙酸含量。也可以将冷凝水用于可溶性盐基的制酸工段。采用汽提处理污冷凝液的方法，可以使得甲醇和糠醛挥发除去，但是不能除去乙酸。此外，综合利用也是亚硫酸盐法制浆废液的重要处理途径。

10.1.5 造纸废水

造纸车间排出的废水习惯上称之为造纸白水。造纸白水的成分主要以固体悬浮物为主，包括纤维、填料、涂料等，还有添加的施胶剂、增强剂、防腐剂等。其中添加的防腐剂（如醋酸苯汞等）具有一定的毒性。

1. 造纸车间废水特性

从纸机不同部位脱出的白水的浓度和成分是不同的。例如，长网纸机网下白水的浓度最高，真空部位脱出的白水浓度次之，而伏辊部位脱出的白水浓度更小。从其成分来看，网下白水所含纤维中的细小纤维量约为上网浆料的 1.5～2.0 倍，而真空箱部位白水所含纤维中的细小纤维量约为上网浆料的 3 倍。

造纸白水中所含的物质较复杂，因浆料来源、造纸工艺、机械设备、生产纸种等不同而有较大差异。白水的数量和性质随纸张的品种、造纸机的构造及车速、浆料的性质、化学添加物（如胶料、填料、染料、化学助剂等）的种类及用量等条件的不同而异。表 10-3 给出了几家制浆造纸企业造纸车间排出的剩余白水的一些基本特性。白水中的主要物质和来源归纳于表 10-4 中。

造纸车间排出的剩余白水的基本特性　　　　　　　表 10-3

造纸用浆种类	生产纸种	废水 pH	总 COD(mg/L)	BOD_5(mg/L)	总 SS(mg/L)
废纸浆＋商品木浆	牛皮箱纸板	8～9	1100～1400	300～400	1000～1200
100%ONP 与 OMP 脱墨浆	新闻纸	7.5～8.5	3900		3210
化木浆＋化苇浆＋机木浆	胶版纸	6～7	860～950	210～250	630～850
商品木浆	薄页纸	6.2～7	196		213
商品木浆	生活用纸	6.6～6.9	622～67	150～158	180～207

物质形式	化学组成	来　源
纤维	纤维素、半纤维素、木素、抽出物等	机械和化学制浆过程
细小纤维	纤维素、半纤维素、木素、抽出物等	机械和化学制浆过程
矿物质	硅酸盐	填料、涂布颜料
	碳酸钙	脱墨废纸浆
	硅、膨润土等	助留剂
表面活性剂	脂肪酸及其皂化物	机械和化学制浆、脱墨浆
	树脂酸和盐	机械浆、树脂、施胶
	非离子型表面活性剂	分散剂
	烷基硫酸盐、硫化物	涂布损纸
	烷基胺	消泡剂
溶解的聚合物	半纤维素	机械和化学制浆
	木素	机械制浆
	CMC、PVA	涂布损纸
	阳离子聚合物	助留剂
	硅酸盐	漂白化学品
分散颗粒	不溶性脂肪酸和树脂酸	抽出物、施胶剂
	苯乙烯-丁二烯、丙烯酸盐	涂布损纸、脱墨废纸浆
	PVAc(聚醋酸乙烯酯)胶乳、乳化油	消泡剂、抽出物
无机物	金属阳离子、各种阴离子	水、矿物质、硫酸铝、纸浆

2. 造纸白水中的溶解及胶体物质(DCS)

造纸白水中的总固体 TS(Total Solids)由总悬浮固体 TSS(Total Suspended Solids)和总溶解固体 TDS(Total Dissolved Solids)构成。总溶解固体可以看成是白水系统中的全部溶解物质与胶体物质(Dissolved and Colloidal Substances，简称 DCS)之和。

实际上，DCS 在内涵上的界定是不清晰的，DCS 中既有无机物，也有有机物，它是一个在物理和化学性质上有很大差异的微细物质组群。且由于所谓"胶体"状态的不稳定性，均给其分析检测带来一些不确定性，全面检测 DCS 的方法还有待于进一步发展和完善。对 DCS 含量的检测，关键是如何将其包含物质进行分离和定量分析。

DCS 物质主要来源于纸浆、填料、原水和制浆造纸过程的化学品等，其中绝大部分为有机物。木材原料中的有机物质是 DCS 的主要来源，且随着木材材种和制浆方法的不同，纸浆滤液中的 DCS 含量也有较大的差异。

在各种纸浆中，机械浆系统白水中的 DCS 含量最大。在机械制浆过程中，约有 2~5kg/t 浆的 DCS 物质溶解或分散到水相中，且随着机械作用的强化而增加。由于磨石磨木浆受机械作用较强，所以其浆料悬浮液中的 DCS 含量也最高。化学机械法制浆废水及废纸脱墨废水中 DCS 的主要组成与含量及其对造纸用水封闭循环的影响已成为目前国外研究的热点之一。

化学浆的 DCS 含量取决于浆料洗涤的程度。由于洗涤不充分，疏水的抽出物和蒸煮、漂白的化学品很难被完全洗净，或多或少地会带进造纸系统，使之在造纸过程中溶出。此外，漂白方法对 DCS 含量的影响较大。经过氧化物漂白后的纸浆，其 DCS 含量较高。对造纸白水中 DCS 物理化学特性进行分析研究的意义在于揭示造纸白水封闭循环对纸机湿部抄造性能等方面的影响。

10.2　制浆造纸工业废水的处理技术

造纸废水中含高毒物较少，但废水量大，若不加处理随意排放则会对环境造成严重污染。治理的主要目标是降低废水中的 COD、BOD 及 SS，使之达到排放标准。

与其他工业废水一样，制浆造纸废水的污染控制方法可以有物理法、化学法、物理化学法和生物法等，但是不能期望采取某种方法可以处理达标，必须采用数种组合技术进行处理。一般来说，相比于采用絮凝、氧化、吸附或其他技术进行单一处理，采取前段预处理接后续生物处理比较经济、合理有效，也是造纸废水的主要研究和应用趋势。

由于制浆造纸整个生产过程的各个车间和工段都有废液和废水的产生和排放，因此在进行处理工艺设计时，需充分考虑由于车间和工段的不同而导致的废水水量、水质之间的差异，因而需要针对不同的废水采用不同的处理工艺。前已叙及，造纸废水主要包括蒸煮制浆废水、中段废水和抄纸废水（白水）等三大类废水，本节对此三类废水处理技术进行一一阐述。

10.2.1　蒸煮黑液的处理方法

1. 碱回收法

碱回收技术主要指利用热化学原理和方法，将蒸煮废液中的有机物氧化分解，利用其热能，并回收废液中残余的碱。主要碱回收工艺如下：

（1）湿式燃烧传统碱回收

该工艺主要是利用有机物燃烧回收碱和热能。采用多效蒸发器将黑液浓缩，使其中的有机物燃烧，在高温下无机物变为熔融状态，主要成分为 Na_2CO_3，加入石灰、苛化为 NaOH 后，再回用到制浆生产中去，从而达到回收碱并循环利用的目的。大型木浆厂碱回收率可达 90%，苇、蔗渣浆厂达 70%，稻麦草浆可达 60%。此外，非木纤维纸浆黑液除硅降黏技术的发展也为草浆湿式燃烧碱回收工艺的应用提供了强有力的技术支持。总之，碱法蒸煮废液的湿式燃烧碱回收早已成为环保最佳实用技术。

（2）等离子体裂解法碱回收

该工艺主要采用等离子体高温裂解，回收烧碱。该工艺电耗太高，且有些技术问题尚未解决。

（3）干裂解法碱回收

该工艺理论上采用干裂解回收烧碱、炭、醋酸和多种裂解产品，目前虽有处理设施建成，但未有任何产品。

（4）电渗析法碱回收

草木浆碱法蒸煮黑液，采用阳离子交换膜及活动阳极式电槽，可回收蒸煮用烧碱以及木素为主的阳极产品。该法的设备费用及钢材的用量都比较低，但电耗大。

（5）直接回收法

该工艺是将黑液浓缩成为固体，并与赤铁矿混合进行高温反应，生成松散的铁酸钠

158

（Na_2FeO_3），然后水解生成碱液和赤铁矿固体，赤铁矿固体可浓缩使用。该技术工艺流程短，无苛化和白泥处理工序，成本低，无废物排放。目前，该工艺处于中试阶段。

（6）组合浓缩、闪蒸、干烧（节能）碱回收法

该工艺利用有机物燃烧回收烧碱，山东省三条生产线已用此工艺进行碱回收。

（7）闪速热解汽化

该工艺采用热化学裂解，有机物热解汽化形成可燃气体，从热解残渣和热解灰中回收碱。美国几家造纸厂已建立了示范工程。该方法将是最有发展前景的碱回收技术。

2. 蒸煮废液资源化综合利用技术

蒸煮废液的资源化综合利用技术指利用物理方法、化学方法或物理化学、生化相结合的方法，将废液中的木素、低聚糖与单糖等有机物分离并加以综合利用的工艺。是目前处理草浆蒸煮废液的有效途径之一。这种废液资源化综合利用技术目前主要是针对木素的分离、提纯和利用。

（1）酸析法分离黑液中木素

从技术或经济角度，碱回收工程一般只适用于大型的造纸企业。国外造纸厂一般规模较大，而且多以木浆作原料，有较高的碱回收率，黑液经碱回收处理后，基本解决了黑液的污染问题。我国的造纸企业生产规模较小，经 1996 年企业规模调整后，仍然有 6700 余家，而且大都以麦草、稻草为原料。草浆黑液黏度大、热值低、硅含量高，不适合作碱回收处理。经过多年的研究，我国提出了酸析法处理中小造纸厂黑液。

由于木素不溶于水和酸，在黑液中通入 CO_2 或 SO_2 烟道气或直接加入无机酸以降低 pH，则木素便会沉淀出来。酸沉淀法的主要缺点是分离木素的纯度低，且易造成二次污染，对于草浆黑液沉淀木素的细小颗粒，加上硅胶体的干扰，木素的洗涤、过滤和分离都较困难。

（2）沉淀法回收木素

河南省环科所 1989 年开发出由煤灰、铝矿等辅料混合加热制成的 LB-1 絮凝沉淀剂，用于分离回收木素，运行费用较高。贵州省轻工研究所开发了称为 S.A 的特种黑液木素沉淀剂，木素沉淀率可达 84.9%，COD 去除率达 52% 以上，所得木素作缓释剂，制成农药，效果很好。

（3）超滤法回收木素

该方法主要是利用超滤膜对溶剂或溶质的选择透过性，在压力差的作用下，溶剂或小分子的溶质选择性地通过超滤膜，从而实现溶液的浓缩和不同溶质的分离。制浆废液中的固形物由有机物和无机物组成，而有机物主要是降解的木素和碳水化合物，与碳水化合物降解产物的无机物相比，木素的分子大得多，因而可用超滤法将它们分开，实现木素的分离和提纯。超滤技术已成功地用于工业木素的分离。超滤和反渗透技术在处理化学法制浆废液中的应用主要集中在回收有价值的木素磺酸盐、碱木素以及制浆废液的预处理等方面，以减少蒸发阶段的能耗，并可减少废液中的硅含量。

3. 黑液良性循环处理技术

该技术主要向黑液中通入 SO_2 分离木素，溶留在液体中的酸化剂转化为酸式亚硫酸盐，以 NaOH 或（和）Na_2CO_3 调节液体的 pH，亚硫酸盐由酸式转化为碱式，成为回用制浆的主要药剂，进一步调节成为制浆药液回用于纸浆生产，酸化黑液的药液转化为磺化

剂，在蒸煮过程中与纤维原料溶出的木素反应，生成木素磺酸溶于液体，经改性、浓缩、干燥制成碱水剂。制浆黑液良性循环处理工艺将制浆黑液污染治理与废弃物资源化、回收、回用有机地融为一体，回收物应用性能良好。同时，该技术为简化黑液处理工艺，减少工程投资，获得良好的环境、经济效益奠定了基础，将成为规模不大草纤维原料制浆造纸企业黑液污染治理的重要技术支持。

4. 生物处理技术

(1) 好氧生物法

该法主要是对分离木素后的废水，用牺牲阳极的铁屑—石墨屑原电池进行预处理，去除废水中的 S^{2-}，以改善活性污泥中絮凝性的 Fe^{2+}，然后进行生物曝气处理。该工艺操作简便，不加药剂，能耗小，处理效果好。

(2) 厌氧生化法

可分为厌氧塘法和厌氧发酵反应器法。厌氧塘法主要是对黑液进行一级或预处理，将废液排放到大池塘内，停留一段时间以降低污染负荷，再用土地处理系统对污染物进行进一步去除、净化。该方法操作方便，运行稳定，投资少，效益高，产生 CH_4 气体能利用，无二次污染，但占地面积大，处理周期长。厌氧发酵反应器法包括：厌氧接触反应器、厌氧流化床反应器(AFB)、厌氧折流板反应器、UASB 反应系统、UASFB 系统等。

(3) 两相厌氧膜-生化系统

采用传统两相厌氧工艺(BS)与膜分离技术相结合的 MBS 系统处理造纸黑液废水，COD 去除率平均可达 73.1%，高于 BS 系统 48.6%。同时，MBS 系统具有更高的稳定性。

10.2.2 中段废水的处理方法

1. 物理化学法

(1) 化学混凝沉淀法或化学混凝气浮法

该方法在国内外许多纸厂广泛使用，常用作废水的一级处理或生物处理后的三级处理。

(2) 化学氧化法

该工艺泛指利用 H_2O_2、O_3、O_2、ClO_2、$KMnO_4$ 和次氯酸盐等的氧化性质，在一定条件下使废水中的污染物降解或改变其化学结构，从而去除或降低其对环境污染的过程。该法是有大量自由基参加的高级化学氧化处理工艺，可使废水中有机物彻底分解，在处理难生物降解有机物方面前景广阔。

(3) 超滤法

该方法是膜分离技术的一种，原理同造纸黑液处理法。

2. 生物二级处理法

主要工艺有氧化塘、氧化沟、各种活性污泥法的好氧生物处理工艺，包含 UASB、厌氧流化床、接触反应器的厌氧生物处理工艺以及厌氧、好氧联合处理工艺。目前，国内外广泛采用生物法处理制浆造纸厂中段废水。

10.2.3 造纸废水的处理方法

通过造纸白水处理，可达到回收纤维、循环回用白水、节约生产用水的目的，具体处理方法如下：

1. 气浮法

包括传统的广泛采用溶气气浮、射流气浮及在广州造纸厂运行的高效浅层气浮和微涡气浮技术等。

2. 多盘真空过滤机

使用该机处理白水的特点是过滤过程连续，工艺稳定，设备占地面积小，基建费用低；不用真空泵，运行费用低；纤维、填料回收率高达95%以上；清滤液的固形物含量低，可直接回用于造纸过程，从而实现水封闭循环。

3. 化学混凝法

该法主要用于经过滤处理回收纤维后的白水，在白水中加入混凝剂，使水中细小纤维、填料、胶体性物质及部分溶解性有机物聚沉，经混凝处理后的水可回用于生产。该法投资少，运行管理方便，操作灵活，处理效果理想。

4. 膜分离技术

采用微滤（MF）、超滤（UF）、反渗透（OR）等膜分离技术处理造纸白水，可彻底去除造纸白水中的胶体和各种溶解性物质，从而避免白水封闭循环造成的抄造系统中金属离子、各种溶解性无机盐的过分积累，以及微生物生长繁殖等因素影响纸机正常运行。

10.2.4 制浆造纸工业废水治理的最新进展

近年来，造纸废水治理技术又有一些新的进展，高效化、无害化、资源化是其总的发展趋势。

1. 人工湿地处理技术

人工湿地处理技术属于土地处理技术的一种，是指通过模拟天然湿地的结构与功能，根据需要，人为设计与建造的湿地。人工湿地处理造纸废水的工作机理为：利用基质-微生物-植物这个复合生态系统的物理、化学和生物的三重协调作用，通过共沉、过滤、吸附、离了交换、植物吸收和微生物分解来实现对造纸废水的高效净化，同时通过营养物质和水分的生物地球化学循环，促进绿色植物生长，并使其增产，实现废水的资源化和无害化。

人工湿地对造纸废水中的有机物具有较强的去除能力。一方面，不溶性有机物通过湿地床中填料床的沉淀、过滤等物理沉积作用很快地被截留下来，并可为部分兼性或厌氧微生物所利用；另一方面，废水中的溶解性有机物，则通过植物根系及填料表面生物膜的吸附、吸收及生物代谢作用而被降解、去除。最终，造纸废水中大部分有机物被异养微生物转化为微生物体及 CO_2 和 H_2O，其中新生的微生物体通过填料定期更换，最终从湿地系统去除。我国已有造纸厂采用人工湿地处理技术处理废水，并取得了好的效果。如位于江苏省射阳县黄沙港镇的江苏射阳双灯造纸厂，其造纸工艺采用国内传统的稻草浆生产流程，年产 1.8 万 t，日产 50t，吨纸耗水量 300t，日排水量 1.5 万 t。造纸废水经厂内生化预处理和厂外滩涂人工湿地氧化塘处理后，经射阳河排入黄海，其 COD、pH 均达到了国家排放标准。

2. 超临界水氧化法

近 30 年来，超临界流体技术迅速发展，超临界水氧化技术（SCWO）更是目前研究较为活跃的新技术。1998 年自日本兴起，逐步、广泛地应用于环境工程领域。超临界水氧化法处理造纸废水是指在超临界的状态下,具有通常状态下的水所没有的特异性质,其与氧可以任意比例混合,成为非极性有机物和氧的良好溶剂。这样,有机物的氧化反应就可以在富氧的均相中进行,不受相间转移的限制,而使造纸废水中所含的有机物被氧气分解成水、二氧化碳等简单无害的小分子化合物,从而达到净化的目的。超临界水氧化法具有处理彻底、节能、高效、选择性可调等特点,有良好的工业应用前景。但是,由于其对反应条件(高温、高压)要求较为苛刻,因此,对设备和操作条件要求较高。目前美、日、欧州的一些发达国家已开展了深入研究,并有工业装置投入运行,成功地处理了造纸工业废水,而我国对该技术研究工作还处于起步阶段。

10.3 工 程 实 例

10.3.1 碱回收法蒸发浓缩-A/O法处理制浆造纸废水

1. 工程概况

江苏省某纸业公司主要从事各类造纸、纸板生产及加工化机浆。废水主要来自化机浆车间产生的废液、纸机废水、电厂废水、碳酸钙车间废水等。设计水量、进水水质如表10-5所示。设计出水水质执行《制浆造纸工业水污染物排放标准》GB 3544—2008中新建企业标准。

设计进出水水质及水量 表 10-5

项目	pH	CODCr (mg/L)	BOD5 (mg/L)	SS (mg/L)	水量 (m³/d)
进水	6～9	1200～1500	500	1300～1600	60
出水	6～9	80	20	30	60

2. 工程流程

该项目废水处理包括两部分:一是化机浆车间产生的废液处理,二是综合废水的处理,包括纸机废水、电厂废水、碳酸钙车间废水以及化机浆废液经处理后产生的少量浊污冷凝水。

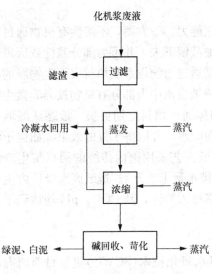

图 10-3 化机浆废液处理工艺流程图

该项目化机浆废液采用碱回收法蒸发浓缩后焚烧处理以回收碱和热能,工艺流程如图10-3所示。

化机浆废液主要来自木片洗涤、预处理和磨浆工段过程,其中污染物质主要来源于纤维原料中溶出的有机化合物、工艺过程中残余的化学药品和流失的细小纤维,废液带有棕红色度。化机浆废液的污染特性有:(1)有机物浓度高,COD浓度大都在6000～15000mg/L;(2)SS浓度一般在2000mg/L以上,并含有大量胶状物质,浊度大;(3)由于磨浆过程产生大量蒸汽,且生产

过程水耗低，因此废水温度较高；（4）由于化学浸渍溶出较多的多酚类物质，因此废水色度较大，毒性物质含量高，可生化性较差

化机浆废液处理难度大于一般的工业废水。目前常用的处理方法主要有好氧、厌氧生物处理法、特定微生物处理技术、臭氧氧化法以及膜分离技术等。目前国内数十个化机浆企业普遍采用以厌氧为核心的生物处理技术处理废液。由于化机浆废液的复杂性，现有化机浆废液处理工艺的废水水质很难达到《制浆造纸工业水污染物排放标准》GB 3544—2008 中 COD_{Cr}≤80mg/L 的要求。

国内化学浆生产企业的黑液多采用燃烧法碱回收处理技术，工艺成熟。而化机浆的初始固形物浓度很低，一般为 1.5%～2.0%左右，无法直接燃烧，国内还没有化机浆废液采用碱回收工艺处理的实例，但国外已经有化机浆生产企业采用碱回收方法处理废液的成功经验。

该项目所采用的化机浆废液碱回收处理工艺与芬兰 M-Real Joutseno 厂工艺过程基本一致，但在八效蒸发器后使用强制增浓效进一步浓缩废液浓度，碱回收率≥95%。废液经过蒸发处理后，得到二次冷凝水全部回用到制浆车间，浓缩液至碱炉焚烧；重污冷凝水经过汽提处理后变为浊冷凝水，其中大部分浊冷凝水回用木片清洗和苛化洗涤白泥、绿泥清洗，多余浊冷凝水进入下一步处理工序。气提处理后的浊冷凝水 COD 小于 400mg/L。

通常在用过氧化氢漂白纸浆时须用一定量的硅酸钠作为漂白稳定剂，但硅酸钠的使用使化机浆废液含硅，由于硅易结垢，含硅量多时会严重影响蒸发工段的运行，故含硅化机浆废液不宜采用碱回收处理工艺。

该项目综合废水采用 A/O 处理工艺，流程如图 10-4 所示。

废水进入处理流程后先进入调匀池，该池主要用于均化水质及调节水量。接着进入初沉池，主要用于去除大部分悬浮物。在缺氧池中，废水中的大分子有机物在微生物水解酶的作用下，降解为小分子物质，增强其可生化性，同时反硝化细菌在缺氧条件下生存和增值，达到脱氮的效果。经过缺氧处理后的废水进入好氧池，然后对废水进行充氧曝气，此时水中好氧菌占绝对优势，并具有较好的活性，各种微生物在好氧条件下，充分利用废水中有机物质，在溶解氧为 2～4mg/L 的条件下，进行好氧生物反应，将废水中大量有机物质转化为 CO_2 和 H_2O，同时将氨氮转化为硝酸盐氮。最后废水在经过好氧曝气池生物处理后的废水进入二沉池进行固液分离，上清液达标排放，部分污泥回流到厌氧池，剩余污泥进入污泥池处理。

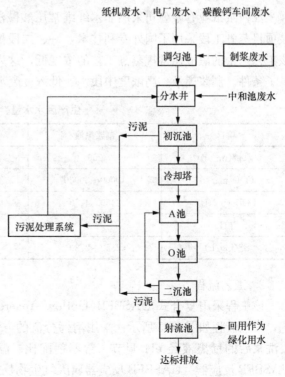

图 10-4 综合废水处理工艺流程图

3. 处理效果

该项目已稳定运行多年，从实际检测结果来看，出水 COD 基本稳定在 20～80mg/L，可达标排放，其他主要水质指标如表 10-6 所示。

废水处理设施运行情况（单位：mg/L）　　　　　表 10-6

项目	1	2	3	4	5	6	7	8	9	10	11	12
pH	7.13	7.88	7.64	7.41	7.57	6.87	7.52	7.14	7.14	7.34	7.4	7.76
COD$_{Cr}$	80	40	38	52	75	20	67	44	54	43	72	40
SS	25	26	23	27	25	28	25	27	22	23	23	24
BOD$_5$	19.4	11.2	9.7	18	19.5	7.5	18.3	5.4	11.2	7.4	10.6	12

4. 工程小结

(1) 采用碱回收法蒸发浓缩和 A/O 法处理制浆造纸废水是可行的，出水水质达到《制浆造纸工业水污染物排放标准》GB 3544—2008 的要求。

(2) 碱回收处理工艺不宜处理含硅化机浆废液，由于硅易结垢，含硅量多时会严重影响蒸发工段的运行。

(3) 该工程一次性投资较高，但可以满足化机浆综合排水 COD 小于 80mg/L 的最佳选择，且使用废液碱回收工艺可以回收热量、烧碱和水资源，达到清洁生产和绿色循环经济的目的。

10.3.2 复合式 UASBFB-A/O 工艺处理草浆造纸废水

1. 工程概况

江西某纸业有限公司采用非木纤维常压酸碱法制浆，草浆产量为 1.2×10^4 t/d。由于该项目蒸煮工段采用了国外专利技术，一、二段黑液可直接回蒸煮工段循环使用。因此，该工艺产生的黑液比常规蒸煮工艺的浓度低，这为制浆蒸煮液和中段水实现全生化处理提供了条件。制浆黑液、高浓度中段水、低浓度废水的水量、水质如表 10-7 所示。

生产废水水量、水质　　　　　表 10-7

项目	制浆黑液	高浓度中段水	低浓度废水
水量(m³/d)	200	600	800
COD(mg/L)	10000～30000	4000	1000
BOD$_5$(mg/L)	3450～4250	400～1000	1000
pH	7～9	7～9	7～9
SS(mg/L)	2350～2780	500～1500	300～700

2. 工艺流程

该工程采用复合式 UASBFB(Upflow Anaerobic Sludge Bed and Fluid Bed)-A/O 工艺，工艺流程如图 10-5 所示。采用清污分流的方法对水质不同的废水分别进行处理。三段洗浆后的稀黑液经 pH 调节、营养剂配比、温度控制等环节后，进入复合式内循环 UASBFB 反应器。UASBFB 反应器属厌氧生物反应系统，是厌氧污泥反应床和生物滤池的结合体。UASBFB 反应器采用了旋流布水系统、多通道整流系统、单层三相分离系统、分段撇渣系统和独立内循环系统。经厌氧处理后的黑液再与中段废水混合，在调节池内均质均量后依次进入水解酸化池、曝气池、初沉池、接触氧化池、二沉池等处理设施，出水达到生产用水标准后，回用于洗浆工段。低浓度白水则经过斜管沉淀池处理后，回用于抄纸机系统。整个处理过程产生的剩余污泥（生化污泥及部分物化污泥）有机物含量多、热值高，经脱水干化后送锅炉房焚烧处置，锅炉房配置有烟气处理系统，因此整个废水处理系统无二次污染产生。

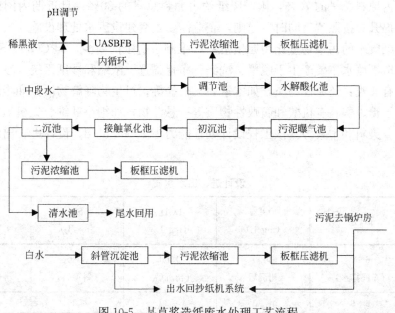

图 10-5 某草浆造纸废水处理工艺流程

3. 工程验收及运行情况

调试完成后，经检测出水水质达到设计要求，COD 指标基本稳定在 110mg/L 以下。该工程已于 2007 年 12 月 19 日通过了验收，目前运行良好，出水水质稳定达标。表 10-8 为 2007 年 10 月 24 日～25 日当地环境监测站的监测结果。

不同监测点出水各项指标的监测结果　　　　　　　　　　表 10-8

监测点	监测日期	pH	COD(mg/L)	BOD$_5$(mg/L)	SS(mg/L)
1	24 日	7.21～7.67	136～146	992～1072	422～433
	25 日	6.99～7.31	133～146	792～1168	416～844
2	24 日	5.84～6.16	39～44	80～96	22.5～29.7
	25 日	5.92～6.28	38～44	84～100	22.2～33.0
3	24 日	6.78～7.12	36～42	77～91	21.3～29.0
	25 日	6.76～7.08	36～41	80.1～96.0	21.1～31.2

注：监测点 1 为经 UASBFB 处理后的稀黑液出水和中段水混合废水；监测点 2 为二沉池出水；监测点 3 为清水塘出水。

由表 10-8 的监测数据可以看出，稀黑液经 UASBFB 反应器处理后，COD、BOD$_5$、SS 值均大大降低，与中段水混合后 COD 控制在 2000mg/L 以下，BOD$_5$/COD 约为 0.4～

0.5，废水的可生化性大大提高。整个系统处理出水水质可达到《制浆造纸工业水污染物排放标准》GB 3544—2008 的要求，即 COD≤400mg/L、BOD_5≤100mg/L、SS≤100mg/L、pH 为 6～9。

10.3.3 IC-氧化沟-Fenton 法处理废纸造纸废水

1. 工程概况

天津某造纸厂扩建一条年产 50 万 t 高档涂布白纸板生产线，采用废纸为原料，其中进口废纸约占原料总量的 70%，国产废纸约占原料总量的 30%；且近期内国产废纸所占比例在逐步提升。按照"三同时"原则，企业需要配套建设废水处理设施。

废纸造纸废水的污染物量比用原生植物纤维制浆造纸的要少，但 COD、SS 浓度仍然较高。废纸造纸废水主要产生于脱墨、洗涤、净化筛选、浓缩和抄纸系统。废水中含有的污染物主要有 4 类：还原性物质，如木素、无机盐等；可生物降解物质，如半纤维素、树脂酸、低分子糖、醇、有机酸和腐败性物质等；悬浮物，如细小纤维、无机填料等；色素类，如油墨、染料和木素等。该工程设计处理能力为 25000m^3/d，设计进、出水水质如表 10-9 所示

设计进、出水水质　　　　　　　　　　　　　　　　　　表 10-9

项目	pH 值	COD_{cr} (mg/L)	BOD_5 (mg/L)	SS (mg/L)	水温 (℃)
进水	6～9 (车间排水)	3000 (初沉后)	1500 (初沉后)	3000 (斜筛后)	50 (斜筛后)
出水	6～9	≤90	≤20	≤30	常温

2. 工艺流程

新的《制浆造纸工业水污染物排放标准》GB 3544—2008 颁布实施后，传统的废水二级处理，即预处理＋生化处理的方法已不能满足新标准的要求。根据此类造纸废水的特点，最终采用了内循环（IC）反应器-表面曝气氧化沟-Fenton 氧化法处理工艺。在二级处理的基础上，该项目增加了 Fenton 氧化法处理作为深度处理，进一步氧化水中的难降解有机物，满足出水达标排放的要求，废水处理工艺流程见图 10-6。

主要工艺特点如下：

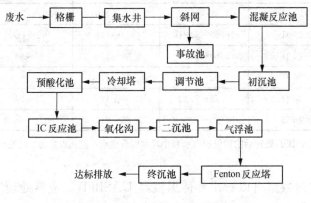

图 10-6　废水处理工艺流程图

(1) 预酸化池

预酸化处理工艺的主要作用就是使废水发生适度酸化，提高废水的可生化性。有研究提到，预酸化有明显的优点，但完全酸化对产生颗粒污泥有害，如果废水完全预酸化，不能生产颗粒污泥，如果不进行酸化，则增长的丝状菌将包裹在颗粒污泥的表面。因此，确定预酸化池的水力停留时间为 2～4h。同时，研究还提出，推荐工艺采用的预酸化应使 20%～40%的可酸化物质酸化。国内的一些应用实践也表明，预酸化度控制在 30%～50%之间较为合适。

(2) IC 反应器

IC 反应器是本处理工艺的核心，IC 反应器是由荷兰 PAQUES 公司于 20 世纪 80 年代中期在 UASB 反应器的基础上开发成功的第三代高效厌氧反应器。它具有占地面积小、高径比大、有机负荷高、出水稳定和耐冲击负荷能力强等特点，适合处理制浆造纸废水。

(3) 表面曝气氧化沟

采用适合造纸废水处理的表面曝气工艺作为好氧处理工艺，利用倒伞式表面曝气机为活性污泥提供氧气。这种曝气设备的充氧方式为：一是在转动的叶轮叶片作用下形成水跃；二是叶轮转动时形成的循环水流，使液面不断更新；三是叶轮转动形成的负压吸氧。三种方式中，又以液面更新为主，水跃及负压吸氧为辅。从实际应用来看，表面曝气具有结构简单、使用维护方便、土建及设备投资小的特点。

(4) Fenton 法反应塔

H_2O_2 与催化剂 Fe^{2+} 构成的氧化体系通常称为 Fenton 试剂。近年来的研究表明，Fenton 的氧化机理是由于在酸性条件下 H_2O_2 被催化分解所产生的反应活性很高的羟基自由基所致。在 Fe^{2+} 的催化作用下，H_2O_2 能产生两种活泼的氢氧自由基，从而引发和传播自由基链反应，加快有机物和还原性物质的氧化。Fenton 试剂氧化一般在 pH 值为 3.5 下进行，在该 pH 值时其自由基生产速率最大。

Fenton 反应塔中装载有石英砂，而且还设有循环泵，循环泵从氧化塔上部抽水底部进水，通过布水器使塔体中废水保持一定的上升流速从而使石英砂呈流化状态，Fenton 反应中产生的 Fe^{3+} 以结晶或沉淀的形式吸附到石英砂的表面上，这部分 Fe^{3+} 可以起异相催化作用，从而减少 Fenton 试剂的加入量及产生的化学污泥。

3. 处理效果

该工程于 2012 年初投入运行调试，2012 年 12 月通过当地环保部门的监测验收出水达标排放。系统各主体单元运行的监测结果见表 10-10。

各主体单元的运行结果 表 10-10

项　　目	pH 值	COD_{cr} （mg/L）	BOD_5 （mg/L）	SS （mg/L）
初沉池出水	6.0～6.6	1700～2600	650～1160	15～60
IC 进水	6.5～7.0	1200～2300	600～1050	30～90
IC 出水（好氧进水）	6.5～7.5	400～600	≤300	150～300
二沉池出水	7.5～8.0	110～125	≤10	10～40
终沉池出水	6.5～7.2	45～52	≤10	4～8

从表 10-10 可以看出，废水经过初沉池后 pH 值≤6.6，COD_{cr} 为 1700～2600mg/L，

BOD$_5$ 为 650～1160mg/L，SS 为 15～60mg/L。经 IC-氧化沟-Fenton 法氧化工艺处理后，实际出水水质为：pH 值≤7.2，COD$_{Cr}$≤52 mg/L，BOD$_5$≤10mg/L，SS≤8mg/L。可以看出，水处理系统运行正常，水质指标达到设计要求，处理后出水达到《制浆造纸工业水污染物排放标准》GB 3544—2008 的要求。IC-表面曝气氧化沟-Fenton 氧化法组合工艺具有操作管理方便、设备维护简单、抗冲击负荷高和运行稳定的特点，适合于处理废纸造纸废水。

本章参考文献

[1] 史瑞明. 制浆造纸废水深度处理技术及应用[D]. 济南：山东大学，2008.

[2] 江渝，何艳明，袁庆波. 造纸废水污染的主要控制技术[J]. 云南冶金，2001，30(3)：48～50.

[3] 刘秉钺. 制浆造纸污染控制[M]. 北京：中国轻工业出版社，2008.

[4] 李旭东，杨芸. 废水处理技术及工程应用[M]. 北京：机械工业出版社，2003.

[5] 高丹，王英刚，林静文. 造纸工业废水治理技术进展[J]. 有色矿冶，2003，19(3)：41～44.

[6] 蔡涛，杨德菊. 造纸工业废水治理技术的进展[J]. 造纸化学品，2006，18(2)：28～32.

[7] 夏汉平. 人工湿地处理污水的机理与效率[J]. 生态学杂志，2002，21(4)：51～59.

[8] 王庆九，唐亮，柏益尧. 造纸废水处理人工湿地系统规划研究[J]. 重庆环境科学，2005，25(1)：28～51.

[9] 杜艳芬，韩卿，张荣莉. 超临界水氧化法处理废水[J]. 西南造纸，2001，30(4)：22～28.

[10] 张以飞，陆朝阳，余文敬. 制浆造纸废水处理工程实例[J]. 污染防治技术，2015，28(1)：68～70.

[11] 左珠，胡振华，赵德保，等. 复合式 UASBFB-A/0 工艺处理草浆造纸废水[J]. 中国给水排水，2010，26(4)：77～80.

[12] 葛强，姚文峰，雷平，等. IC 氧化沟-Fenton 法处理废纸造纸废水工程实例[J]. 中国造纸，2014，33(11)：50～53.

11　精细化工废水处理技术

精细化工是当今化学工业中最具活力的新兴领域之一，是新材料的重要组成部分。精细化工范围较广，品种繁多，包括染料、农药、制药、香料、涂料、感光材料和日用化工等约40个行业，其产品种类多、附加值高、用途广、产业关联度大，直接服务于国民经济的诸多行业和高新技术产业的各个领域。大力发展精细化工已成为世界各国调整化学工业结构、提升化学工业产业能级和扩大经济效益的战略重点。精细化工率(精细化工产值占化工总产值的比例)的高低已经成为衡量一个国家或地区化学工业发达程度和化工科技水平高低的重要标志。美国、西欧和日本等化学工业发达国家，其精细化工也最为发达，代表了当今世界精细化工的发展水平。目前，这些国家的精细化率已达到60%～70%。近几年，美国精细化学品年销售额约为1250亿美元，居世界首位，欧洲约为1000亿美元，日本约为600亿美元，名列第三。三者合计约占世界总销售额的75%以上。

20世纪90年代以来，基于世界高度发达的石油化工向深加工发展和高新技术的蓬勃兴起，世界精细化工得到前所未有的快速发展，其增长速度明显高于整个化学工业的发展。近几年，全世界化工产品年总销售额约为1.5万亿美元，其中精细化学品和专用化学品约为3800亿美元，年均增长率在5%～6%，高于化学工业2～3个百分点。2008年，世界精细化学品市场规模将达4500亿美元。预计至2010年，全球精细化学品市场仍将以6%的年均速度增长。目前，世界精细化学品品种已超过10万种。

11.1　精细化工废水的来源

精细化工废水的分类方法有多种。如按行业分，则有制药废水、农药废水、染料废水、日用化工废水等；如按废水内含有的污染物种类分，则有烃类废水、卤烃废水、含醇废水、含醚废水、含醛废水、含酮废水、羧酸废水、酯类废水、含酚废水、醌类废水、酰胺废水、含腈废水、硝基废水、胺类废水、有机硫废水、有机磷废水、杂环化合物废水、聚乙烯醇废水、氨氮废水、含盐废水等；若按水质或生物降解性能分，则可分为溶剂型废水、高浓度生物易降解废水、低浓度生物易降解废水、高浓度生物难降解废水、低浓度生物难降解废水、含有毒有害物质废水等。后两种废水的分类能较为明确地反映有机化工废水的共性和特点，易于有系统、有针对性地讨论和介绍废水中污染物的治理对策和处理方法。本节按后两种废水分类的方法进行阐述。

11.1.1　生产流程

精细化工产品一般均由简单的小分子或中间体经过多种化学加工而制得。这种化学加工方法在化学工业中常称为单元过程或合成方法。在精细化工产品生产中常用的重要单元过程有下列几种：硝化、磺化、卤化、氧化、还原、酰化、烃化、重氮及耦合、脱水、环合及缩合，利用元素有机试剂的反应。

11.1.2　废水来源

1. 工艺废水

工艺废水是指生产过程中生成的浓废水(如蒸馏残液、结晶母液、过滤母液等),一般来说有的有机污染物含量较多,有的含盐浓度较高,有的还有毒性,不易生物降解,对水体污染较重。某有机厂各装置污染物排放的种类见表11-1。

有机厂各装置污染物排放的种类　　　　　　表 11-1

装置名称	污水主要来源	污染物名称
硝基苯	硝基苯污水塔排水	硝基苯;硝基酚;盐
苯胺	苯胺污水塔排水	硝基苯;苯胺(蒸馏塔蒸馏)
促进剂 M (2-巯基苯并噻唑)	促进剂 M 水洗液	硫代硫酸钠;二硫化碳; 2-硫醇基苯并噻唑;硫磺
促进剂 DM (二硫化苯并噻唑)	促进剂 DM 水洗液	亚硝酸钠;2-硫醇基苯并 噻唑;二硫化苯并噻唑
促进剂 TMTD (四甲基二硫化秋兰母)	福美纳水洗液	碱性;二甲胺及其水洗液、TMTD
促进剂 NOBS (N-氧二乙醇;2-苯并噻唑次磺酰胺)	NOBS 水洗液、碱洗液处理塔排水	2-硫醇基苯并噻唑;吗啉; 次氯酸盐;NOBS 及副产物
促进剂 CBS (N-环己基;2-苯并噻唑次磺酰胺)	水洗水 污水塔排水	2-硫醇基苯并噻唑;环己胺 环己胺;2-硫醇基苯并噻唑及其副产物
防老剂 RD(2,2,4-三甲基; 1,2-二氢化喹啉聚合体)	中和水洗水	甲苯;苯胺;丙酮及其聚合物

2. 洗涤废水

洗涤废水包括一些产品或中间产物的精制过程中的洗涤水和间歇反应时反应设备的洗涤用水。这类废水的特点是污染物浓度较低,但水量较大,因此污染物的排放总量也较大。

3. 地面冲洗水

地面冲洗水中主要含有散落在地面上的溶剂、原料、中间体和生产成品。这部分废水的水质水量往往与管理水平有很大关系。当管理较差时,地面冲洗水的水量较大且水质较差,污染物总量会在整个废水系统中占有相当的比例。

4. 冷却水

冷却水一般均是从冷凝器或反应釜夹套中放出的冷却水。只要设备完好、没有渗漏,冷却水的水质一般都较好,应尽量设法冷却后回用,不宜直接排放。直接排放一方面是资源浪费,另外也会引起热污染。一般来说,冷却水回用后,总是有一部分要排放出去的,这部分冷却水与其他废水混合后,会增加处理废水的体积。

5. 跑、冒、滴、漏及意外事故造成的污染

生产操作的失误或设备的泄漏会使原料、中间产物或产品外溢而造成污染。因此,在对废水治理的统筹考虑中,应当有事故的应急措施。

6. 二次污染废水

二次污染废水一般来自于废水或废气处理过程中可能形成的新的废水污染源,如预处理过程中从污泥脱水系统中分离出来的废水、从废气处理吸收塔中排出的废水。

7. 工厂内的生活污水

11.2 精细化工废水的水量水质特征

精细化工废水是染料、医药、化学纤维及农药等精细化工产品生产过程中产生的有机废水，具有污染物浓度高、成分复杂、色度高及毒性大等特点，对自然环境和人类健康均存在严重的危害。

对精细化工废水的处理，目前我国大多采用传统的物化/生化组合工艺，但处理效果不理想，出水达标率不高，主要表现为出水 COD、NH_4^+—N 及色度等指标的超标。究其原因，认为目前的废水处理工艺普遍缺乏对精细化工废水中有机成分的准确全面分析，缺乏基于有机污染物生物活性与其分子结构之间关系理论方面的深入研究，不能从生物处理过程中有毒/难降解有机物对微生物的抑制或毒害作用方面寻找精细化工废水难以达标排放的本质原因，从而影响了高效、稳定的精细化工废水处理技术体系的建立。

11.2.1 水量特征

精细化工废水的水量与生产水平、管理水平有很大关系。通常情况下，洗涤废水排放量较大。另外，当管理水平较差时，地面冲洗水水量也较大。

11.2.2 水质特征

1. COD 浓度高，氨氮浓度较高

在精细化工产品生产过程中，由于原料反应不完全造成大量的副产品和原料在生产过程中使用大量的溶剂介质进入废水中，从而表现为较高的 COD 值。

精细化工废水中氨氮浓度高主要归因于在某些精细化工产品生产过程中作为原料、沉淀剂或洗涤剂等用途的氨水的大量使用及苯胺等含氮有机物的转化，高浓度的氨氮（特别是游离氨）会对生物系统产生毒性作用。有研究表明，当游离氨浓度随进水氨氮浓度升高而增加至 8mg/L 时，生物系统内的硝化效果开始降低；当游离氨浓度达到 40mg/L 时，就会对硝酸细菌产生严重的抑制作用。同时，在好氧工艺段中，由于 DO 的限制，可能会使 NH_4^+ 的氧化停留在 NO_2^- 阶段，而 NO_2^- 具有还原性，对出水的 COD 也有一定的贡献。

2. 色度高

精细化工废水的色度构成主要来自染料生产过程排放的废水中含有各种染料及其中间产物，这些物质含有各种助色基团（如—CH_3、—NH_2、—SH、—NHR、—NR_2、—OR 等）和生色基团（如—CHO—、—CH＝CH—、—NO_2、—COOH、—CNH_2O 等），有些还含有 S^{2-}、CN^- 等易与 Fe^{3+}、Cu^{2+} 等金属离子发生沉淀或络合反应而显色的离子团。染料及其分解产物的色度除了影响水体感观外还会干扰日光的渗透，并且对水生生物构成毒害作用。

3. 常见离子和重金属离子含量高

精细化工废水中的 F^-、Cl^-、Br^- 浓度较高，尤其是 F^- 的浓度超出《污水综合排放标准》中规定限值的 3 倍多。外排水的 NO_4^-、NO^{3-} 均比原水有所增加，这是由氨氮经硝化作用而造成的；SO_4^{2-} 浓度在 2000mg/L 以上，过高的 SO_4^{2-} 离子会在厌氧阶段被微

生物还原成 HS^-、S^- 或 H_2S 气体，从而对生物系统产生毒害作用。

碱金属的浓度均较高，外排水的总 Cr、总 Cu 和总 Se 超标。废水中的 Na、K、Ca、Mg、Mn、Cu 等元素适量存在时，对微生物的生长具有酶催化作用以及调节渗透压的作用，在氧化还原过程中起传递电子作用；但当其浓度超过一定的阈值时，则会对微生物产生毒性效应。此外，由于大部分企业在预处理工艺中投加铁盐作为絮凝剂，从而使废水中的铁离子含量较高，过多的铁盐不但会破坏污泥的稳态絮凝，同时会与废水中的某些染料或其中间体形成金属络合物，进一步加深处理出水的色度。

4. 有毒、难降解有机物含量高

精细化工废水中可检测出苯胺类、硝基苯类、甲氧基苯系物、腈、酚、酸、醇、酯、苯乙烯、壬烷、吲哚、喹啉、四氢呋喃等有机物，其中氯代苯胺、氯代硝基苯及杂环有机物属于有毒/难降解有机污染物。这些有机物大多含有稳定的苯环（杂环）结构，有些还含有卤原子、硝基等强吸电子基团，化学性质相当稳定，而且一般具有低水溶性、高亲脂性等特点，容易在生物机体内富集，对生化池中微生物的生长具有较强的抑制作用，表现为POPs（持久性有机物）或 ECDs（外因性内分泌干扰物）性质，所以在出水中仍有大量的苯胺类、硝基苯类及杂环有机物被检出，是构成出水 COD 的主要组分。由此可见，精细化工废水中含有大量的有毒/难降解有机物，其对生物系统中微生物的毒害或抑制作用是造成出水难以达标的主要原因。

11.3　精细化工废水的处理技术

11.3.1　精细化工废水的污染控制策略

1. 清洁生产

应通过技术创新，在摒弃落后的化工生产工艺和提高原料利用率的基础上推行清洁生产，全面实现水、热能等资源的循环利用，将环境污染负荷降低至最低程度。

2. 水质结构性调整

根据水质分析，工业园废水处理厂需采取多种手段保证出水达标，其中对入园排水管网水质作结构性调整是其中一项重要措施。我国城市污水的 COD 浓度一般为 $100\sim250\text{mg/L}$，其中大部分有机物为易降解物质，可以作为工业废水中难降解有机物的共代谢基质被微生物利用。按照目前的工业废水加权浓度（728mg/L），当 B/C 为 0.25 时，BOD 平均为 182mg/L；若生活污水量为 $3500\text{m}^3/\text{d}$，COD 平均为 200mg/L，当 B/C 为 0.6 时，BOD 平均可达 120mg/L，则生活污水与工业废水的加权 COD 约为 596mg/L，BOD 平均约为 178.5mg/L，B/C 可提高至 0.30 左右，入园排水管网废水的可生化性将会有一定程度的提高。

由于生活污水中 COD 的浓度并不高，所能提供的易降解碳源还不足以完全降解工业废水中的难降解有机物。因此，还需要引入更多其他来源的含易降解有机物工业废水，比如食品、发酵类工业废水等，利用其中的易降解糖类、醇类、蛋白质作为难降解有机物的共代谢基质，提高废水的处理效率。所以，在工业发展的产业性结构调整方向上，工业园区应积极引进食品、发酵类企业，而对排放大量难降解有机物的染料、制药等化工企业的发展规模进行一定程度的限制。

3. 对原有处理工艺的优化与改造

（1）针对含有有毒/难降解有机物的精细化工废水的处理，采用有效的有毒污染物脱毒或毒性削减预处理措施和选择针对底物表现出优势种群特征微生物的生物强化工艺是实现其达标排放的关键；并结合混合特性好、传质效率高的生物反应器，可望进一步提高废水中毒性有机物的去除效率。

（2）加大调节池容量，对水量、水质进行充分调节。有机化工废水水量往往排放不均匀，水质波动也较大，为了维持生化处理的有效进行，必须加大调节池的容量。一般调节池的设计水力停留时间均需在 8～12h 以上，对某些废水，还可增加到 24h 甚至更多。

（3）有机化工生产过程中，常采用不少的酸、碱及盐类，因此废水中的盐分常较高，建议在可能的情况下，采用适当生活污水稀释，以减轻盐分、有毒有害物质对生化处理的影响，且生活污水中的一些有机质可以作为营养，对化工废水的生化降解是有益的。

（4）可对活性污泥进行驯化，使其适应较高的盐浓度。有文献报道，在驯化过程中只要缓慢地提高盐的浓度，就可以使废水中的活性污泥耐受较高的盐浓度。其中对硫酸盐的驯化又较氯化物容易。经过驯化的活性污泥可以在百分之几的盐浓度下，正常进行生物降解。

（5）也可采用嗜盐菌，或在活性污泥中加入嗜盐菌以提高生物对盐分的耐受力。如美国从大盐湖中分离出一支细菌，可以在含盐工业废水中去除酚(PhOH)。在室内试验中，当有 9.0%～17.5%氯化钠的存在下，可以完全分解 110mg/L 的酚；当氯化钠的质量分数为 1%～2%时，降解时间最短，降解速率最快 [23mg(PhOH)/(L·h)]。在序批式生物膜反应器中进行的长期试验结果表明，均取得了良好的处理效果。

（6）选择合适的工艺参数，如 pH、DO 等。pH 应视有机污染物的降解特性而定，如醋酸废水，在降解过程中，其 pH 会随处理过程而上升，故应以酸性 pH 进水，或不经中和，并采用完全混合活性污泥法为宜。相反，有机磷废水、有机卤素废水、有机硫废水等在生物降解并无机化时，会产生磷酸、盐酸或其他卤化氢及硫酸等，处理过程中 pH 下降很快，因此要求提高进水 pH，或在生物降解过程中不断地补加碱液等，以保证完全混合液中的 pH 在微生物适宜的范围内。例如，有些有机磷农药废水，含有机磺酸基团的染料生产废水，生化池的进水 pH 往往在 11～12 之间。

（7）考虑投加添加剂。对含有毒有害物质的废水及生物难降解废水，生化处理时可考虑投加添加剂来提高生化处理效率。最有效的做法是加入微量活性炭及微量元素，如在活性污泥中加入粉末活性炭及硫酸锰或硫酸铁(单独加入锰盐也可)会提高活性污泥的活性，加入铁铝等离子可提高硝化及反硝化的速率。另外，在处理焦化废水时，还可加入小剂量的葡萄糖(10mg/L)，可以因葡萄糖降解产生的三碳化合物(如丙酮酸等)而加强微生物的三羧酸循环，从而提高酚的去除率。其他促进剂还有在活性污泥中加入吲哚醋酸可以提高处理甲基吡啶的能力。在生化系统中加入维生素 B、叶酸或二氢叶酸也有利于生化反应的进行。而加入适量的乳酸还可以促进厌氧颗粒污泥的形成。

4. 完善法律法规政策

可借鉴国际环境立法的经验，制定适合我国国情的环境制度，通过征收环境税等市场以外的途径补偿自然环境的生态价值，从而促进生产者和使用者节约资源、减少对环境的污染。

5. 政策性策略

在化工企业比较集中的地方建立废水处理厂，将各企业预处理后的废水进行集中处理，能最大程度地发挥规模效应与经济效益，现已成为我国工业园区治理环境污染的方向性措施和主要技术政策。但由于化工企业，尤其是精细化工产品生产过程中排出的物质大多结构复杂、有毒有害和难以生物解解。因此，对精细化工废水的处理，应建立完善的环保监测与信息反馈控制系统，加强对入园企业废水预处理力度的监督是最为简单实用、见效最快的方法。

11.3.2 几种精细化工废水处理技术

1. 醇及醚类废水的处理技术

醇与醚在废水中也时有发现。含醇废水常见于饮料工业、发酵工业及日化工业等。在有机化学工业中，醇常作为溶剂，或作为原料使用。长碳链的醇还可用来制备表面活性剂。废水中常见的醇有甲醇、乙醇、异丙醇、丁醇、辛醇、乙二醇、丙二醇及甘油等。

有不少醚在工业中常作为溶剂。另外，聚乙二醇及其醚类衍生物作为乳化剂，或作为清洗剂，故多见于各种金属加工工业中，此时常与油同时存在于废水中。

(1) 含醇废水处理方法

1) 物化方法

① 混凝沉降法

对于水溶性的醇，混凝沉降法的效果是比较差的。例如废水中的甲醇，在用硫酸亚铁进行混凝沉降法处理中，其去除率为 33.4%～37.2%。

一些与水不互溶但经乳化的醇可以通过破乳(用混凝剂破乳或用电解絮凝破乳)而去除。如废金属防锈油(内含煤油、2-乙基乙醇、烷基苯基聚乙二醇醚以及卵磷脂等)，与1% 的 NaCl 及 0.5% 的 $Al_2(SO_4)_3$ 混合，然后在铝板间进行电解絮凝 10min(电压为 5V、电流密度为 $0.5A/cm^2$)即可使废水得到净化。

② 蒸馏、汽提法

对一些沸点较低而挥发性高的醇可用蒸馏法或汽提法回收去除。废水中的甲醇在75℃的条件下经汽提后，其去除率为 95%。氧化乐果合成废水中含有高浓度的甲醇和氯仿，可采用汽提法将甲醇和氯仿一起蒸出冷凝，并用水解法将氯仿水解除去。本法甲醇的去除率>99%，氯仿去除率约 100%、COD 去除率>50%。

③ 萃取法

利用萃取法可从废水中回收醇类化合物，对浓度较高的某些含醇废水是有其积极意义的。废水中的二乙二醇(35.0～62.0g/L)(并含 70～80g 氯化钠/L)可用 $CHCl_3$-BuOH-DetOAc 进行萃取，出水 COD 可降到 2000mg/L。

生产 EF-I 树脂的废水中含有糠醇、甲醇等及其他有机物，可用乙醚萃取回收去除，所用的醚水比为 7/10，回收后的废水 COD 值仍较高，可用二氧化锰氧化，或用生活污水稀释 75 倍后进行生化氧化处理。

④ 吸附法

利用吸附剂来去除废水中的醇主要是对于低浓度含醇废水的处理。最常用的吸附剂为活性炭，工业级的活性炭可在 20℃下从废水中去除微量的甲醇、乙醇、异丙醇、丁醇及正乙醇。由氯乙醇制备环氧乙烷的废水中含有丙二醇，可在 pH<4 下，通过 8～80 目椰

子壳做的活性炭给予去除。制备环氧氯丙烷的废水可用活性炭或合成树脂 KhE 348 进行吸附回收其中的甘油。

⑤ 膜技术

含醇类的废水，如甲醇、乙醇等可用反渗透技术处理，使用较多的是醋酸纤维素膜（CA 膜）。用不对称的醋酸丁酯纤维素及醋酸纤维素反渗透膜，可以从含有无机物及聚甘油的石油化工废水中分出甘油，在 4.2～5.6MPa 下操作时，其选择性最好。一个单级的反渗透装置可回收 27% 的甘油，并能从水中除去 92% 的无机盐及 94% 的聚甘油，如果用多级反渗透装置，并以对流湍流式进液，则可回收 31% 的甘油，处理后水中可以使无机盐不存在，聚甘油的浓度可降至 5.2%。

同样，也可用反渗透技术处理含乙二醇的废水。如在由乙烯氧化制备环氧乙烷时，其废水中的乙二醇也可用酰胺膜，在有无机盐存在，并在约 3.0～10.0MPa 条件下用反渗透技术进行去除。

2）化学方法

① 水解法

氯乙醇（及三氯乙醛）可与氢氧化钠或氢氧化钙搅拌曝气，使之变为毒性较小或无毒的处理液。

② 化学氧化剂氧化

用于处理含醇废水的化学氧化剂主要有臭氧、过氧化氢、氯系氧化剂以及其他一些氧化剂。甲醇废水在用臭氧氧化时，甲醛是中间产物，而最终产物为二氧化碳。如果用 Al_2O_3-SiO_2 作臭氧化的催化剂时，甲醇的去除率可达 85%。

在研究异丁醇的臭氧化时，发现以 pH 为 4.3～12.0 为最好。甘油及丙烯醇均可用臭氧使其从废水中除去。乙二醇可以用臭氧氧化及电解的方法去除，其中间产物是羟乙酸、乙二醛、羟乙醛及甲醛等。二者联合使用可以产生反应性的自由基而得到协同作用。乙二醇、二甘醇及三甘醇臭氧氧化产物均可被生化氧化，因此在臭氧化处理后可用铜绿假单胞作进一步的净化。

③ 电解氧化

还有不少的含醇废水可以由电解氧化法予以去除。如在尿素树脂生产废水的处理中，可在废水中加 1mol/L 的氢氧化钠、用不溶性阳极 PbO_2 作电极，在电流密度为 0.19～0.22A/cm² 下电解 3h，可使废水中的甲醇全部被分解。甘油废水则可在 70℃、30V/cm² 下，用铝电极进行电解净化。含乙二醇的废水，可用 PbO_2 作阳极进行电解氧化以降低其 COD 值。如某废水中含 COD 为 28000mg/L、硫酸钠为 0.5mol 及硫酸为 0.2mol，用镀钛的铝阳极及 SVS304 不锈钢作阴极，在 45～50℃、3.5V、2.5A/cm² 下进行电解，电流效率为 69.5%，出水的 COD 可降至 500mg/L。

④ 辐射法

废水中的饱和醇还可用电离辐射法予以去除。

3）生化方法

部分工业中常见的醇类化合物均可用生化法予以降解。例如甲醇、乙醇、2-氯乙醇、环己醇、2-乙基己醇、甲基苄醇、乙二醇、丙二醇、二甘醇、三甘醇、季戊四醇等，在一般情况下既可用活性污泥法处理，也可用厌氧处理法处理，另外的一些含醇废水还可用固定化的丝状菌来处理，可得到良好的效果。在用活性污泥法处理含醇废水时，醇的易降解程度常按下列次序递减：甲醇、乙醇、正丁醇、正戊醇、正丙醇、异丙醇。在代谢过程中，能发现有相应的脂肪酸生成。

醇可用单级序批式的生物转盘处理，研究发现，相同浓度的各种含醇废水，分子量越大，生物降解性能越差。虽然直链的醇类化合物易被微生物所降解，但在链上若有甲基取代（或烷基）的话。则常在较大程度上影响他们的微生物的生化降解特性。

用 SBR 技术可以处理甲醇废水，也可在三相生物流化床系统中用由太原化肥厂和山西生物研究所提供的 186 菌种进行处理，甲醇的容积负荷可达 $3.02\sim3.36kg/(m^3 \cdot d)$，COD 去除率可达 $89.3\%\sim96.7\%$。

甲醇废水可在 $50\sim55℃$ 下用 UASB 系统，通过有固定化的 Methanosarcina 或 Methanococcus 的污泥降解而得到处理，并有高的 COD 处理负荷。也可通过有固定化的 Methanothrix 的污泥降解而得到处理，并有高的 COD 处理负荷。

（2）含醚废水处理方法

1）物化方法

① 混凝沉降法

聚乙二醇烷基苯基醚型的非离子表面活性剂 OP-7 及 OP-10 可用水溶性含羟基的絮凝剂 Kometa 及 MMK 来处理，处理最佳的 pH 为 $3\sim4$。MMK 与 OP-7 的最佳比例为 2.2 及 1.2，对 Kometa 与 OP-10 比为 1.2。在 pH 为 3、室温的条件下，当 OP-10 的初始浓度为 1021mg/L、650mg/L 及 1133mg/L 时，其去除率分别为 96.2%、96.9% 及 92.1%。

废切割液中含有的聚乙二醇壬基苯基醚可先用磺化的 $C_{12\sim18}$ 的醇，再用酰胺乙基吡啶氯化物处理，经沉降后 COD 可去除 96.16%，乙醚萃取物的去除率为 99.03%。

② 吸附法

用活性炭还可吸附其他醚类化合物，如环醚化合物二噁烷在吸附含氧乙基化的烷基酚化合物时，活性炭如果吸附饱和，可在干燥后，在 $50℃$ 下用配比为 $4:2:2:1$ 的苯、石油、醚、氯仿的混合溶剂及乙醇进行再生。

由于活性炭对聚乙二醇醚类化合物的吸附能力并非十分令人满意。因此，研究者对适合专用的吸附剂进行了研究，发现以黏土矿物类及合成吸附剂两大类为最有效。

③ 膜技术

非离子表面活性剂用超滤方法处理，其效果要比处理阴离子表面活性剂为好。工作压力不可过高，过高会使处理效率下降。乳化剂 Emulsit 25 是一种聚乙二醇烷基苯基醚，当其在废水中的浓度为 16000mg/L（以 COD 值表示）时，在 $70℃$ 下用 HAWP 微孔过滤处理，可使 COD 值降至 1500mg/L。

也可先加药剂，进行混凝沉降、再用超滤法处理，所用药剂有丹宁的甲醛缩合物、木顺素磺酸盐、多元醇多糖聚合物、磺基醇及低分子量醛的聚合物、酚性聚合物的可溶性铵盐、碱金属或碱土金属盐等，如将 1000mg/L 的丹宁加到聚乙二醇乙基苯基醚中，进行超滤，去除率可达 99%。

④ 萃取法

在物化法中还可用氯仿作溶剂，采用自动溶剂萃取的方法，从水中除去低浓度的非离子洗涤剂，可用纯净的煤油萃取废水中的 $C_{5\sim7}$ 二烷醚，如甲基叔丁基醚（MTBE）及 $C_{1\sim4}$

醇，废水中的污染物含量可降至 200mg/kg，同时也可以得到高辛烷值的煤油。

⑤ 泡沫分离法

由于一些醚型中性表面活性剂在废水中具有发泡作用，因此可以采用气浮或泡沫分离法予以净化。例如 Alfenol 8（一种聚乙二醇烷基苯基醚）、Olbrotol I8（一种聚乙二醇烷基醚）均可用泡沫分离法予以去除。

2）化学方法

① 湿式氯化

含聚乙二醇的废水可在 Mn/Ce 复合氧化剂的催化作用下，用湿式氧化的方法处理。这种复合催化剂的作用要比 Co/Bi 或 Cu 好。浓度为 3~12g/L 的非离子表面活性剂废水，可在 700~900℃ 的条件下进行湿式氧化，处理后的水无色，其中表面活性剂含量可降低到 10~15mg/L，COD 为 45mg/L。

含环氧氯丙烷的废水也可用湿式氧化的方法处理。

② 化学氧化

用于氧化醚类化合物的氧化剂主要有臭氧、过氧化氢和氯系氧化剂等。

含 1% 的聚乙二醇（分子量为 8000）溶液，在 pH 为 12 时，可用臭氧氧化分解，经 2h 的臭氧化，可使 COD 值从 17690mg/L 降低到 15003mg/L。

用臭氧处理 OP-10（聚乙二醇烷基苯基醚），当 OP-10 浓度为 120mg/L、臭氧消耗量为 $0.455mg(O_3)/mg(OP-10)$ 时，水中 OP-10 的含量降低 70%，最佳 pH 为 5.0，对聚乙二醇脂肪酸可降低 94%。另外，研究发现在碱性介质中进行氧化处理的效果较好。

③ 电解氧化

在用电解法处理醚型非离子活性剂时，可用金属氧化物作电极。如处理含 800mg/L 的 Rokagonol N_6 [18-（对壬基苯氧基)-3，6，9，12，15，18-六氧-1-十八醇] 及 10mg/L 的氯化钠，在 40℃ 时进行电解，30min 可使 90% 的上述表面活性剂分解，废水的毒性降低 70 倍，在 $0.025A/cm^2$ 的电流密度时，对每去除 1kg 上述表面活性剂约需电耗 15kWh。

④ 辐射分解

中性表面活性剂及醚类化合物可用 γ-射线去除。如聚乙二醇十二烷基醚可用 γ-射线处理。在用 ^{50}Coγ-辐射处理表面活性剂（如 Nekal、Sulphonol、STEK、OP-7 及 OP-10）时，^{50}Coγ-辐射剂量为 650rd/s 或 200rd/s。同时通入氧、空气或无氧的氮，流速为 0.2~0.5L/min，可使废水中的这些有机物分解至测试不出的水平。经处理后，水的表面张力增加，水面不形成泡沫。分解这些产物时，效果基本相似，与其化学结构关系不大，同时通入氧气或空气比通入氮气的效果要好。

⑤ 化学还原

这种方法主要只用于有机过氧化合物的处理，含有机过氧化合物的废水可在沸点时，用铜屑在 pH 为 10~11 的条件下处理 20~30min，即可使其分解而去除。

3）生化方法

与醇类化合物相比，醚类化合物的生化降解性能差得多。但是如能经过合适的预处理，或选择驯化的微生物，这类化合物还是大部分可以用生化法处理的。研究最多的是聚乙二醇及其醚类化合物。在一般的情况下，特别是分子量较大时，聚乙二醇被认为是一种较难生化处理的物质。

高分子量的聚乙二醇可用分解聚乙二醇的 Pseudomonas alcalifenes 或 Bacillus 来处理，当使用 P. alcaligenes no. 02A 于摇瓶培养时，可去除 62％的聚乙二醇。

对于聚乙二醇的衍生物，曾用从土壤或活性污泥中分离出的优势菌对其进行氧化分解，所发现的对其具有降解作用的 4 个菌株均属于 Pseudomonas sp。可分解聚乙二醇烷基醚的微生物从土壤中分离出的有 Alcaligenes sp，而从活性污泥中分离的有 Corynebacterium。

含聚乙二醇类化合物(分子量为 200～2000)可用活性污泥处理，若有合适的菌种，可以取得较好的效果，处理能力可达 200g(PEG)/[kg(ss)·d]。如用处理己内酰胺的活性污泥处理 12h 后 COD 值可从原有的 243mg/L 降低到 10mg/L 以下，处理速率为 175g (PEG)/[kg(ss)·d]。

2. 含醛及酚废水的处理技术

(1) 含甲醛、酚废水的处理法

含醛废水中最常见、对环境危害最大的要算含甲醛废水。甲醛废水中最常见的是由酚醛树脂生产中排出的含甲醛、酚废水，这种废水对人类危害较大。这类废水中除甲醛外，还含有酚类，如苯酚、甲苯酚等，由于使用的福尔马林溶液中除甲醛外还有相当量的甲醇，这些甲醇并不参加树脂合成的化学反应，因此也很自然地排入废水中去。

1) 混凝沉降法

酚醛(PF)及脲醛树脂生产废水，设备清洗水，可用硫酸铝沉淀，沉淀物经过滤后可与 PF 复配作为防水三夹板粘合剂。

2) 吸附法

酚醛树脂的生产废水，可先用酸将其 pH 调整到 3～3.5，然后用磺化煤过滤，磺化煤的再生可用甲醇，并用水洗涤。

聚乙烯醇纤维可以用来吸附酚醛树脂生产废水中的苯酚和甲醛。酚的去除率在 98％以上，但对甲醛的处理效果较差。吸附饱和的聚乙烯醇纤维可用碱洗法进行再生，效率可达 99％以上，二级吸附后苯酚浓度可降至 0.3mg/L。

3) 缩合法

缩合法是甲醛-酚废水处理的最常用方法之一。这是利用酸碱催化及加热，使甲醛进一步与酚类物质缩合，产生不溶性的物质而去除。缩合可分为碱性缩合和酸性缩合两大类。

生产酚醛树脂时产生的含酚含醛废水，可根据其含酚浓度的大小，可补加甲醛进一步缩合，生产油溶性酚醛树脂 220-1 和 220-2，可用于生产酚醛漆料和配帛酸醛色漆。

将含酚 18500mg/L 及甲醛 6200mg/L 的废水，在压热釜中，1MPa、180℃下加热 30min，可使酚的含量下降至 114mg/L，甲醛的含量降低到 2300mg/L。

在用这种缩合法处理含甲醛-酚废水时，如果同时在废水中加入 0.2～2kg/m³ 的铝盐作混凝剂，再将水加热到接近沸点，这样形成的固体缩合物比较松散，容易过滤分离，其上清液浊度也低，处理时间也比较短。

缩合可分为碱性缩合和酸性缩合两类。

加入碱性物质可以促进缩合反应的进行，如由生产酚醛树脂而来的废水，其中甲醛含量为 6000mg/L，苯酚为 404mg/L，COD 值为 53300mg/L，先将 pH 调至 10，再在 85℃

的温度下加热 4h，用硫酸中和后进行过滤，所得的处理水，COD 值去除率为 66.8%，甲醛去除率为 98.8%，酚去除率为 99.1%。

酸性条件下缩合的效果可能会更好些。如用 2%～4% 的 HCl 处理后回流 90min，往往可以去除 88%～89% 的游离酚及 77%～86% 的游离甲醛。为了取得最佳的处理效果，要求酚醛间有一定的合适比例，以便使二者反应彻底。如对于含酚量较少的含甲醛废水，可加入酚，使酚与甲醛的摩尔比为 1:(1.02～1.12)，再用酸调整至 0.015～0.1mol/L，加热至 80～85℃，回收甲醇及其他挥发性物质，然后可在沸点或接近沸点的范围下回收。

4）氧化法

在用氧化法处理含甲醛-酚废水时，所用氧化剂可为空气、臭气、过氧化氢、氯气或次氯酸钠等。废水中的甲醛可在氧化铜催化及碱的作用下分解。如含酚及甲醛的废水，其中含酚 4.5%、甲醛 11.7%、甲醇 7% 及胺 500mg/L，可先用溶剂萃取法从水中去除酚，残余液通过 KEX 212 阳离子交换树脂去除胺，剩余的甲醛与氢氧化钠一起通过氧化铜催化柱，使其发生 Canizzaro 反应，生成甲酸盐及甲醇。利用空气一般需要有苛刻的处理条件或需要有一定的催化剂，如可在 180～200℃ 及 2.5～5.0MPa 下进行湿式氧化。

也可用空气催化氧化的方法处理。催化剂可用经硫酸活化过的软锰矿（颗粒约 5～10mm），以空气作氧化剂可去除其中的甲醛与苯酚，在用软锰矿作催化剂且 pH<7 时，甲醛与酚的催化氧化与废水的 pH 无关。例如某废水含甲醛 14000mg/L、苯酚 8000mg/L，在上述催化剂的存在下，经过 2h 曝气，甲醛去除率为 87%～95%、苯酚可去除 99%。

5）生化处理法

在生产酚醛树脂过程中产生的废水，COD 可达 100000mg/L，甲醛为 60000mg/L，pH 为 2。经适当稀释后可以进入两种类型的厌氧生化处理装置中进行处理，即厌氧流化床（ANFB）及升流式厌氧污泥床（UASB）。在前者用颗粒活性炭作为载体，根据处理效率的提高，可将进水 COD 逐步提高至 1500～3500mg/L，容积负荷可达 1.2～4.5kg/(m³·d)，经 210 天后，COD 及甲醛的去除率可以达到 82% 及 91%。在 UASB 中，当进水 COD 在 2500mg/L 以上时，其去除率就下降。在 130 天的连续操作后，UASB 的容积负荷不超过 2kg/(m³·d)。从上述可以看出，在 ANFB 中的活性炭具有足够的缓冲作用，使总体废水中的甲醛浓度维持在一个较低的水平。

（2）含甲醛(不含酚)废水的处理方法

1）回收利用法

回收利用是比较经济的方法，主要用于高浓度的甲醛废水。如含 0.1%～20% 的甲醛溶液，可加入足量的甲醇（甲醛摩尔量的 4 倍），然后用硫酸调整 pH<4，蒸馏回收二甲氧基甲烷及未起反应的甲醇，甲醛以缩醛的形式回收。

含甲醛及甲醇的废水加入硫酸使 pH 为 3～6.5，然后进行蒸馏，蒸出水-甲醇-甲醛组分，再精馏甲醇，残余物加入氢氧化钙在 pH 为 9.5～10.5 的条件下进行醇醛缩合反应。对含甲醛同时又含甲酸的废水也可用类似的方法回收，如 1L 废水中含甲醛 4%、硫酸 12%、甲酸 15%，可加入甲醇，经加热蒸馏可回收二甲氧基甲烷、甲酸甲酯及未起反应的甲醇等，残余液中甲醛的含量可下降至 0.005% 以下。

2）吸附法

含甲醛废水可用常规的活性炭吸附去除。为了提高其吸附能力，活性炭可用芳伯胺进行预处理，在pH为7～14时，废水中的甲醛很易被这种吸附剂所去除。例如含有360mg/L的甲醛废水，在pH为9时通过2g含有0.4g邻苯二胺的活性炭，流速为0.83mL/min，可获得无甲醛的废水，使用过的活性炭可用0.05mol/L的硫酸再生。

也可在pH为4～14的条件下，用含有伯胺或仲胺的离子交换树脂来吸附甲醛。吸附饱和的树脂可用高于0.1mol/L的酸洗涤去除甲醛，并再用碱处理，以再生树脂。如用Amberlite IR-45（含伯、仲、叔胺基团）500mg，用来处理200mL含20mg/L的甲醛废水，在室温下搅拌6.5h后，则上清液中已无甲醛可检出。如果树脂结构中仅含季胺基团（如Amberlite IR-400），则不能去除甲醛。很明显，甲醛与伯胺及仲胺反应生成Schiff碱类衍生物是其去除机理。

3）缩合及沉淀法

利用缩合法处理含甲醛废水可分为在催化剂存在下自身缩合聚合及用其他缩合剂进行处理两种。甲醛在碱性条件下（pH为8～11）加热能发生树脂化反应，因此这种聚合反应能被用来处理含甲醛废水，去除率可达96%以上。例如在生产聚氧化甲烯（CH_2O）$_n$时产生的含甲醛废水，可用氢氧化钙，在60℃下处理20min，可以消除废水中的甲醛。此反应可被葡萄糖（2.8～10g/L）所催化，使反应时间减少一半。反应产生经红外光谱及核磁共振技术证明具有碳水化合物的结构，并认为在这种情况下，甲醛已被全部除去，可以向自然界水体排放。又如，废水中甲醛含量为19g/L，在氯化钠及氯化钙的存在下，pH>12，以80℃加热30min也可将甲醛全部去除。现已证明，在石灰催化下聚合而得的己糖是无毒的，完全可作为生物处理中微生物所需的碳源。

4）氧化法

含甲醛废水可用湿式氧化法去除。如某废水含甲醛10g/L、甲醇3g/L、甲酸0.1g/L，与350mg/L的镁盐混合，并在pH>10、100～200℃、1.7MPa的条件加热2h，甲醛即可被空气氧化，COD值从原有的17000mg/L降低到2000mg/L，除镁盐外，也可用钙盐催化。

此外还可在低温常压下去除甲醛，但常用钯、铂等贵金属为催化剂，利用钯炭在碱性下可使甲醛的含量从240mg/L降低到1mg/L。利用铂也可有效地去除甲醛。

另一种热分解的方法是气相催化氧化法。含甲醛的废水可以加热气化，经高温加压催化氧化，其冷凝液中甲醛的含量已可大幅度降低。如80000mg/L的含甲醛废水，甲醛的去除率可达92.7%。

5）生化法

常用活性污泥法或生物膜法处理含甲醛废水。

在含有甲醛的葡萄糖废水进行厌氧处理时，甲醛对厌氧过程的50%抑制浓度为300mg/L，如系木胶废水时，则其50%抑制浓度为150mg/L，故其抑制作用与甲醛本身浓度、废水中其他成分及时间有关。甲醛的降解仅在甲醛浓度很高时才会发生，在200mg/L（木胶废水）或400mg/L（葡萄糖废水）时，可有90%的甲醛被降解。

在生物膜法中，可用滴滤池处理含甲醛废水。废水中的甲醛可以先转化成甲酸后氧化成二氧化碳。在滴滤池中，甲醛氧化成甲酸主要发生在滴滤池的上端（离表面0.25m内），而甲酸氧化成二氧化碳主要发生在离表面 $0.5\sim1m$ 的部分。

更多的是用活性污泥法处理,当甲醛的浓度低于 $1g/L$ 时,对活性污泥不至于产生不良的影响。在实验室内,用活性污泥法可使 $600\sim2000mg/L$ 的甲醛浓度降低到 $0\sim15mg/L$。

(3) 含醛(不含甲醛)废水的处理方法

除甲醛外,在工业中常遇到的对环境污染较大的醛类化合物有乙醛、氯代醛、巴豆醛及糠醛等。它们的化学活性常常没有甲醛大,其中不少醛类化合物对活性污泥还呈现毒害作用。因此,这种醛类化合物的预处理,使之成为对生化处理无危害作用也就很重要了。

1) 汽提、蒸馏法

汽提、蒸馏法主要用来处理低沸点高挥发度的化合物;当废水中醛的浓度较高,而又有一定挥发性时,可通过汽提或蒸馏法直接从废水中去除。如造纸工业的废水中,其中的糠醛可直接用汽提或蒸馏法去除。废水中的氯代醛,主要是二氯乙醛,当含量为 $500\sim10000mg/L$ 时,可在汽提塔中进行汽提法处理,经处理后的废水仅有少量的氯代醛存在。

2) 膜分离技术

可利用反渗透技术从废水中去除醛类化合物,如丁醛、丁烯醛等。所用膜可用醋酸纤维素膜,并在 $1.76MPa$ 下进行操作。也可用芳香聚酰胺膜来分离醛类化合物,这种膜的极性较低,为醋酸纤维素的 40%,也在 $1.76MPa$ 下进行工作。其膜材料由间苯二甲酸及间苯二胺组成(其中间位与对位异构体的比例为 $7:3$)。

3) 萃取

废水中有的醛可以通过萃取法进行去除。例如废水中的氯乙醛可以用 Oxo 过程中产生的高沸点残液(含异辛醇、异辛烯醇及丁醇等)作萃取剂以去除之。如废水中含 $2000mmol/L$ 的有机氯,取 $100mL$,用 10% 的氢氧化钠($1mL$)处理,再用等量的高沸点残液萃取,则处理水中有机氯的含量可降低到 $2000mmol/L$ 以下。

对于不饱和醛,萃取法的效果也是很可靠的。例如含 $440mg/L$ 的 2-乙基己烯醛的废水,用生产异辛醇过程中蒸馏粗丁醇后的高沸点残液萃取,经处理后,出水用紫外光度法测定,其中余下的 2-乙基己烯醛的含量已降低到 $10mg/L$。另外,废水中的糠醛也可用氯丁烷作溶剂萃取。

4) 吸附

活性炭是较理想的醛类化合物的吸附剂,尤其对于芳香醛效果更好。

一种以 $2:8$ 的 $Al(OH)_3 \cdot Mg(OH)_2$ 组成、在 $600℃$ 加工制得的无机吸附剂 $MgO \cdot xAl_2O_3 \cdot nH_2O$,$x<0.25$。孔隙体积为 $0.85\sim1.18mg/L$,可以用来吸附香草醛。

用活性炭吸附废水中的糠醛时,其饱和的活性炭可用 $180\sim200℃$,$0.09\sim0.12MPa$ 的惰性气体及水蒸气的混合物将糠醛从活性炭中吹出回收,活性炭经活化后仍可回用。

在生产甘油时产生的废水含有乙醛及丙烯醛,经沉降后,再通过泥煤或褐煤吸附,或再经曝气而去除。

也可用离子交换树脂来吸附芳香醛类化合物。甲醛可同时被用氢氧化铝活化的膨润土、磷石膏及珍珠岩所吸附。

5）氧化及还原

醛类废水可用燃烧、氧化、碱化及聚合等化学方法去除。例如含乙醛的废水和含三氯乙醛的废水，当其浓度较高时，可用燃烧法处理。焚烧含三氯乙醛的废水时，应再加入超过理论量 10％的氢氧化钠或碳酸钠，并使温度控制在 99℃左右，不致在燃烧过程中产生氯化氢气体。

水中的糠醛可用软锰矿在温和的条件下予以去除。软锰矿是 β-二氧化锰，其氧化过程是先降解成糠酸。再进一步降解成顺丁烯二酸、最后转化成饱和的化合物。

6）生化处理法

大部分的醛可用生化法处理，如乙醛、丙烯醛、丁烯醛及对氨基苯甲醛等。

在用生化法处理含醛废水时，醛的含量可以较高，如乙醛及巴豆醛的最大允许浓度分别为 1000mg/L 及 600mg/L。在氧化时，起主导作用的微生物是 Pseudomonas，其他还有 Bacillus、Mycabacterium globiforme、Sarcina subflava 以及 Micrococcus 等。这些菌种除处理上述醛外，也可以处理这些醛在生化降解过程中产生的中间体。

在含有丙烯醛的树脂生产废水中，如将其 BOD 值由 2050mg/L 稀释到 450mg/L，并加入氮磷等营养物质，则进行生化处理 8～16h 后，已无法检出丙烯醛。对于生产异丁醛及正丁醛的废水，亦可用综合生化处理法。

（4）含酮废水的处理法

1）物化法

对低沸点、挥发性强的酮类化合物，可用汽提或蒸馏法将其从废水中回收去除。如制备双酚 A 的废水中，丙酮含量为 2～19g/L，可通过汽提法去除。

在精制丙酮时，丙酮经碱处理、蒸馏得无水丙酮，其废水中虽不含丙酮，但 COD 值却高至 24000mg/L，系其中所含异丙叉丙酮所致。可用硫酸酸化后，再进行蒸馏，以回收其中的异丙叉丙酮，回收后，COD 值降至 16800mg/L。

水中的丙酮还可加入助溶剂(如石油醚)，然后进行蒸馏而除去。

丙酮及其与肼作用生成的腙也可用汽提法去除。

丙酮、苯乙酮、羟基丙酮、甲乙酮、丙酮肟、氨基甲肟等均可用活性炭吸附从废水中去除。

在处理用异丙苯法制备丙酮的废水时，可在 pH≥9 的条件下，用活性炭去除其中丙酮等杂质，在比较大的温度范围内去除其 COD。

除活性炭外，还用 $Al_2O_3 \cdot MgO$ 制成的无机吸附剂或由水玻璃、硫酸铝及硫酸铁制成的吸附剂。从废水中去除丙酮，前者的吸附性能要比活性炭好。

2）化学法

α、β-不饱和酮可通过加碱，使 pH 至 8 以上，在 80～100℃加热 15～30min 以去除之，如用这种方法可从废水中去除乙烯基酮等。

工业废水中含有甲基羟乙基酮、乙烯丁酮、甲醛及甲基丁烯醇等，可在 240℃、30.0MPa 以及在含 Ni、Cu、Mn/SiO_2 的催化剂下处理 8h，分出析出的有机相，再用燃烧法处理。对于大部分酮，只要有外热提供，均可用燃烧法处理。剩下的水相中，有机碳量可从 11％降至 2.54％，经稀释 20 倍作生化处理去除。含氯酮(如一氯丙酮)可在 1.0MPa 及 160℃下加热 4h，并在钯炭的催化下，可发生脱氯反应，使其废水易于生化降解。

酮类化合物还可用氧化剂作氧化处理，例如丙酮可用臭氧处理。丙酮废水的 pH 为 12.1，丙酮含量为 0.1～1g/L 时，用内含臭氧 8.9～9.6mg/L 的氧气为 0.1～1.9L/min 时，去除 lg 丙酮约需 4.74g 臭氧。也可用 Al_2O_3/SiO_2 作催化剂，对 227mg/L 的含丙酮废水进行处理，4h 后可有 85％的去除率。

3）生化法

生化法是处理含酮废水的一种重要方法。含丙酮或丙酮-甲醛-酚的废水可以连续在曝气池中得到净化。在生产 EF-1 树脂的废水中含有丙酮，在进行回收后，用生活污水进行稀释，然后进行生化氧化。

对合成废水（含丙酮 600mg/L）的研究中发现，当与 3.5g/L 的活性污泥混合，并在 1.6m 高的玻璃筒中，以 30m³ 空气/m³ 液体的比例曝气 24h 后，COD 及 BOD 值从 1375mg/L 及 1052mg/L 降低到 31mg/L 及 8mg/L。丙酮的起始浓度如果超过 800mg/L，则丙酮的分解将不完全，并有可能影响活性污泥的活力。

丙酮可用 Brevibacterium 处理，对于 100mg/L 的丙酮，经 37℃ 处理 96h，可有 100％的去除率。

温度对于活性污泥对丙酮的降解影响较大，当温度分别为 15℃、10℃、8℃ 及 6℃ 时，其降解性能分别为 20℃ 时速度的 83％～89％、69％、58％～63％ 及 51％～54％，而生化处理后的微量丙酮可定量地被臭氧所去除。

3. 酸及酯类废水的处理技术

羧酸及酯在工业中使用的范围较广，是许多精细化工产品的原料，或作为反应溶剂使用，高沸点的酯还可作塑料工业中的增醒剂用，这类酯对环境的危害已受到人们的重视。

（1）含酸废水的处理方法

1）物理方法

① 蒸馏及蒸发法

沸点较低的脂肪酸可用蒸馏法回收处理。

对含甲酸较多的废水，可加入过量的甲醇，并加入少许硫酸作催化剂，由于产生甲酸甲酯，其沸点（32℃）较甲醇及甲酸均低，故可从废水中蒸出，待甲酸回收完毕后，再加热回收甲醇。用此法可以有效地从废水中回收甲酸。例如在 1-苯基-2，3-二甲基-4-(二甲氨基)-5-吡唑酮的生产废水中有甲酸钠存在，用 48％ 的硫酸使 pH 为 3.5 后加入甲醇，在 82℃ 的温度下加热 2h，蒸馏所得的馏分中含甲酸甲酯 89.2％、甲醇 10.8％。

糠醛生产废水中的醋酸可用氢氧化钠中和至醋酸钠，然后将其作为低压锅炉的供水，使其浓度蒸发至 15％～25％，然后将其浓缩盐转化成醋酸。

② 混凝沉降法

含丙烯酸及甲基丙烯酸的废水，加入硅酸盐，再用酸调至 pH<5，使上述二酸凝聚，再加入阳离子高分子后进行离心分离，例如废水的 pH 为 10.8、COD 为 12500mg/L，BOD 为 10000mg/L，加入 1％ 的硅酸钠，用硫酸将 pH 调整至 2，再经阳离子高分子絮凝及分离后，COD 及 BOD 的去除率分别为 81％ 及 60％，如不加硅酸钠，其去除率仅为 60％ 及 30％。

废水中的对苯二甲酸可用硫酸铁或三氯化铁在 pH 为 2～4 或 4～5.5 时进行处理，加入聚丙烯酰胺使沉淀形成较大的絮团，易于沉降、过滤及脱水，可以提高去除率，对苯二甲酸的回收率可≥90％。

③ 吸附法

活性炭对有机酸的吸附性能良好，可用来吸附各种脂肪酸、芳香酸、氨基酸及其取代衍生物。用活性炭吸附废水中的微量醋酸时，已饱和的活性炭可用加热法再生回收醋酸。

含醋酸及苯酚的食盐溶液也可用活性炭吸附回收，再生可用氢氧化钠溶液淋洗，精制后的食盐溶液可用来生产氯气及烧碱。在试验中，活性炭吸附再生14次后，对活性炭的吸附性能没有产生不良的影响。在某些工厂，这种处理方法已经形成约40L/min的处理装置。

另一大类的羧酸吸附剂为合成树脂。由苯乙烯-二乙烯苯而来的聚合物几乎可以定量地吸附水中的脂肪酸，再从吸附树脂上回收下来，可用于废水中有机酸的分析，也可用于城市及工业废水的处理。上述树脂结构中如果引入氯、乙酸基或硝基，可用来吸附丙酸及苯甲酸等。

④ 萃取法

苯可用来萃取丙酸及丁酸。含10％脂肪酸的废水可用等体积的二甲苯在70℃萃取6次，萃取液可用氢氧化钠回收脂肪酸，此法可用来处理水溶性或脂溶性的脂肪酸。用二甲苯连续从水中萃取直链羧酸，可使其浓度从10％降低到1％左右，BOD相应从10000mg/L降低到1100mg/L。

⑤ 离子交换法处理技术

离子交换树脂是一类能显示离子交换功能的高分子材料。离子交换树脂具有交联结构，在交联结构的高分子基体上以共价键结合着许多交换基团，这些交换基团由固定离子和以离子键与其相结合的电荷相反的离子组成。反离子在溶液中可以解离，在一定条件下可以与其他符号相同的离子发生交换反应。廖赞、兰新哲、朱国才等开展了用强碱性阴离子交换树脂回收氰化物的研究，其研究主要集中在两种树脂的最佳吸附条件、饱和吸附量和吸附的热力学及动力学规律上，确定了树脂吸附最佳条件以及回收氰化物较佳的树脂类型。

⑥ 膜法处理技术

对于酸性废液的处理可以使用渗析、电渗析等膜处理法，此类方法的好处在于能分离废液中的物质，达到资源回收的目的。

(a) 扩散渗析法

扩散渗析(DD)是一种以浓差为推动力的工业膜过程。在1993年以前，日本的工业界就有50多家企业应用了这一膜分离技术，规模从$0.5 \sim 50m^3/d$不等。DD在工业废水和污水处理中的主要应用是废酸、废碱的回收。

对含金属盐类酸性废水进行分离净化，回收的酸可循环使用，从除酸后的残液回收有用金属。因而DD广泛用于各种排放废酸的行业，如钢铁工业、铝箔浸渍作业、钛白粉工业、湿法炼铜工业、钛材加工业、电镀业、木材糖化业、稀土工业及其他有色金属冶炼业等，回收的酸的种类可包括硫酸、盐酸、氢氟酸、硝酸、醋酸等，涉及的金属离子主要包括过渡金属离子、稀土离子及钙、镁等。

化纤厂酸性废水约含质量分数为10％的Na_2SO_4，7％的H_2SO_4，1％的COD。兰州化学工业公司化纤厂用 DD 膜堆处理酸性废水的试验结果表明，酸的回收率、盐截留率、回收酸与废酸浓度比均可达 70％～80％，原废水处理能力为 15L/(m²·d)，1∶3 浓缩的废水处理能力为 7.5～11.3 L/(m²·d)。

在江西德兴铜矿投入运行的从电解液中回收游离酸的工程结果表明，DD 法对酸的回收率和对铁的去除率分别稳定在 75％和 90％左右，从开始运行的 1.5 年内，已累计回收硫酸 340t。

扩散渗析可与电渗析组合回收酸和废水中金属。DD 可回收 85％的游离酸，废水经 DD 处理后，再经 ED 脱盐和回收酸。回收酸的 ED 装置采用特种离子交换膜。ACM 膜回收酸具有高的电流效率，CMS 膜对单价阳离子具有选择性，而排斥铝离子透过。经处理后，H^+ 回收率为 98％，铝损失率为 5％。

(b) 电渗析法

由于产品和生产工艺的原因，排放的工业废酸中常含有各种金属离子，ED 法可以实现金属离子和废酸的回收。对于含铜、铁、镍离子的硫酸废水，即使硫酸质量浓度高达 200g/L，金属离子质量浓度高达 59％，ED 法回收硫酸也能取得很好的效果。

工业排放的稀醋酸废水中，醋酸的含量在 1％以下。回收废水中稀醋酸的方法有萃取分离法、生化处理法、吸附法以及电渗析分离法。ED 法可以将废水中醋酸的浓度从 2.5％浓缩到 20％。双极膜 ED 法可以将含质量分数为 0.2％的醋酸废水中的醋酸有效清除，废水中醋酸浓度可以被浓缩到 36％以上。用改性异相膜 ED 处理化纤厂去酸水，可把酸和盐浓缩到 200g/L，再进行多效蒸发可回收多余的 Na_2SO_4，经 ED 浓缩的 H_2SO_4 和 $ZnSO_4$ 溶液可返回凝固浴再用。废水淡化后，溶解固体降到 0.7g/L 以下，无硬度，返回生产用作洗涤水。在电流密度为 24mA/cm²，浓淡水浓度比在 10 左右时，膜的盐迁移量为 0.4kg/(m²·h)左右。溶液迁移量浓缩时为 1770mL/(m²·h)，脱盐时平均为 396mL/(m²·h)。浓缩 1t 盐的耗电量为 300kWh，回收水温为(35±2)℃的软化水耗电量为 10～13kWh/m³(水)。

(c) 膜生物反应器法

在化工厂生产过程中产生的酸、碱废水中，COD、SS 中的难降解物质含量都很高。在采用浸入式帘式中空纤维膜组件的 MBR 处理酸、碱废水的工艺中，MBR 由 6 组 SM-L 型膜组件组成，处理水量为 220m³/d，实际运行中膜通量为 0.20m³/(m²·d)。出水中的 SS 几乎为零，COD 的去除率大于 95％，工艺运行稳定、操作简单、管理方便。

(d) 微滤和超滤法

Michal Bodzek 和 Krystyna Konieczny 比较了不同类型的微滤膜和超滤膜在处理天然水的低压膜过程情况，即便对于天然水中低浓度的污染物的处理都具有较高的效率。但是实验也发现，即便对各种金属盐类的去除具有良好的效果，但是对硫酸盐的去除效率却不高。

2) 化学方法

① 沉淀法

EDTA 或其钙复合物，可用过硫酸钠在酸性条件下(pH＝1)，使其氧化沉淀。

在锅炉清洗时排放出含柠檬酸的废水，可用钙化合物处理，在高的 pH 下可以以钙盐及氢氧化铁的形式析出。如某洗液，COD 值为 3500mg/L，Fe^{2+} 为 2100mg/L，油为

10mg/L，pH 为 5，色泽为棕色。加入相当于柠檬酸当量 1.5 倍的熟石灰，使 pH 为 12.5，经曝气 1h 后，加入 20mg/L 的絮凝剂，经沉降后，其上清液的 COD 值降至 95mg/L，Fe 低于 1.0mg/L，油痕量，pH 为 12.5，无色，经调 pH 至 8 后即可排放。含柠檬酸盐的电镀废水可用钡盐沉淀法进行处理，其柠檬酸根去除率可达 98% 以上。

② 聚合法

对于含丙烯酸或甲基丙烯酸的废水，可加入偶氮脒或偶氮酰胺，使之形成不溶性的聚合物，从而使 COD 去除。如含 20000mg/L 的 COD，其中含 2-羟乙基甲基丙烯酸，加入 0.1% 的 V-40 [2，2'-偶氮双(2-甲基丙酮脒)二盐酸盐]，在 50℃ 的温度下加热 24h，加入高分子絮凝剂 pH 降至 8，可使 COD 降至 200mg/L。

③ 氧化法

大多数羧酸类生产废水可用氧化法处理。个别羧酸如氯代苯氧醋酸及其衍生物还可用还原法处理，如用金属使其发生脱卤反应。氧化处理方法主要包括湿式氧化及催化氧化、臭氧氧化、过氧化氢氧化、氯系氧化剂氧化、电解氧化及其他氧化剂氧化等。

醛酸可以在铜、锌及钴氧化物的存在下进行湿式氧化而被去除。臭氧氧化可以去除的脂肪酸有丁酸、羧乙酸、草酰醋酸、丙二酸、羟基丙二酸、棕榈酸、甘氨酸、酒石酸等。$Fe^{3+}/H_2O_2/UV$ 可以用来处理 2，4-D 废水，在处理过程中可以发现草酸是其中间产物。含草酸的废水可以加入次氯酸钠或过硫酸盐，然后进行电解，可将草酸氧化成二氧化碳及水。电镀废水中的甲醛及甲酸(各为 3000mg/L)可以在 1mol 硫酸下分别进行电解 13.8h、6.6h 及 5.4h，最后使上述浓度均降至 1mg/L。甲酸可用二氧化钛进行光催化氧化分解之。

④ 化学中和法

酸碱中和反应 $H^+(aq)+OH^-(aq)\leftrightarrow H_2O$ 是一种基本的化学反应，也是一种重要的化学反应。人们经常应用化学中和处理酸性废水的方法有：综合(回收)利用、酸碱废水互相中和、投药中和和过滤中和等。

对于浓度较高(3%～5% 以上)、成分较简单的酸，应回收利用。如从酸洗废液中可以回收再生酸、硫酸亚铁等。另一种处理就是将酸、碱性废水直接在中和池中搅拌中和，这是一种既简单又经济的以废治废的方法。

投药中和可以处理任何性质、任何浓度的酸性废水。中和的药剂主要有石灰、苛性钠、电石渣、锅炉灰和软化站废渣等。

另外，以石灰石、大理石、白云石等作为滤料，让酸性废水通过滤层，使水中和的方法称作过滤中和法。这个方法一般适用于处理少量含酸浓度低(硫酸小于 2g/L，盐酸、硝酸小于 20g/L)的酸性废水。

3) 生化方法

在用生化法处理甲酸或甲酸钠的废水中，凡活性污泥经甲酸钠驯化后，对降解甲酸仍是非常有效的，甲酸在这种污泥作用下，生化降解很快，而经醋酸钠驯化的活性污泥，却缺乏好的降解醋酸性能。

含 500mg/L 的甲酸废水，用 Biolitc 作生物填料，经滴滤池处理，甲酸的去除率可达 95%，处理可在分批间歇式操作下进行，氯离子可以高达 15g/L，而对生化处理不会产生明显的不良作用。

在厌氧过程中，甲酸的存在会抑制醋酸的降解。因为醋酸是许多生化处理过程中的中间产物，因此醋酸是极易生化处理的。例如利用加压曝气法处理醋酸钠废水，当 BOD 值为 $2000 \sim 4000mg/L$ 时，BOD 体积负荷为低于 $5 \sim 19kg/(m^3 \cdot d)$，去除率可达 $92\% \sim 96\%$。所用的体积为常压法的 $1/3 \sim 1/8$，其产生的污泥经浮选分离及浓缩后浓度可达 $40000 \sim 50000mg/L$，生化过程也比较稳定。

（2）含酯废水的处理方法

1）含脂肪族酯的废水处理法

① 物理方法

在工业废水中常遇到的脂肪族酯有醋酸衍生物的酯及丙烯酸类酯。醋酸及其衍生物的酯可用物理方法回收。废水中的醋酸丁酯可用异丙醚或苯进行萃取回收，也可用醋酸纤维膜利用反渗透原理从废水中去除醋酸戊酯、氯乙酸甲酯、氯乙酸乙酯及丁酸甲酯，而废水中的氟乙酸甲酯或氟乙酸乙酯，可用活性炭吸附去除。

② 化学方法

可使用次氯酸钠或氯去除废水中的酯，如利用这两种氧化剂可在 $80 \sim 110℃$ 的温度下从废水中去除醋酸乙酯及异氰酸乙酯，也可用辐射法在 $20℃$ 时从水中降解醋酸异丁酯。

聚醋酸乙烯酯的废水可用酸化及混凝沉降法处理。例如将废水加热到 $40 \sim 60℃$，用硫酸酸化至 pH<3，再加入混凝剂及聚丙烯酰胺，经澄清处理后可再进行生化处理，或加热到 $40℃$，加入 Mn^{2+}、Fe^{3+} 或 Al^{3+} 盐处理，其效果以 Al^{3+} 的效果较好，投加量约为 $75 \sim 500mg/L$。也可以加入 $500 \sim 1000mg/L$ 的硫酸亚铁，再用 $1 \sim 10mg/L$ 的阴离子聚合物在 pH $\geqslant 8$ 的条件下处理。

另外，含丙烯酸乙酯的废水也可在 $150 \sim 160℃$ 与 65% 硝酸及 20% 的硫酸共热，最后经石灰中和而得到处理，废水中的乙酰乙酸乙酯可用臭氧氧化处理。丙烯酸酯聚合后余下的单体可通过进一步聚合而除去。

③ 生物方法

植物油为高级脂肪酸的酯类化合物，在精炼过程中产生大量的高浓度废水，处理时在混凝处理后进一步用活性炭生化处理系统处理，其去除率比普通活性污泥法要好。

2）含芳香族酯的废水处理法

① 物理方法

水中的邻苯二甲酸酯(mg/L 级)可被多孔泡沫聚氨酯塑料在静态或动态的情况下吸附去除。邻苯二甲酸二乙酯及二丁酯可用反渗透方法去除。

在实际生产过程中，其生产废水最常用的处理方法为萃取法。一般用其生产原料的醇作萃取剂，萃取液经脱水后回用于原生产工艺中，而萃余水相可作进一步的净化，包括生化处理。制备邻苯二甲酸二异辛酯或其他邻苯二甲酸酯的废水，其中往往含有双酯、单酯、游离的邻苯二甲酸及硫酸。前三者可用大于 C4 的醇萃取，最好用生产酯的醇来萃取，萃取液送至下一批作投料用。需要指出的是，萃取应在酸性条件下进行。很明显，这种方法不太适宜处理含邻苯二甲酸二甲酯、二乙酯、二丙酯及二异丙酯的生产废水，因为甲醇、乙醇、丙醇及异丙醇均能与水互溶，不能用作萃取溶剂，如果用大于 C4 的醇作萃取剂，就会增加溶剂回收的环节。

② 化学方法

邻苯二甲酸二丁酯及二辛酯的碱性废水，可用硫酸中和 pH 至 5，再进行气浮，有机相占 7%，分出后可用焚烧法处理之。

含有甲醇、甲醛、甲酸、乙醛、乙酸及乙二醇的对苯二甲酸二甲酯及对苯二甲酸乙二醇酯的废水，可用铂族作催化剂进行湿式氧化将其去除。在用化学氧化时，邻苯二甲酸二甲酯可用臭氧在 pH 为 4～11 的条件下使其降解或邻苯二甲酸二乙酯可用二氧化钛作催化剂，并在紫外光或日光照射下进行催化氧化而去除。

③ 生物方法

醋酸酯及脂肪酸乙酯可用活性污泥法处理。对于醋酸酯而言，其生物降解性顺序为：伯醇＞仲醇＞叔醇，降解产物为相应的酸、酮，叔醇几乎不降解，脂肪酸乙酯的直碳链比支碳链更易降解，并产生脂肪酸、乙酸及乙醇。

高级脂肪酸甘油三酯可用活性污泥法处理，并逐步水解成 1，3-二-及-脂肪酸甘油酯、甘油及脂肪酸。当碳链增加时，生物降解能力降低。丁酸酯生产废水中的丁酸可用共沸蒸馏法回收，回收率为 96%，蒸出残液中含约 2500mg/L 的丁醇，可用生化法处理。

11.4 工 程 实 例

11.4.1 气浮-微电解-催化氧化-生化-MBR 工艺处理精细化工废水

1. 工程概况

江苏省常熟市某化工厂是一家以生产色酚、色基等精细化工品为主的企业，该厂废水主要来源于各车间生产工艺废水、设备地面冲洗水、生活污水、初期雨水等，各类废水统一进入厂内废水处理站预处理后接入园区污水处理厂，废水处理站设计处理规模为 600t/d，废水经预处理后须达到园区污水处理厂接管标准及《污水综合排放标准》(GB 8978—1996)一级标准，具体排放标准见表 11-2。

废水排放标准限值   表 11-2

序号	污染物	标准值(mg/L)	依据标准
1	pH	6～9(无量纲)	园区污水处理厂接管标准
2	COD	500	
3	SS	400	
4	总磷	4	
5	氨氮	25	
6	石油类	5	
7	氯苯	0.2	《污水综合排放标准》(GB 8978—1996)表 4 一级标准
8	苯胺类	1.0	
9	硝基苯类	2.0	
10	甲苯	0.1	
11	挥发酚	0.5	

2. 工艺流程

该工程的废水处理工艺流程如图 11-1 所示。

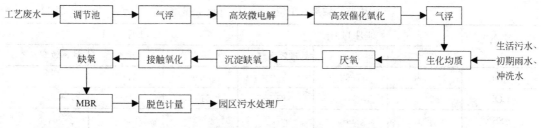

图 11-1　某精细化工生产废水处理工艺流程

废水进入物化调节池进行匀质处理后进入气浮池，气浮采用涡凹气浮设备，用于除去水中细小的悬浮物和胶体污染物质。高效微电解工艺采用南京工业大学的专利技术，不但能够有效去除废水的色度、COD 值，提高可生化性，便于后续处理，还能够弥补普通微电解工艺中出现的渣量大、填充物易板结、处理效果不稳定等缺点。高效催化氧化在芬顿反应器中进行，将有机化合物如羧酸、醇、酯类氧化为无机态。生化匀质即对之前的强化预处理后废水进行调节，控制 pH 在 7.0，同时引入初期雨水、生活污水、设备地面冲洗水等，加入生化所需的营养物质，以便后续的生化处理。

生化处理系统(厌氧、缺氧、两级接触氧化)水力停留时间为 7d，废水处理时间加长，以保证 COD 及氨氮的去除效率。厌氧处理包括两个阶段：一是酸性发酵阶段，有机物在产酸细菌的作用下，分解成脂肪酸及其他产物，并合成新细胞；二是甲烷发酵阶段，脂肪酸在专业厌氧菌——产甲烷菌的作用下转化成 CH_4 和 CO_2。

该工艺采用厌氧消化的目的在于得到 CH_4 及降低一定的 COD。缺氧的主要作用是反硝化，即在缺氧的条件下(DO 不大于 0.5mg/L)，将 NO_3^- 转化为气态氮，有机物不足时可外加碳源。接触氧化可以有效地克服活性污泥法中的污泥膨胀问题。生物接触氧化池内单位容积的生物固体量都高于活性污泥法曝气池及生物滤池。因此，生物接触氧化池具有较高的容积负荷。由于生物接触氧化池内生物量多，因此生物接触氧化池对水质水量的骤变有较强的适应能力。

接触氧化池后加设了一套 MBR 膜生物处理系统，利用膜分离装置将生化反应池中的活性污泥和大分子有机物质有效截留，替代二沉池，使生化反应池中的活性污泥浓度(生物量)大大提高；实现水力停留时间(HRT)和污泥停留时间(SRT)的分别控制，将难降解的大分子有机物质截留在反应池中不断反应、降解，以进一步降低有机物含量并脱氮。

脱色计量采用南京工业大学专利成套设备，制备高纯度的 ClO_2，以达到消毒脱色的效果。脱色处理后的废水经计量后由园区污水处理厂接管。

3. 处理效果

江苏省环境监测中心于 2010 年 1 月 14 日～15 日连续两天对该厂废水处理站进出水水质进行了采样监测，具体监测结果见表 11-3(表中数据为一天 4 次监测的平均值)。

由表 11-3 可知，该厂废水水质很不稳定，进水 COD、SS、NH_3-N、TP 浓度相差较大。经废水处理站预处理后，出水 pH 及 COD、SS、NH_3-N、TP 的日均排放浓度均达到园区污水处理厂接管标准，石油类、甲苯、氯苯、苯胺类、硝基苯类、挥发酚的日均排放浓度均达到《污水综合排放标准》(GB 8978—1996)中的一级标准。除石油类外，其余各污染物平均去除效率均达到 90％以上。

水质监测结果（单位：mg/L，pH 无量纲）　　　　表 11-3

项目	1 月 14 日			1 月 15 日		
	进水	出水	处理效率（%）	进水	出水	处理效率（%）
pH	10.48	7.62	/	10.60	7.52	/
COD	2433	201	91.7	5130	189	96.3
SS	681	14	97.9	132	20	84.8
氨氮	353	1.7	99.5	263	1.88	99.3
总磷	94.7	1.01	98.9	305	1.02	99.7
石油类	0.44	0.18	59.1	0.36	0.12	66.7
甲苯	0.057	<0.005	>91.2	0.045	<0.005	>88.9
氯苯	11.9	<0.01	>99.9	11.6	<0.01	>99.9
苯胺类	119	0.3	99.7	69.3	0.23	99.7
硝基苯类	7.7	0.4	94.8	5.6	0.3	94.6
挥发酚	0.4	0.0182	95.4	0.4	0.0182	95.4

11.4.2　高级氧化-水解-A/O-BAF 工艺

1. 工程概况

某精细化工园区主要产品为医药和农药中间体，包括呋喃胺盐、西酞普兰、头孢侧链、三氯吡啶醇钠、羟基嘧啶、对苯二酚、碳酰氯类衍生物的农药制品等。园区污水处理厂的主要废水来源是各企业在生产和加工过程中排放的生产废水和生活污水。废水经处理后排入园区内的排水沟，最终排入长江。污水处理厂出水水质应达到《污水综合排放标准》GB 8978—1996 中一级标准的要求。

该工程进水主要来自园区内各企业排放的生产废水和生活污水，主要污染物有甲基吡啶、氯吡啶、苯酚、苯胺、甲苯、氯苯、溴苯、苯酮、水合肼、硝基苯等。废水具有生物毒性高、可生化性差、水质水量变化频繁等特点，另外废水中还含有一定的油类和 SS。根据受纳水体的用途及不同行业的废水排放标准，设计进、出水水质如表 11-4 所示。

设计进、出水水质　　　　表 11-4

项目	pH 值	色度（倍）	ρ（COD$_{Cr}$）(mg/L)	ρ（BOD$_5$）(mg/L)	ρ（NH$_3$-N）(mg/L)	ρ（SS）(mg/L)
进水	6~9	200	600~800	150~200	50~60	200~300
出水	6~9	≤50	≤100	≤20	≤15	≤70

2. 工艺流程

废水处理工艺流程如图 11-2 所示。

来自园区的综合废水经格栅拦截较大漂浮物后经提升泵提升进入匀质池，在匀质池内设鼓风曝气搅拌，使废水水质混合均匀和防止悬浮物沉积。匀质池多余的水量进入事故调节池，若来水水质突然发生较大变化，可直接切换至事故调节池，事故调节池内水经过小流量泵均匀地提升至匀质池，匀质池出水自流至初沉池。初沉池采用斜板沉淀池，去除废水中密度较大的颗粒物后进入气浮池。气浮池采用溶气气浮，去除废水中含有石油类的物

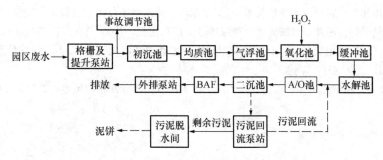

图 11-2　废水处理工艺流程

质后进入氧化池。在氧化池内通过投加双氧水，利用双氧水的强氧化性对废水进行改性，提高废水的可生化性、降低和去除其毒性。氧化池出水流入缓冲池，使未反应的双氧水通过自身降解消耗完全，避免过量的双氧水对下游生化系统产生毒害作用。经过改性的废水进入水解池内进一步提高其可生化性，利用水解酸化作用将一些难降解的大分子物质转化为易于生物降解的小分子物质，从而使废水可生化性和污染物降解速率都大幅度提高，提升后续好氧处理对 COD 的去除率。废水由水解池自流进入 A/O 池，A 池内设机械搅拌，同时从 O 池的内回流液、二沉池回流污泥回流至 A 池，在 A 池进行反硝化反应，将大部分硝酸盐氮还原成氮气。A 池出水至 O 池，O 池内设鼓风曝气，去除大部分有机污染物，并将进水中的大部分 NH₃-N 转化成硝酸盐氮，同时吹脱废水中的氮气。O 池出水进入二沉池，在二沉池进行固液分离。二沉池的出水进入 BAF，BAF 进一步去除废水中有机污染物和 NH₃-N。BAF 出水经外排泵站提升达标排放。污泥回流泵站将二沉池的污泥提升回流至 A/O 池，剩余污泥提升至污泥脱水间污泥贮池，由污泥泵将污泥送至带式浓缩脱水机。污泥经过带式浓缩脱水机脱水后，泥饼含水率约为 80％左右，泥饼外送处置。

3. 处理效果

该工程自运行以来，各项出水指标均达到 GB 8978—1996 中一级标准的要求。预处理采用以双氧水为氧化剂的高级氧化工艺，能够提高废水的可生化性、降低和去除其毒性，保证后续生化处理的效果，且投资低、运行成本低、没有副产物。废水处理采用以水解—A/O 为主的生化处理工艺，该工艺较成熟可靠、运行管理较简单、出水效果较稳定、运行成本较低。深度处理采用 BAF，BAF 集吸附、氧化及过滤于一体，具有处理效果好、污泥量少、动力消耗低、出水水质较好等特点。

本章参考文献

[1] 慧典市场研究报告网. 国内外精细化工总体发展现状与趋势[EB]. http：//www. hdcmr. com/article/jzqd/11/05/7337/html，006-09-15.

[2] 冯晓西，乌锡康. 精细化工废水处理技术[M]. 北京：化学工业出版社，2000.

[3] 郭冀峰. 还原—水解—SBR 处理精细化工废水试验研究[D]. 西安：长安大学，2005.

[4] 何勤聪，成国飞，任源，等. 精细化工废水有机成分分析及其生物降解性与毒性的拓扑研究[J]. 化工展，2009，28(6)：1080～1085.

[5] 朝海，何勤聪，帅伟，等. 精细化工废水的污染特性分析及其控制策略[J]. 化工进展，2009，28(11)：2047～2052.

[6] 乌锡康. 有机化工废水治理技术[M]. 北京：化学工业出版社，1999.

[7] 乌锡康，金青萍. 有机水污染治理技术[M]. 上海：华东化工学院出版社，1989.

[8] 赵庆良，李伟光．特种废水处理技术[M]．哈尔滨：哈尔滨工业大学出版社，2003．

[9] 郑宇，颜幼平，陈泽龙．含酸废水处理综述[J]．广东化工，2009，36(8)：153～154．

[10] 寇晓芳．气浮/微电解/催化氧化/生化/MBR工艺处理精细化工废水[J]．科技信息，2010，13：372～381．

[11] 王琳，汪炎．精细化工园区综合废水治理工程实例[J]．工业用水与废水，2014，45(3)：68～70．

12 石油工业废水处理技术

石油工业包括从油田勘探、开采到石油炼制、加工等一系列生产过程。其中，石油炼制产业是以原油、重油等为原料，生产汽油馏分、柴油馏分、燃料油、润滑油、石油蜡、沥青和石油化工原料等。石油化学产业是以石油馏分、天然气等为原料，生产有机化学品、合成树脂、合成纤维、合成橡胶等。作为重要的能源之一，石油对整个社会的经济结构具有重要的影响。

经过 50 多年的建设，我国已形成了完整的石油工业体系，特别是改革开放以来，我国石油工业经过几次改革重组，发展速度明显加快，已经跻身世界石油化工大国行列。原油加工能力、乙烯和三大合成材料生产能力均居世界前列。2003 年底，原油一次加工能力达到 3.04 亿吨/年，仅次于美国，居世界第二位；乙烯生产能力达到 578 万吨/年，居世界第三位；合成树脂生产能力 1720 万吨/年，居世界第五位；合成纤维生产能力 1150 万吨/年，居世界第一位；合成橡胶生产能力 139 万吨/年，居世界第四位。同时，经过近几年的调整改造，我国石油工业的产业布局进一步改善，产业集中度明显提高。2003 年，我国千万吨级以上规模的炼油厂已从 1998 年的 2 座增加到 7 座，长江三角洲和华南沿海地区炼油能力占全国炼油能力的比例比 1998 年上升 2 个百分点，乙烯生产能力所占比例上升了 4 个百分点，缓解"北油南调、西油东运"给交通运输带来的压力。

然而同时，石油工业也是一个"三废"排放量大、容易产生污染、危害环境的行业。石油生产的特点决定了其污染的普遍性和复杂性，因此，在加快发展石油工业的过程中，必须高度重视污染防治工作，这对石油工业可持续发展具有十分重要的意义。

12.1 石油工业废水来源

12.1.1 生产工艺

石油从地下开采出来，经过脱水稳定处理后进入到集输管线，然后输到炼油厂或油库，在厂内再次进行脱水、脱盐处理，当原油中含水量小于或等于 0.5%，含盐量小于 5000mg/L 后，方可进入到常减压装置。在加热炉内将原油加热到 350℃ 以上，然后进行常压蒸馏、减压蒸馏，分割出汽油、煤油、柴油、润滑油馏分，常压重油和减压渣油作为二次加工的原料。为了提高产品质量及原油的综合利用率，在炼油厂还要进行二次加工，主要有催化裂化、铂重整、加氢、糠醛精制、聚丙烯、焦化、氧化沥青等多套装置。

12.1.2 废水来源

石油工业废水主要包括石油开采、石油炼制和石油化工工业生产过程中产生的废水。油田开采出的原油在脱水处理过程中排出含油废水，这种废水中还含有大量溶解盐类，其具体成分与含油地层地质条件有关。炼油厂排出的废水主要是含油废水、含硫废水和含碱废水。含油废水是炼油厂最大量的一种废水，主要含石油，并含有一定量的酚、丙酮、芳烃等；含硫废水具有强烈的恶臭，对设备具有腐蚀性；含碱废水主要含氢氧化钠，并常夹带大量油和相当量的酚和硫，pH 值可达 11～14。石油化工废水成分复杂。裂解过程的废水基本上与炼油废水相同，除含油外还可能有某些中间产物混入，有时还含有氰化物。由于产品种类多且工艺过程各不相同，废水成分极为复杂。总的特点是悬浮物少，溶解性或乳浊性有机物多，常含有油分和有毒物质，有时还含有硫化物和酚等杂质。

12.2　石油工业废水水量水质特点

12.2.1　石油开采废水

1. 废水来源

石油的开采会导致油层压力不断下降，油田为保证原油的开采，需经常向油层注水补充油层压力，因此原油的含水率不断上升，这些经原油集输站脱油、脱蜡处理后的含油废水为油田采出水。采出水的成分比较复杂，通常含有油类、固体颗粒物、细菌以及硫化物，同时用于油水分离的破乳剂、絮凝剂以及杀菌剂的添加使废水处理难度加大，这些废水统称为采油废水。石油的开采过程中，绝大部分处于中、高含水期，通常石油开采的无水期较短，所以在油田生产的后期产生了大量的含油废水。

2. 水量水质特点

石油在开采过程会产生大量的废水，据统计，全球每生产 8000 万桶原油，就有 2.5 亿桶采油废水产生，以水油比 3∶1 计算，含水率达到了 70%，全球石油开采含水率在过去的十年开始增加并且持续攀升。目前，随着石油开采技术的提高也使原油含水率不断增加，我国大部分油田原油综合含水率已达 80%，有的甚至达到 90%，每年采油废水的产生量约为 4.1 亿 t，成为主要的含油污水源。

采油废水随原油从油层中开采出来，携带了大量的悬浮固体，由于油层高温高压的环境，采油废水还溶进了不同的盐类和气体，地层中大量有机物使得细菌大量繁殖，同时在集油和原油初步脱水过程中也掺入了一些化学药剂，这使得采油废水中含有较多杂质。采油废水中的油类主要有分散油、乳化油等，因脱水条件和工艺的不同，油分的分散程度也不同。从全国陆上油田来看，各地的采油废水差别很大，废水易受时间、地点的影响，如大庆、胜利、中原和江汉油田废水的矿化度、硬度较高，在生产过程中的腐蚀、结垢现象严重。同时采油废水水质也受原油物理特性、采油技术的影响，比如黏度大或凝固点低的原油在开采过程中需加热，因此废水温度较高，如大庆油田的采油废水温度达到 40～50℃，采用蒸汽驱开采稠油的辽河油田，废水的温度更高，达到 60～80℃。对于采用高分子聚丙烯酰胺等聚合物驱油的油田，采油废水的成分的复杂程度和难度加大，高分子聚丙烯酰胺使废水的黏性增大，造成油水分离困难，同时，特殊的地质条件也使得有些油田采出水中 S^{2-}、Cl^- 等含量较多。

总体而言，采油废水具有以下特点：(1) 废水的平均温度为 40～60℃，比一般水温高；(2) 废水的矿化度能达到 2000～5000mg/L，高矿化度容易加速腐蚀，对废水的生化处理造成影响；(3) pH 值较高，一般为 7.5～8.5；(4) 废水中含有细菌，常见细菌有铁细菌、腐生菌、硫酸盐还原菌，且细菌平均含量为 $10^2～10^4$ 个/mL，甚至达到 10^8 个/mL，细菌容易腐蚀管线而且堵塞底层；(5) 废水溶解氧含量和含铁量较低；(6) 废水中残存一定数量的化学试剂。延长油田某选油站采油废水水质分析结果表 12-1 所示。

炼油废水水质指标及测定结果 　　表 12-1

项目	平均值	项目	平均值
pH	6.9~7.0	SO_4^{2-} (mg/L)	2899.09
SS (mg/L)	35~40	CO_3^{2-} (mg/L)	0
含油量 (mg/L)	8~10	HCO_3^- (mg/L)	126.92
COD (mg/L)	1400	SRB (个/L)	$10^3 \sim 10^4$
$Na^+ + K^+$ (mg/L)	15961.78	TGB (个/L)	$10^4 \sim 10^5$
Ca^{2+} (mg/L)	4975.28	硫化物 (mg/L)	5
Mg^{2+} (mg/L)	143.76	总矿化度 (mg/L)	32208.43
Fe^{2+} (mg/L)	31.31	水型	$CaCl_2$
总铁 (mg/L)	42.60		
Cl^- (mg/L)	24101.60		

从表 12-1 可以看出，该采油废水呈弱酸性，由于水样采自脱油处理后的集水罐，所以水样中油含量较少，污水中 Ca^{2+}、Mg^{2+} 含量较高，导致水样矿化度高，同时水样中铁离子含量也较高，废水呈淡黄色。

12.2.2　炼油废水

1. 废水来源

炼油废水一般分为含油、含硫、含碱废水。炼油工艺在各种装置中进行，主要装置为减压蒸馏装置、催化裂化装置、重整装置、加氢精炼装置、丙烷脱青和去蜡装置，炼油厂一般还有焦化、裂化、精制、重整等二次及三次加工装置，这些装置以增加产量和生产高级染料油为目的。每个装置在生产过程中都会排出大量废水，绝大部分废水为冷却用水。

（1）常减压蒸馏

在常压和减压下，用蒸馏的方法把原油分离为多个馏分油和残渣油，如汽油、煤油、柴油等，进行该过程的装置称为常减压蒸馏装置，这是原油加工的第一步。此装置排出含油废水、含硫废水和含碱废水。

（2）催化裂化装置

为了提高轻质油收率，需将部分或全部常减压装置蒸馏后留下的重质残油和渣油进行加工，之后作为原料在催化剂的作用下加热，这一任务主要由催化裂化反应过程来完成。此装置排出含油废水、含硫废水和含碱废水。

（3）重整装置

重整是指为了生产高辛烷值汽油、芳烃、苯和二甲苯等，在催化剂（含铂物质）的作用下并加热从而使油品的分子结构重新调整的过程。该装置排出含油废水和含硫废水。

（4）脱蜡装置

脱蜡过程是指以甲二基酮和甲苯为溶剂，分离重馏分油和脱掉沥青的重油中石蜡或地蜡的过程，这个过程主要是为了降低油品的凝固点，以使润滑油的性能得到改善。由于脱蜡采用的溶剂为甲二基酮和甲苯，因此这个过程又称为酮苯脱蜡。这个装置排出的废水是含油废水。从以上分析可以看出，含油废水是炼油废水中水量最大的一类废水，直接影响到炼油废水处理工艺的选择及处理效果。

2. 水量水质特点

炼油厂的工业用水量大,生产用水点分散,废水的来源、特性和废水量与原油加工工艺过程、原油的类型、使用的设备、水重复利用程度以及维护管理水平等因素有关。炼油厂目前平均每加工 1t 原油的废水排放量为 0.3~3.5t。

不同的原油性质会产生水质差异很大的废水。例如含硫量 0.68% 的原油炼制后排出的废水,其含硫量和含酚量比炼制含硫量为 0.11% 的原油排出的废水高 10 倍左右。不同的生产工艺也会对废水的性质产生较大的影响,例如当炼油厂中有电脱盐脱水装置时,就有含盐废水排出。简易加工的炼油厂排出的废水,污染程度较低,深度加工的炼油厂排出的废水,污染程度较高,其中油、酚、硫化物含量都较多。水质详情见表 12-2。

炼油废水水质情况   表 12-2

装置名称		数值	pH	COD_{Cr} (mg/L)	石油类 (mg/L)	硫化物 (mg/L)	挥发酚 (mg/L)	NH_3-N (mg/L)	电导率 (μs/cm)
常压装置	常压含油	最大值	—	351.00	520.20	2.38	4.47	—	—
		最小值	—	9.13	1.32	0.04	0.02	—	—
		平均值	—	104.49	20.49	0.83	0.37	—	—
	电脱盐	最大值	—	8310.0	1461.0	151.00	29.96	—	—
		最小值	—	22.70	5.73	0.20	0.02	—	—
		平均值	—	1213.05	144.11	5.24	4.47	—	—
	催化含油	最大值	—	4665.00	1308.0	13.98	64.29	—	—
		最小值	—	33.50	1.18	0.04	0.01	—	—
		平均值	—	458.03	26.36	1.07	5.75	—	—
催化装置	污水气提进口	最大值	—	—	—	8123.0	—	15664.0	—
		最小值	—	—	—	232.30	—	1058.00	—
		平均值	—	—	—	1909.5	—	4987.20	—
	污水气提出口	最大值	9.72	4001.0	65.63	42.13	792.10	147.60	—
		最小值	5.87	293.0	1.28	0.20	24.94	2.28	—
		平均值	7.85	1815.41	11.59	4.16	296.70	25.01	—
	气提凝结水	最大值	—	—	5.13	0.79	—	—	960.00
		最小值	—	—	0.02	0.10	—	—	0.60
		平均值	—	—	0.59	0.36	—	—	14.17
	MTBE装置	最大值	8.60	93847.0	3783.0	1.18	24.68	—	—
		最小值	7.25	19.10	1.70	0.39	0.02	—	—
		平均值	7.61	18136.04	102.93	0.66	4.97	—	—
重整装置		最大值	—	—	58.55	6.36	466.00	—	—
		最小值	—	—	0.24	0.16	0.01	—	—
		平均值	—	—	7.15	1.87	30.75	—	—

12.2.3 石油化工废水

1. 废水来源

石油化工生产过程中所用的原料品种繁多，有气态、液态、固态或者水溶液；反应过程有溶解、萃取、氧化、聚合、精馏、洗涤、分离、吸收和干燥等作业。在这些作业中均与水有接触。从而使水受到污染，构成石油化工废水的主要来源。其次是中心化验室、动力站等生产辅助设施及食堂、办公楼等生活设施。石油化工生产过程中的主要生产工艺与废水来源见表12-3。

石油化工主要生产工艺与废水来源　　　　　　　　表 12-3

生产过程	污染来源	污染物质
烯烃生产和加工：		
原油处理	原油洗涤	无机盐、油、水溶性烃类
	初馏	氨、酸、硫化氢、烃类、焦油
热裂解（包括蒸馏和净化）	裂解气及碱处理	硫化氢、硫醇、溶解性碳氢化合物、聚合物、废碱、重油、焦油
催化裂解	催化剂再生	废催化剂、碳氢化合物、一氧化碳、氮氧化物
脱硫		硫化氢、硫醇
卤素加成	分离器	废碱液
卤素取代	氯化氢吸收	氯、氯化氢、废碱液、烃类、有机氯化物
	洗涤塔	油类
	脱氧化氢	稀盐水
聚乙烯生产：	催化剂	铬、镍、钴、钼
环氧乙烷乙二醇生产	生产废液	氯化钙、废石灰乳、烃类聚合物、环氧乙烷、乙二醇、有机氯化物
丙烯腈生产	生产废液、废水	氰化氢、未反应原料
聚苯乙烯生产：		
乙烯烃化		焦油、盐酸苛性钠
乙苯脱氧	催化剂	废催化剂（铁、镁、钾、钠、铬、锌）
	喷淋塔凝液	芳烃（苯乙烯、乙苯、甲苯）、焦油
苯乙烯精馏	釜液	重焦油
聚合	催化剂	废酸催化剂（磷酸）、三氯化铝
烃类生产及加工：		
硝化		醛类、酮类、酸类、醇类、烯烃、二氧化氮
异构化	生产废液	烃类、脂肪酸、芳香烃及其衍生物、焦油
羰化	废釜液	可溶性烃、醛类
炭黑生产	冷却、骤冷	炭黑
从碳氢化合物制醛	生产废液	丙酮、甲醇、乙醛、甲醛、高级醇、有机酸
芳烃生产及加工：		
催化重整	冷凝液	催化剂（铂、钼）、芳烃、硫化氢、氨
芳烃回收	水萃取液	芳烃
	溶剂提纯	溶剂、二氧化硫、二甘醇
硝化		硫酸、硝酸、芳烃
碘化	废碱液	废碱

生产过程	污染来源	污染物质
氧化制酸和酸酐	釜底残液	酸酐、芳烃、沥青
氧化制苯酚丙酮	倾析器	甲酸、烃类
丙烯腈、己二酸生产:	生产废液	有机和无机氰化物
尼龙66生产	生产废料	己二酸、丁二酸、戊二酸、环己烷、己二胺、己二腈、丙酮、甲乙酮、环己烷氧化物
碳四馏分加工:		
丁烷丁烯脱氢	骤冷水	焦油、烃类
丁烯萃取和净化	溶剂及碱洗	丙酮、油、碳四烃、苛性钠、硫酸
异丁烯萃取和净化		废酸、碱、碳四烃
丁二烯吸收		溶剂、油、碳四烃
丁二烯萃取蒸馏		溶剂、碳四烃
丁苯橡/胶	生产废料	油、轻质烃、低分子聚合物
共聚橡胶	生产废料	丁二烯、苯乙烯胶浆、淤泥
公用工程:		
	锅炉排液	总溶解固体、鞣酸、磷酸钠
	冷却系统排液	硫酸盐、铬酸盐
	水处理	氯化钙、氯化镁、硫酸盐、碳酸盐
醇、酸、酮	蒸馏	烃类聚合物、烃类氯化物、甘油、氯化钠

总体说来，石油化工废水主要可分为含油废水、含硫废水、含环烷酸废水、含氰废水、含酚废水、含苯废水、含氟废水、含氨氮废水、含砷废水和含酸碱废水。

（1）含油废水

含油废水的主要来源是油气和油品的冷凝水、油气和油品的洗涤水、反应生成水、机泵填料及冷却水、化验室排水、油罐切水、油槽车洗涤水、炼油设备洗涤排水、地面冲洗水等，含油废水在水面形成油膜，阻碍氧气进入水体且易粘附和填塞鱼的鳃部，使鱼类窒息死亡，在含油废水水域中孵化鱼苗多为畸形，影响岸边的环境卫生和植物生长，同时降低了江滨的使用价值。

（2）含硫废水

分离的排出水、富气洗涤水等，由于这部分废水含有较高的硫化物、氨，同时还含油酚、氰化物和油类等污染物，具有强烈的恶臭和较大的腐蚀性，呈墨绿色，它不但具有含油废水的危害，还能大量的消耗水中的氧气，使水体缺氧，从而造成水中耗氧生物的大量死亡。含硫废水中各污染物的浓度随着原油中的硫、氮含量的增加和加工深度的提高而增加。

（3）含环烷酸废水

含环烷酸废水来源于炼油厂环烷酸回收装置的排水，柴油罐区脱水以及环烷酸废水的碱渣中和水。废水中主要含环烷酸、环烷酸钠和油类等污染物。由于环烷酸和环烷酸钠是环状的非烃类化合物及其盐类，又是乳化剂，因此使废水乳化非常严重，且难以生物降解，因此需进行预处理。

（4）含氰废水

含氰废水主要来源于丙烯腈装置和化纤厂腈纶三纤维生产过程中的聚合车间、纺织车间以及回收车间二效蒸发装置的排水，炼油厂催化裂化也排出含氰废水。

（5）含酚废水

含酚废水的来源很广，除了炼油厂、页岩干馏厂和石油化工厂外，还有焦化厂等。含酚废水是一种危害大、污染范围广的工业废水，若不经处理而任意排放，对水系、鱼类以及农作物将带来严重危害，水中的酚易被皮肤吸收，酚蒸气会通过呼吸道进入人体而引起中毒、损害神经系统、肝肾和心脏。

（6）含苯废水

含苯废水主要来自于制苯车间、苯酚丙酮装置、苯乙烯装置、聚苯乙烯装置、乙基苯装置、烷基苯装置以及乙烯装置的裂解及冷水洗废水。

（7）含氟废水

含氟废水主要来源于烷基化装置 HF 酸再生塔排出的含有重质烃类的废水，含氟气体湿法净化排出的废水及地面冲洗水。

（8）含氨氮废水

氨氮是一种来源广泛的重要环境污染物质，排入水体后易加剧水体富营养化而引起赤潮的发生，对水生生态系统有重要影响。所以，尽量减少工业废水氨氮的排放是一项重要的环保措施。

（9）含砷废水

采用石脑油或煤油等为原料（石脑油砷含量约为 $1000\mu g/kg$）生产高辛烷值汽油和化纤单体时，为防止催化剂中毒和延长催化剂的寿命，要求原料油中含砷量低于 $200\mu g/kg$，故需脱砷，严格控制原料油中的砷含量。

（10）含酸碱废水

含酸碱废水主要来源于炼油厂、石油化工厂的洗涤水、成品油罐的切水、锅炉水、化学药剂设施及酸碱泵房的排水。对于高浓度（含酸 4% 以上或含碱 2% 以上）的酸碱废水首先考虑回收利用，对于低浓度的酸碱废水，一般采用中和法处理。

2. 水量水质特点

石油化工废水的废水排放量大，水量变化大。例如，石油化工厂（含化肥厂、化纤厂）目前万元产值废水排放量平均为 $150\sim550t$；一座产量为 $30\times10^4 t/a$ 的乙烯排放工厂，每年废水排放量约 $900\times10^4 t$（实际废水量 $300\sim1500\times10^4 t/a$），每逢生产装置在停工和检修期间，水量排放则更大。

废水组成复杂、难降解。石油化工废水除含有油、硫、酚和氰化物外，还含有多种有机化学产品，如多环芬烃化合物、芳香胺类化合物、杂环化合物等。废水中的主要污染物，一般可概括为烃类和可溶解的有机与无机组分。其中可溶解的无机组分主要是硫化氢、氨化合物及微量的重金属；可溶解的有机组分大多能被微生物所降解，亦有小部分难以生物降解。部分石油化工废水水质情况如表 12-4 所示。

污染成分	排 出 地 点			
	常压蒸馏顶冷凝水	减压蒸馏顶冷凝水	加氢脱硫装置排水	催化裂化装置排水
pH 值	6~8	6~7	7~8	8~10
氯化物（mg/L）	5~25	—	—	—
NH_4^+（mg/L）	5~100	—	2000~30000	50~8000
硫化物（mg/L）	5~25	10~100	10000~50000	50~1000
油（mg/L）	2~12	50~1000	5~150	1~10

废水中所含氮、磷等营养成分往往不均衡。废水水质随加工原油的性质及工艺过程和方法不同而变化很大。正常生产排放的水质与开、停工初期及检修期间排放的水质差别较大。

12.3　石油工业废水处理技术

12.3.1　石油开采废水处理

受到油污染的废水，不仅会污染水源和土壤，还会引起火灾，威胁人身安全。因此，必须对石油开采废水进行有效处理。同时，如果能将采油废水改性回注，不仅可以满足油田注水开采所需用水，也可以节约水资源为油田带来经济效益，有利于油田的发展。

根据采油废水的来源、状态和组成，以及废水的处理技术，可以将采油废水处理方法分为物理法、化学法、物理化学法和生物法。国内外将絮凝沉淀、杀菌、防垢、防腐等技术相结合，用于采油废水的回注处理，其中絮凝是回注处理技术的核心。同时，因采油废水成分的复杂性，需采用综合处理工艺以达到排放或利用标准。

1. 物理法

（1）重力分离技术

重力分离技术利用油和水的物理特性不同，将废水中的浮游、乳化油及分散油除去，主要的分离技术有离心、自然沉降、斜板刮油、水力旋流法等。重力分离技术运行费用低、效果稳定、管理方便，而且对废水的适应性较强，因此在油田废水处理应用较多。但是，其最大的缺点是不易实现自动化，当废水处理量较大时，所需设备数量较多。目前我国油田最常用的重力分离设备有隔油池和气浮装置，隔油池主要用于去除浮油或破乳后的乳化油，设备占地面积较大。在气浮装置中，废水中的悬浮物被高度分散的微小气泡粘附，随气泡升到水面而被分离。气浮主要用于疏水性固体悬浮物及石化油的去除，目前油田上常见有电解式、溶气式、多孔材料布气式、真空式气浮装置。

（2）粗粒化技术

粗粒化技术是通过聚结、碰撞、截流、附着作用可使油类粒径不断增大，最终被捕获去除的技术，这一过程可以在粗粒化装置内实现，粗粒化设备通常比较小，操作起来较简单，可用于采油废水分散油、乳化油的去除。常见的粗粒化装置填料有聚丙烯、无烟煤、陶粒、石英砂等，但是滤料最大的缺点是容易受表面活性剂的影响而堵塞。粗粒化技术也可以将聚结和旋流相结合，增大油滴粒径，提高旋流分离器的除油效率。

（3）过滤法

油田上常见的过滤器有压力式过滤器和重力式过滤器，二者的滤速较高且用于多种含油废水的处理，其中压力式过滤器更适合我国油田的废水处理，而重力式过滤器因效果较差而基本不再使用。根据滤料的不同，我国油田经常采用的有过滤器可分为石英砂过滤器、核桃壳过滤器，根据滤料层数的不同，分为双层滤料过滤器和多层滤料过滤器以及双向过滤器等。目前，我国的大多数油田过滤器的滤料选用石英砂和核桃壳，并且取得了良好的处理效果，通过物理截留作用能去除大部分颗粒物，但是二者最大的缺点是滤料的颗粒都太小，容易在反冲洗时流失，需不断补充滤料，同时，由于废水中含有油类，单纯采用地层水冲洗时不易除去滤料上的杂质，还需添加化学洗涤剂，增加了废水处理难度。最近几年，由细密纤维滤料组成的纤维球过滤器被研制并运用于污水处理，其最大的特点是具有很强的纳污能力，过滤效果超过石英砂和核桃壳滤料，同时反冲洗时滤料也不易流失。

2. 化学法

（1）混凝法

在废水中加入混凝剂，胶体粒子表面电荷容易发生静电中和作用，减轻彼此间的排斥力和作用力，失去稳定性的胶体粒子可以通过吸附架桥作用聚集在一起，并且体积逐渐变大，将污水中的悬浮物、可溶性污染物除去。混凝法处理油田采油废水具有试剂用量少、处理效率高以及 pH 值范围宽的特点。混凝剂的种类可以分为无机盐类和高分子类，其中无机盐类分为铁盐和铝盐，主要有 $FeSO_4$、$Fe_2(SO_4)_3$、$FeCl_3$、$Al_2(SO_4)_3$、Na_3AlO_3、$KAl(SO_4)_2$等，高分子类混凝剂包括聚丙烯酰胺、聚合氯化铝、聚合硫酸铁等，目前油田中应用较多的高分子混凝剂有聚合氯化铝和聚合硫酸铁等。虽然在水处理中无机混凝剂的处理速度较快，操作条件简单，装置较小，但药剂成本较高，目前油田上所用的混凝剂主要朝有机类发展，能够处理乳化油、稠油等污染物的水处理剂的研发，已成为研究热点。

（2）化学氧化法

化学氧化法主要通过氧化还原反应，将废水中的有机物分解成分子较小、易生物降解的有机物及无机物，该方法既可单独运用也可与其他处理方法联用。目前，高级氧化工艺作为一项新兴的污水处理技术已被用于油田污水处理。研究表明，高级氧化过程中起主要作用的是氧化性较高的羟基自由基，其氧化性仅次于氟元素，且在较低的 pH 范围内有良好的稳定性，能使污水中的有机污染物分解为 CO_2、H_2O 及无机离子，因此在生物降解性较差和有毒污染物的污水处理中有广阔的应用前景，近年来日益受到重视。将高级氧化法在与其他处理方法联用，比单独处理时效果好，方法联用具有协同作用，不仅可以提高处理效果，还可以大大降低处理成本。目前处理效果较好的高级氧化技术有 NaClO 氧化法、Fenton 法、O_3 氧化法、H_2O_2 法、UV/H_2O_2、UV/O_3、$UV/H_2O_2/O$、$UV/H_2O_2/Fe^{2+}$、超声波氧化法、微波法及半导体多相光催化氧化法。

3. 物理化学法

（1）电解法

电解法包括电解气浮法和电解絮凝法，前者主要利用的是电解水产生的氧气和氢气，这些微小气泡的气浮作用，能将废水中的油类和悬浮物带到废水表面而去除，由于这些气泡较小且数量较多，电解气浮法对于微小颗粒物和悬浮物的去除效率较高，可用于废水的回注处理。电解絮凝法主要是通过外加电压的作用，金属电极被氧化释放出大量的金属离子，这些金属离子能发生水解作用，生成的胶体具有混凝和絮凝的作用，可以去除废水中的悬浮颗粒物和细小微粒，使废水的水质的得到改善。电解絮凝法对废水的水质有一定要求，被处理的废水中要有一定量的导电离子，同时还要防止电极的钝化，对此可以采取调节废水 pH 值的方法，电解絮凝对乳化油的去除效果较好且没有二次污染。

（2）吸附法

废水中的油类以及溶解性有机物，可以被亲油性的材料吸附在材料表面和空隙中，这种方法被称为吸附法，常用的吸油材料，除包括可吸附分散油、乳化油和溶解油的活性炭外，还包括煤炭、石英砂、陶粒、木屑、稻草、吸油毡、吸附树脂等。因为活性炭的吸附容量有限且成本较高、再生困难，所以有逐渐被其他吸附材料取代的趋势。如近年来的新兴吸附树脂，因具有较高的吸附性能和可再生性而受到广泛关注，也有人研究了丙纶对含油工业废水的吸附性，取得了较好的处理效果。

（3）离子交换软化技术

水中的钙镁离子可与树脂进行离子交换，使二者的离子浓度降低，达到软化水质的目的，这种技术叫离子软化技术。国外曾对经过预处理的废水，选用相应的树脂进行水质软化，使处理后的油田废水达到回注要求，在美国、加拿大等一些国家已成功应用该技术 20 多年。

我国目前研究离子交换软化技术，主要用于稠油开采区采出水软化，使废水满足注气用水标准，目前较多采用强酸或弱酸阳离子交换树脂对采油废水进行处理。

（4）电渗析

电渗析是指离子受直流电场驱动穿过离子交换膜，其中阴阳离子只能通过对应的阴阳离子交换膜，以此实现离子的分离。电渗析可使聚合物驱采出水的矿化度有效降低，达到聚合物配制用水的要求。从 20 世纪 90 年代开始，加拿大环境废水中心采用电渗析法处理采油废水，在实验室进行了小试，之后又在油田上进行了中试，解决了膜污染的问题，同时为高温采油废水的处理提供了借鉴。

4. 生物法

生物法主要是利用微生物的生长代谢作用，实现有机物的分解和转化，目前针对含油废水处理的方法有活性污泥法、曝气生物法、接触氧化法、氧化塘法、厌氧生物法、生物强化法等，作为较经济且易管理的处理法，已在油田得到应用。

（1）活性污泥法

连续流活性污泥法具有运行管理方便、费用低的特点，但是最大的缺点是反应速度较慢，必须保证足够长的停留时间才能使出水水质达到较高要求。在国外，Gilbert 等采用连续流活性污泥法对美国西北部油田采油废水进行处理时发现，当污泥浓度为 730mg/L，污泥停留时间为 20d 时，废水中石油烃类的去除率能达到 99%。巴西的 Rio De Janeiro 等采用 SBR 工艺对油田采油废水进行处理，该方法对 COD 去除率为 50%，对氨氮和苯酚平均去除率分别为 93% 和 65%。在国内，李顺成通过在 SBR 处理工艺中外加高效的微生物降解菌，对采油废水进行处理，试验表明在投加菌液时能使处理效果加强、反应时间减少，推荐的运行周期为 6h，COD_{Cr} 的去除率为 80.7%。

（2）生物膜法

生物接触氧化、生物滤池、生物流化床等生物膜技术在采油废水处理中也有应用，比如 Campos 等将粗砂滤过的高盐度采油废水经纤维酯膜（MCE）进行微滤，去除大分子有机物，处理后的废水最后经聚苯乙烯生物滤池，废水的总有机碳（TOC）和苯酚类的去除率分别达到 80％和 65％。

（3）自然生物处理法

氧化塘法、人工湿地处理法占地面积较大，但在运行稳定后能取得较好的处理效果，是目前主要的自然生物处理法。国外采用氧化塘法处理经隔油和气浮处理后的采油废水，废水在氧化塘停留 20d 后，含油量从最初的 40mg/L，降到 18mg/L。Cynthia 等采用人工湿地系统处理采油废水，由于废水含盐量较大且容易对微生物造成损害，所以先采用反渗透装置对废水进行预处理，除去大部分的盐类，再进入推流式湿地，出水的总溶解性固体（TDS）去除率能达到 94％，有效地改善了水质。

（4）厌氧生物法

采用厌氧生物法可使废水中难生物降解的有机污染物，在厌氧菌的作用转化为 CO_2、H_2O、CH_4 及其他易生物降解的化合物，以此改善废水的生化性。厌氧处理通常作为预处理，为后续处理提供条件，在处理有机物的同时，也可以去除一部分有害离子。在油田采出水处理中，厌氧处理常作为好氧处理的预处理。

（5）生物强化技术

采油废水生物强化技术是指通过培养驯化高效优势的菌群，使这些细菌能耐采油废的水高温高盐特性，提高细菌对有毒物质的抵抗性，缩短微生物的适应时间，以此提高采油废水生物法的处理效率。许谦等在驯化适宜采油废水处理菌的过程中，分别加入微生物促生剂 FYS-5 和蛋白质稳定剂 FYH-4，以缩短优势菌的生长与繁殖时间。Li 筛选出适合采油废水降解的菌种 M-12，采用固定化生物技术可使废水 COD 去除率提高。

（6）膜技术

膜技术主要是利用膜材料，对水、油及表面活性剂选择性地通过，达到分离的目的，通过选择合适的膜可以实现不同大小油类、固体微粒、盐类等的分离，因此可作为含油废水的深度处理技术。根据滤膜孔径的大小，可以将膜技术分为微滤、超滤、纳滤和反渗透技术。其中微滤和超滤可截留污水中微米级的溶解油、乳化油及悬浮固体，也可作为回注水处理及其他膜技术的预处理，反渗透可用于去除废水中质量较小的化合物及离子。

12.3.2 石油化工废水处理

炼油厂原油组分复杂，加工装置多，常规用于炼油和生产有机原料的装置大约有 20 套；生产三大合成材料（合成树脂、合成纤维、合成橡胶）的装置约有 30 套。所以石油化工废水与油田废水、生活污水不同，它具有种类多、成分复杂的特点，因而处理时工艺流程长、占地面积较大、设备多、投资较大。

1. 废水治理的依据和基本原则

（1）实施清洁生产的原则，采用先进工艺，变"末端治理"为"全过程控制"，做到少排污或不排污。据中国石化统计，2003 年全部炼油企业加工每吨原油的废水排放量为 0.86t，加工每吨原油耗水 1.27t，而国际上先进炼油企业加工每吨原油的新鲜水消耗量为 0.5t，废水排放量为 0.2t。减少石化企业的废水排放是我国石化行业十分艰巨的任务。

（2）贯彻"总量控制"的原则，所有污染物做到达标排放。

(3) 走可持续发展的道路，节约资源，变废为宝。提高水的重复利用率，废水处理后回用。

(4) 搞好预处理，在必要时装置前建立隔油回收设备，以保证污水处理厂正常运行。

(5) 清污分流，合理划分排水系统。

例如高含酚废水经过萃取预脱酚后排入废水系统；高含硫废水经过汽提脱硫或空气氧化脱硫之后排入废水系统；锅炉软化水站的酸碱废水进行酸碱中和处理后排放；机修电镀废水进行六价铬处理后排放；焦化含粉焦废水进行沉淀后回用。

全厂性废水系统主要根据废水水质及处置方法来划分，例如含油废水系统（或工艺废水系统）、含油雨水系统、假定净水系统、生活污水系统等。假定净水是指水质达标、基本上没有被污染的工业废水。含油雨水指的是受油品污染的雨水。含油废水指的是以含油为主，同时含有低浓度酚、硫、氰等污染物的废水。生活污水是指厕所和盥洗间的排水。

实行清污分流的目的是保证不同的污染物质容易处理并便于回收，同时能提高最终处理的效果，减少处理费用。

(6) 加强废水的集中处理，确保达标排放。在炼油厂和石油化工厂，对于共性的废水设置集中废水处理厂，废水通过集中处理，可以确保排放水质符合要求。

(7) 制订和健全管理制度，提高管理水平。如果没有先进的管理，即使再好的处理设施也不能发挥作用。为此，炼油厂和石油化工厂应十分重视废水的管理。废水处理装置应和工艺生产装置一样，有一套完整的管理制度，把废水管理的指标纳入工艺卡片来考核；同时运用经济手段对污染源及各单元处理实行分级控制管理；并在行政、调度和环保巡检两方面加强监督；使废水管理纳入标准化的生产管理轨道。在条件允许情况下，可采用计算机监控。

2. 石油化工废水处理流程

炼油厂含油废水的处理过程由四部分组成：隔油、气浮、生物处理和后处理（如过滤等），各部分的主要方法及功能见表12-5。

含油废水处理的步骤、方法和功能　　　　　　　　　　　　　　表12-5

序号	步骤	方　　法	去除主要污染物	预处理及功能
1	隔油	平流隔油池（API） 斜板隔油池（CPI） 油水分离罐	浮油及粗分散油	格栅——去除粗大杂质 沉砂——去除泥沙
2	气浮 （或聚结）	溶气气浮 喷射气浮 转子气浮 聚结过滤	细分散油和 部分乳化油	均衡——均匀水质 调节pH——中和，保证合适的pH 破稳絮凝——破乳使小颗粒凝聚
3	生物处理	完全混合式合建式曝气池 推流式分建式曝气池 深层曝气池 氧化沟 塔式生物滤池	酚、氰、BOD_5、 COD等	隔油——去除油 气浮——进一步去除油 均衡——均匀水质 预曝气——充氧 预过滤——进一步去除悬浮物
4	后处理	过滤 絮凝沉淀 活性炭过滤 活性炭吸附 臭氧氧化	油、悬浮物及难以 生物降解的物质	生物处理去除能被生物降解的有机物

除含油废水处理系统外，假定净水一般直接排放。未被油污染的雨水通过雨水沟渠排放。含油雨水经隔油后排放。

循环水排污系统：此部分废水可以不经生物处理，只需经隔油、气浮和砂滤或混凝沉淀处理即可排放。如果循环水排污与其他含盐污水合并组成含盐废水系统，处理流程和含油废水相似，只是处理后的废水只能排放，不能回用。

局部处理系统：如含硫废水汽提、酸碱废水中和等，该系统主要针对某种污染物进行处理。然后排入其他系统。

3. 石油化工废水处理技术

随着水资源的日益紧张和人们环境保护意识的加强，石油化工废水的处理技术逐渐成为研究的热点，新的处理技术和工艺不断涌现，主要分为物化法、化学法和生化法。

（1）物化法

1）隔油

石油化工废水中含有较多的浮油，会吸附在活性污泥颗粒或生物膜的表面，使好氧生物难以获得氧气而影响活性，对生物处理带来不利影响。一般采用隔油池去除，隔油池同时兼作初沉池，去除粗颗粒等可沉淀物质，减轻后续处理絮凝剂的用量。

耿士锁经过研究对比，认为斜板隔油池比普通平流隔油池去除效果好。吕炳南等对大连新港含油废水处理工艺进行改造，将平流隔油贮水池的前部 1/4 改建为预曝气斜管隔油池，拆除原斜板隔油池，经改造后的隔油池处理，废水含油量从 200～350mg/L 降至 10～15mg/L。

2）气浮

气浮是利用高度分散的微小气泡作为载体粘附废水中的悬浮物，使其随气泡浮升到水面而加以分离，分离的对象为石化油以及疏水性细微固体悬浮物。在石油化工废水处理中，气浮常常设置在隔油、絮凝之后，有广泛的应用。

陈卫玮将涡凹气浮（CAF）系统置于隔油池后处理石化含油废水，进水含油约200mg/L，出水含油低于 10mg/L，去除率达 95％；若原水未经隔油处理，COD 和油的去除率则显得不稳定。新疆克拉玛依石油化工厂用 CAF 处理石化废水，系统运行良好，能有效去除悬浮物、乳化油和 COD 等污染物，尤其能有效去除硫化物，解决了传统工艺的难题。朱东辉等用旋切气浮（MAF）处理炼油废水，油的平均去除率为 81.4％，SS 的平均去除率为 69.2％。肖坤林等在实验研究的基础上，结合单级气浮技术和多级板式塔理论，开发出两级气浮塔处理含油废水的新工艺，实现了塔釜一次曝气、多级气浮的分离，并研究了气浮塔板的流体力学性能、布气性能及操作条件对废水处理效率的影响。

3）吸附

吸附是利用固体物质的多孔性，使废水中的污染物附着在其表面而去除的方法。常用吸附剂为活性炭，可有效去除废水色度、臭味和 COD 等，但处理成本较高，且容易造成二次污染。在石油化工废水处理中，吸附常与臭氧氧化或絮凝联用。季凌等进行的活性炭吸附处理回用污水的实验表明，活性炭吸附对 COD、总固体的去除有一定效果，COD 的去除率可达 56.3％，但对电导率、Cl⁻ 和总硬度的去除作用不大。

4）膜分离

膜分离是利用功能膜作为分离介质，实现液体或气体高度分离纯化的现代高新技术，主要包括反渗透、纳滤、超滤和微滤，能有效脱除废水的色度、臭味，去除多种离子、有机物和微生物，膜分离过程和现存的分离过程相比，在液体纯化、浓缩、分离领域有其独特的优势，膜分离过程大多无相变，在常温下操作，设备和流程简单，出水水质稳定可靠，且占地面积小，运行操作完全自动化，被称为"21世纪的水处理技术"，但是需要投资大，污水处理量小。

李航宇等采用以超滤膜加反渗透膜的双膜法进行石油化工废水再生利用的中试研究，系统运行稳定，处理效果好，超滤系统产水率为90%，出水SDI低于3，油类低于1mg/L，但对电导率的去除作用不明显；反渗透产水率大于75%，脱盐率大于99%，出水水质满足石油化工生产要求。

（2）化学法

1）絮凝

絮凝法是向废水中加入一定的物质，通过物理或化学的作用，使废水中不易沉降和微细的悬浮物等集结成较大颗粒而分离的方法。石油化工废水处理中，絮凝通常与气浮或沉淀联用，用于生化处理的预处理或深度处理。

试验表明，采用复合絮凝剂的处理效果优于只使用单一絮凝剂。李德豪等采用无机高分子絮凝剂（PLTF）、铁基絮凝剂（TJ）和有机高分子絮凝剂（OPF）的复合使用进行炼油污水气浮絮凝工业试验，处理效果好。从复合絮凝剂的作用机理出发，有机絮凝剂和无机絮凝剂不能同时在同一地点投加。

微生物絮凝剂是一种利用生物技术，从微生物或其分泌物提取、纯化而获得的新型水处理剂，同无机高分子絮凝剂和有机高分子絮凝剂相比，具有易生物降解、适用范围广、热稳定性强、高效和无二次污染等优点，具有广阔的应用前景，但菌株的培养条件严格，过程复杂。邹启贤等选用生物絮凝剂（XI）处理石油化工废水，效果良好。尹华等用自制的微生物絮凝剂（JMBF-25）处理石油化工废水，效果良好，并可改善污泥的沉降性能，但絮凝剂使用过量会造成絮凝效果恶化。

2）高级氧化

① 臭氧氧化

臭氧氧化法不产生污泥和二次污染，臭氧发生器简单紧凑，占地少，容易实现自动化控制；但不适合处理大流量废水，设备费用及处理成本较高。在石油化工废水处理中，常用于生化处理的预处理和深度处理。

废水经臭氧氧化后，小部分有机物被彻底氧化为水和二氧化碳，大部分转化为臭氧化中间产物，使原来难生物降解的有机物变得可生物降解。Chang等用臭氧进行丙烯腈、苯乙烯废水的预处理，效果明显，在后续的生化处理中，COD去除率明显提高。在深度处理中，一般将臭氧氧化和生物活性炭吸附联用，臭氧在氧化有机物的同时迅速分解为氧，使活性炭床处于富氧状态，使活性炭得到再生，提高其使用周期；同时能增强活性炭表面好氧微生物的活性，提高降解吸附有机物的能力，不但能有效去除有机物，还能改变有机物生色基团的结构，强化活性炭的脱色能力。黎松强等用臭氧氧化-生物炭工艺深度处理炼油废水，COD、挥发酚、石油类和氨氮的去除率平均为82.6%、99.5%、94.3%和93.4%，出水主要水质指标达到地面水Ⅳ类水质标准。

② 光氧化

光氧化是指当水样中存在氧化剂或半导体粉末催化剂，经过一定强度的光照射，能产生多种形式的活性氧和自由基，使水中的有机物氧化分解，具有高效、反应迅速和降解彻底等优点，分为光化学氧化和光催化氧化，常用方法有 H_2O_2/UV、O_3/UV 和 TiO_2/UV 等。光催化氧化特别适合不饱和有机物、芳烃和芳香化合物的降解，反应条件温和，无二次污染，对废水无选择性，人工光源（如汞灯、疝灯）和日光均可用于光解，与其他技术联合，具有更广阔的应用空间，主要发展方向有光电催化氧化和光热催化氧化。影响光氧化的因素主要有 O_2 浓度、pH、光强和盐效应。

Juang 等用 H_2O_2/UV 对石油化工废水进行预处理和深度处理，污染物去除率随 H_2O_2 用量的增加而升高，随 pH 值的升高而降低，碱度过高会严重影响去除效果；预处理的最佳运行条件为 pH＝3、H_2O_2 投加 5000mg/L，此时 COD、TOC 和有机氮的去除率可达 42.4％、11.9％、35.1％；深度处理的最佳运行条件为 pH＝3、H_2O_2 投加 1000 mg/L，此时 COD、TOC、氨氮和有机氮的去除率可达 68.6％、55.4％、58.2％、21.6％。朱春媚等采用中压汞灯和日光光照进行光氧化处理石油化工废水的试验研究，结果表明，UV 与 O_2 结合，处理费用低但效果差；UV 与 O_3 结合，效果好但费用高，且 O_3 的溶解度低；UV 与 H_2O_2 结合，效果较好，易操作；半导体粉末作光催化剂的效果适中，且可重复使用，但需附着固定。

③ 湿式氧化

湿式氧化分为湿式空气氧化（WAO）和催化湿式氧化（CWO）。WAO 是在较高温度（150～350℃）和压力（0.5～20.0MPa）下，以空气或纯氧为氧化剂，将有机物氧化分解为无机物或小分子有机物的化学过程，适合处理有毒有害污染物和高浓度难降解有机物。在稳定的温度和压力下，反应速度快、处理效率高、二次污染低及可回收能量和物料。CWO 是在高温、高压及催化剂存在条件下，将有机物氧化分解为 CO_2、H_2O 和 N_2 等无毒无害物质的过程，它具备 WAO 的优点，同时反应时间更短、转化效率更高，但 pH 值、催化剂活性对反应影响较大。

WAO 处理石油精炼废液能高效去除硫化物、亚硫酸盐，使其完全转化为稳定的硫酸根，缺点是出水含盐量较高，在后续生物处理前需稀释，与生活污水处理相结合可解决这一难题。大庆石化分公司化工厂采用缓和湿式氧化法处理乙烯碱渣废水，氧化后出水硫化物低于 5mg/L，达到设计要求的出水指标，使乙烯废碱液的综合利用变成可能。

（3）生化法

1）厌氧处理

石油化工废水 COD 高、可生化性较差，为提高后续处理的可生化性，一般先进行厌氧预处理。厌氧处理的优点是污泥产量小、运行费用低、产能效率高和操作简单，缺点是启动时间长、操作不稳定。

① 升流式厌氧污泥床

升流式厌氧污泥床（UASB）反应器内污泥浓度高、有机负荷高、水力停留时间短、运行费用低、操作简便，但反应器启动过程耗时长，对颗粒污泥的培养条件要求严格，常用于高浓度有机废水的处理。凌文华等将其用于己内酰胺生产废水的预处理，COD 去除效果好，但出水可生化性并不理想。且在处理过程中，要严格控制反应条件，进水负荷波动控制在 15％以内，进水 SO_4^{2-} 应低于 1000mg/L，进水 pH 值为 5.5～6.5，反应温度为

$30\sim38℃$。为消除 S^{2-} 对厌氧污泥产生不利影响，可在进水中加入适量的 $FeCl_3$。

② 厌氧附着膜膨胀床

厌氧附着膜膨胀床（AAFEB）反应器是种新型高效的厌氧硝化工艺，其床层在一定的膨胀率（10%～20%）下运行，使反应器内的传质条件得到改善；且载体粒径小，能为微生物的附着生长提供巨大的表面积，使反应器内保持较高的微生物浓度。庄黎宁等考察了不同温度和水力停留时间（HRT）下的运行特性，结果表明，处理石化废水的效果好，在一定的温度范围内，升高温度能提高反应器的有机负荷和去除效果。

③ 厌氧固定膜反应器

厌氧固定膜反应器中装有固定填料，能截留和附着大量的厌氧微生物，在其作用下，进水中的有机物转化为甲烷和二氧化碳等得以去除，具有微生物停留时间长、抗冲击负荷能力强和运行管理方便等优点。Patel 等用单室和多室厌氧固定膜反应器处理未中和的酸性石油化工废水，在有机负荷为 $20.4kg/(m^3 \cdot d)$ 时，多室反应器 COD 去除率达 95%，产甲烷量为 $0.38m^3/(m^3 \cdot d)$。在 pH 值为 2.5、有机负荷为 $21.7kg/(m^3 \cdot d)$，HRT 为 2.5d 时，单室反应器 COD 去除率达 95%，产甲烷量为 $0.45m^3/(m^3 \cdot d)$。另外，他们还用上升流厌氧固定膜反应器进行类似研究，分析了有机负荷和温度对反应的影响。

2) 好氧处理

在石油化工废水处理中，好氧处理方法较多，但单独使用好氧生物处理的较少，主要与厌氧处理相结合，最新发展的好氧处理方法主要有以下 5 种：

① 序批式间歇活性污泥法

序批式间歇活性污泥法（SBR）工艺流程简单、污染物去除效果好、占地面积小、运行操作灵活及便于自控运行，但不适合处理大量废水，对控制管理要求较高。彭永臻等采用由两个相同 SBR 串联构成的两段 SBR 工艺系统处理石油化工废水，Ⅰ 段以降解乙酸为主，Ⅱ 段以降解芳香族化合物为主，废水量平均为 $1400m^3/d$，COD 为 $400\sim1500mg/L$，BOD 为 $200\sim650mg/L$，HRT 为 8h，COD 去除率可达到 91%。该方法还可克服普通 SBR 法的葡萄糖效应（即葡萄糖阻遏或分解代谢物阻遏作用，是指葡萄糖或某些容易利用的碳源，其分解代谢产物阻遏某些诱导酶体系编码基因转录的现象）、缩短反应时间、提高反应效率。试验表明，两段 SBR 法集 SBR 法和 AB 法的优点于一体，并可省去污泥回流，Ⅰ 段反应器还可按厌氧条件运行。

② 高效好氧生物反应器

高效好氧生物反应器（HCR）融合了高速射流曝气、物相强化传递和紊流剪切等技术，具有深井曝气和污泥流化床的特点，是第三代生物反应器。已有学者利用其进行处理石油化工废水的中试研究，结果表明，HCR 启动速度快，氧的利用率高，抗冲击负荷能力强，去除效果稳定可靠，BOD 去除率可达 75%～85%。但由于 HRT 短，氨氮的去除率不高，且由于石油化工废水的特殊性，反应器内的污泥易发生非丝状菌膨胀，污泥沉降性能较差。与普通活性污泥法相比，HCR 工艺能耗较高，但在较短的 HRT 下，BOD 去除率较高，适合作为预处理工艺。

③ 生物接触氧化

生物接触氧化是在生物滤池的基础上发展起来的一种生物膜法，它兼有生物滤池和活性污泥法的特点，负荷变化适应性强，不会发生污泥膨胀现象，污泥产量少，占地面积小，处理方式灵活，便于操作管理；但负荷不易过高，要有防堵塞的冲洗措施，大量产生后生动物（如轮虫类），容易造成生物膜瞬时大块脱落，影响出水水质。黄广萍采用生物接触氧化塔处理广州石化总厂废水，主要目的是脱氮，出水 COD 从 100～200mg/L 降至 80mg/L 以下，氨氮从 50～80mg/L 降到 10 mg/L 以下，脱氮效果明显，能耗低，运行可靠性好。

④ 膜生物反应器

膜生物反应器（MBR）是膜分离技术与生物处理技术结合而发展的一种新型的污水处理装置，广泛用于中水回用和工业废水处理。樊耀波等以 MBR 装置处理石油化工废水，试验表明，BOD、SS 和浊度去除率达到 98%，COD 去除率达 91%，石油类、氨氮和磷等的处理效果也优于常规二级污水处理，且稳定性好，泥负荷较大，剩余污泥量少。

⑤ 悬浮填料生物反应器

悬浮填料生物反应器是一种新型生物膜反应器，其核心部分是能在反应器中保持悬浮状态特殊填料，反应器操作简便，有良好的通气性、过水性，存在碰撞和切割气泡等作用，可以强化微生物、污染质和溶解氧的传质，提高氧的利用效率，且对曝气、布水没有特殊要求。夏四清等用其处理石油化工废水，试验结果表明，悬浮填料生物反应器具有较强的充氧能力和抗负荷冲击能力，填料投加率为 50% 时，与普通曝气池在相同条件下，可使反应器充氧能力提高至无填料时的 2 倍以上，污染物去除效果好，出水水质稳定；在填料投加率为 50%、HRT 为 8h 时，COD、氨氮、浊度、SS 去除率分别为 75.0%、85.2%、85.7%、86.2%。采用多级悬浮填料生物反应器处理石油化工废水，可进一步提高污染物尤其是氨氮的去除效果。

3）组合工艺

石油化工废水具有污染物种类多、含有生物抑制物质及水质情况复杂等特点，采用单一的好氧或者厌氧处理，难达到排放要求，将厌氧（或缺氧）和好氧有效结合的组合工艺处理效果好，应用广泛。

万玉荣等采用 A/O 工艺的新组合 A/O₁、O₂ 工艺处理石油化工废水，系统由膜法缺氧、泥法好氧和膜法好氧组成。进水 COD 为 1300mg/L，总 HRT 为 60h（分别为 20h），出水 COD、BOD、MLSS、含油分别低于 100mg/L、30mg/L、70mg/L、10mg/L。

关卫省等采用 UASB 反应器加曝气池的厌氧-好氧组合处理石油化工废水。系统进水 COD、BOD、乳化油、挥发酚分别为 5200mg/L、3160mg/L、90mg/L、760mg/L，出水分别为 64.5mg/L、28.0mg/L、0.3mg/L、0.3mg/L，运行稳定，污染物去除率高。

邹茂荣等采用水解酸化-好氧生物处理-曝气生物滤池联用的 HOBAF 工艺处理石油化工废水，处理效率高，出水水质好，COD、氨氮的去除率分别为 92.8%、73.4%，油、挥发酚及硫化物的去除率均在 90% 以上。

陈美荣等采用缺氧-兼氧-好氧的二级生物处理工艺处理石油化工废水，缺氧采用水解酸化，兼氧采用投料式高浓度活性污泥法，好氧采用接触氧化法，运行效果稳定可靠。

4）工艺改进

① 运行参数的研究和改进

扬子石化公司水厂将化工生产装置产生的废水经过曝气沉砂和气浮除油后，与经过曝气沉砂和初次沉淀的生活污水混合，使污水中的 $BOD_5 : COD \geqslant 0.4$ 之后采用膜法 A/O 工艺对混合污水进行处理。运行结果表明，控制 COD 容积负荷低于 0.5kgCOD/(m^3·d)，C∶N∶P＝200∶(4.75～5.25)∶(0.75～1.25)，进水油的质量浓度≤20 mg/L，pH 值为 6.5～9.0，二沉池界面控制在 1.4 m 以下，按出水 COD≤120 mg/L 考核，出水合格率为 95%。

关卫省等采用厌氧-好氧方法处理兰州炼油化工总厂常减压蒸馏、催化裂化等装置的生产废水。研究结果表明，石化废水经厌氧处理后，其好氧可生化性提高 20%～40%；当厌氧反应器进水有机负荷为 5.2kg COD/(m^3·d)，水力停留时间为 24h 时，BOD_5 去除率为 85%，COD 去除率为 83%，油去除率为 91.1%；当曝气池污泥负荷为 0.45kgCOD/(kgMLSS·d)，水力停留时间为 4h 时，BOD_5 去除率为 94.1%，COD 去除率为 92.7%，油去除率为 96.3%。系统 COD 总去除率为 85%～96%，BOD 总去除率为 95%～99%。

张连凯等采用两段 SBR 系统工艺处理青岛某石化厂高浓度石化废水，研究了 DO、MLSS 和反应温度等参数对废水处理效果的影响。在进水 COD 为 4000mg/L，SBR1 中 DO 为 4～5mg/L，MLSS 为 5000 mg/L，SBR2 中 DO 为 2～4mg/L，MLSS 为 3000 mg/L，反应温度为 20℃的条件下，废水 COD 的去除率达到 90%以上。

② 新型填料和滤料的开发和利用

葡钰娴等针对国内许多石油化工废水处理工艺中 NH_3-N 降解效果差的问题，采用新型 Biofringe 填料设计一体化 A/O 摇动床工艺，对反应器处理石化废水的效果和运行参数进行了实验。结果表明，水力停留时间为 20.8h，回流比为 3.5h，COD 的去除率达到 90%以上，NH_3-N 的去除率达到 95%以上，TN 的去除率达到 70%以上。

罗华霖等采用日本三菱化工株式会社研发的含有新型 Biofringe（BF）填料的摇动床生物膜反应器，对镇海炼化废水进行了处理，结果表明，在最佳工况下，对于 COD 为 600～800mg/L，NH_3-N 为 45～125mg/L 的废水，COD、NH_3-N 和 TN 的平均去除率分别达 88%、99%和 70%，出水水质达到国家污水综合排放一级标准。

北京佳瑞环境保护有限公司研发的 BAF 技术，采用酶促高效挂膜陶粒作为 BAF 核心滤料，对难生化降解的有机物有很好的处理效果。BAF 工艺作为石化废水的深度处理工艺，出水水质达到国家一级排放标准；作为石化废水回用（如循环冷却水）处理，出水水质达到一般回用水的要求，也能作为膜处理的预处理，满足膜处理的进水水质要求；作为石化废水生物处理的主要工艺，可代替传统好氧法或 A/O 法，出水水质达到一级排放标准。上海石化总厂采用醛化维纶纤维软填料缺氧-好氧系统处理腈纶废水，对废水中 BOD_5、COD、TOC 和 NH_3-N 的去除率分别达到 99.6%、93.5%、95%和 51%。

夏四清等采用自行研制的悬浮填料生物反应器中试装置，对石化废水进行处理，结果表明，悬浮填料生物反应器完全可以达到生物硝化的目的。当进水中 BOD_5 和 COD 质量浓度变化范围在 77.4～234.0 mg/L 和 245.5～695.7 mg/L 时，其平均去除率分别为 90%和 80%以上，平均出水质量浓度分别为＜15mg/L 和＜90mg/L。

王学江等将悬浮填料生物膜 A/O 法用于石油化工废水处理的研究，结果表明，在水力停留时间为 8h，回流比为 100%条件下，对石油化工废水中 COD、NH_3-N、TN 的平均去除率分别为 81%、94%、57.3%，出水水质达到国家排放标准。

屈计宁等以上海石化股份公司水质净化厂二级处理出水为处理对象，采用悬浮填料生物膜法、混凝沉淀、快速砂滤和低压电场杀菌工艺，获得了很好的试验效果，COD_{Cr}、NH_3-N 和 SS 的平均去除率分别达到 50.0%、86.5% 和 93.7%，杀菌率高达 99% 以上，出水水质完全达到回用水的标准。

③ 人工分离工程菌和构建新菌株

1975 年，美国微生物学家 Ananda M. Chakrabarty 用遗传工程方法将 4 种不同菌株的降解烃类质粒接合在同一受体细菌中，获得多质粒的"超级细菌"，可去除浮油中 2/3 的烃。自然界的普通细菌在一般条件下降解浮油需 1 年以上，而人工构建的"超级细菌"只需几小时。

姚宏等针对石化废水中不同的特征污染物，采用人工分离筛选工程菌构建高效混合菌群，通过臭氧-固定化生物活性炭滤池，深度处理难降解石化有机废水。结果表明，该系统对 COD、油类、NH_3-N 和色度的平均去除率分别为 73.0%、90.5%、81.2% 和 90%，各项指标均达到了国家循环冷却水的用水要求。

洛阳石化总厂与中国科学院成都生物研究所合作，采用以高效复合菌为核心的复合 SBR 工艺，对含油废水的处理进行了为期 1 年的工业试验，以高效复合菌为核心的复合 SBR 系统成功地处理石化废水，提高 COD 及石油类的去除率，且对氮、磷也有较高的去除率。在整个工业试验期间，复合 SBR 系统都显示出较强的抗冲击负荷能力，不仅出水水质比较稳定，而且满足排放要求。

曾峰等通过驯化富集培养，从处理石化废水的活性污泥中分离出邻苯二甲酸酯降解菌，研究了邻苯二甲酸酯降解菌对邻苯二甲酸二甲酯的生物降解特性，试验结果表明，邻苯二甲酸酯降解菌对邻苯二甲酸二甲酯具有高效降解作用。

马放等为解决石化废水在低温下生化处理效果差的问题，通过 GC-MS 分析，确定了石化废水中的特征污染物，并在此基础上进行了生物强化工程菌的筛选、驯化与构建。为了验证投加工程菌的生物强化技术处理石化废水的效果，开展了二级 A/O 工艺处理低温石化废水的中试研究，结果表明，运行期间工艺稳定，在进水水质波动较大、水温低于 13℃ 情况下，出水水质达到《污水综合排放标准》GB 8978—1996 的一级标准。

12.4　工　程　实　例

12.4.1　隔油-混凝沉淀-过滤处理石油盐化工废水

1. 工程概况

江汉油田盐化工总厂是中国石化下属的一家大型综合性化工企业，以生产无机盐、碱为主，包括盐厂、碱厂、漂粉精厂、氯化石蜡厂、ADC 发泡剂厂、精细化工厂等分厂；产品包括无机化工和有机化工产品 13 种，主要有精制盐、烧碱、氯气、盐酸、漂粉精、氯化石蜡、ADC 发泡剂和糠醇等。由于产品及生产工艺的要求，生产过程中产生大量的废水。绝大部分废水经过一级处理后都已经循环利用，但仍有部分废水须再处理后外排。

废水来自生产过程中排出的废水和从办公楼、食堂、集体宿舍等排出的生活污水，其成分复杂，BOD_5 较低，COD、油、SS 及色度均较高。另外，因各车间排放废水的性质不同，其酸碱性也较为复杂。

废水处理厂设计废水处理量为 7200m³/d，进水主要污染物指标见表 12-6。

废水处理厂进水各主要污染物指标　　　　　　　表 12-6

	pH 值	COD (mg/L)	油质量浓度 (mg/L)	色度 (倍)	BOD₅ (mg/L)	SS (mg/L)
国家标准	6～9	100	10	50	30	70
进水浓度	1～12	550	180	200	90	700

2. 工艺流程

由于各车间排放废水时间不一致，废水水量、水质波动幅度较大，因此设调节池充分调节、中和来水的水量、水质，减轻对后续处理构筑物的冲击负荷，以使运行平稳。

废水来水中含有较多的浮油。浮油比重较小，故采用隔油池处理，去除大部分浮油。隔油池也兼作初沉池，去除粗颗粒的可沉淀物质，以减轻后续处理混凝剂的用量。

混合化工废水的处理，目前广泛采用混凝沉淀法。混凝沉淀对于去除大部分胶体物质，特别是去除 COD、BOD₅、油、SS 及色度是较为有效的方法。

混凝沉淀进水的 pH 值如不满足要求，应投加中和剂（酸或碱），以使其满足混凝剂要求的最佳 pH 值。

混合化工废水具有较强的腐蚀性，因此混合反应采用压缩空气搅拌，压缩空气管路系统采用耐腐蚀的 PVC 管材。

混凝沉淀的出水经过过滤去除残存的胶体及部分溶解性杂质。

由于处理出水排放汉江，其排放口下游 30km 处为潜江市饮用水取水水源，故废水处理工艺的选择既要满足经济、操作简便等要求，又要达到国家《污水综合排放标准》GB 8978—1996 的一级排放标准。

通过对废水水质和废水排放特点的分析，确定采用图 12-1 所示的工艺流程。

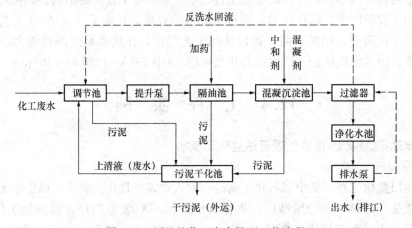

图 12-1　石油盐化工废水处理工艺流程

3. 处理效果

江汉油田盐化工总厂废水处理工程于 2001 年 3 月安装完毕，同年 7 月运行调试，经湖北省环保局等各方验收合格，投入三班制运行至今。处理出水中油等指标均达到《污水综合排放标准》GB 8978—1996。处理效果见表 12-7。运行结果表明，整个系统设计合理，工艺流程简单，主体设备及构筑物布置紧凑，占地面积小，操作维修方便，运行稳定。

盐化工总厂主要污染物排放情况表　　　　　　　　　　　　　　表 12-7

废水外排口名称	污染物类别	水污染物	标准限值（mg/L）	监测值（mg/L）	排放去向	标准编号
污水处理厂出口	第二类污染物	pH	6～9	7.08～7.33	汉江	GB 8978—1996，一级标准
		SS	70	61～69		
		石油类	10	0.05～0.28		
		COD	100	30～37		

4. 工程小结

不同来水 pH 值差异很大，利用调节池进行废水水量、水质中和、调节，可节约中和剂、混凝剂的投加量，缓冲后续处理工序的冲击负荷，具有较高的经济性和可操作性。混凝剂采用聚硫酸铁。聚硫酸铁是一种无机高分子絮凝剂，运行结果表明，其成本较低，处理效果较好。选用 MFU 系列耐腐、耐磨型离心泵，维修频率大大降低；选用由耐腐蚀材料制作的管材、阀门、设备，克服了普通金属材料的不足。池体采用内砌花岗岩、环氧树脂特殊配方胶泥勾缝防腐，解决了 pH 值范围过大腐蚀池体的问题。

12.4.2　物化-水解酸化-厌氧-接触氧化处理炼油废水

1. 工程概况

晨曦集团石油化工有限公司主要生产丙烯单体、丙烷、MTBE、聚丙烯、甲醇等。炼油生产过程中产生的废水主要由冷却水、含油废水、含碱废水等组成。其中冷却水是冷却馏分的间接冷却水，温度比较高，有时由于设备渗漏等原因，冷却废水经常含油，但是污染程度较轻。含油废水水量大，COD_{Cr} 为 1000mg/L，含油量为 5000mg/L。含碱废水主要来自汽油、柴油等馏分的碱精制过程，COD_{Cr}、含油量低，但 pH 值高达 10 以上。

该公司废水处理系统设计处理水量 200m³/h，进水水质及排放标准见表 12-8。

进水水质及排放标准　　　　　　　　　　　　　　　　表 12-8

项目	COD_{Cr}（mg/L）	NH_3-N（mg/L）	含油量（mg/L）	pH（mg/L）
进水水质	1000	150	5000	7～10
排放标准	70	25	10	6～9

2. 工艺流程

采用水力旋液分离浮油自动收集排油组合装置（系统由水力旋液分离器、自动撇油器、中心进水周边出水布水堰槽、层流穿孔排水管、倾斜排泥管系等组合而成，可处理炼油、化工、原油运输等各种含油废水，也叫"罐中罐"技术）。废水汇集到处理站后，首先通过变径的输送管进入一个安装在储罐内罐中的组合式多管束水力旋液分离装置内。该设备装置可对含油废水进行油、水和泥的三相分离。油水分离后，污水送往废水缓冲池继续处理，油送去回炼。

经罐中罐处理出水含油量能够达到 300mg/L 以下，可直接进入气浮段。经罐中罐技术处理后的含油废水，还存在一定量的乳化油和颗粒较小的油珠，采用气浮工艺来处理，对油进行混凝破乳，以满足后续工艺的处理要求。该工程采用涡凹气浮工艺，操作方便、运行经济，去除效果好。

经气浮处理后的废水进入生化处理系统。水解酸化将废水中难生物降解物质转变为易生物降解物质，内置填料，提高了水解酸化的利用率。废水经过水解酸化后改善了可生化性，降低了后续生物处理的负荷，保证了后续处理的稳定性和效果。

厌氧—接触氧化是在曝气池中设置填料，作为生物膜的载体，经过充氧的废水以一定的流速流过填料与生物膜接触，废水中的有机物等杂质被生物膜和活性污泥中的微生物分解吸收。同时利用厌氧段，完成反硝化作用，从而达到对氨氮的去除效果。

通过对废水水质和废水排放特点的分析，确定采用图 12-2 所示的工艺流程。

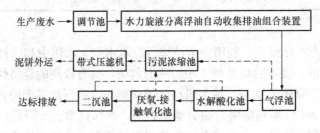

图 12-2 废水处理工艺流程

3. 处理效果

整个工程于 2008 年 10 月建成，经过 3 个多月的调试运行后，2009 年 1 月进入正常运行阶段。表 12-9 为部分正常运行阶段的监测数据。运行结果表明，采用水力旋液分离浮油自动收集排油组合装置、气浮一体化技术、水解酸化和厌氧—接触氧化工艺组合工艺处理含油废水，对 COD_{Cr}、氨氮、含油量的去除率分别为 94%、86%、99%，出水可达《污水综合排放标准》GB 8978—1996 一级排放标准。

系统对污染物的处理效果　　　　　　　　表 12-9

日期	进水			出水		
	COD_{Cr} (mg/L)	氨氮 (mg/L)	含油量 (mg/L)	COD_{Cr} (mg/L)	氨氮 (mg/L)	含油量 (mg/L)
1 月 5 日	1050	150	5100	76	25	10
1 月 8 日	980	143	4900	65	23	7
1 月 13 日	976	138	4750	47	16	5
1 月 16 日	1120	155	5200	66	20	8
1 月 21 日	1250	160	5250	70	24	6
2 月 2 日	900	120	4000	39	15	1
2 月 6 日	950	125	4500	55	19	3
2 月 10 日	990	140	4800	56	22	4
2 月 16 日	1010	142	4750	60	18	3
2 月 20 日	1200	158	5000	68	20	6
平均值	1042.6	143.1	4825	60.2	20.2	5.3

4. 工程小结

水力旋液分离浮油自动收集排油组合装置（罐中罐技术），是目前国内炼油废水除油普遍采用也是推广最快的技术，具有集中化程度高，安全、卫生、环保的特点。涡凹气浮机对油类废水 COD_{Cr} 有较高的去除效果，最高去除率约 60％，减轻了后续水处理构筑物的处理负荷，确保出水达标排放。生化处理阶段水解酸化将废水中难生物降解物质转变为易生物降解物质，内置填料提高了水解酸化的利用率。废水经过水解酸化后改善了可生化性，降低了后续生物处理的负荷，保证了后续处理的稳定性和效果。

本章参考文献

[1] 王鹏翊. 中国石油化工产业现状及竞争力分析[J]. 科技信息，2008，12：315，237.

[2] 张恒. 中国石油化工产业的现状分析[J]. 中国商界，2009.3：210.

[3] 赵庆良，李伟光. 特种废水处理技术[M]. 哈尔滨：哈尔滨工业大学出版社，2003.

[4] 吴芳云，陈进富，赵朝成，等. 石油环境工程（上册）[M]. 北京：石油工业出版社，2002.

[5] 王良均，吴孟周. 石油化工废水处理设计手册[M]. 北京：中国石化出版社，1996.

[6] 北京市环境保护科学研究院. 三废处理工程技术手册：废水卷[M]. 北京：化学工业出版社，2000.

[7] 白雯，张春波，钱德洪. 各类石油化工废水处理技术[J]. 辽宁化工，2009，38(5)：314～317.

[8] 李旭东，杨芸等. 废水处理技术及工程应用[M]. 北京：机械工业出版社，2003.

[9] 冷东梅. 石油化工废水处理技术应用研究进展[J]. 化学工程与装备，2009，12：129-134.

[10] 王会强，冯晓强，张学勇，等. 石油化工废水生物处理研究进展[J]. 化肥设计，2010，48(1)：59～62.

[11] 冯家满，周莉菊. 江汉油田盐化工总厂废水处理工艺[J]. 化工环保，2004，24：206～208.

[12] 储金宇，光建新，王万俊，等. 水解酸化-接触氧化在处理石油化工废水中的应用[J]. 环境工程，2007，25(5)：37~40.

[13] 陈鹏，郑国辉，邱鸿荣等. 二级气浮/二级生化处理炼油废水工程实例[J]. 广东化工，2013，40(16).

[14] 刘爱军，骆培明，刘双，等. 高含油化工废水处理工程实例[J]. 给水排水，2009，35(10)：60～62.

[15] 李顺成，刘振华，李哲等. SBR+高效菌种处理采油废水. 城市环境与城市生态，2003，16：74～75.

[16] Gilbert T T，Nirmalakhandan N，Jorge L，Gardea T. Performance evaluation of an activated sludge system for removing petroleum hydrocarbons from oilfield produced water[J]. Advances in Environmental Research，2002，6(4)：455～470.

[17] Freire D D，Cammarota M C，Santanna G L Jr. Biological treatment of oil field wastewater in a sequencing batch reactor[J]. Environmental Technology，2001，22(10)：1125～1135.

[18] Campos J C，Borges R M，Oliveira Filho A M，et al. Oilfield wastewater treatment by combined microfiltration and biological processes[J]. Water Research，2002，36(1)：95～104.

[19] Cynthia M G，Heatley J E，Karanfil T，et al. Performance of a hybrid reverse osmosis constructed wetland treatment system for brackish oil field produced water[J]. Water Research，2003，37(3)：705～713.

[20] 许谦. 序批式生物膜法处理油田采油废水. 油气田环境保护，2003，13(3)：23～25.

[21] Li Q X，Kang C B，Zhang C K. Waste water produced from an oilfield and continuous treatment with an oil-degrading bacterium[J]. Process Biochemistry，2005，40：873～877.

13 焦化废水处理技术

焦化行业是关系国计民生的重要行业，同时也是一个重污染的行业，是节能减排的重要领域。焦化废水是属有毒有害、难降解的高浓度有机废水，其中有机物以酚类化合物居多，约占总有机物的一半，有机物中还包括多环芳香族化合物和含氮、氧、碳的杂环化合物等。无机污染物主要以氰化物、硫化物和硫氰化物为主，处理难度较大，已成为现阶段环境保护领域亟待解决的一个难题。

13.1 焦化废水的来源

13.1.1 焦化工业废水来源

1. 焦化工业生产工艺与物料平衡

（1）焦化工业的生产工艺

焦化工业以生产焦炭和煤气为主，同时还回收苯、焦油、氨、酚、氰等化工产品。在煤气洗涤、冷却、净化以及化工产品回收、精制过程中产生大量废水。焦化生产蒸氨工序可分为：硫氨工艺，即在煤气净化过程中回收氨并最终生成硫氨；氨水工艺，即以浓氨水形式回收铵，其工艺流程分别如图 13-1 和图 13-2 所示。

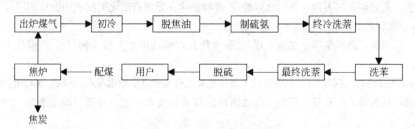

图 13-1 硫氨工艺流程示意图

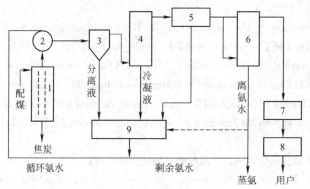

图 13-2 氨水工艺流程示意图

1—焦炉；2—集气管；3—气液分离器；4—初冷塔；5—脱焦油；6—洗氨塔；7—洗苯；8—脱硫；9—氨水澄清槽

出炉煤气在集气管中用 70～75℃ 的循环氨水直接喷淋，使煤气温度从 650～700℃ 降至 80～85℃，然后在间接冷却器中再降到 25～45℃。在喷淋冷却时，煤气中的重焦油、煤粉、焦粉在气液分离器中分离流入氨水澄清槽，初冷下来的冷凝液也流入氨水槽，焦油和渣分离后氨水回流喷洒，多余部分进行蒸氨，蒸氨气送入制硫氨。煤气脱氨后终冷洗萘，再经洗苯、脱硫后送往用户或罐存。氨水工艺则可直接洗苯，在回收的过程中，每生产 1t 苯约产生废水 1.5～4.0m³。氨水工艺洗氨的富氨水与剩余氨水一同去蒸氨，以回收浓度为 18%～20% 的浓氨水。

（2）炼焦生产的能源-物料平衡与排放污染物

焦炭在高炉中的主要作用是将氧化铁还原成铁金属。焦炭还充当燃料，提供骨架作用以让气体自由通过高炉料层。由于煤在熔融条件下会软化和变得不透气，所以它无法发挥这些作用。因此，煤必须在无氧环境中加热到 1300℃ 达 15～21h 才能转化为焦炭。而且，只有某些煤和焦煤或烟煤具有适当的可塑特性，才能转化为焦炭。正如铁矿石那样，可以将几种煤混合，以便提高高炉生产率，延长焦炉组的使用寿命等。

一个焦炉组可能拥有 40 个或更多由被加热室隔开的、带有耐火墙的炼焦室。每个炼焦室一般宽 0.4～0.6m，高 4～7m，深 12～18m，两端都装有可移动的炉门。煤通过一辆沿焦炉组顶部运行的特殊车，从每个炼焦室上方 4 个最大直径为 300mm 的孔装填。一旦装满后，炼焦室门和装料盖即被密封，并开始加热（下部燃烧）。加热过程中干馏出的以焦油和焦炉气（COG）形式出现的蒸馏产物，被收集在焦炉组的总管中，并被送往蒸馏装置。当加热周期结束时，焦炉与总管分离开，端门被打开，固体焦炭被推入运焦车。运焦车沿焦炉组一侧行至冷却塔，在那里，将新水或循环水喷洒在炽热的焦炭上，使其温度降至 200℃ 以下。一种可选择的干熄焦法是：使一种惰性气体（N_2）重复循环地通过热焦炭，回收的热以蒸汽形式利用。

炼焦厂的气体排放可能是间歇的也可能是连续的，它们与下部燃烧、装料、推焦、冷却、运输和筛分等作业有关。气体排放物可能从很多分散口排出，例如炉门、盖、出口、下部加热烟囱等。

颗粒物排放产生于下部燃烧、装料、推焦和冷却作业。这些排放可以通过下列方法加以控制：不断维护保养焦炉耐火墙；改进装料方法；严密控制加热周期以及为某些作业安装萃取/气体净化系统。

COG 是炼焦过程中馏出的一种复杂的混合物，它含有氢、甲烷、一氧化碳、二氧化碳、氮氧化物、水蒸气、氧、氮、硫化氢、氰化物、氨、苯、轻油、焦油蒸气、萘、烃、多环芳烃（PAHs）和凝聚的颗粒物。这种气体泄漏可能来自炉门、盖、罩等没有得到密封的地方，只能通过密切注意维修保养和密封作业来减少这类泄漏性污染。根据联合国环境规划署工业与环境中心的有关报告，炼焦生产的能源-物料平衡与排放物的状况如图 13-3 所示。

2. 废水来源

废水来源主要是炼焦煤中的水分，是煤在高温干馏过程中，随煤气逸出，最终冷凝形成的。煤气中含有多种有机物，凡能溶于水或微溶于水的物质，均在冷凝液中形成极其复杂的剩余氨水，这是焦化废水中最大的一股废水。其次是煤气净化过程中，如脱硫、除氨和提取精苯、萘和粗吡啶等过程中形成的废水。再次是焦油加工和粗苯精制中产生的废水，这股废水数量不大，但成分复杂。焦化生产工艺流程和废水来源如图 13-4 所示。

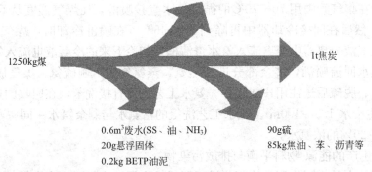

1250kg煤　　　　　　　　　　　　　　　　　　1t焦炭

0.6m³废水(SS、油、NH₃)　　　　　90g硫
20g悬浮固体　　　　　　　　　　　85kg焦油、苯、沥青等
0.2kg BETP油泥

有关次要排放物:多环芳烃(PAH)、苯、PM₁₀、H₂S、甲烷;
有关废水成分:悬浮固体、油、氰化物、酚、氨;
输入能源分类:458MJ电能(48kW·h)41.1GJ煤、0.5GJ蒸汽、3.2GJ底部加热煤气;
输出能源分类:29.8GJ焦炭、8.2GJ COG 0.7GJ苯、0.9GJ电(90kW·h)、33MJ蒸汽1.9GJ煤焦油。

图 13-3　焦化厂的能源-物料平衡与排放物质

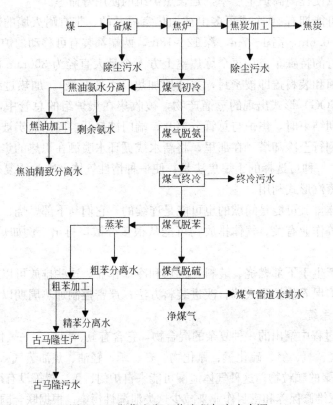

图 13-4　焦化生产工艺流程与废水来源

（1）原料附带的水分和煤中化合水在生产过程中形成的废水

炼焦用煤一般都经过洗煤，通常炼焦时，装炉煤的水分控制在10%左右，这部分附着水在炼焦过程中挥发逸出；同时，煤料受热裂解，又析出化合水。这些水蒸气随荒煤气一起从焦炉引出，经初冷凝器冷却形成冷凝水，称剩余氨水。含有高浓度的氨、酚和氰、硫化物及油类，这是焦化工业要治理的最主要的废水。若入炉炼焦煤经过煤干燥或预热煤工艺，则废水量可显著减少。

（2）生产过程中引入的生产用水和用蒸汽等形成废水

这部分水因用水、用汽设备、工艺过程的不同而有许多种，按水质可分为两大类。

一类是用于设备、工艺过程的不与物料接触的用水和用汽形成的废水，如焦炉煤气和化学产品蒸馏间接冷却水、苯和焦油精制过程的间接加热用蒸汽冷凝水等。这类水在生产过程中未被污染，当确保其不与废水混流时，可重复使用或直接排放。

另一类是在工艺过程中与各类物料接触的工艺用水和用汽形成的废水，这类废水由于直接与物料接触，均受到不同程度的污染。按其与接触物质不同，可分为3种。

1）接触煤、焦粉尘等物质的废水

这种废水主要有：炼焦煤贮存、转运、破碎和加工过程中的除尘洗涤水；焦炉装煤或出焦时的除尘洗涤水、湿法熄焦水；焦炭转运、筛分和加工过程的除尘洗涤水。

这种废水主要是固体悬浮物浓度高，一般经澄清处理后可重复使用。水量因采用湿式除尘器或干式除尘器的数量多少而有很大变化。

2）含有酚、氰、硫化物和油类的酚氰废水

这种废水主要有：煤气终冷的直接冷却水、粗苯加工的直接蒸汽冷凝分离水、精苯加工过程的直接蒸汽冷凝分离水；焦油精制加工过程的直接蒸汽冷凝分离水、洗涤水，车间地坪或设备清洗水等。

这种废水含有一定浓度的酚、氰和硫化物，与前述由煤中所含水形成剩余氨水一起称酚氰废水。该废水不仅水量大而且成分复杂。

3）生产古马隆树脂过程中的洗涤废水

这种废水主要是古马隆聚酯水洗废液，水量较小，且只有在少数生产古马隆产品的焦化厂中存在。这种废水一般呈白色乳化状态，除含有酚、油类物质外，还因聚合反应所用催化剂不同，而含有其他物质。

上述废水中，酚氰废水是炼焦化学工业有代表性及显著特点的废水。

13.1.2 煤气发生站生产工艺与废水来源

煤气发生站的发生炉煤气是一种气化煤气，既是工业生产中的重要热源，也是工业生产中的重要原料，在动力、冶金、机械、建材、化工等几乎所有工业部门都建有煤气发生站。

发生站的发生炉煤气以焦炭或煤（包括无烟煤、泥煤、褐煤和烟煤）等固体燃料为气化原料，以空气和水蒸气作为汽化剂通入发生炉内制得的煤气称为发生炉煤气。

发生炉出炉的荒煤气中含有大量灰尘、水蒸气、硫化物、氮化物、氰化物、焦油蒸气、酚类化合物和其他有机物等杂质，必须经过净化后方能经过管网输送给用户。

煤气发生站按其气化原料性质与使用要求的不同，可分为热煤气发生站、无焦油回收系统的冷煤气发生站和有焦油回收系统的冷煤气发生站。

1. 热煤气发生站

发生炉煤气经除尘的初步净化后，不经任何冷却与精制过程，直接以高温状态就近送往使用车间。所用原料通常为烟煤，流程简单，基本上无废水排出。

2. 无焦油回收系统的冷煤气发生站

无焦油回收系统的冷煤气发生站的气化原料为无烟煤、焦炭和挥发分低的贫煤，它们在气化时基本不产生焦油，其工艺流程如图13-5所示。

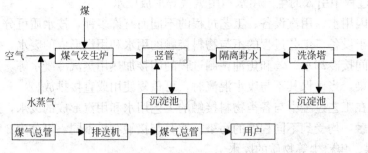

图 13-5　无焦油回收的冷煤气发生站工艺流程

在该系统中，发生炉煤气出炉后先进入竖管冷却器，用水喷淋可将煤气温度冷却至 80～90℃，同时去除大部分粗颗粒粉尘，然后进入洗涤塔，用水洗涤，将煤气冷却至 35℃以下，同时进一步除去煤气中的粉尘。经洗涤冷却净化后的煤气由排送机经输配管道送往使用车间。竖管冷却器与洗涤塔排出的冷却水经过各自的水封与水渠分别流入竖管沉淀池与洗涤塔沉淀池，去除粉尘与少量的焦油后再循环使用。洗涤塔沉淀池流出水需经冷却塔冷却后再送入洗涤塔重复使用。

由于该系统的气化原料为焦炭和无烟煤，基本不产生焦油，所以竖管沉淀池与洗涤塔冷却水中的有毒溶解性污染物含量很低，故水的净化设备简单。

3. 有焦油回收系统的冷煤气发生站

当气化烟煤、褐煤时，气化过程产生的焦油蒸气随煤气一同排出，因而必须从煤气中将焦油除去，并予以回收，其工艺流程如图 13-6 所示。

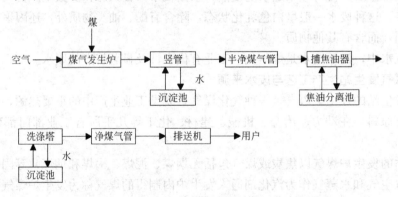

图 13-6　回收焦油的冷煤气发生站的工艺流程图

出炉煤气经竖管冷却器用水喷淋冷却，再经水封、焦油回收器和洗涤塔冷却净化后送往使用车间。

竖管喷淋洗涤流出水温度在 75℃以上，经沉淀池除去粉尘与重质焦油（即焦油渣），并在液面回收轻质焦油后送回竖管循环使用。

煤气经竖管冷却至 80℃后，仍残存大量轻质焦油，通过焦油回收器（脱焦油机或电捕焦油器）以除去雾滴状焦油，如果用脱焦油机，必须有独立的脱焦油循环水系统。

煤气中的水蒸气在洗涤塔内冷凝而除去。洗涤塔流出水经沉淀池去除悬浮固体与少量焦油后，再经冷却塔冷却后送洗涤塔循环使用。洗涤塔有两段塔和三段塔，机械工业系统常用三段塔，上部第一段为"冷循环水"，第二段的流出水水温较高，与竖管喷淋水构成

"热循环水"系统，第三段为预热空气段。

13.1.3 煤气厂废水来源

城市燃气制造类型主要有煤炭干馏制气、煤炭气化制气等。煤气厂废水主要有煤炭干馏制气废水、煤炭气化制气废水和煤气净化与副产品回收的废水。

1. 煤炭干馏制气与废水来源

在隔绝空气的条件下对煤进行热加工称为煤炭干馏。煤炭干馏制气厂的目的是生产煤气，而不是焦炭。煤干馏制气炉型有水平炉、焦炉、立箱炉和连续式直立炉等。目前我国采用较多的除焦炉外，还有直径为 2100mm 的连续式直立炉。原料煤由顶部煤仓投入在炭化室内由上向下缓慢移动，在移动过程中实行干燥水分、干馏（析出粗煤气和挥发烃类蒸气）、成焦等干馏过程。在炉的上部引出干馏气和烃类蒸气，在集气管处经氨水喷淋，冷却至 80~85℃，除去大部分灰分、焦油和灰尘。干馏荒煤气再经冷凝鼓风工段和其他工段脱除气相中的不稳定烃类蒸气和其他杂质后送用户使用。粗煤气中的水分在冷凝鼓风工段与终冷工段凝结下来，这种冷凝水与集气管的喷淋溢出水经分离焦油后，作喷淋水循环使用。多余的称为剩余氨水，其中的挥发酚、焦油、COD 与氨氮含量很高。

2. 煤炭气化制气工艺与废水来源

煤炭气化制气是以弱粘结或不粘结的煤炭、焦炭、油母页岩及木材等，在高温下与气化剂反应，使煤炭中的可燃物转化为可燃气体的过程。气化时所得的可燃气体称为气化煤气，其有效成分包括一氧化碳、氢气和甲烷等。煤炭在气化炉中的反应，主要是固体燃料中的碳与气化剂中的氧、水蒸气、二氧化碳和氢的反应，也有碳与产物以及产物之间进行的反应。

目前我国煤气厂采用的煤炭气化制气方法有水煤气（以水蒸气作气化剂）与移动床加压气化法（鲁奇加压气化炉）。鲁奇炉是城市煤炭气化的第四代炉型，它对各种煤种都适应，煤气热值高，物料综合利用好，我国目前主要发展这种技术。

图 13-7 所示为设有一氧化碳变换装置的鲁奇加压气化炉生产工艺流程图，是当前我国煤气厂气化煤气生产所采用的基本工艺流程。

原料煤从炉顶上部投入，逐渐向下移动，依次经过干燥水分、干馏、半焦气化、残焦燃烧与灰渣排除等物理化学过程。在气化段产生的煤气与干馏段的焦油蒸气、干燥层的蒸气混合成荒煤气，从气化炉的上部排出。出炉荒煤气在桥管和集气管用水喷淋冷却至 70~75℃ 后，再进入初冷凝器进一步冷却到 25~45℃。荒煤气中绝大部分水蒸气和焦油蒸气凝结成液态，与荒煤气分离，而形成煤制气生产废水，见图 13-8。在这种凝结水中不但含有大量的焦油，而且还含有各种水溶性化合物，如氨、CO_2、H_2S、SO_2、氰化物、酚类化合物、吡啶和一些可燃气体成分。经分离焦油后的废水中，由于含氨量高，最高可达 9g/L 左右，在生产工艺上俗称氨水。这种氨水在生产工艺上作为出炉荒煤气的喷淋冷却循环水。为了保证喷淋循环水的水量平衡与水质符合生产工艺要求，势必排除一部分废水，即俗称剩余氨水，也称含酚废水。

在某些城市煤气厂里采用两段炉生产煤气，这种设备的生产工艺上段为干馏煤气，下段为气化煤气，其废水的性质与立式炉煤气废水接近。

3. 煤气净化与副产品回收的废水来源

煤气无论是作为燃料还者作为化工原料，为了符合用户的需要和管路输送的要求，都

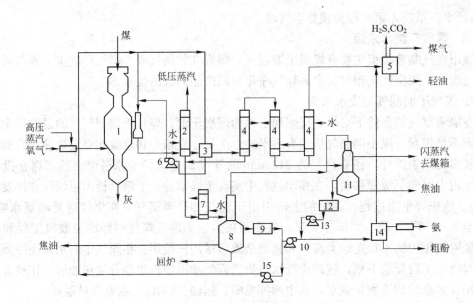

图 13-7　煤气经冷却和净化的工艺流程

1—鲁奇炉；2—废热锅炉；3—除雾器；4—冷却器；5—脱硫器；6—洗液循环泵；
7—焦油冷却器；8—焦油水分离器（闪蒸）；9—焦油贮罐；10—焦油泵；
11—轻油水分离器（闪蒸）；12—轻油罐；13—油泵；14—酚处理装置；15—高压油泵

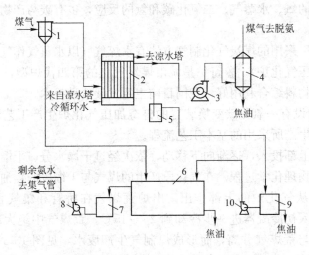

图 13-8　采用管式初冷器的煤气初冷流程

1—气液分离器；2—管式初冷器；3—鼓风机；4—电捕焦油器；5—冷凝液水封槽；
6—焦油氨水澄清槽；7—氨水中间槽；8—循环氨水泵；9—冷凝液中间槽；10—冷凝液泵

必须进行净化处理，脱除其中的有害杂质。同时为了实现综合利用并减少对环境的污染，还要对脱除的杂质进行回收。因此，在净化和回收过程中都要产生一些废水。

干馏煤气的净化，一般采用图 13-9 所示的工艺流程。对于油制气的净化也可采用脱焦油、洗萘、洗苯及脱硫等流程，不做单独洗氨处理。对于气化煤气，由于其中不存在或只存在少量的苯、萘、氨等杂质，因此一般只进行冷却、脱焦油和脱硫等工序。

图 13-9　粗煤气净化工艺流程图

煤气的输送依靠鼓风机升压，煤气中的焦油雾在离心式鼓风机中除去一部分，鼓风机出口煤气含焦油量约为 $0.3 \sim 0.5 g/m^3$。然后再经过电捕焦油器，进一步清除煤气中的焦油。在焦油回收与精加工过程中产生焦油分离废水与焦油精加工废水。

在采用硫酸铵生产流程时，煤气经脱氨后，在终冷塔中进行冷却的温度通常为 $55 \sim 60℃$，在终冷塔中进行冷却，热煤气与冷却水直接接触，煤气被冷却的同时，其中的萘与其他有害物质被冷凝下来，或溶于水中。萘与水分离后，终冷水循环使用，但产生一部分排污水。

煤气经终冷脱萘后进入洗苯塔，与逆向流动的洗油接触，煤气中的苯类物质被洗油吸收。再用直接蒸吹法从洗油中分离粗苯，因而产生污染程度很高的粗苯分离废水。

13.2　焦化废水的水质水量特征

13.2.1　焦化工业废水

1. 水质特征

焦化废水污染物种类繁多，成分复杂，其特点是：水量比较稳定，水质则因煤质不同、产品不同及加工工艺不同而异；废水中有机物质多，多环芳烃多，大分了物质多。有机物质中有酚、苯类、有机氮类（吡啶、苯胺、喹啉、咔唑、哚等）、萘、蒽类等。无机物中浓度比较高的物质有：$NH_3—N$、SCN^-、Cl^-、S^{2-}、CN^-、$S_2O_3^{2-}$ 等；废水中 COD 较高，可生化性差，其 BOD_5 与 COD 之比一般为 $28\% \sim 32\%$，属较难生化废水，一般废水可生化性评价参考值见表 13-1。焦化废水中，$NH_3—N$、TN（总氮）浓度较高，如不增设脱氮处理，难于达到规定排放要求。

废水处理可生化性评定参考数据　　　　　　　　　　　表 13-1

BOD_5/COD	>0.45	>0.30	$0.30 \sim 0.20$	<0.20
可生化性	生化性能好	可生化	较难生化	不宜生化

由于生产规模的差异，焦化废水的水质有所不同，一般焦化厂的蒸氨废水水质如下：COD3000～3800mg/L，酚 600～900mg/L，氰 10mg/L，油 50～70mg/L，氨氮 300mg/L 左右。表 13-2 列出了不同规模焦化厂外排废水水质情况。

2. 水量特征

焦化废水的排放量与生产规模有关，不同生产规模，其废水排放量则不相同。表13-3列出了不同规模焦化厂外排废水量情况。

根据表 13-6 可以估算焦化系统各排放点吨焦废水排放量，以年产焦炭 60 万 t 规模为例，其各排水点排水量大致范围见表 13-4。

表 13-2

焦化系统废水排放点的水质

排水点	pH	挥发酚	氰化物	苯	硫化物	硫化氧	油	硫氰化物	挥发氨	吡啶	苯	COD	BOD₅	色和嗅
蒸氨塔后（未脱酚）	8~9	1700~2300	5~12	—	—	21~136	610	635	108~255	140~296	—	8000~16000	3000~6000	棕色，氨味
蒸氨塔后（已脱酚）	8	300~450	5~12	1.2	6.4	21~136	3061	—	108~255	140~296	1.5	4000~8000	1200~2500	棕色，氨味
粗苯分离水	7~8	300~500	22~24	166~500	3.25	59~85	269~800	—	42~68	275~365	62.5	1000~2500	1000~1800	橘黄色，苯味
终冷掺污水	6~7	100~300	100~200	1.66	20~50	34	25	75	50~100	25~75	35	700~1029	—	金黄色，有味
精苯车间分离水	5~6	892	75~88	200~400	20.48	100~200	51	—	42~240	170	—	1116	—	灰色，二硫化碳味
精苯原料分离水	5~7	400~1180	72	—	41~96	—	120~17000	—	17~60	93~1050	—	1315~39000	—	黑色，二硫化碳味
精苯蒸发器分离水	6~8	100~600	1~10	—	1.8	8~200	36~157	—	25~100	均 0	—	590~620	—	黄色，苯味
焦油—次蒸发分离水	8~9	300~600	23	2.00	3.2	471	3000~12000	—	2125	3920	37.5	27236	—	淡黄色，焦油味
焦油原料分离水	9~10	1800~3400	54.3	—	72	2437	5000~110000	—	5750	600	—	19000~33485	—	棕色，萘味
焦油洗塔分离水	8~9	5700~8977	—	—	10400	289~1776	370~13000	—	—	1075	—	33675	—	
洗涤蒸吹塔分离水	9~10	7000~14000	0.325	2.5	120	93~425	5000~22271	—	—	583	—	39000	—	黄色，萘味
硫酸钠废水	4~7	6000~12000	2~12	2.5	3.2~20	93~471	905~21932	—	42.5	87.40	37.5	21950~28515	—	
黄血盐废水	6~7	337	58	—	—	10.2	116	—	85	210	—		—	

注：1. COD 为高锰酸钾值。

2. 本表摘自杨丽丽等主编《环保工作者实用手册》（第二版）. 冶金工业出版社，2001 p.380。

3. 表中各指标的单位，除 pH 外，均为 mg/L。

不同规模焦化系统外排废水量

表 13-3

排水点	工艺流程	废水量（m³/h）				备注
		年产焦炭 4万t	年产焦炭 10万t	年产焦炭 20万t	年产焦炭 60万t	
蒸氨后废水	硫氨流程 氨水流程	— 5	— 12	— 24	20 60	
终冷排污水	硫氨流程				34	按15%排废水量计算
精苯车间分离水	连续流程 间歇流程	— 0.24	— 0.5	— —	0.8 —	
焦油车间分离水洗涤水	连续流程 间歇流程	— 0.09	— 0.21	— 0.32	0.5 —	
古马隆分离水	间歇流程		0.17	0.36	1.0	
化验室		3.6	3.6	3.6	3.6	
煤气水封		0.2	0.2	0.2	0.4	

年产 60 万 t 焦炭的焦化系统各点排水量

表 13-4

排放点	煤气净化工艺	水量（t/h）
蒸氨废水	硫氨流程 浓氨水流程	0.33~0.35 1.0
终冷排废水	硫氨流程	0.56（无脱硫工序）
精苯车间分离水	连续流程 间歇流程	0.13 —
粗苯车间分离水	硫氨流程 氨水流程	0.05 0.05
古马隆分离水	间歇流程	0.016
焦油加工		0.007~0.02
煤气水封排废水		0.006~0.017
合　计	硫氨流程 氨水流程	1.1~1.15 1.2~1.23

13.2.2 煤气发生站废水

1. 水质特征

煤气发生站产生的废水是一种高浓度有毒有害有机废水，或称含酚废水。含酚废水的生成量取决于气化煤质及所采用的气化净化工艺。煤气发生站采用的固体燃料的种类对废水的水质影响很大。以焦炭、无烟煤作气化原料时，废水受污染的程度较低；但若以烟煤、褐煤、泥煤作气化原料，则废水中悬浮固体、焦油、酚类化合物及其他有机物的浓度都很高，挥发酚浓度达到 1500mg/L 以上，COD 达 12000mg/L 以上，还会有硫化物与氰化物等有毒物质，成分非常复杂。表 13-5 所列举的是煤气发生站不同原料气化所产生的废水的水质。

煤气发生站废水水质　　　　　　　　　　　　　　　　　　　　　　　　　　　表 13-5

废水性质	焦炭	无烟煤	褐煤	石煤	泥煤	木材
颜色	褐色	褐色	从微黄到暗棕	褐绿	红褐	暗棕
嗅味	—	硫化氢味	硫化氢味	焦油味	焦油、酸味	焦油、酸味
pH	—	—	7.0～8.55	8.65	5.6～8.5	3.9～5.5
悬浮固体（SS）（mg/L）	<0.1	1.2	0.1～1.5	0.11～0.36	0.1～1.5	0.1～1.5
干渣（mg/L）	5～10	5～10	1.5～11	—	10～40	1～20
高锰酸盐指数	0.3～10	5～10	1.2～26.0	1.92～23.2	10～55	1.4～20
BOD_u（mg/L）	—	—	6.5～13.6	5.3～6.5	—	7.3
BOD_5（mg/L）	—	—	3.7～8.4	4.2～4.6	10～26	2.5～12
可溴化物（mg/L）	—	—	1.9～11.9	—	—	0.67
挥发酚（mg/L）	<0.1	0.25～1.80	0.5～6.0	0.4～3.2	3.5～10.8	0.56～5.5
不挥发酚（mg/L）	—	—	0.4～1.48	1.13	2～3	—
甲醇（mg/L）	—	0	0.02～0.1	0.09	0.5～1.9	0.25～0.50
挥发性酸（mg/L）	<0.1	0	0.1～4.5	0.62	3.0～65.0	20～30
氰化物（mg/L）	<0.1	0.05～0.5	0.008～0.1	1.8～2.06	0.004～0.3	0
硫氰化物（mg/L）	<0.1	痕量	痕量	1.07～1.4	0.3～1.8	0
吡啶（mg/L）	—	—	0.01～0.7	—	0.04～2.70	—
丙酮（mg/L）	—	—	—	—	0.5	0.05～1.50
总硫（mg/L）	0.2～15	5～15	0.09～4.2	—	0.5～2.0	0.1～2.0
硫酸盐（mg/L）	—	—	—	—	0.07～0.53	0.007
硫化物和硫化氢（mg/L）	<0.2	<0.2	0.01～1.5	<0.16	<2.0	0.4～1.6
氯化物（mg/L）	—	—	0.04～1.0	—	—	—
总氮（mg/L）	—	—	0.12～3.8	—	2.1～26.0	0.04～1.5
铵盐（mg/L）	—	—	—	0.4～6	—	—
焦油	0	痕量	0.66～0.8	0.66	3～4	15～20

　　即使是同一煤种，不同产地煤的成分、含水率也不相同；煤气发生站工艺与运行管理上的差别也对废水的水质产生影响。表 13-6 列出了我国不同地区的 6 座以烟煤作为原料的煤气发生站的废水水质数据，从所列数据可见它们之间的差别是明显的。

6 座不同地区的以烟煤作为气化原料的煤气发生站的废水水质（mg/L）　　　　　表 13-6

废水成分	甲厂	乙厂	丙厂	丁厂	戊厂	己厂
pH	7.5	8.0～8.5	7.5～7.7	8.2	8.0～8.2	6.5～7.5
不挥发酚	493.5	—	—	—	400～1000	—
挥发酚	561.0	298～1316	1425～1650	1400	1300～2000	1500～3200
总酚	1054.5	—	—	—	1700～3000	—
总固体	1692	3000～5444	—	4019	—	11000～15000
溶解性固体	1520	3134～4944	—	2805	—	—

废水成分	甲厂	乙厂	丙厂	丁厂	戊厂	己厂
悬浮固体	172	126~268	300~700	1214	2000~3000	550~1000
焦油	5827	60~820	2700~3181	643	1000~3000	900~1200
耗氧量（Mn）	2160	—				11000~18000
COD	—	2000~3000	19960~21840	6466	5500~10000	—
BOD_5	646.5	1358	3800~4200	3465		
可溴化物	—	1531~3460	8030~8650	2770	530~600	5000~6300
氨氮	1572	683~1030	3750~4289	267	15.0~25.0	1700~2500
氰化物	8.0	0.5~10.0	1.6~7.0			2.0~20.0
硫化物	15.1	155~499	—			
总硫	—	—	250~574	466		420~650
磷酸根	—	—	183~227			
吡啶碱						200~570

此外，循环时间越长和次数越多，则循环水的水质越差，但到一定时间以后即趋于平衡，只是水的黏度较大。表 13-7 所列举的数据说明循环时间对废水水质的影响。

某钢厂煤气发生站洗涤塔系统循环天数对水质的影响（mg/L）　　　　表 13-7

废水成分	循环天数（d）					
	6~10	11~25	26~41	42~56	57~72	73~86
焦油	270	330	268	281	232	288
悬浮固体	350	419	327	342	332	606
总固体	851	1057	955	923	1042	1540

2. 水量特征

固体燃料的含水量对煤气发生站循环水量起决定性的影响，含水率越高，煤气所产生的凝结水也就越多；固体燃料中的成分也影响化合水的变化；另外，煤气净化工艺与设备的工作状态也影响系统内的水量；而地区气候的变化引起蒸发量与降水量的变化也影响循环水系统水量的增减。

在煤气发生站，直流给排水系统与循环水系统的排放量是不同的。在直流系统中用水量与排水量基本相同，它是由煤气冷却热量平衡决定的；而循环水系统的排放水量取决于系统内水量平衡的亏盈与保证循环水质量的排污水量。只有很少的水量排入排水系统。单位重量气化燃料产生的废水量列于表 13-8。从表中数据可以看出，排水量与给排水系统密切相关。

煤气发生站的废水量　　　　表 13-8

气化燃料的种类	废水量（m^3/t）	
	直流系统	循环系统
焦炭、无烟煤	16~25	0.1~0.15
烟煤	25~30	0.1~0.25

气化燃料的种类	废水量（m³/t）	
	直流系统	循环系统
褐煤	15～25	0.1～0.35
洗煤	15～25	0.1～0.25
木材	15～25	0.8～1.2

13.2.3 煤气厂废水

1. 水质特征

出炉煤气在冷却与洗涤净化过程形成的废水中，不但存在着大量的悬浮固体和水溶性无机化合物，如氨、H_2S、CO_2、SO_2、氰化物等，而且含有大量的酚类化合物、苯及其衍生物、吡啶等有机物。根据中国科学院环化所对加压气化炉煤气废水的检测结果：其中脂肪烃类 24 种、多环芳烃类 24 种、芳香烃类 14 种、酚类 42 种、其他含氧有机化合物 36 种、含硫有机化合物 15 种、含氮有机化合物 20 种。可见这种废水中的有机物种类多、污染物浓度高，COD 值一般都在 6g/L 以上，最高的达到 25g/L 左右。不但氰化物与酚类化合物具有毒性，而且在焦油中含有致癌物质，在干馏制气废水中检测出含量较高的 3，4-苯并芘，所以煤气废水是一种高浓度有毒有害有机废水，具有严重的危害性。

煤气厂生产废水水质不但随原料的品种与产地不同而变化，而且也由于气化工艺的不同，生产废水的水质差异很大。表 13-9 列出了的不同气化工艺的废水水质。表 13-10 列出了不同产地不同煤种的加压气化工艺的废水水质。

不同气化工艺的冷凝水水质（mg/L） 表 13-9

污染物浓度	武汉某煤气厂（两段炉）	长春某煤气厂（伍德炉）	长春某煤气厂（焦炉）	上海某煤气厂（水煤气）	上海某煤气厂（油制气）
pH	—	9.2	9.5	7.95	—
悬浮物	—	20	11.8	—	2～3
总固体	—	1150	591	—	—
挥发酚	3000	1292	832	1.08～0.32	3～10
COD	11000	4794	3690	204～280	1000～1200
焦油	300	43.5	33	6.79～8.89	200～600
BOD_5	6000	2397	1886	—	500～700
氨氮	3000	2411	1289	16.8～42.68	—
硫化物	900	30.2	65.0	0.82～2.36	4.3
氰化物	150	20	33	1.73～5.06	10～20
总磷	—	0.16	0.49	—	—

加压气化炉粗煤气冷凝水水质（mg/L） 表 13-10

污染物	辽宁沈北褐煤	云南小龙褐煤	甘肃密街烟煤	吉林舒兰褐煤	浦河煤	霍林河褐煤	南宁褐煤
pH	7.28～7.8	8.6～9.32	7.55	7.9	7.33	7.49	7.52
悬浮固体	20～75	224	400	1.2	0.6	2.2	—

污染物	辽宁沈北褐煤	云南小龙褐煤	甘肃密街烟煤	吉林舒兰褐煤	浦河煤	霍林河褐煤	南宁褐煤
挥发酚	3666~4711	3490~4040	2319.2	3468.2	2810.17	4397	2526
总酚	5670~7866	810~1330	4155.6	5666.7	4900	5066.65	2750
挥发氨	7633~13580	—	4975	9044	5306	6736	12168
总氨	7744~13707	6240~8250	5321	9827	5882	7702	12820
氰化物	40~100	39~510	72.8	36.8	132.8	56	20
硫化物	208~464	280~360	101.3	110.7	107.3	130.3	448
油	213.6~336	1900~4480	55.5	186.8	74.8	1092	622
COD	25088~27714	21630~17740	11428.8	25206.7	15234.9	21697	14510
BOD$_5$	11000~14000		6661.1	11627	7086	5594	6893
吡啶	437.5~1475	330~970	215.7	525.8	240.2	176.5	611.5
总碳	—	6470~11730	—	—	—	—	—
密度	1.044~1.019	1.001~1.05	1.01	1.016	1.011	1.014	1.021

2. 水量特征

煤气厂生产废水主要来自煤气初冷工段出炉荒煤气中水蒸气的冷凝水，水蒸气主要来自：(1) 原煤中的含水（包括外在水、内在水、结晶水）在炉内被蒸发而进入荒煤气中；(2) 原煤中的一些有机物被氧化或燃烧生成的热解水；(3) 作为气化剂或为了控制炉内反应层的温度向炉内通入过量水蒸气，其中 62%~63% 未被分解的水蒸气进入荒煤气中；(4) 生产工艺过程一些副产水蒸气未被回收而进入荒煤气中，如水夹套所产生的水蒸气等。这些水蒸气随同荒煤气进入初冷凝器，与焦油蒸汽一同被冷凝下来，在焦油氨水澄清池中分离出焦油后即为氨水。

在生产工艺上，集气管喷淋冷却循环水量是通过煤气冷却的热量平衡计算确定。各种不同形式的干馏煤气炉所需的循环氨水量也不相同，一般每吨干煤需 6~8m³ 循环氨水。在集气管内，是利用喷淋氨水的蒸发而消耗荒煤气的热量使其降温，其蒸发量一般为循环氨水量的 2%~3%。在氨水系统中，以分离焦油后的冷凝氨水补充集气管的喷淋冷却循环氨水，其补充量即为蒸发的氨水量。

在氨水系统中，由于出炉荒煤气夹带的水蒸气而使氨水量增多，因而形成了所谓的剩余氨水。而剩余氨水量即为荒煤气夹带入的水蒸气量与初冷后粗煤气夹带走的水蒸气量之差。

不同品种原料煤的含水量不同，泥煤、褐煤的含水量为 10%~50%，烟煤、无烟煤的含水量在 8% 以下。同一煤种，由于产地不同，含水量也不相同，即使是同一产地的煤，矿井不同，含水率也有差异。表 13-11 所列为平顶山煤矿 6 个不同矿井煤的含水量，可见，它们之间的差别还是较大的。

平顶山 6 个矿井煤含水率　　　　　　　表 13-11

矿井	一矿	四矿	六矿	七矿	八矿	十矿
含水率（%）	3.75	5.19	7.50	6.0	5.5	8.0

由于原煤含水量的不同，气化后产生的冷凝水量也不同，一般每吨无烟煤产水约为 $0.65\sim0.75m^3$，每吨褐煤产水 $0.85\sim0.95m^3$，每吨烟煤产水 $0.8\sim0.9m^3$。表13-12列举的是不同产地，不同煤种鲁奇加压气化炉的产水量实测结果。

不同煤种加压气化的产水量 表13-12

煤　种	产水量（L/t）	煤　种	产水量（L/t）
辽宁沈北褐煤	915～930.4	浦河煤	1022～1171.4
甘肃密街烟煤	1310～1418	霍林河褐煤	890.2～906
吉林舒兰褐煤	875	广西南宁褐煤	850～950

13.3　焦化废水的处理技术

目前，酚氰废水处理普遍采用生物处理法。由于其中的剩余氨水含高浓度的酚与氨（酚的质量浓度约为 $0.8\sim2.0g/L$，氨约为 $10g/L$），如果直接进行无害化处理，不仅影响生物处理效果，且造成资源浪费。因此，需经回收酚和脱氨的工序后，再进行无害化处理。生化法具有操作简单、运行费用低、无二次污染的优点，得到了广泛的应用。

13.3.1　预处理技术

1. 酚的脱除和回收

回收剩余氨水中酚的方法主要有溶剂萃取法和蒸汽脱除法。

（1）萃取脱酚

萃取脱酚是利用与水互不相溶的溶剂，从废水中回收酚。萃取装置有筛板萃取塔、填料塔和离心萃取机等。其中，筛板萃取塔萃取酚的效率约为 $95\%\sim97\%$，萃取后水中酚含量小于 $150mg/L$。

某些萃取剂对酚的分配系数如表13-13所示。

酚在溶剂中的分配系数 表13-13

溶剂	重苯	重溶剂油	轻油	中油	洗油	N503	异丙醚	醋酸丁酯	异丙酯
分配系数	2.34	2.47	2～3	4.8	14～16	8～34	20	49	45

低分配系数的溶剂效率低、溶剂用量大，但往往是生产的再生方便、成本低的产品（如重苯、轻油、中油等）。N503同煤油混合使用效果好，损耗低、毒性较小。醋酸丁酯不仅能去除一元酚，对于不挥发酚也有较好的选择性、效率高，但与异丙醚相比，不如异丙醚易于与水分离，而且异丙醚再生后含酚低，随水带出的溶剂较少，价格比较便宜。

新建焦化厂都采用溶剂萃取法，应用较多的焦化废水脱酚装置是填料塔和筛板塔。填料塔结构简单，塔体大，处理能力低。填料一般采用陶瓷环或木格，容易堵塞。为强化传质过程，扩大湍流，可采用脉冲筛板塔，其萃取效率与振幅、频率有关，脉冲强度以 $2500\sim4000mm/min$ 范围较好。脉冲强度计算公式如下：

$$E=2An \qquad (13\text{-}1)$$

式中　E——脉冲强度，mm/min；

　　　A——振幅，mm；

n——频率，次/min。

脉冲萃取塔的设计参数如表 13-14 所示。

脉冲筛板塔设计参数　　　　　　　　　　　表 13-14

项　目	单位	推荐值	项　　目	单位	推荐值
脉冲塔体积流量	m³/(m²·h)	14～30	筛板块数	块	10～25
筛板间距	mm	200～600	脉冲频率	次/min	180～400
筛板孔径	mm	5～8	脉冲振幅	mm	3～8
筛板孔隙率	%	20～25	分离段时间	min	20～30

（2）蒸汽脱酚

蒸汽脱酚是指将废水中的挥发酚与水蒸气共沸而回收酚的方法。因蒸汽中酚的平衡浓度大于水相，酚转入蒸汽，然后用氢氧化钠洗涤蒸汽，吸收其中的酚，形成酚钠盐，用酸中和即可得到粗酚，其反应式如下：

$$C_6H_5OH + NaOH \longrightarrow C_6H_5ONa + H_2O \tag{13-2}$$

$$2C_6H_5ONa + H_2SO_4 \longrightarrow 2C_6H_5OH + Na_2SO_4 \tag{13-3}$$

碱液浓度一般为 8%～15%，脱酚效率为 70%～80%，脱酚后出水含酚 200～400mg/L。影响蒸汽脱酚的主要因素有：相互接触充分程度，蒸汽用量，废水的 pH，CO_2、H_2S 和挥发氨的浓度等。废水中含油、CO_2、游离氨会影响耗碱量和蒸汽吹脱效率。因此，应尽可能先降低其含量。蒸汽脱酚法的脱酚效率约为 80%。该方法操作简单，不影响环境，且无新污染物进入处理水体，但耗用蒸汽量较大，实际使用很少。

2. 氨的脱除和回收

剩余氨水中不仅含酚浓度高，含氨浓度也很高。高浓度氨氮废水对生物处理十分不利，会抑制生物过程，降低生物处理效果。因此，除需要脱除部分酚外，还必须脱除部分氨。脱除氨通常用蒸氨法，以回收液氨或硫酸铵。

含氨废水经预热分解去除 CO_2 和 H_2O 等酸性气体后，从塔顶进入蒸氨塔，从塔底直接吹入的蒸汽将废水中的氨蒸出。含氨蒸汽由冷凝或硫酸吸收，以回收其中的浓氨水或硫铵。蒸氨也是一个传质过程，氨在蒸汽中的分配系数为 13，比酚大很多。所以对挥发氨而言，蒸汽中含氨量较大，而且可直接冷凝回收氨水，蒸氨效率可达 95% 以上。影响蒸氨效果的主要因素是蒸汽用量，一般每立方米废水需用蒸汽 160～200m³，蒸汽量越大效果越好。但蒸汽中含氨量越低，蒸氨成本越高。由于蒸汽只能吹脱挥发氨，为提高蒸氨效果，必要时应提高废水碱度，使固定铵转化为游离氨。蒸氨塔主要设计参数如表 13-15 所示，塔直径根据塔顶蒸汽量和汽速确定。

蒸氨塔设计参数　　　　　　　　　　　表 13-15

泡罩塔		栅板塔	
板数（块）	20～28	板数（块）	34～47
板间距（mm）	300～400	板间距（mm）	300～400
空塔汽速（m/s）	0.6～0.8	空塔汽速（m/s）	1～1.5
每吨氨水所需蒸汽（kg）		160～200	

3. 氰的脱除和回收

若煤气净化工艺采用饱和器生产硫酸铵，在脱苯前无脱硫脱氰工序时，煤气的最终直接冷却水中的氰化物含量可达 200mg/L。目前将终冷排污水送至脱氰装置，吹脱的氰与铁刨花和碱反应，生成亚铁氰化钠（又称黄血盐钠），再予以回收。黄血盐工艺蒸汽耗量高，质量符合要求的铁刨花不易获得，设备易腐蚀。因此，最恰当的解决终冷水排污、消除氰的途径是增设煤气终冷前段脱硫脱氰工序。

13.3.2 生物化学法

目前，我国主要采用生化法对预处理后焦化废水进行进一步的处理。生化法是利用微生物氧化、分解、吸附作用来去除废水中有机污染物的方法。尽管焦化废水的可生化性差，含有毒有害物质，但仍可以通过优势菌种的选育和各种生物方法的组合等，在适宜的条件下有效处理焦化废水。生化法具有操作简单、运行费用低、无二次污染的优点，得到了广泛的应用。经过长久的实践发展以及学者们的不断研究，焦化废水的生化处理法主要有以下几种。

1. 普通活性污泥法

普通活性污泥法是目前我国焦化行业废水处理的主要工艺，其处理工艺见图 13-10。该法能将焦化废水中的酚、氰有效地去除，两项指标均能达到国家排放标准。但由于该技术无法将焦化废水中难于降解的多环有机物去除，所以其出水中的 COD、BOD_5、NH_3—N 等指标均无法达标。特别是对 NH_3—N 污染物几乎没有降解作用，出水口的 NH_3—N 在 200mg/L 左右，COD 在 300mg/L 左右。而且活性污泥系统普遍存在污泥结构细碎、絮凝性能低、污泥活性弱、抗冲击能力差、进水污染物浓度的变化对微生物的影响较大、操作运行很不稳定等缺点。国内外研究表明，延长水力停留时间是提高焦化废水生化处理效果的有效方法，但最佳水力停留时间的确定尚需做进一步研究。

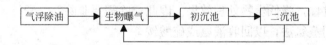

图 13-10　普通活性污泥法处理焦化废水工艺流程

2. 生物铁法

生物铁法是在曝气池中投加铁盐，以提高曝气池中活性污泥的浓度，充分发挥生物氧化和生物絮凝作用的强化生物处理方法。由于铁离子不仅是微生物生长必需的微量元素，而且对生物的黏液分泌也有刺激作用，铁盐再生成氢氧化物与活性污泥形成絮凝物共同作用，使吸附和絮凝作用更有效地进行，从而有利于有机物汇集在菌胶团的周围，加速生物降解作用。

20 世纪 80 年代，我国冶金建筑研究总院与马鞍山钢铁厂等单位采用生物铁法的强化处理技术，在曝气池中加入一定量的生物铁絮凝物后，改变了污泥状态缩短了曝气时间，改善了出水水质，同时试验还表明了该法对氰具有很强的去除能力。

3. 水解酸化

有机物的厌氧生物降解过程可分为水解、酸化、产醋酸和产甲烷四个阶段。水解酸化是考虑到产甲烷菌与水解产酸菌生长速度不同，将厌氧处理控制在反应时间较短的前两个阶段，即在大量水解细菌和酸化菌的作用下，将不溶性的有机物水解为可溶性有机物，将难降解的大分子物质转化为易生物降解的小分子物质。

厌氧微生物对于杂环化合物和多环芳烃中的环的裂解，具有不同于好氧微生物的代谢过程，其裂解可分为还原性裂解和非还原性裂解。厌氧微生物体内，具有易于诱导、较为多样化的健全开环酶体系，使杂环化合物和多环芳烃易于开环裂解。焦化废水中存在一定量的易降解有机物，可以作为在厌氧酸化预处理中，微生物生长代谢的初级能源和碳源，满足厌氧微生物降解的难降解有机物的共基质营养条件。焦化废水经厌氧酸化预处理后，可以提高难降解有机物的好氧生物降解性能，为后续的好氧生物处理创造了良好条件。将水解-酸化作为焦化废水的预处理工艺，废水经 6h 的水解-酸化、12h 的好氧生化处理，COD 去除率达 91%，比传统的生化处理法提高了近 40%。

4. 固定化微生物技术

固定化微生物技术始于 1959 年，由 Hattori 等人首先实现了大肠杆菌的固定化，从此迅速发展。所谓固定微生物技术是指利用化学或物理方法，将游离的微生物定位于限定的空间区域，并使其成为不悬浮于水体仍保持生物活性，可反复利用。

脱氮微生物的固定化方法主要有：包埋法、吸附法和联合固定法。固定化微生物技术的优点主要有：（1）能在生物处理装置内维持较高的生物量以提高处理能力，减少处理设施的体积和占地面积，有利于处理装置的小型化；与活性污泥相比，有机负荷可提高 2～6 倍；（2）能够有效利用特种微生物，可以将筛选培养出的能降解难分解物质的微生物以及高效脱氮菌、硝化菌、甲烷菌等浓缩固定，有针对性的使用，不能形成絮凝体的微生物也可以加以利用；（3）剩余污泥少，固定化细胞的剩余污泥量仅为普通污泥量的 1/5～1/4；（4）和传统的悬浮生物处理法相比，固定化微生物效率高，稳定性强，能纯化和保持高效菌种；（5）固液分离效果好。在吸附固定硝化细菌的系统中，常用的介质包括沸石及多孔介质等。

彭云华通过试验分别比较了几种常用固定化方法（包埋法、交联法、吸附法）处理焦化有机废水的效率。结果表明，以海藻酸钠为载体，戊二醛为交联剂，采用包埋-交联联用法（1 次交联）净化有机废水，是固定化微生物技术的最佳方法，其效果甚优。COD去除率稳定，脱氢酶活力良好；缺点是固定化过程中，固定化时间越长，颗粒的机械强度越大，但对细胞的杀伤力会随之加大，表现在脱氢酶活力下降。

王剑锋等利用铝盐代替 PVA-硼酸法中的 $CaCl_2$ 进行包埋，解决了传统的固定化方法的耐曝气低、活化时间长等问题。试验结果表明，固定化硝化细菌通过活化，其回收率能够达到游离硝化细菌的 80%；温度的变化对固定化硝化细菌的影响小于游离硝化细菌，而固定化硝化细菌的最佳硝化温度更接近于焦化废水的出水温度。

Wiesel 等研究了利用固定化混合菌群降解焦化废水中的多环芳烃。试验结果表明，焦化废水中的多环芳烃能被固定化细胞完全降解，且固定化细胞能利用这些有机物质进行生长。培养期分别为 1 天、2 天和 15 天的固定化细胞对酚、萘、苯均能完全降解。试验比较了用固定化细胞和游离细胞的降解能力，固定化细胞具有更稳定、更强的降解能力。

Lee 等引用海藻酸钙凝胶包埋固定化一种生物细胞，并利用该固定化生物细胞进行了降解吡啶的试验研究。试验结果表明，与游离细胞相比，固定化细胞的比降解速率和对吡啶毒性的承受能力并没有提高。但由于该固定化细胞具有的生物浓度较游离细胞高数倍，且可重复利用，因此利用固定化细胞降解吡啶是可行的。

刘和等对活性污泥法和固定化微生物法处理焦化含酚废水作对比试验研究，对于苯酚浓度为 180.7mg/L、COD 约为 947mg/L 的一般浓度混合含酚废水，经 6h 处理后对苯酚及 COD 去除率分别为 89.1% 和 84.6%，而活性污泥法分别为 76.6% 和 75.0%。固定化微生物法的 COD 最高负荷为 1500mg/L，而活性污泥法 COD 最高负荷为 1000mg/L 时保持稳定。固定化微生物法在处理时间及浓度两方面均优于活性污泥法。

5. 生物强化技术

生物强化技术就是为了提高废水处理系统的处理能力而向该系统中投加从自然界中筛选的优势菌种或通过基因组合技术产生的高效菌种，以去除某一种或某一类有害物质的方法。它通过向自然菌群中投加具有特殊作用的微生物来增加生物量，以强化对某一特定环境或特殊污染物的去除作用。投入的菌种与基质之间的作用主要有直接作用和共代谢作用。

吴立波等利用喹啉为唯一碳源，驯化得到处理焦化废水的高效菌种并使其一部分附着在陶粒载体上处理焦化废水，取得了很高的去除率。Selvaratnam 通过投加苯酚降解菌处理焦化废水中的苯酚，使苯酚的去除率一直保持在 95%～100%。试验还应用了没有使用生物强化技术的对照组去降解苯酚。试验表明，对照组的苯酚去除率开始很高，但很快降到 40% 左右。

徐云等从西安杨森回流污泥中提取了 3 种优势菌种投加到焦化废水活性污泥法处理工艺中，试验表明，生物增强作用不仅可以有效消除污泥膨胀，增强污泥沉降性能，而且大大减少了污泥的产生，一般可使污泥容积降低 17%～30%，这样不仅改善了出水水质，而且减少了污泥排放和消化剩余污泥消耗的能源。

王璟等通过驯化富集培养，从处理焦化废水的活性污泥中分离出 2 株萘降解菌 WN1、WN2 和 1 株吡啶降解菌 WB1，研究了投加高效菌种及微生物共代谢对焦化废水生物处理的增强作用，同时研究了高效菌种和共代谢初级基质组合协同作用的效果。结果表明，投加共代谢初级基质、Fe^{3+} 和高效菌种均能促进难降解有机物的降解，提高焦化废水 COD 去除率，当三者协同作用时，效果最好。

6. 生物流化床技术

生物流化床是应用于焦化废水处理领域的一项新技术，20 世纪 70 年代诞生于美国。自 20 世纪 70 年代末，我国对生物流化床技术做过多项研究，并取得了很大的进展。生物流化床是以砂、活性炭、沸石、玻璃珠、多孔球等一类较小的惰性颗粒为载体填充在反应床内，载体表面覆着生物膜，水流向上流动穿过载体生物膜颗粒床层，流速要大到足以使床层膨胀和增高的程度，使每一个颗粒都悬浮于一定高度的床层中，使载体处于流化状态。通过载体表面不断生长的生物膜的吸附，从而达到对废水污染物的去除。

目前流化床技术工艺主要有 4 类：空气流化床工艺、纯氧流化床工艺、三相流化床工艺和厌氧兼氧流化床工艺。其中三相流化床工艺将生物技术、化工技术及废水处理技术有机地结合起来，是目前研究较多的一种工艺。如用内循环生物流化床、气提升循环流化床、活性炭厌氧流化床等处理含酚废水，均取得了比较好的脱酚效果。

四川大学化工学院杨平等应用 A_1-A_2-O（厌氧-缺氧-好氧）工艺对攀钢焦化废水作中试研究，其中缺氧-厌氧段采用生物流化床反应器。中试结果表明，在厌氧流化床、缺氧流化床中采用生物流化床工艺处理高浓度 NH_3—N 焦化废水是可行的，系统具有较强的

去除 NH_3—N、COD 及抗进水 NH_3—N、COD 浓度波动的能力，且脱氮效果好；在厌氧流化床、缺氧流化床中 NH_3—N 去除率分别为 91.8% 和 31.3%。

蔡建安等用内循环侧边沉降式三相气提流化床为反应器对焦化废水进行试验室水平处理，试验过程中以焦炭粒为载体，Na_2HPO_4 为磷源。试验研究表明，用三相气提升内循环流化床反应器处理焦化污水比活性污泥法效率高，并且其处理负荷高，COD 的进水负荷为 13kg/ ($m^3 \cdot d$)，COD 去除的容积负荷可达到 7kg/ ($m^3 \cdot d$)。该反应器对酚、氰等污染物的耐受力强，去除效果好，并具有较低的曝气能耗；其 COD 去除率为 54.4%～76.0%，酚去除率为 99.5%～99.8%，氰去除率为 95.0%～99.2%；曝气能耗是活性污泥法的 1/3～1/4。

耿艳楼等采用 A_1-A_2-O 工艺对邢台钢铁公司焦化废水作中试水平研究，在工艺中采用内循环式生物流化床反应器。中试结果表明，工艺中所采用的内循环式生物流化床反应器具有较强的去除焦化废水中 COD 和 NH_3—N 的能力、较强的抗进水 COD 和 NH_3—N 浓度波动和冲击的能力。当进水 COD 质量浓度小于 1200mg/L、系统总水力停留时间为 44h 时，系统出水 COD 浓度小于 250mg/L。生物流化床反应器除对 NH_3—N 有较理想的脱除效率外，其对焦化废水中的硫氰化物也具有较好的脱除效率。韩国学者 Yong Shik Jelong 以沸石、炉渣为载体，以 KH_2PO_4 为反应系统的补充磷源，用生物流化床反应器处理浦项钢铁公司焦化废水。试验表明，在温度为 20～30℃、pH 为 6.8～7.2 的条件下，经过 36h 的反应后，进水（硫氰化物含量在 7000mg/L 左右）的硫氰化物脱除率达到 99% 以上，脱除效率大大超过常规反应器。

7. 生物膜技术

生物膜处理废水技术是一种由膜过滤取代传统生化处理技术中二次沉淀池和砂滤池的水处理技术。在传统的生化废水处理技术中，如活性污泥法，泥水分离是在二沉池中靠重力作用完成的，其分离效率依赖于活性污泥的沉降特性，沉降性越好，泥水分离效率越高。针对上述问题，将化学分离工程中的膜技术应用于废水处理系统，提高了泥水分离效率。此外，膜对反应器内污泥混合液起截留过滤作用，膜能将污泥微生物完全截留在反应器内，所以反应器内微生物能最大限度地增长，这样生物活性不仅高且对有机物的吸附和降解能力得到加强，而代谢时间较长的硝化及亚硝化细菌也能很好地增长，从而提高硝化能力。生物膜具有固液分离高、出水水质好、脱除效率高、占地面积小等优点。

我国对生物膜反应器研究尚少，但取得了较大的进步。王海燕等采用 A-O（厌氧-好氧）生物膜工艺进行焦化废水的试验研究，通过对进水、厌氧出水、好氧出水 NH_3—N 和 COD 的检测分析，得出了系统去除 COD 和 NH_3—N 的效果规律。试验结果表明，厌氧-好氧曝气生物膜系统能够处理焦化废水中的 COD，出水浓度达到国家二级排放标准。由于焦化废水的 pH 变化比较大，使得反应器的最终氨氮出水浓度达不到国家二级排放标准。为了保证硝化反应去除氨氮的效果，曝气生物滤池出水的 pH 应大于 7.5。

为强化 SBR（序批式生物反应器）的脱氮效果，耿琰等把生物膜技术同 SBR 结合起来形成 SMSBR（浸没式膜生物反应器），试验中采用 PVDF（聚偏氟乙烯）中空纤维微滤膜，分别研究了温度、pH、泥龄以及冲击负荷对硝化效果的影响。试验结果表明：系统硝化效果受温度、pH、溶解氧的影响，膜的截留作用有利于提高硝化能力和效果，其去除 NH_3—N 的最高负荷为 0.19kg/ ($m^3 \cdot d$)，出水 NH_3—N 质量浓度小于 1mg/L，去除率为 99％；泥龄长可能使微生物的代谢产物或其他大分子物质积累，从而抑制硝酸盐细菌的活性，导致 NO_2^- 积累而有利于短程脱 NH_3—N 的进行；但泥龄过长也会影响亚硝酸盐细菌的活性，从而影响对 NH_3—N 的脱除效果。

8. 生物脱氮技术

生物脱氮技术作为焦化废水处理新技术于 20 世纪 70 年代在加拿大首先被发展起来，随后英国、德国和澳大利亚等相继发展和使用该技术。早在 20 世纪 80 年代，我国对 A-O（厌氧-好氧）工艺有着试验室规模的研究。目前人们对生物脱氮技术的研究主要集中在 A_1-A_2-O 工艺和 SBR 工艺。与传统生物技术相比，它们不仅对氨氮有较好的脱除效率，对废水中的有机物也有着很好的降解作用。

(1) A_1-A_2-O 工艺

A_1-A_2-O 是在 A-O 的基础上发展而来的，通过试验表明，在 A-O 法前增加一个厌氧段可以减轻后续反硝化-硝化系统中 NO_2^-—N 的积累，由于酸化（厌氧）作用将一部分难降解的有机物转化为易降解的有机物，提高了废水的可生化性，为缺氧段提供了较好的碳源。对 COD 的去除率可达到 80％以上。

仇雁翎等利用厌氧-缺氧-好氧工艺研究了上海焦化废水中有机物在各段中的降解情况，试验结果表明，在厌氧段，酚类和喹啉、吲哚等含氮杂环化合物得到了很大程度上的降解和去除，部分有机物被完全去除。但也生成了一些原水中不存在的有机中间物，如 4-甲基-2 硝基苯酚、3-乙基-5，6，7，8-四氢喹啉、2-硝基苯酚、甲基苯胺等；在缺氧段，大部分厌氧出水中含有的有机物被完全降解或转化，少部分亦有不同程度的减少，废水 COD 含量明显下降，同时还产生了一些新的简单有机化合物，如二甲基-4，5 二甲氧基苯、1，3-二羧酸酯、1-氯-3，3 二甲基丁烷，辛醛等；经过好氧段的去碳和硝化反应之后，废水中有机化合物被进一步降解和转化。部分有机化合物，如苯胺等被完全去除，在这些有机物的降解和转化过程中又产生了一些中间产物和衍生产物，如甲酚、苯酚、异喹啉，羟基喹啉等。

Min Zhang 等人对 A_1-A_2-O 固定床生物膜系统处理焦化废水进行了研究。试验结果表明，该系统能稳定有效地去除 NH_3—N 和 COD，当系统总的水力停留时间为 31.6h 时，出水中 NH_3—N 和 COD 的质量浓度分别为 3.1mg/L 和 114mg/L，去除率分别为 98.8％和 92.4％。间歇测试结果表明，厌氧处理不同于缺氧处理，与缺氧处理相比，厌氧处理中酚的去除率较低，而复杂的大分子有机物的去除率较高，其生物降解能力比缺氧处理高。

(2) SBR 工艺

SBR 工艺是一种间歇运行的活性污泥法废水处理工艺，兼均化、初沉、生物降解、终沉等功能于一体。运行时，废水分批进入池中，在活性污泥的作用下得到降解净化、沉降后，净化水排出池外。根据 SBR 的运行功能，可把整个过程分为进水期、反应期、沉降期、排水期、闲置期。各个运行期在时间上是按序排列的，称为一个运行周期。

陈雪松等采用 SBR 工艺对杭钢焦化废水的有机物降解和生物脱氮进行了研究。试验结果表明，焦化废水的生物脱氮是以短程硝化/反硝化的途径存在的，而且在好氧阶段存在同时硝化/反硝化（SND）过程。好氧阶段的反硝化效率约占整个反应周期脱氮效率的 37.0％。SBR 反应器对 NH_3—N 的去除效率在 95.8％～99.2％，COD 的去除率在

85.3%～92.6%。在反应期，随着有机物的不断降解，反硝化速率不断降低，造成了出水中 NO_2^-—N 的积累，出水中 NO_2^-—N 对 COD 浓度贡献范围平均为 59.0%。

李春杰等采用一体化膜-序批式生物反应器（Submerged Membrane Sequencing Batch Reactor，简称 SMSBR）处理焦化废水，试验过程中短程硝化作用的平均亚硝化率为91.1%，并通过试验证实了这是由于泥龄过长所产生的微生物代谢产物抑制了硝化反应过程中的硝酸盐细菌的结果。在外加碳源调节 COD：NH_3—N 为 2.1：1，系统水力停留时间 8.44h 以上，反硝化负荷小于 0.174kg/（$m^3 \cdot d$）的情况下，系统可实现 81.34% 的反硝化率。

（3）煤气废水处理技术新进展——亚硝酸型硝化-反硝化工艺

焦化废水中的煤气废水含有高浓度的氨氮且碳氮比偏低，采用常规的生物脱氮工艺，总氮去除率不高。通常认为 NO_2^-—N 只是中间产物，一旦出现就很快被转化为 NO_3^-—N，然而在煤气废水脱氮处理中经常出现 NO_2^-—N 的积累。在以往所进行的含有高浓度氨氮的煤气废水脱氮处理中却经常出现 NO_2^-—N 的积累，而且即使在好氧内完成了硝酸型反应，在缺氧段内 NO_3^-—N 的反硝化过程中，当 NO_3^-—N 浓度较高时，也会在缺氧段出水中 NO_2^-—N 浓度增加的情况，这表明部分 NO_3^-—N 仅转化为 NO_2^-—N 而没有成为 N_2，而这部分 NO_2^-—N 在曝气池内又被氧化成为 NO_3^-—N，如此循环，增加了有机碳源和氧的消耗量，但总氮去除率并没有提高。亚硝酸反应和硝酸反应分别由亚硝酸菌和硝酸菌完成，两种菌的特征大致相似，但它们所适应的最佳条件有所不同。因此，如果控制好氧池内仅进行亚硝化反应，则在缺氧池内 NO_2^-—N 反硝化所需碳源少，可提高反硝化效率。

国外有人曾用粪便废水进行过研究，在 pH 及 NH_4^+—N 浓度较高时，硝化杆菌属比亚硝化单胞菌属更容易受到抑制，而且也容易受到 NO_2^-—N 浓度及硫化物的影响。所以，当废水中 NH_4^+—N 浓度较高、pH 较大时，容易变成亚硝酸型硝化反应；相反，则易变成硝酸型硝化反应。

Anthonisen 等人认为，游离氨和游离亚硝酸对硝酸菌和亚硝酸菌有不同程度的抑制作用——只对硝酸菌有抑制作用，而对亚硝酸菌则无抑制。另外，温度与亚硝酸盐的积累也对硝化反应有一定的影响，在细菌所适宜的温度范围内，低温似乎更有利于亚硝酸盐的积累。刘俊新等人对亚硝酸型硝化-反硝化工艺进行了研究，对硝酸菌和亚硝酸菌的最适氨氮浓度进行了理论推导。其推导过程如下：

通常，硝酸菌适应的最佳 pH 为 6.75，而亚硝酸菌适应的 pH 最佳范围要偏高一些（好氧池内 pH>7.4 有利于维持亚硝酸型硝化）。某些研究结果也表明，对于含高浓度氨氮的废水（氨氮浓度大于 100mg/L），高浓度氨氮对硝化菌有抑制作用，因此硝化菌的比增殖速率不符合 Monod 模式，而符合 Haldane 模式。Haldane 模式如下式所示：

$$\mu = \frac{N}{K_N + N + N^2/K_i} \tag{13-4}$$

式中　　N——氨氮浓度，mg/L；

　　　　K_N——氨氮饱和常数，mg/L；

　　　　K_i——抑制系数，mg^2/L^2。

据文献报道，亚硝酸菌的 $K_i = 9000mg^2/L^2$；硝酸菌的 $K_i = 173mg^2/L^2$。由此可见，

高氨氮浓度对硝酸菌的抑制大于亚硝酸菌。当硝酸菌受到抑制时，出现亚硝酸菌的积累。由数学的导数规则可知，函数极值点的导数为零。因此，对式（13-4）求导可得：

$$\mu' = \frac{K_N - N^2/K_i}{(K_N + N + N^2/K_i)^2} \qquad (13-5)$$

令 $\mu' = 0$，可得：

$$N = \sqrt{K_N K_i} \qquad (13-6)$$

根据式（13-6）可计算出硝化菌最大比增长速率时的氨氮浓度。

根据试验测得的典型的硝化菌动力学增长常数，亚硝酸菌 $K_N = 0.06 \sim 5.6$mg/L，硝酸菌 $K_N = 0.06 \sim 8.4$mg/L。由此按式（13-6）可计算出，对于亚硝酸菌，最佳氨氮浓度小于 224mg/L；对于硝酸菌，最佳氨氮浓度则小于 38mg/L。因此，在高氨氮浓度条件下，硝酸菌易受到抑制，出现 $NO_2^- - N$ 积累。

综合上述的分析，尽管对亚硝酸硝化和亚硝酸盐积累的问题有了一些研究，但对其控制条件还没有完全掌握。针对煤气废水的特点，用于亚硝酸硝化-反硝化的工艺流程，如图 13-11 所示。

与现有生物脱氮工艺相比，该工艺流程具有以下特点：

1）缩短了硝化和反硝化过程。常规的废水生物脱氮反应过程是硝酸型脱氮，即依次按下式进行：

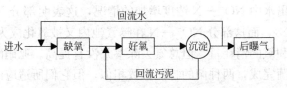

图 13-11　亚硝硝化-反硝化工艺流程图

硝化反应

$$NH_4^+ + 1.5O_2 = NO_2^- + 2H^+ + H_2O \qquad (13-7)$$

$$NO_2^- + 0.5O_2 = NO_3^- \qquad (13-8)$$

反硝化反应

$$NO_3^- + 2H（氢供给体—有机物）= NO_2^- + H_2O \qquad (13-9)$$

$$NO_2^- + 3H（氢供给体—有机物）= 0.5N_2 + H_2O + OH \qquad (13-10)$$

亚硝酸型脱氮技术则是控制好氧池内仅进行亚硝酸反应，即式（13-7），在缺氧池内进行 $NO_2^- - N$ 反硝化，即式（13-10）。由上式可以看出，从理论上，采用亚硝酸型脱氮，需氧量减少 25%，碳源需要量减少约 40%。因此，对于氨氮浓度高、碳氮比偏低的废水，采用亚硝酸型脱氮可提高反硝化效率及总氮去除率。

2）现有生物脱氮工艺中污泥是由好氧段回流到缺氧段，污泥中既有硝化菌也有反硝化菌，两种菌的生长条件相异，在循环回流过程中不断受到抑制，不能充分发挥其作用，延长了水力停留时间。在该工艺缺氧段内加入填料，使反硝化菌固定生长在填料上，可增加生物量、提高反硝化率，并省去污泥搅拌设备，节省动力消耗，简化操作。硝化菌在好氧段内部循环，可使不同的微生物处于各自的最佳工作状态，因此可增加污泥负荷，减少水力停留时间。

3）当以亚硝酸型生物脱氮方式运行时，由于 $NO_2^- - N$ 的毒性远大于 $NO_3^- - N$ 的毒性，因此在沉淀池后增设一后曝气池，以使出水中残留的 $NO_2^- - N$ 被氧化成 $NO_3^- - N$，避免 $NO_2^- - N$ 对受纳水体中水生物的毒害，在曝气池内也加入了填料，使硝化菌固定生长在填料上。以硝酸型生物脱氮方式运行时，则不需要后曝气池。

4）有机物的降解在缺氧池和好氧池以及后曝气池内进行。据刘俊新等人的研究，在缺氧池内去除的 COD 占总去除量的 66.2%～75%；曝气池内去除的 COD 占 21.9%～32.4%；后曝气池内去除的 COD 占 0.6%～3.1%。

13.4 工 程 实 例

13.4.1 青海省某焦化厂废水处理工程

1. 工程概况

青海省某焦化厂为使企业走上技术化、集约型、高效益、可持续发展之路，公司通过扩建，现达到年产优质焦炭 40 万 t，回收加工焦油 1.6 万 t、粗苯 4000t。形成了以洗煤、炼焦、焦油回收加工、仓储集运为一体的完整产业链。

该装置的来水分两部分：一部分为生活废水，水量为 $10m^3/h$，另外一部分为生产废水，水量约为 $30m^3/h$，合计约 $40m^3/h$。据此确定污水站的处理规模为 $Q_d=960m^3/d$，即 $Q_h=40m^3/h$。

根据同类废水水质情况，焦化废水本身的可生化性较差，但加入了生活废水后，可生化性有一定改善。废水水质及回用水水质要求见表 13-16。

进 出 水 水 质 表 13-16

项目	COD (mg/L)	BOD$_5$ (mg/L)	pH	ρ（挥发酚）(mg/L)	ρ（SS）(mg/L)	ρ（氨氮）(mg/L)	ρ（石油类）(mg/L)	ρ（氰化物）(mg/L)
进水水质	2000～2500	1000	7～8	500～650	210	150	300	10
排水水质	<100	<20	6～9	<0.5	<70	<15	<5	<0.5
回用水质	<50	<10	6～9	未检出	<5	<15	<1	未检出

2. 工艺流程

焦化废水主要成分有挥发酚、矿物油、氰化物、苯酚及苯系化合物、氨氮等，属于污染物浓度高、污染物成分复杂、难于治理的工业废水之一。焦化废水的处理方法主要有 A-O、A^2-O、微波水处理、微电解和超临界法。结合国内外焦化废水处理的先进经验，确定以 A^2-O^2、混凝沉淀、过滤和氨吸附为主体工艺，这样不仅能有效地去除废水中的有机污染物，而且对氨氮污染物也有较好的去除效果。具体工艺流程如图 13-12 所示。

生活生产废水经提升池进入隔油池去除粒径较大的油珠及比重大于 1.0 的杂质。经隔油后的废水进入气浮池，投加破乳剂、混凝剂及助凝剂。可将乳化态的焦油有效地去除。同时，COD 和 BOD 也得到部分去除。之后进入调节池，均质均量。调节池的水由潜水泵提升至厌氧池。通过厌氧生物处理去除 COD 和改善废水的可生化性，提高废水的好氧生物降解性，为后续的好氧生物处理创造良好条件。而后废水进入缺氧池，废水中 NH_3—N 在下一级好氧硝化反应池中被硝化菌与亚硝化菌转化为 NO_3^-—N 与 NO_2^-—N 的硝化混合液，循环回流于缺氧池，通过反硝菌生物还原作用，NO_3^-—N 与 NO_2^-—N 转化为 N_2。缺氧池流出的废水自流入推流式活性污泥曝气池，在此完成含氨氮废水的硝化过程。在此投加适量 Na_2CO_3，以补充碱度，反应温度为 20～40℃，pH 为 8.0～8.4，此过程要求较低的含碳有机质，以免异氧菌增殖过快，影响硝化菌的增殖，气水体积比 20：1。与悬浮活性污泥接触，水中的有机物被活性污泥吸附、氧化分解并部分转化为新的微生物菌胶团，废水得到净化。净化后的废水进入二沉池，使活性污泥与处理完的废水分离，并使污泥得到一定程度的浓缩，使混合液澄清，同时排出污泥，并提供一定量的活性微生物。二沉池流出的废水自流入生物接触氧化池，自下向上流动，运行中废水与填料接触，微生物附着在填料上，水中的有机物被微生物吸附、氧化分解并部分转化为新的生物膜，废水得到净化。接触氧化池出水经加药、曝气反应后，进入混凝沉淀池。二沉池出水仍然不能保证水中悬浮物达到杂用水悬浮固体指标要求。因为污水中含有很多的细小的颗粒，故使其流入砂滤池，其中孔隙为 $10 \sim 15 \mu m$ 的石英砂滤料保证悬浮物大部分被滤料截留，出水清澈。砂滤池的出水可以有选择地进入高效氨吸附池，以沸石为原料对水中的氨氮快速吸附，以进一步保证出水达标排放。

3. 工艺特点

该工艺作为该工程处理的最佳方法具有以下特点：（1）生物处理工艺采用"气浮＋厌氧＋缺氧＋好氧＋生物接触氧化"主体工艺处理焦化废水，工艺先进，处理效果稳定可靠；（2）对难降解有机物含量高、氨氮浓度高的废水处理有特效；（3）废水处理最后

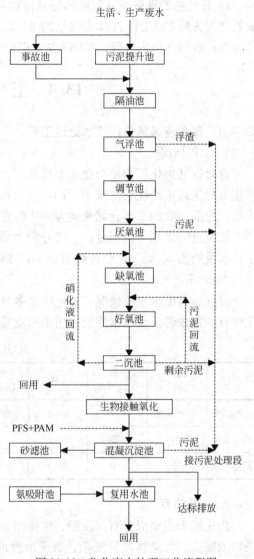

图 13-12 焦化废水处理工艺流程图

把关工艺沸石吸附，可以有效地保证出水氨氮和 BOD 达到回用要求，并且氨吸附在生物协同的作用下不需要化学解吸，可以反复使用；（4）曝气设备选用高效、低能耗的 BZQ・W-192 型微孔曝气器，具有充气量大，氧利用率高，运行稳定，曝气均匀的特点。

4. 运行效果

废水处理系统采用 24h 连续运行，根据连续 3d 监测结果表明该系统运行正常，水质监测平均结果见表 13-17。

废水处理系统监测结果（mg/L）　　表 13-17

项目		pH	COD	BOD$_5$	酚	SS	氨氮	油类
隔油池	进水	8.23	2616.3	1108.3	561.4	216.6	163.2	309.1
	出水	8.21	2226.5	1023.6	513.2	153.6	157.4	162.3

项目		pH	COD	BOD$_5$	酚	SS	氨氮	油类
气浮池	进水	8.21	2226.5	1023.6	513.2	153.6	157.4	162.3
	出水	8.03	1856.3	951.9	375.8	46.7	143.4	30.1
厌氧池	进水	8.03	1856.3	951.9	375.8	46.7	143.4	30.1
	出水	8.23	1546.7	737.6	253.7	—	134.8	19.2
缺氧池	进水	8.23	1546.7	737.6	253.7	—	134.8	19.2
	出水	8.31	1215.9	491.2	181.3	—	101.2	9.3
好氧池	进水	8.31	1215.9	491.2	181.3	—	101.2	9.3
沉淀池	出水	7.62	329.3	106.4	12.3	—	47.3	5.1
生物接触	进水	7.62	329.3	106.4	12.3	—	47.3	5.1
氧化池	出水	7.43	121.6	20.3	1.2	—	12.6	1.3
混凝沉淀池	进水	7.43	121.6	20.3	1.2	—	12.6	1.3
	出水	7.13	89.2	19.6	0.4	15.3	12.5	0.5
砂滤	进水	7.13	89.2	19.6	0.4	15.3	12.5	0.5
	出水	7.14	45.6	17.6	0.3	5.6	12.2	0.2
氨吸附池	进水	7.14	45.6	17.6	0.3	5.6	12.2	0.2
	出水	6~9	31.2	8.3	0.1	3.1	8.3	未检出

5. 经济指标

该工程固定总投资约为人民币826.00万元，吨废水运行电费人民币1.77元；吨废水运行药剂费人民币0.80元；该污水处理站定员5人，每人月工资1000元，则吨水处理人工费人民币0.17元/m³；固定资产形成率按照90%计，年维修费率按照2%提取，吨水处理维修费人民币0.42元/m³；污泥处理处置费按吨污泥30.00元，系统日产生含水率75%污泥约24t，吨水污泥处理处置费用为人民币0.75元；则吨水处理运行费用为人民币3.91元。

6. 小结

青海某焦化厂废水处理工程采用隔油池-气浮池-A²/O²-生物接触氧化池-混凝沉淀-过滤器-氨吸附池处理焦化废水，出水一直稳定，达到并高于《污水综合排放标准》（GB 8978—1996）一级标准，大大降低了向水体环境中排放污染物的总量，该处理系统的成功运行取得了良好的环保效益和社会效益，对同行业的污染治理有一定的参考价值。

焦化废水水温和水质波动比较大，特别是挥发酚和氨氮浓度波动比较大，在运行的过程中应根据水质状况调整加药量、污泥回流量和曝气量等参数，保证系统正常稳定的运行。

13.4.2 西北某钢厂焦化废水处理工程

1. 工程概况

位于西北地区某焦化厂废水主要有剩余氨水及煤气净化产生的废水，日产生废水量为1200t。焦化废水的主要来源有三个：一是剩余氨水，是在煤干馏及煤气冷却中产生出来的废水，占焦化废水总量的一半以上；二是在煤气净化过程中产生出来的废水，如煤气终冷水和粗苯分离水等；三是在焦油、粗苯等精制过程中及其他场合产生的废水。废水中含有酚、氨氮、氰、苯、吡啶、吲哚和喹啉等几十种污染物，成分复杂，污染物浓度高、色度高、毒性大，性质非常稳定。

系统出水水质要求达到《污水综合排放标准》GB 8978—1996 一级排放标准。进、出水主要水质指标如表 13-18 所示。

进水、出水质指标（单位：mg/L） 表 13-18

项 目	设计进水数值	设计出水数值
COD_{Cr}	≤3000	≤100
BOD_5	≤1000	≤20
SS	≤150	≤70
挥发酚	≤500	≤0.5
油	≤150	≤8
NH_3-N	≤200	≤15
CN^-	≤15	≤0.5
硫化物	20	≤1

2. 工艺流程

该污水处理站主要由预处理系统、生化处理系统（水解、A/O 膜生物反应器）、后端深度处理系统等组成。工艺流程见图 13-13。

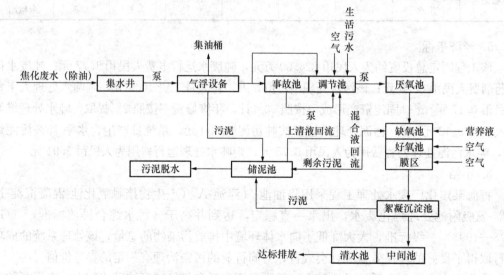

图 13-13 废水处理工艺流程

（1）预处理部分

预处理系统由气浮、调节池组成。气浮设备采用加压容器气浮来去除来水中的乳化油。调节池进行水质水量的调节。里面设置微孔曝气及加热盘管。

蒸氨除油处理后的焦化废水在集水池由泵送入气浮设备（加药气浮一体机），进行乳化油的去除，在此废水中所含的乳化油脱稳后被上浮的小气泡吸附而除去。池上设有刮浮油沫机，将分离出来的浮油刮入浮油收集槽，并送往轻油池进行油水分离。同时在气浮设备中通入臭氧，以去除色度和对难生化降解的有机物进行降解。出水进入调节池，进行水

242

质水量的调节。与调节池并列设有事故调节池，主要用于来水水质恶化时，暂时贮存预处理出水。事故池水经污水泵提升逐渐送入均合池进系统处理，经过格栅处理的生活污水进入调节池进行处理。

（2）生化处理部分

由厌氧池和缺氧-好氧及膜组成的膜生物反应器（MBR）组成。

厌氧生化处理：经过预处理后的废水在这里进行有机物的降解与去除。采用厌氧折流板反应器（ABR），ABR 工艺集上流式厌氧污泥床和分阶段多相厌氧反应器技术于一体，提高了厌氧反应器的负荷和处理效率，而且使其稳定性和对不良因素的适应性大为增强。

好氧生化处理：废水经过好氧生物氧化法对有机物进一步去除。选择具有脱氮功能的缺氧—好氧工艺即 A/O 法作为好氧处理工艺。好氧池末端采用膜生物反应器工艺。膜生物反应器工艺（MBR 工艺）是膜分离技术与生物技术有机结合的新型废水处理技术，它利用膜分离设备将生化反应池中的活性污泥和大分子有机物质截留住，省去了二沉池。

（3）末端处理部分

末端处理部分由絮凝沉淀及清水池组成，进一步去除 COD、悬浮物及对出水脱色。采用旋流混凝及斜管沉淀池。絮凝沉淀池中布设加热盘管。若水质不达标，清水池中的水回流至生化池重新处理。

3. 处理效果

该项目采用分置式膜生物反应器即膜区与好氧生化区分开，这样有利于减少活性污泥粘结造成膜通量的下降；同时，保证好氧区和膜区不同的曝气环境。为了保证 MBR 膜组件良好的水通量，持续、稳定地出水，系统通过膜区曝气产生的气泡及水流，使膜丝充分抖动对膜进行擦洗。同时采用间歇的运行方式，可防止膜孔堵塞，使长期的稳定运行成为可能。该项目满负荷试运行以来出水均能达到排放标准，即使来水水质有波动对出水影响也不大。

本章参考文献

[1] 刘娅琳，吴慧，林玉斌. 焦化废水处理技术研究进展[J]. 中国环境管理干部学院学报，2008，18（3）：72～74 转 80.

[2] 王绍文，钱雷，秦华，等. 焦化废水无害化处理与回用技术[M]. 北京：冶金工业出版社，2005.

[3] 李旭东，杨芸. 废水处理技术及工程应用[M]. 北京：机械工业出版社，2003.

[4] 苑卫军，郭健，陈玲. 余热蒸发工艺处理煤气发生站含酚废水[J]. 节能与环保，2009：54～56.

[5] 赵宏玺. 焦化废水水质特征及处理技术综述[J]. 山西建筑，2007，33(28)：198～199.

[6] 朱东海. 城市给水管网爆管点动态定位的神经网络模型研究[J]. 水利学报，2000：55～56.

[7] 章非娟. 工业废水污染防治[M]. 上海：同济大学出版社，2001.

[8] 胡钰贤，郭亚兵. 焦化废水及其处理技术[J]. 机械工程与自动化，2004(5)：97～100.

[9] 王春敏，步启军. 焦化废水处理技术及其发展趋势[J]. 内蒙古石油化工，2006(5)：87～88.

[10] 王克科. 焦化废水生物处理技术[J]. 湖北化工，2003(2)：1～3.

[11] 刘晓涛，王春艳. 焦化废水处理技术浅析[J]. 污染防治技术，2008，21(3)：8～10 转 100.

[12] 刘尚超，王光辉，薛改凤. 焦化废水生物处理技术研究进展[J]. 武钢技术，2008，46(1)：8～10 转 100.

[13] Wiesel. Degradation of polycyclicaromatic hydrocarbon by an immobilized mixed bacteria culture[J]. Appl Microbial Biotechnol, 1993，39：110～116.

[14] Lee S T. Biodegration of pyridine by freely and suspended immobilized pimelobacter sp[J]. App Microbiol Biotechnol，1994，41：652～657.

[15] Selvaratnam，C. Application of microbiology[J]. Biotech-nology，1997，4(2)：236～240.

[16] Yong Shik Jelong. Simulation of a coke wastewater nitrifi-cation process using a feed-forward neuronal net[J]. Environmental Modeling & Software，2007，22：1382～1387.

[17] Min Zhang，Tay Jm Hwa，Qian Yi，et a1. Coke plant wastewater treatment by fixed biofilm system for COD and NH_3-N removal[J]. Wat. Res，1998，32(2)：519～527.

[18] 赵庆良，李伟光. 特种废水处理技术[M]. 哈尔滨：哈尔滨工业大学出版社，2003.

[19] 刘俊新，李伟光，金承基，等. 亚硝酸型硝化-反硝化工艺处理煤气废水研究[J]. 中国给水排水，1998，14(1)：6～9.

[20] 康晓静，周建民，端木合顺. 焦化废水处理工程实例[J]. 水处理技术，2010，36(3)：128～132.

[21] 王家彩. 焦化废水处理工程实例[J]. 环境科技，2011，24(6)：32～37.

[22] 赵邵燕. 焦化废水处理工程实例[J]. 环球人文地理，2015，(6)：219～220.

14 重金属工业废水处理技术

工业废水中重金属离子是影响水体水质的重要污染物，含有重金属离子的工业废水主要来源于冶炼、电解、医药、油漆、合金、电镀、纺织印染、造纸、陶瓷与无机颜料制造等行业，这些离子对环境构成的威胁很大，而且不会被自然降解。历年来工业废水中重金属排放量的统计结果表明：全国工业废水中铅、砷的排放量直线下降；六价铬、汞和镉的排放量基本维持不变。据统计，2001年，工业废水中主要有毒有害污染物（包括汞、镉、六价铬、铅、砷、挥发酚、氰化物、石油类、氨氮）排放量为44.6万 t。与2000年相比，有毒有害污染物（不包括氨氮）排放量平均下降19.5%。除六价铬基本持平外，其他污染物排放量均有不同程度的下降，其中，挥发酚下降40%。

由于含重金属废水的水质特殊性，其处理工艺也存在特异性，一般多采用物理或化学方法来处理含重金属离子废水，其主要有以下几种：主要利用氢氧化物和硫源作为沉淀剂的化学沉淀法、离子交换法、氧化还原法、电解法、反渗透法、物理吸附法以及生物法等，它们在实践中均有一定的应用。但它们自身也存在诸如处理工艺较长、处理条件苛刻、成本较高、废渣较多、引入二次污染、处理量有限等问题。

14.1 重金属废水的来源

重金属污染一般是指比重大于5或4的金属或其化合物在环境中所造成的污染；在水环境污染研究中，重金属主要是指铅、镉、汞、铬以及类金属等生物毒性显著的元素。重金属废水主要来源于机械加工、电镀、采矿、化工等部门，具体来自矿山排水、废石场淋浸水、选矿厂尾矿排水、有色金属冶炼厂除尘排水、有色金属加工厂酸洗水、电镀厂镀件洗涤水、钢铁厂酸洗排水，以及电解、农药、医药、油漆、颜料等工业的废水。

14.1.1 机械加工重金属废水

机械加工是一种用加工机械对工件的外形尺寸或性能进行改变的过程。在机械加工过程中有冷却液、有机清洗液、喷漆废水、电火花工作液等废水排放。这些废水中含有多种重金属离子，是危害较大的工业废水之一。

1. 酸、碱废水的来源

酸性废水主要来自钢铁厂、化工厂、染料厂、电镀厂和矿山等，其中含有各种有害物质或重金属盐类。酸的质量分数差别很大，低的小于1%，高的大于10%。这些含酸废水中除含有硫酸、盐酸、硝酸、氢氟酸等外，还含有大量金属离子，如铁、铜、铝及部分添加剂等，根据生产工艺、酸洗、材质、操作条件等不同，其成分差异很大。一般钢铁件酸洗后的清洗废水中含酸浓度约为0.1~1.5g/L。

机械加工行业含碱废水的量相对较少，主要来自印染厂、皮革厂、造纸厂、炼油厂等。其中有的含有机碱或含无机碱。碱的质量分数有的高于5%，有的低于1%。酸碱废水中，除含有酸碱外，常含有酸式盐、碱式盐以及其他无机物和有机物。

2. 含铅废水的来源

含铅废水主要来源于蓄电池生产、选矿、石油加工、铅冶炼、废铅酸蓄电池回收利用等行业。另外，电镀车间镀铅、电泳涂漆中的染料和烧制铅玻璃等过程中的排水中也含有少量铅或铅离子。

电池工业是含铅废水的最主要来源，据报道，每生产 1 个电池就造成铅损失 4.54～6810mg，其次是石油工业生产汽油添加剂。其特点是：正常情况下污水量不大、有机物浓度不高、呈酸性。废水中的总铅为一类污染物，废水如需排放，总铅在车间排放口必须达到第一类污染物最高允许浓度排放标准，即 1mg/L。

铅蓄电池生产在熔铅、铸板、打磨、球磨及混浆的工艺过程中，需要消耗大量的铅，并需要利用大量的氟化物作为电路材料，这就产生大量含铅含氟废水。废水中含铅离子浓度一般均在 10mg/L 以下。废水的 pH 一般在 6 左右，当硫酸发生跑、冒、滴、漏时，废水 pH 就更低，大约在 1～2 之间。含铅废水中的酸主要来自铅蓄电池制造厂的化成车间、配酸站等的冲洗水、废电解液以及酸的跑、冒、滴、漏。这部分含酸废水中含硫酸浓度一般为 0.5～2.0g/L，管理不善时可高达 5g/L 以上。

3. 电镀废水来源

电镀是利用电化学的方法对金属和非金属表面进行装饰、防护及获取某些新性能的一种工艺过程。电镀行业中，常用的镀种有镀镍、镀铜、镀铬、镀锌、镀镉、镀铅、镀银、镀金和镀锡。因此，电镀废水水质复杂，其中含有的铬、铜、镍、镉、锌、金、银等金属离子和氰化物等毒性较大的物质，有些还含致癌、致畸、致突变的剧毒物质，对人类危害极大。电镀废水的来源一般为：镀件清洗水；废电镀液；其他废水包括冲刷车间地面、刷洗极板及通风设备冷凝水；由于镀槽渗漏或操作管理不当造成的跑、冒、滴、漏的各种槽液和排水；设备冷却水等。冷却水在使用过程中除温度升高以外，一般未受到重金属污染。

实际所需处理的废水中含有的重金属并不是单一种类，往往多种重金属并存。废水的分类通常以其中含量最高的重金属为依据，实际生产中废水产生量较大的有：含铅废水、含铬废水、含镍废水和含铜废水等。

含铅废水主要来源于电镀、化学镀工序。一般有线路板镀锡铅工序产生的含铅废水、线路板镀锡铅后清洗工序产生的清洗液、线路板脱锡铅工序产生的含铅废水、线路板脱锡铅后清洗工序产生的清洗液等。

含铬废水主要来源于电镀铬、钝化工序。一般有电镀铬工序产生的电镀废水、工件电镀铬后清洗工序产生的清洗水、采用含铬废水对工件表面进行钝化处理后清洗工序产生的清洗水等。一般含铬废水中含六价铬浓度在 200mg/L 以下时，pH 为 8～11。

含镍废水主要来源于电镀、化学镀工序。一般有电镀镍工序产生的电镀废水、工件电镀镍后清洗工序产生的清洗水、化学镀镍工序产生的化学镀废水、工件化学镀镍后清洗工序产生的清洗水等。一般废水中含镍浓度在 100mg/L 以下，pH 在 6 左右。

含铜废水主要来源于电镀、化学镀工序。一般有电镀铜工序产生的电镀废水、工件电镀铜后清洗工序产生的清洗水、化学镀铜工序产生的化学镀废水、工件化学镀铜后清洗工序产生的清洗水、线路板镀铜后蚀刻工序产生的蚀刻废水、线路板镀铜后微蚀工序产生的微蚀水、线路板镀铜后棕化工序产生的棕化废水、线路板镀铜后采用表面活性剂清洗产生的清洗水等。一般酸性含铜废水含铜浓度在 100mg/L 以下时，pH 为 2～3。

14.1.2 冶炼工业重金属废水

冶金工业是指对金属矿物的勘探、开采、精选、冶炼以及轧制成材的工业部门，包括黑色冶金工业（即钢铁工业）和有色冶金工业两大类。

钢铁和有色金属的采矿和冶炼需耗用大量的水。冶金工业废水又称钢铁厂废水，按生产性质可分为焦炭厂废水、高炉废水、炼钢及轧钢废水，是钢铁厂从熔炼到轧制整个过程中排出的废水，通常每生产 1t 钢需用水量 100～150m³。高炉废水包括冷却水及高炉气洗涤水，通常每生产 1t 生铁需用水量 50～90m³。炼钢废水包括冷却水及废气洗涤废水，冷却废水 pH 为 3.5，SS 达数千 mg/L。轧钢厂废水主要含污垢、油及焦油等。由于钢铁行业需水量大，因此我国钢铁企业应积极引进先进技术和采用废水处理回收技术，降低用水量，提高水的重复利用率，这也是降低成本的有效途径。

有色金属工业是包括从有色金属矿石的开采、选矿、冶炼、合金制取到加工的工业体系。有色金属开采和冶炼也是我国的用水大户，有色金属冶炼过程中单位用水量也较大，如铜、铅、锌、镍和汞的吨产品用水量分别为 290m³、309m³、309m³、2484m³ 和 3135m³。有色金属采选或冶炼排水中含重金属离子的成分比较复杂，因大部分有色金属和矿石中有伴生元素存在，所以废水中一般含有汞、镉、砷、铅、铍、铜、锌、氟、氰等。这些污染成分排放到环境中去只能改变形态或被转移、稀释、积累，却不能降解，因而危害较大。

14.1.3 其他含重金属离子的工业废水

其他行业虽然不是重金属离子工业废水的主要来源，但也有排放重金属废水的可能。如化工行业在生产合成无机盐类时会排放含有重金属的废水，其排放废水量虽然不大，但排放浓度高，品种多，处理比较复杂。使用催化剂的化工工艺也会有重金属甚至是稀有金属废水的排放等。另外，露天堆积的黄铁矿等采矿废弃物在水和氧气的作用下，会产生酸性废水进入水体。

14.2　重金属废水的污染特点

在没有人为污染的情况下，水体中的重金属含量取决于水与土壤、岩石的相互作用，其含量一般很低，不会对人体健康造成危害。然而，随着城市化进程的加快和工农业的迅猛发展，大量未经处理的城市垃圾、污染的土壤、工业和生活污水，以及大气沉降物不断排入水中，使水体悬浮物和沉积物中的重金属含量急剧升高。虽然河流沉降物对排入水中的污染物特别是金属类污染物有强烈的吸附作用，但是当水体 pH、E_h（氧化还原电位）等条件发生变化时，吸附的污染物又会释放出来，导致城市水环境重金属的进一步污染。根据对我国七大水系中水质最好的长江的调查，其近岸水域已受到不同程度的重金属污染，Zn、Pb、Cd、Cu、Cr 等元素污染严重，而且亲硫元素如 Cd、Pb、Hg、Cu 的潜在活性大，易参与环境中各类物质的反应。21 个沿江主要城市中，攀枝花、宜昌、南京、武汉、上海、重庆 6 个城市的重金属累积污染百分率已达到 65%。

重金属是造成水体污染的一类有毒物质，当重金属随废水排出时，即使浓度很小，也能造成危害。其废水污染有如下几个主要特点：

（1）天然水体中的重金属浓度虽低，但其毒性长期持续。水体中某些重金属可在微生物作用下转化为毒性更强的金属有机化合物。例如：无机汞在天然水体中可被微生物转化为毒性更强的甲基汞。

（2）生物富集浓缩，构成食物链，危及人类。生物从环境中摄取重金属，并在体内或某些器官中富集，其富集倍数可高达成千上万倍，水生动植物、陆生农作物都有这种现象。然后作为食物进入人体，在人体的某些器官中积蓄起来构成慢性中毒，严重危害人体健康。水生生物对某些重金属的富集倍数很大，例如：淡水鱼可富集汞 1000 倍、镉 3000倍、砷 330 倍、铬 200 倍等，海藻对重金属的富集程度更为强烈，如富集汞可达 1000 倍、铬 4000 倍等。这种生物富集的特性是重金属废水污染的突出特点。

（3）重金属无论用何种处理方法或微生物都不可能降解，只会改变其化合价和化合物种类。天然水体中 OH^-、Cl^-、SO_4^{2+}、NH_4^+、有机酸、氨基酸、腐殖酸等，都可以同重金属生成各种络合物或螯合物，使重金属在水中的浓度增大，也可能使沉入水中的重金属又释放出来而迁移。

（4）在天然水体中只要有微量重金属，即可产生毒性反应，一般重金属产生毒性的范围大约在 $1.0 \sim 10 mg/L$ 之间，毒性较强的重金属如汞、镉等毒性浓度范围在 $0.001 \sim 0.1 mg/L$。日本发生的水俣病（汞污染）和骨痛病（镉污染）等公害病，都是由重金属污染引起的，应严格控制重金属废水的污染。

14.3 重金属废水的处理技术

由于重金属废水水质的特殊性，其处理方法多采用物理法和化学法。本节中，主要以含铬废水、含氰废水、含镉废水和电镀混合废水为例，阐述用于处理重金属废水的相关处理技术。

14.3.1 含铬废水

含铬废水处理方法的选择主要根据废水的来源、性质及水量来决定，其中包括化学法、物理化学法、物理法及生化法。

1. 化学法

（1）药剂还原法

其基本原理是在酸性条件下（pH＝2～3）向废水中加入还原剂，将 Cr^{6+} 还原成 Cr^{3+}，然后再加入石灰或氢氧化钠，使其在碱性条件下（pH＝7.5～9.0）生成氢氧化铬沉淀，从而去除铬离子。可作为还原剂的有：亚硫酸钠（Na_2SO_3）、亚硫酸氢钠（$NaHSO_3$）、焦亚硫酸钠（$Na_2S_2O_5$）、硫代硫酸钠（$Na_2S_2O_3$）、硫酸亚铁、二氧化硫、水合肼（$N_2H_4 \cdot H_2O$）、铁屑、铁粉等。

以 $NaHSO_3$ 为例进行说明：电镀废水中的六价铬主要以 CrO_4^{2-} 和 $Cr_2O_7^{2-}$ 两种形式存在，随着废水 pH 的不同，两种形式之间存在着转换平衡：

$$2CrO_4^{2-} + 2H^+ = Cr_2O_7^{2-} + H_2O$$

$$Cr_2O_7^{2-} + 2OH^- = 2CrO_4^{2-} + H_2O$$

从上式可以看出，在酸性条件下，六价铬主要以 $Cr_2O_7^{2-}$ 形式存在，还原反应的速度很快。

六价铬与 $NaHSO_3$ 的反应为：

$$2H_2Cr_2O_7+6NaHSO_3+3H_2SO_4=2Cr_2 (SO_4)_3+3Na_2SO_4+8H_2O$$

还原后用 NaOH 中和至 pH＝7～8，使 Cr^{3+} 生成 Cr (OH)$_3$ 沉淀，然后过滤回收铬污泥。

$$Cr_2 (SO_4)_3+6NaOH=2Cr (OH)_3\downarrow+3Na_2SO_4$$

如还原剂采用硫酸亚铁、石灰时，投药比为：$FeSO_4 \cdot 7H_2O$：Cr^{6+}＝28∶1（重量比）；如采用亚硫酸氢钠、石灰时，投药比为：$NaHSO_3$：Cr^{6+}＝8∶1（重量比）。

药剂还原法是最早采用也是应用较好的方法之一，尤其是硫酸亚铁、石灰法，适用于含铬浓度变化大的废水。其优点是药剂来源容易，处理效果好，出水含铬能达到国家排放标准。据考察，该法已在广州、杭州、长沙等地推广使用。适用于水量少的小厂，采用间歇式进行处理较好。其缺点是占地大、出水色度高、污泥体积大。污泥脱水和污泥的综合利用有待研究解决。

二氧化硫法适用于乡镇企业，其优点是设备简单、投资少、效果好、操作简便、容易土法上马。缺点是设备易腐，需加强防毒设施。

（2）铁氧体法

废水中各种金属离子形成铁氧体晶粒而沉淀析出的方法，叫铁氧体沉淀法。铁氧体是指具有铁离子、氧离子及其他金属离子组成的氧化物晶体，属尖晶石结构，通称亚高铁酸盐。在含铬废水中投加硫酸亚铁溶液［$FeSO_4 \cdot 7H_2O$：CrO_3 为 16∶1（重量比）］，使六价铬还原为三价铬，再投加苛性钠，调整 pH 为 7～9，加热 60～80℃，经 20min 曝气充氧，使铬离子成为铁氧体的组成部分，生成晶体而沉淀进入晶格后的 Cr^{3+} 极为稳定，在自然条件下或酸性、碱性条件下不为水所溶出，因而不会造成二次污染，从而便于污泥处理。生成铬铁氧体反应式为：

$$Cr_2O_7^{2-}+6Fe^{2+}+14H^+\longrightarrow 2Cr^{3+}+6Fe^{3+}+7H_2O$$

$$Fe^{2+}+Fe_{1-x}^{3+}+Cr_{1+x}^{3+}+2O_2\longrightarrow FeO \cdot (Fe_{1+x}Cr_{1-x}) O_3（铬铁氧体）$$

铁氧体法适用于废水中铬（Cr^{6+}）含量在 10mg/L 以上的情况，其优点是硫酸亚铁来源容易、处理效果好、投资少、设备简单、操作比较方便、污泥可以综合利用、制成磁性无线棒等。其缺点是需耗用较多的硫酸亚铁及耗用苛性钠、蒸气等，出水中 Na_2SO_4 含量较高。

（3）铁屑铁粉处理法

当含 Cr（Ⅵ）废水通过铁屑时，在一定的 pH 下，铁屑内发生了原电池反应：

阳极反应　　　　　　　　　　$Fe-2e\longrightarrow Fe^{2+}$

$$Cr_2O_7^{2-}+6Fe^{2+}+14H^+\longrightarrow 2Cr^{3+}+6Fe^{3+}+7H_2O$$

$$CrO_4^{2-}+3Fe^{2+}+8H^+\longrightarrow Cr^{3+}+3Fe^{3+}+4H_2O$$

阴极反应　　　　　　　　　　$2H^++2e\longrightarrow H_2\uparrow$

$$Cr_2O_7^{2-}+6e+14H^+\longrightarrow 2Cr^{3+}+7H_2O$$

$$CrO_4^{2-}+3e+8H^+\longrightarrow Cr^{3+}+4H_2O$$

其中，Cr（Ⅵ）还原为 Cr^{3+} 的反应主要在阳极进行。随着反应的进行，氢离子（H^+）浓度逐渐减小，pH 则逐渐升高，使得溶液中的 Cr^{3+}、Fe^{3+} 生成氢氧化物沉淀：$Cr^{3+}+3OH^-\longrightarrow Cr (OH)_3\downarrow$，$Fe^{3+}+3OH^-\longrightarrow Fe (OH)_3\downarrow$。生成的 Fe (OH)$_3$ 又具有

凝聚作用，可将 Cr（OH）₃ 吸附凝聚在一起，当其通过铁屑滤柱时，即被截留在铁屑孔隙中，这样就可将 Cr（Ⅵ）及 Cr^{3+} 同时除去。当运行一段时间后，铁屑孔隙中充满了 Fe（OH）₃ 及 Cr（OH）₃，铁屑吸附饱和，就会使其还原能力降低，这时可用加酸的方法使之再生，或者更换部分铁屑。

铁屑铁粉法优点是设备简单、流程短、费用低、能以废治废，但适用于进水铬（Cr^{6+}）的浓度低，出水一般达到 $0.5mg/L$，难以达标。

（4）钡盐法

钡盐法是利用置换反应原理，用碳酸钡等钡盐与废水中的铬酸作用，形成铬酸钡沉淀下来，再利用石膏过滤，将残留的钡离子去除，并采用聚氯乙烯微孔塑料管，去除硫酸钡沉淀。钡盐法的优点是处理后的水可用于电镀车间水洗工序，其缺点是过滤用的微孔塑料管容易阻塞，清洗不便，处理工艺流程较为复杂。这种方法主要用于处理含 Cr^{6+} 的废水，工艺简单，效果好。通过石膏除钡池后，废水可回用，还可回收铬酸，再生 $BaCO_3$。缺点是药剂来源比较困难，用于水渣分离的微孔材料加工比较复杂，污泥中含有 Cr^{6+}，必须综合利用，可作为回收铬酸，冶炼金属或做抛光材料用。

反应机理为：

$$BaCO_3 + H_2CrO_4 = BaCrO_4\downarrow + H_2O + CO_2\uparrow$$

$$Ba^{2+} + CaSO_4 = BaSO_4\downarrow + Ca^{2+}$$

反应中为了提高除铬效果，应投加过量的钡盐，反应时间为 $25\sim30min$，过量的钡盐用石膏法去除，工艺流程如图 14-1 所示。

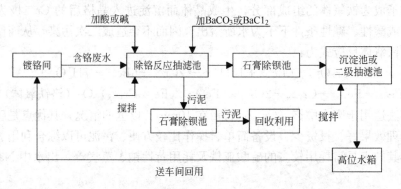

图 14-1　钡盐法处理含铬废水工艺流程

（5）电解还原法

该法是用钢板或铁板（间距为 $10\sim20mm$）为阳极和阴极，把直流电通入装有废水的敞开式无隔膜电解槽中，阳极析出的亚铁离子，在酸性条件下，将绝大部分六价铬还原成三价铬；在阴极除氢离子获得电子析出氢气外，少量六价铬也直接获得电子还原成三价铬。在电解期间，由于消耗 H^+，使溶液的 pH 升高，生成氢氧化铬、氢氧化铁、氢氧化亚铁和其他重金属氢氧化物，形成沉淀而达到废水处理的目的，若加入聚丙烯化合物可改善其凝聚作用。

应该指出的是，铁阳极在产生亚铁离子的同时，由于阳极区氢离子的消耗和氢氧根离子浓度的增加，引起氢氧根离子在阳极上放出电子，结果生成铁的氧化物，其反应式如下：

$$4OH^- - 4e \longrightarrow 2H_2O + O_2\uparrow$$
$$3Fe + 2O_2 \longrightarrow FeO + Fe_2O_3$$

将上述两个反应相加得:

$$8OH^- + 3Fe - 8e \longrightarrow Fe_2O_3 \cdot FeO + 4H_2O$$

随着 $Fe_2O_3 \cdot FeO$ 的生成,使铁板阳极表面生成一层不溶性的钝化膜。这种钝化膜具有吸附能力,往往使阳极表面粘附着一层棕褐色的吸附物(主要是氢氧化铁),这种物质阻碍亚铁离子进入废水中去,从而影响处理效果。为了保证阳极的正常工作,应尽量减少阳极的钝化。减少阳极钝化的方法大致有 3 种:

1)定期用钢丝刷清洗极板,这种方法劳动强度大。

2)定期将阴阳交换使用,利用电解时阴极上产生氢气的撕裂和还原作用,将极板上的钝化膜除掉,其反应为:

$$2H^+ + 2e \longrightarrow H_2\uparrow$$
$$Fe_2O_3 + 3H_2 \longrightarrow 2Fe + 3H_2O$$
$$FeO + H_2 \longrightarrow Fe + H_2O$$

电极换向时间与废水含铬浓度有关,一般由试验确定。

3)投加食盐电解质。由 NaCl 生成的氯离子能起活化剂的作用。因为氯离子容易吸附在已钝化的电极表面,接着氯离子取代膜中的氧离子,结果生成可溶性铁的氯化物而导致钝化膜的溶解。投加食盐不仅是为了除去钝化膜,也可增加废水的导电能力,减少电能的消耗。食盐的投加量与废水中铬的浓度等因素有关,可用试验确定。

电解还原法适用于废水中铬(Cr^{6+})浓度不大于 100mg/L、pH 在 $4\sim6.5$ 之间的废水,运行方式一般采用连续式。其优点是操作简单、工艺成熟、占地少、投资省。其缺点是耗电大、需耗大量的铁板、出水水质差,并产生大量难以处理的污泥。需要注意的是废水 pH、极板间距、投加食盐量、反应温度与时间、极板间电压等,都是影响该法处理效果的重要因素,在工程中必须予以考虑。

2. 物理化学法

(1)离子交换法

废水中的六价铬离子以酸根形式存在,将废水通过离子交换树脂,利用阴离子交换树脂对废水的铬酸根和其他离子的吸附交换作用,从而达到净化和回收的一种物理化学方法。

反应式为:
$$2ROH + CrO_4^{2-} = R_2CrO_4 + 2OH^-$$
$$2ROH + Cr_2O_7^{2-} = R_2Cr_2O_7 + 2OH^-$$

当树脂达到饱和失效时,可用一定浓度的氢氧化钠溶液(一般用 $8\%\sim12\%$ 的 NaOH,用量为树脂体积的 $2\sim3$ 倍)对树脂再生,使树脂恢复交换能力。反应式为:
$$R_2CrO_4 + 2NaOH = 2ROH + Na_2CrO_4$$
$$R_2Cr_2O_7 + 4NaOH = 2ROH + 2Na_2CrO_4 + H_2O$$

然后,可用阳离子交换树脂,去除水中三价铬、铁、铜等金属离子使废水回用生产。如使铬酸回收利用,可使再生洗脱液 Na_2CrO_4,再经过一个 H 型阳离子交换柱脱钠,即得铬酸。反应式为:
$$4RH + 2Na_2CrO_4 = 4RNa + H_2CrO_7 + H_2O$$

当 H 型树脂饱和失效时，可用一定浓度的 HCl（一般用 $4\%\sim6\%$ 的 HCl，用量为树脂体积的 $2\sim3$ 倍）对树脂再生，恢复交换能力。反应式为：

$$RNa+HCl=RH+NaCl$$

离子交换法在我国现阶段只适用于处理含铬（Cr^{6+}）漂洗废水，尽管基建费用高，但可将有毒的六价铬回收为较纯的铬酸并可直接回镀槽使用，净化后的水可回到生产系统重复使用，从而达到综合利用的目的。国内现已生产定型设备，更加快了该法的推广使用。但处理镀铬废水时应注意：废水中含铬（Cr^{6+}）浓度不宜大于 200mg/L，且镀黑铬和镀含氟铬的清洗废水不宜采用该方法进行处理。

（2）活性炭吸附

活性炭具有良好的吸附性能及稳定的化学性能。活性炭处理含铬废水既有吸附作用又有还原作用，当 pH=$4\sim6.5$ 时，废水中的 Cr^{6+} 易于被活性炭直接吸附。在酸性条件下，pH<3 时，活性炭的碳原子能将六价铬还原为三价铬。同时，在氧气充足供应时，活性炭吸附水溶液中的氧分子、氢离子、阴离子后产生过氧化氢，也能将六价铬还原为三价铬，三价铬难于被活性炭吸附。反应式为：

$$3C+2Cr_2O_7^{2-}+16H^+ \longrightarrow 3CO_2\uparrow+4Cr^{3+}+8H_2O$$

$$3H_2O+Cr_2O_7^{2-}+8H^+ \longrightarrow 2Cr^{3+}+3O_2\uparrow+7H_2O$$

在较低的 pH 条件下，活性炭主要起还原作用，H^+ 离子浓度越高，还原能力越强，利用此原理，可用酸（如 5% 的 H_2SO_4）对吸附六价铬饱和的活性炭进行再生，把活性炭吸附的六价铬解吸为三价铬予以回收。

活性炭吸附法处理容量大，可去除各种金属离子和酸根离子，其优点是工艺简单、操作方便、处理效果好。缺点是再生效率低、使用寿命短、耗酸碱、处理费用高等。

（3）电渗析法

电渗析法是将废水中的阴阳离子，在电场电位作用下，利用离子交换膜对阴阳离子选择透过性，而把废水中的阴阳离子分离出来的一种物理化学过程，目前该法用于含铬废水处理还处于研究阶段。

电渗析法要求废水进行预处理，其优点是处理后的废水组成不变、有利于回槽使用、操作简单、不产生废渣、设备紧凑有利于自动化；缺点是耗电量大、膜的质量有待提高、槽液的杂质积累问题尚待解决。

（4）反渗透法

这是一种膜分离技术，它是利用压力差对浓溶液施加外力，使溶剂呈相反方向流动。当废水 pH=$2.5\sim7$ 时，常采用醋酸纤维素膜，当 pH=$4\sim11$ 时，常采用聚酰胺膜，从含铬废水运行看，可满足电镀生产工艺要求。

反渗透法主要适用于镀种工序间、局部回收水和有用物质，但废水要求预处理。其优点是在处理含铬（Cr^{6+}）废水方面，国内在技术上较成熟，具有较高的回收经济价值，如某厂运行后，其设备运转费用与回收价值可在 3 年内得到偿还，是一种有发展前途的处理方法；缺点是膜的质量还需提高，透水量小。

（5）TBP 萃取法

利用磷酸二丁酯（TBP）与 Cr^{6+} 在溶液中存在下列平衡：

$$n\text{TBP（有机相）}+Cr_2O_7^{2-}\text{（水相）}+2H^+\text{（水相）}=H_2Cr_2O_7 \cdot n\text{TBP（有机相）}$$

nTBP（有机相）$+HCr_2O_7^-$（水相）$+H^+$（水相）$= H_2Cr_2O_7 \cdot n$TBP（有机相）

调节 pH 时，使平衡向右移动，六价铬进入有机相被萃取，同时分出有机相，以碱性溶液进行中和时，平衡向左移动，又可回收 Cr^{6+}，循环使用。

3. 物理法

蒸发浓缩回收法是将含铬废水在 100℃ 的温度下蒸发浓缩，使六价铬浓度增大后回用。如采用逆流漂洗，那么蒸发封闭循环系统，可直接从废水中回收镀液。如采用 TiCFE-50 型薄膜蒸发器时，它的蒸发强度为 $100\sim150L/（m^2 \cdot h）$，浓缩倍数为 $10\sim20$，冷凝出水的含铬（Cr^{6+}）浓度为 1mg/L 左右，加热蒸气的耗量为冷凝出水量的 1.25 倍，冷却用水量为冷凝出水量的 200 倍。

蒸发浓缩回收法适用于处理浓度高（大于 500mg/L）、水量小（$2m^3/h$ 以下）的废水。其优点是同离子交换法和药剂还原法相比，在设备投资、运转费用、占地面积等方面都比较小，工艺简单成熟，可直接回用于镀槽；但其耗能大，对槽液的杂质积累等问题有待研究。

4. 生物化学法

生物化学法是通过细菌的生长繁殖，将含铬废水中的 Cr^{6+} 还原为 Cr^{3+}，此工艺的重要环节是保证功能菌的生长状态良好及调整适当的菌-废水的配比。虽然此法处于开始阶段，但充分显示了生物化学法的投资少、运行费用低、解毒彻底、无二次污染等优点，该法具有广阔的发展前景。

14.3.2 含氰废水

含氰废水处理方法的选择主要根据废水的来源、性质及水量来决定，其中包括化学法、物理化学法、物理法及生化法。

1. 化学法

（1）碱性氯化法

碱性氯化法的原理是在碱性废水中，首先用含氯药剂使废水中的氰化物氧化为氰酸盐，进一步氧化为二氧化碳和氮。碱性氯化法处理含氰废水是目前电镀废水处理中应用最广的方法（日本占 85%，我国大部分工厂也采用此法）。处理前必须控制废水 pH＞10（10～12）。当 pH＜8 时将生成毒性比 HCN 更大的挥发性气体 CNCl，危险性极大。本方法适用于处理氰含量小于 500mg/L 的中等浓度废水。若浓度太高（CN＞1000mg/L），则反应过程的热效应很大，且伴随产生剧毒的 CNCl 气体，造成工程上难以控制。故处理高浓度含氰废水时应首先稀释，再投加氧化剂。碱性氯化法常用的氧化剂有氯气、漂白粉、次氯酸钠及亚氯酸钠等，其中次氯酸钠应用最为普遍，其化学反应为：

$$NaCN+NaClO \longrightarrow NaCNO+NaCl（一级反应）$$
$$2NaCNO+3NaClO+H_2O \longrightarrow 2CO_2+N_2+2NaOH+3NaCl（二级反应）$$

碱性氯化法适用于水量和浓度均可变化的含氰废水的处理，处理水经酸调节后可达标排放。此方法的优点是处理效果好、设备简单、投资省、便于管理，是比较成熟和普遍采用的方法之一；其缺点是处理后有余氯，难以准确投料，设备腐蚀严重，运行费用较高。

（2）SO_2-空气法

SO_2-空气法又称 Inco 法，是 Inco 公司于 1982 年研制开发的。该法的主要原理是在 pH 为 8～10 和铜离子的催化作用下，利用 SO_2 和空气的协同作用，氧化废水中的氰化物，其反应式为：$CN^- + SO_2 + O_2 + H_2O \longrightarrow CNO^- + H_2SO_4$。该方法不仅可使废水中总氰化物降低到 0.5mg/L 以下，而且能消除铁氰化物，氰化物的去除率可达 99.9%，还能使废水中重金属降低到 0.1mg/L 以下。可处理废水，也可处理矿浆。所需设备为氰化厂常用设备，其投资少，工艺较简单，手控、自控均可取得满意的效果，对药剂质量要求不高。但是由于二氧化硫的氧化能力较弱，所以在废水中必须保持较高浓度的二氧化硫才能达到较好的除氰效果，而且不能消除废水中的硫氰化物。电耗高，一般是氯氧化法的 3～5 倍，废水中铜浓度低时需加铜盐作催化剂，不能回收废水中贵金属、重金属，对反应 pH 的控制要求严格。

(3) 硫酸亚铁法

将氰化物转化为铁的亚铁氰化物，再转化成普鲁士蓝型不溶性化合物，然后倾析或过滤出来。

$$FeSO_4 \cdot 7H_2O \longrightarrow Fe^{2+} + SO_4^{2-} + 7H_2O$$
$$Fe^{2+} + 6CN^- \longrightarrow Fe(CN)_6^{4-}$$
$$2Fe^{2+} + Fe(CN)_6^{-4} \longrightarrow Fe_2[Fe(CN)_6]$$

其优点是操作简单，处理费用低，且可回收普鲁士蓝沉淀作颜料；缺点是处理效果差，淤渣很多，分离出不溶物后的废水呈蓝色，净化率仅达 92%～95%，出水中氰残留量为 2～4mg/L，不能直接排放，应结合其他方法进行深度处理。

(4) 过氧化物法

在用铜（Cu^{2+}）作催化剂，pH=9.5～11 的条件下，H_2O_2 能使游离氰化物及金属络合物（铁氰化物除外）氧化成氰酸盐，以金属氰络合物形式存在的铜、锡等金属，一旦其氰化物被氧化除去后，它们就会生成氢氧化物沉淀，其反应式为：

$$CN^- + H_2O_2 \xrightarrow{Cu^{3+}} CNO^- + H_2O$$

$$Me(CN)_4^{2-} + 4H_2O_2 + 2OH^- \xrightarrow{Cu^{3+}} Me(OH)_2\downarrow + 4CNO^- + 4H_2O$$

过量的过氧化氢也能迅速分解成水和氧气，$2H_2O_2 = 2H_2O + O_2\uparrow$。铁氰络合物稳定，不能被双氧水氧化，但可通过与铜离子络合形成亚铁氰化铜沉淀除去，$Fe(CN)_6^{4-} + 2Cu^{2+} = [Cu_2Fe(CN)_6]$。上述反应中生成的氰酸盐水解生成铵离子和碳酸盐离子或碳酸氢盐离子，水解速度取决于 pH。

此法适用于浓度波动较大的含氰废水的处理，整个过程无 HCN 气体产生，操作安全，但所需试剂费用较高。

(5) 高温水解法

氰化物在常温条件下水解速度极慢，在 180℃时水解生成 HCOONa 和 NH_3，反应式为：$NaCN + 2H_2O \longrightarrow HCOONa + NH_3$。

可以看出，水解法的优点是不需投加药剂，对游离态氰化物的处理是有效的；缺点是能耗大，释放出 NH_3，造成一定程度的二次污染。对于水量大且呈络合状态存在的含氰废水的处理其效果不理想，故目前应用不多。

(6) 臭氧处理法

利用臭氧发生器产生臭氧使水中的氰氧化：$O_3 + KCN \longrightarrow KCNO + O_2$，$KCNO + O_3 + H_2O \longrightarrow KHCO_3 + N_2 + O_2$。臭氧在水溶液中可释放出原子氧参加反应，表现出很强的氧

化性，能彻底氧化游离状态的氰化物。铜离子对氰离子和氰根离子的氧化分解有触媒作用，添加 10mg/L 左右的硫酸铜能促进氰的分解反应。臭氧法的突出特点是在整个过程中不增加其他污染物质，污泥量少，且因增加了水中的溶解氧而使出水不易发臭。我国已有臭氧发生装置成品出售，一些工厂目前正在使用这种处理技术。应该指出的是，目前的臭氧发生器能耗很大，生产 1kg 臭氧耗电 12~15kWh，处理费用较高。除个别地方外，一般难以达到废水处理的经济要求。另外，单独使用臭氧不能使络合状态存在的氰化物彻底氧化。

（7）多硫化物处理法

多硫化物与氰化物在碱性条件下进行反应，其离子反应方程式如下：

$$S_xS^{2-}+CN^-\longrightarrow S_{x-1}S^{2-}+SCN^-$$

式中 $x=1~4$，常用多硫化物的钙盐（硫石灰，CaS_xS）。多硫化钙在水中的溶解度较小，呈悬浮状，它与含氰废水接触后迅速与氰根反应生成硫氰酸盐。当多硫化物过量加入时，高浓度水中的氰（2000mg/L 以上）在 1h 内被去除 90% 以上，废水中重金属离子则形成硫化物析出。所生成的硫氰化物生物毒性较小，对水污染影响也较小，可以在生物处理构筑物中被氧化分解为碳酸盐、硫酸盐和氨。另外，本方法对金属离子的去除率也很高，重金属浓度可降低到允许排入城市下水道的标准。该方法的特点是处理工艺简单，操作安全，适合中、小型电镀厂高浓度（20000~60000mg/L）含氰废液的处理。

（8）燃烧法

燃烧法是将燃烧油、含氰废水及添加剂混合搅拌，使之乳化后经喷嘴喷雾燃烧，发生如下的反应：$NaCN+O_2\longrightarrow Na_2O+CO_2+NO_x$。

燃烧法的优点是反应完全、设备简单，但只能应用于水量小、浓度较高的专属性废水。

（9）电解氧化法（电解氯化法）

该法是利用废水中的简单氰化物和络合物在阳极和阴极上产生化学反应，把氰电解氧化为二氧化碳和氮气，从而去除废水中的氰。它一般应用于高浓度废水的处理，废水含的金属氰化物，按氰来计算约为 50000mg/L。解前首先调整 pH>7，使废液温度上升至 80~90℃后，在每平方米阳极通 15~45A 的电流，并在阴极与阳极的面积比为 4：1~5：1 的电解装置内进行电解氧化。

阳极：$\qquad CN^-+2OH^--2e\longrightarrow CNO^-+H_2O$

$$2CNO^-+4OH^--6e\longrightarrow 2CO_2\uparrow+N_2\uparrow+2H_2O$$

$$CNO^-+2H_2O\longrightarrow NH_4^++CO_3^{2-}$$

阴极：$\quad 2H^++2e\longrightarrow H_2\uparrow,\quad M^{n+}+ne\longrightarrow M,\quad M^{n+}+nOH^-\longrightarrow M(OH)_n\downarrow$

如在氰离子电解氧化时添加食盐，可提高电流效率，促进分解。这是由于阳极上有氯气产生，Cl_2 进入溶液后生成 HClO，对氰离子起了氧化作用的缘故。

$$2Cl^--2e\longrightarrow 2[Cl]$$

$$2[Cl]+CN^-+2OH^-\longrightarrow CNO^-+2Cl^-+H_2O$$

$$6[Cl]+2CNO^-+4OH^-\longrightarrow 2CO_2\uparrow+N_2\uparrow+6Cl^-+2H_2O$$

该法占地面积小、污泥量小、能回收金属。但电流效率低，电耗大，成本比漂白粉稍高，会产生催泪气体 CNCl，处理废水难以达标排放。一般先将高浓度含氰废水电解到一定浓度后，再用氯化法处理后排放。氰化厂很少采用此法。

2. 物理化学法

(1) 活性炭吸附法

活性炭对氰化物的吸附和破坏作用很早就被人们发现。由于氰化厂含氰废水一般都含有一定量的金、银，废水量又大，故采用活性炭吸附法除氰的同时，还可以吸附回收大量的金、银，经济效益十分可观。1987年，黑龙江乌拉嘎金矿采用活性炭吸附法处理含氰废水的工业实验获得成功，并回收了废水中的黄金，申请了国家专利。随后，原冶金工业部长春黄金研究所开发研究出了活性炭处理含氰废水的工艺和设备，并小试成功。1991年、1992年分别在河北省兴隆县挂兰峪金矿、迁西县东荒峪金矿进行了工业实验。该法的反应机理是在含氰废水中有足够的氧时，以 Cu^{2+} 作催化剂，在活性炭载体上发生氧化反应，将 CN^- 氧化为 $(CN)_2$、CNO^-，进一步水解为最终产物 CO_3^{2-}、NH_3、$(NH_2)_2CO$ 和 $C_2O_4^{2-}$。

活性炭吸附法的优点是工艺设备简单、投资少、易于操作管理，处理成本较低，在除氰的同时，对废水中的重金属杂质有较好的去除率，能回收废水中的微量金、银，是深度净化除氰的好方法。该法的缺点是废水 pH 高于9时，需加酸调节，否则处理效果差。另外，活性炭再生频繁，再生效率低等问题还有待解决。

(2) 离子交换法

离子交换法就是用阴离子交换树脂（R_2SO_4）吸附废水中以阴离子形式存在的各种氰络合物，当流出液 CN^- 超标时对树脂进行酸洗再生，从洗脱液中回收氰化钠。大部分洗脱液经再生并重复用于树脂的酸洗再生，少部分洗脱液经过中和，沉淀出重金属后排放。离子交换法的优点是净化水的水质好，水质稳定，可以回水利用，同时能回收氰化物和重金属化合物。但树脂价格昂贵，经济性较差，且离子交换树脂再生困难，操作较复杂，工作量大。因此，该法还处于试验室或半工业试验阶段。

(3) 液膜法

最新发展起来的液膜法除氰采用水包油、油包水体系，液膜为煤油和表面活性剂，内水相为 NaOH 溶液，外水相为待处理的含氰废水。溶液中的氰化物存在如下的平衡：$CN^- + H_2O = HCN + OH^-$，而 HCN 能溶于油膜并渗透入内水相，与 NaOH 反应生成 NaCN，NaCN 不溶于油膜，所以不能返回外水相，从而达到从废水中除氰并在内水相中以 NaCN 富集的目的。NaCN 可回收应用于制造 $Na_4[Fe(CN)_6]$，废水可达标排放，油膜可重复使用。华南理工大学化工所将此法应用于处理广州氮肥厂含氰废水，从设备、制膜及运营上都取得了成功的经验。该法适用于规模不大、氰化物浓度较低、呈游离状态存在的含氰废水的处理。

3. 物理法

蒸发浓缩法即酸化挥发碱液吸收氰化物的方法。目前国内外研究较多的是旋转多级冲击式装置，先将废水调节 pH 至 2～6，然后使废水流到设有高速旋转多级圆板和冲击板的分离塔内，氰化物被气化而分离出来并被输送到吸收塔去。该方法的优点是：运转费用低廉；处理能力大；因为不使用药剂，处理水可以避免药剂的污染；能够回收氰，以供再利用。但因氢氰酸为剧毒腐蚀性气体，主要设备都要求进行防腐处理且注意密封，所以这种方法对设备制作要求高，且工艺流程长，作业环节多，构件复杂，厂房投资较大。据一些单位的经验，建设一个日处理能力为 $500\sim1000m^3$ 的工程，投资在 100 万元以上。因此是否用这种方法来回收氰化物，要根据废水浓度、当地运输条件及药剂供应情况来决定。一般来说，废水中含氰浓度稳定在 250mg/L 以上，且水量较大时，回收价值才能与处理费用相平衡。如果废水中含氰浓度波动大、含量较低、生产时间长，适宜采用间歇操作，则不宜采用该方法。

4. 生化法

氰化物剧毒，但因其分子构成是微生物代谢生长过程所需要的两种主要营养成分而使含氰废水具有生化可行性。目前已有塔式生物滤池、曝气生化氧化处理法的研究和应用。云南沾益化肥厂、福建三明化工厂采用塔型生物滤池治理含氰废水，其去除率达 90% 以上，处理每吨水的费用为 0.5~0.8 元，处理后的水可以回用。对于浓度很低（<10mg/L）的废水采用水生植物净化的方法也能取得良好的效果。如氰化物进入水葫芦、芦苇等水生植物体内，经过一系列的吸附、代谢、氧化、同化作用，把氰化物转化为氨基酸类物质而解除毒性。目前，生化法只能应用于处理低浓度废水，可承受的处理负荷较小，而且处理设施占地面积大又难以达到排放标准。由于活性炭的富集作用和生物膜的降解作用相结合，活性炭-生物膜法可望成为处理含氰废水方法中较有前途的方法之一。但目前生物活性炭法处理含氰废水的作用机理不十分明确，有待于进一步研究。将来有可能出现价格低廉并能在某种程度上满足水处理要求的再生工艺而使活性炭生物法得到广泛应用。

14.3.3 含镉废水

1. 化学法

（1）化学沉淀法

目前，沉淀法是处理含镉废水的一种主要方法，该法具有工艺简单、操作方便、经济实用的优点，在废水处理中应用广泛。常用的沉淀剂为石灰、硫化物、聚合硫酸铁、碳酸盐，以及由以上几种沉淀剂组成的混合沉淀剂。当向含镉废水中加入以上沉淀剂时，会生成 $Cd(OH)_2$、CdS、$CdCO_3$ 的沉淀物。聚合硫酸铁对镉主要起絮凝共沉作用。一般工业废水中污染物成分比较复杂，当加入沉淀剂后，有些离子会影响镉离子的沉淀，有的阴离子会与镉离子形成络合离子，令镉离子很难除去。废水的 pH 对沉淀效果有很大影响，如废水中的镉、砷离子都要除去时，pH 的调节非常重要。沉淀法虽能除去废水中的大部分镉离子，但它不能将镉回收利用，沉渣的堆放会造成二次污染，所以这个问题也有待进一步解决。

（2）漂白粉氧化法

漂白粉氧化法适用于处理氰法镀镉工厂中含氰、镉的废水，这种废水的主要成分是 $[Cd(CN)_4]^{2-}$、Cd^{2+} 和 CN^-，这些离子都有很大毒性，用漂白粉氧化法既可除去 Cd^{2+}，同时也可除去 CN^-。废水处理中的主要反应过程为：漂白粉首先水解生成 $Ca(OH)_2$ 和 $HOCl$，OH^- 与 Cd^{2+} 生成 $Cd(OH)_2$ 沉淀，同时漂白粉水解生成 $HOCl$ 具有强氧化性，将 CN^- 氧化生成 CO_3^{2-} 和 N_2，促进 $[Cd(CN)_4]^{2-}$ 的离解，最后 CO_3^{2-} 与 Ca^{2+} 在碱性条件下生成 $CaCO_3$ 沉淀。

（3）铁氧体法

向含镉废水中投加硫酸亚铁，用氢氧化钠调节 pH 至 9~10，加热，并通入压缩空气进行氧化，即可形成铁氧体晶体并使镉等金属离子进入铁氧体晶格中，过滤便可分离出含镉铁氧体，水可排放或回用，也可利用铁氧体的强磁性特点，用高梯度磁分离技术使固液分离。有研究表明，铁氧体法去除废水中镉等多种金属离子是可行的。工艺条件为：硫酸亚铁投加含量为150～200mg/L，pH为9～10，反应温度为50～70℃，通入压缩空气氧化时间20min左右，澄清时间30min，在此条件下镉的去除率可达99.2%以上，出水镉含量小于0.1mg/L。

2. 物理化学法

(1) 吸附法

吸附法是利用多孔性的固体物质，使水中的一种或多种物质被吸附在固体表面而除去的方法。可用于处理含镉废水的吸附剂有：活性炭、风化煤、磺化煤、高炉矿渣、沸石、壳聚糖、羧甲基壳聚糖、硅藻土、改良纤维、活性氧化铝、蛋壳等。这些吸附剂处理含镉废水的机理不尽相同，有的物理吸附占主导，有的化学吸附占主导，有的吸附剂既起吸附作用，又起絮凝作用，从其对镉的去除率来看，均有良好效果。从经济上考虑，应尽量开发低廉而又高效的吸附剂，如风化煤、磺化煤、高炉矿渣、沸石、蛋壳等。吸附法处理含镉废水的控制条件比较多，如吸附剂的粒度、吸附剂的添加量、废水的成分、废水的含镉浓度、pH、吸附时间等，这些都会增加实际操作的难度。

(2) 离子交换法

废水中的镉以 Cd^{2+} 形式存在时，用酸性阳离子交换树脂处理，饱和树脂用盐酸或硫酸钠的混合液再生。加入无机碱或硫化物到再生流出液中，生成镉化合物沉淀而回收镉。以各种络合阴离子形式存在的镉，选择阴离子交换树脂处理。治理含镉废水的其他离子交换材料有：腐殖酸树脂、螯合树脂等。有研究表明，用不溶性淀粉黄原酸酯作离子交换剂，除镉率大于99.8%。用这种方法处理含镉废水，净化程度高，可以回收镉，无二次污染，但成本较高。

(3) 膜分离法

电渗析是膜分离技术的一种，它是在直流电场作用下，以电位差为推动力，利用离子交换膜的选择性，把电解质从溶液中分离出来，从而实现溶液的淡化、浓缩、精制或纯化的目的。镀镉漂洗水经电渗析处理后，浓缩液可返回电镀槽再用，脱盐水可以再用作漂洗水，这样既可回收镉盐，又可减少废水排放。处理含镉废水的其他膜技术还有：反渗透法、液膜法、微滤、超滤等。膜分离法处理含镉废水具有污染物去除率高，能回收废水中的镉盐，工艺简单的优点，但膜在处理废水时的选择性比较高，不同的废水必须研究与之相匹配的膜，废水的成分也必须比较稳定才行，膜组件的设计也是一个难题，膜法处理废水的投资也比较高，这些都影响了膜法的应用。

(4) 电解气浮法

将废水调至中性（pH＝7～9）后进入铝阳极电解槽，在直流电的作用下，从阳极溶出的铝成为氢氧化铝；在阴极附近的重金属镉与氢氧根结合生成氢氧化物，吸附在阴极产生的氢气上，因而很容易上浮。为加速上浮，可采用溶气气浮工艺进行再处理。上浮的污泥用刮泥机去除，处理后的水可达到排放标准。

电解气浮法处理含镉废水的工艺流程见图14-2。

(5) 化学破氰-反渗透组合处理

反渗透法虽可直接处理酸性硫酸镉漂洗水，将其浓缩到槽液浓度。但在处理氰化镀镉

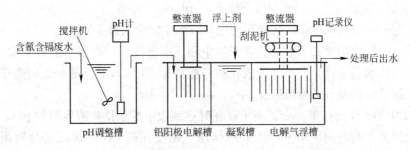

图 14-2 电解气浮法处理含镉废水工艺流程

废水时，必须辅以其他治理方法。化学破氰-反渗透组合处理技术是先将废水调至碱性（pH 约为 $10 \sim 11$），加入过量 $30\% \sim 50\%$ 的 H_2O_2，进行化学破氰，其反应式为：

$$[Cd(CN)_4]^{2-} + 4H_2O_2 + 4OH^- = CdCO_3\downarrow + 3CO_3^{2-} + 4NH_3\uparrow$$

以碳酸镉的形式回收镉，破氰后废水镉浓度为 $15 \sim 2mg/L$。再用 JFA-Ⅰ 型反渗透器二次脱 Cd^{2+}（或用腐殖酸离子交换法），镉浓度降至 $0.5 \sim 0.1mg/L$，可返回漂洗槽回用。$CdCO_3$ 可直接溶解配液槽回用或灼烧回收 CdO。

3. 生物法

利用生物法处理重金属废水的研究是 20 世纪 70 年代才开始的，到了 20 世纪 80 年代，此法开始应用于实际废水的处理，但应用并不广泛，因为工艺中有许多问题有待解决。目前国外已有人研究用海藻、淡水藻、细菌、真菌等生物吸附剂来处理含镉废水，均取得了较好的试验效果，实际生产有待进一步研究。生物吸附剂吸附重金属离子的吸附机理包括络合、螯合、离子交换、转化、吸收和无机微沉淀等。利用微生物吸附重金属具有许多优点，在低浓度下，金属可以被选择性去除，对钙、镁离子吸附量少，处理效率高，pH 和温度条件范围宽，投资少，运行费低，可有效地回收一些贵重金属。随着研究的深入，利用生物法处理含镉废水将有非常好的前景。

14.3.4 电镀混合废水

随着近年来电镀工业的发展趋向于集约化生产，很少再有单个镀种的车间，基本都是多镀种的电镀车间或专业电镀厂。这些车间或电镀厂除对贵金属设单个回收工艺外，其余重金属一般不设单个处理工艺。近年来研究和发展较快而且又比较成熟的工艺是对电镀废水进行综合处理，采用的工艺包括中和沉淀法、电解气浮法、化学处理闭路循环法、铁屑内电解法和离子交换法等。

1. 中和沉淀法

传统的中和沉淀法是向废水中投加碱性物质，使重金属离子转变为金属氢氧化物沉淀除去。设 M^{n+} 为重金属离子，则它与碱反应生成金属氢氧化物 $M(OH)_n$，其反应式为：

$$M^{n+} + OH^- \longrightarrow M(OH)_n$$

金属氢氧化物的溶度积 K_s 为：

$$K_s = [M^{n+}][OH^-]^n$$

$$[M^{n+}] = K_s/[OH^-]^n \tag{14-1}$$

水的离子积常数 $K_w = [H^+][OH^-]$，即 $[OH^-] = K_w/[H^+]$，代入式（14-1）并取对数，则有：

$$\lg[M^{n+}]=\lg K_s-n\lg K_w-npH$$

式中　$[M^{n+}]$——与氢氧化物沉淀共存的饱和溶液中的金属离子浓度。

由于 K_w、K_s 均为常数，重金属离子经中和反应沉淀后，在水中的剩余浓度仅与 pH 有关，据此可以求得某种金属离子溶液在达到排放标准时的 pH。部分金属离子的氢氧化物溶度积、排放标准及 pH 参数见表 14-1。

表 14-1 中的 pH 是指单一金属离子存在时达到表中所示排放浓度时的 pH。当废水中含有多种金属离子时，由于中和产生共沉作用，某些在高 pH 下沉淀的金属离子被在低 pH 下生成的金属氢氧化物吸附而共沉，因而也可能在较低 pH 条件下达到最低浓度。

部分金属离子浓度与 pH 的关系　　　　　　　　　　　　　　表 14-1

金属离子	金属氢氧化物	溶度积 K_s	排放标准（mg/L）	参考 pH
Cd^{2+}	$Cd(OH)_2$	2.5×10^{-14}	0.1	10.2
Co^{2+}	$Co(OH)_2$	2.0×10^{-16}	1.0	8.5
Cr^{3+}	$Cr(OH)_3$	1.0×10^{-30}	0.5	5.7
Cu^{2+}	$Cu(OH)_2$	5.6×10^{-20}	1.0	6.8
Pb^{2+}	$Pb(OH)_2$	2×10^{-16}	1.0	8.9
Zn^{2+}	$Zn(OH)_2$	5×10^{-17}	5.0	7.9
Mn^{2+}	$Mn(OH)_2$	4×10^{-14}	10.0	9.2
Ni^{2+}	$Ni(OH)_2$	2×10^{-16}	0.1	9.0

常用的中和剂有石灰、石灰石、电石渣、碳酸钠、氢氧化钠等，其中以石灰应用最广。石灰可同时起到中和与混凝的作用，其价格比较便宜、来源广、处理效果较好，几乎可以使除汞以外的所有重金属离子共沉除去，因此，它是国内外处理重金属废水的主要中和剂。美国在 1980 年评选重金属废水处理方法中，首先推荐的就是石灰中和法。石灰石价格便宜，具有中和生成的沉淀物沉淀性能好、污泥脱水性好等优点，但其中和能力弱，pH 不易提高到 6 以上，不适用于某些需在高 pH 条件下才能完成沉淀的重金属离子（如镉）的去除，只能作为前段中和剂，用于除铁、铝等离子。在某些情况下，如水量小、希望减少泥渣量时，也可考虑采用氢氧化钠作中和剂，但是它的价格较高，国内采用的不多。

采用中和法的关键是要控制合适的 pH。要根据处理水质和需要除去的重金属种类，选择合适的中和沉淀工艺，一般有一次中和沉淀法和分段中和沉淀法两种。一次中和沉淀法是指一次投加碱剂提高 pH，使各种金属离子共同沉淀，其工艺流程简单、操作方便，但沉淀物含有多种金属，不利于金属回收。分段中和法是根据不同金属氢氧化物在不同 pH 下沉淀的特性分段投加碱剂，控制不同的 pH，使各种重金属分别沉淀。此法工艺较复杂，pH 控制要求较严，但有利于分别回收不同的金属。用仪表分段自动控制 pH 的工艺已有报道，用户可以根据废水情况参考选用。

采用将部分石灰中和沉渣返回反应池的碱渣回流法，可比采用传统石灰中和法节约石灰用量 10%～30%，而且中和沉渣体积减小，其脱水性能也得到改善。

2. 电解气浮法

电解气浮法是将电解反应、絮凝沉淀以及气浮法结合起来的一种新方法。在电解过程中，废水中的金属离子随可溶性阳极（铝或铝合金）的剥离生成胶状氢氧化物，并借助于电解时产生的氢气和氧气泡浮升到液面，经刮除予以分离。

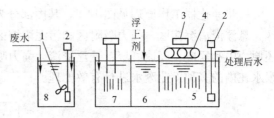

图 14-3　MEF 式废水处理流程

1—搅拌机；2—pH 计；3—整流器；4—刮泥机；
5—电解气浮槽；6—凝聚槽；
7—电解槽；8—pH 调整槽

采用电解气浮法能同时去除多种金属离子，具有净化效果好、泥渣量少、占地面积小、噪声小等优点，但电耗较大。

采用 MEF 式电解槽（见图 14-3）处理含镉、铜、铬废水，效果良好，处理效果见表 14-2。

MEF 式电解气浮处理效果　　　　　　　　　　　　　　　表 14-2

废水种类	金属元素	处理前浓度（mg/L）	处理后浓度（mg/L）
电镀废水（1）	Fe	242	1
	Cu	610	4
	Zn	393	6
	Cr	157	0.5
电镀废水（2）	Zn	82	3
	Cu	59	2
	Fe	38	2
	Ni	71	3
镀镉废水	Cd	315	2
	Cr	590	0.5

3. 化学处理闭路循环法

（1）氧化-还原-中和沉淀处理

混合电镀废水可在同一装置内完成"六价铬还原为三价铬-酸碱中和-重金属氢氧化物沉淀-清水回用或排放-污泥过滤干化"或"氰氧化-酸碱中和-重金属氢氧化物沉淀-清水排放或回用-污泥过滤干化"等过程。技术指标：Cr^{6+} 去除率为 99.99%，Zn^{2+} 去除率为 99.99%，CN^- 去除率为 99.0%。用该方法处理电镀混合废水可以一次去除氰、铬、酸、碱及其他重金属离子，适合于大、中、小型电镀企业和电镀车间。

（2）电镀混合废水一步净化器

根据氧化-还原-中和高效絮凝沉淀处理电镀混合废水的原理，近几年研究开发出新的处理装置——工业废水一步净化器，工艺流程详见图 14-4。

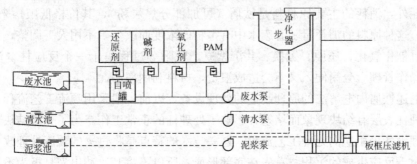

图 14-4　一步净化器废水处理流程

一步净化器工作原理见图 14-5，其内部分为 5 个区：高速涡流反应区、渐变缓冲反应区、悬浮澄清沉淀区、强力吸附区和污泥浓缩区。这 5 个区分别具有下述 5 种功能：氧化还原、中和反应、高速凝聚、悬浮澄清、强力吸附和污泥浓缩作用，因而可以对包括电镀废水在内的多种工业废水进行有效处理。

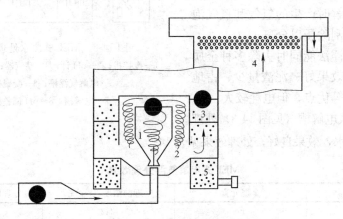

图 14-5　一步净化器结构原理图

1—高速涡流反应区；2—渐变缓冲反应区；3—悬浮澄清沉淀区；

4—强力吸附区；5—污泥浓缩区

4. 铁屑内电解法

(1) 还原阶段

电镀废水在 pH＝4～5 时，通过铸铁屑发生原电池反应，此时铸铁屑中含游离碳的部位作原电池的正极，发生还原反应：$2H^+ + 2e = H_2$；含铁部位则为负极，发生氧化反应：$Fe - 2e = Fe^{2+}$。生成的 Fe^{2+} 可将废水中的 Cr^{6+} 还原为 Cr^{3+}：

$$Cr_2O_7^{2-} + 6Fe^{2+} + 14H^+ = 2Cr^{3+} + 6Fe^{3+} + 7H_2O$$

$$CrO_4^{2-} + 3Fe^{2+} + 8H^+ = Cr^{3+} + 3Fe^{3+} + 4H_2O$$

(2) 沉降阶段

用 10%～20% 的 NaOH 调废水的 pH 为 7.5～8.5，使各金属离子均生成氢氧化物沉淀，如 $Cr(OH)_3$、$Fe(OH)_3$、$Zn(OH)_2$、$Cu(OH)_2$、$Ni(OH)_2$ 等。

铁屑内电解法处理混合电镀废水的主要特点是：工艺流程简单，对几种废水可以不分流，直接处理综合性电镀废水，并一次处理达标；处理后的废水中的各种金属离子浓度不但远远低于国家排放标准，并且还有一定脱盐效果和去除 COD 的能力；运行费用低，因为除了电耗外，消耗的主要原材料是铁屑（可加部分焦炭粉），其价格低廉，来源广泛。不仅如此，这种原料的消耗量随着废水中有害物的浓度而改变，不用人工调整，它会自动调节，而且催化氧化、还原、置换、共沉絮凝、吸附等过程集于一个反应柱（池）内进行，因此操作管理十分简便，又不会造成浪费，材料利用率高。

根据上述铁屑内电解法的原理制造的处理设备，以前一般采用顺流工艺流程，工作过程中因处理柱表层有结块现象而堵塞，影响了处理柱的正常工作。为了克服结块现象，新一代的处理设备采用逆向处理工艺流程。这一技术的特点是将过去的顺流处理改为了逆向处理，但由于反应生成的沉积物首先在底部形成，所以不将其反冲出来是极为不利的，因此该装置在改进的处理过程中采用了压缩空气间歇脉冲式反冲的办法，处理流程如图 14-6 所示。

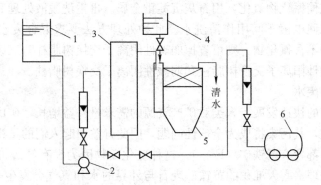

图 14-6　铁屑内电解法逆向处理工艺流程

1—废水池；2—磁力泵；3—处理柱；4—碱槽；5—沉淀槽；6—空气压缩机

废水泵入装有活化铁屑的处理柱，废水在逆向流动过程中，发生一系列反应，将废水中各种重金属离子除去，废水再经沉淀或其他脱水设备进行渣水分离，清水排放或回用。

在处理过程中自动通气反冲，使反应生成的沉积物能及时有效地被冲走，消除了产生铁屑结块的因素和隐患。不仅如此，由于铁屑表面沉积物随时被冲走，使表面与废水保持良好接触，极大地改善了电极反应。所以改进以后的处理效果更加理想，使用该装置的厂（车间）到目前为止，都没有发现排水超标现象和铁屑结块问题。

5. 三床离子交换法

对于含有 Cu、Cd、Ni、Zn 等金属离子和 CN^- 的混合废水（不含 Cr^{6+}），可采用三床离子交换树脂处理，工艺流程见图 14-7。

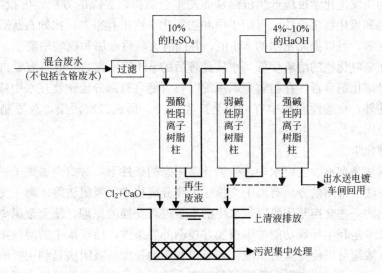

图 14-7　三床离子交换树脂法处理金属混合废水

废水依次通过离子交换柱时，强酸性阳离子交换树脂柱吸附各种金属离子，用酸再生；弱碱性阴离子交换树脂柱吸附各种络合阴离子，用碱再生；强碱性阴离子交换树脂柱吸附游离氰根和其他阴离子，用碱再生。阳离子交换树脂柱与阴离子交换树脂柱的洗脱液进行中和，再用氯使氰化物氧化，用石灰沉淀重金属。再生洗脱液处理后排放，经离子交换法处理后的出水回电镀车间用作清洗水。此种处理方法要求混合废水中不包括含铬废水。若混合废水中不含氰化物，则可省掉弱碱性阴离子交换树脂柱，三床法即可改为两床法，即只保留强酸性阳离子交换树脂柱和弱碱性阴离子交换树脂柱。

14.3.5 酸性矿山废水

随着社会经济的快速发展，人类对矿产资源的需求量日益增长，矿山废水产生的环境问题将会更加严重，其污染将成为全球性问题，因此日益引起人们的重视。大多数金属矿床和非金属矿床中都含有黄铁矿（FeS_2）。这种硫化矿物因为没有经济价值，在选矿过程中经常作为废石处理。露天堆积的黄铁矿废石与外界的水和氧气会发生一系列化学反应。酸性矿山废水（AMD）是由于尾矿中的硫化矿经过一系列化学和生物氧化作用，使得污染物进入水体中而形成的。许多学者对黄铁矿的氧化机理都进行了研究，目前普遍认为黄铁矿的氧化过程主要包括以下 4 个反应：

$$2FeS_2 + 7O_2 + 2H_2O \rightarrow 2Fe^{2+} + 4SO_4^{2-} + 4H^+$$

$$4Fe^{2+} + O_2 + 4H^+ \rightarrow 4Fe^{3+} + 2H_2O$$

$$Fe^{3+} + 3H_2O \rightarrow Fe(OH)_3 + 3H^+$$

$$FeS_2 + 14Fe^{3+} + 8H_2O \rightarrow 15Fe^{2+} + 2SO_4^{2-} + 16H^+$$

酸性矿山废水的处理方法包括化学法、物理化学法、微生物法及湿地法等，现分述如下。

1. 传统方法

（1）化学法

化学法是向废水中投加化学物质，提高水的 pH 值，使水中的金属离子和硫酸根离子与所投加的物质发生化学反应产生沉淀从而使重金属得以去除的方法。因投加药剂不同，可分为中和法和硫化物沉淀法。可用于中和法的化学物质有很多，比如石灰石、苏打、氢氧化钠、飞灰等，可以提高出水的 pH 值，并同时去除重金属和硫酸根离子。重金属硫化物的溶解度比氢氧化物的溶解度低，水质处理后的 pH 值不高，一般不需要再用酸进行中和处理。但是硫化剂有毒，在与重金属沉淀时，可能会有部分硫化物在水中残留而对水体造成污染。此外，在酸性废水中有可能会产生 H_2S，形成二次污染，故限制了硫化物沉淀法的广泛应用。

（2）物理化学法

物理化学法是在不改变废水中污染物化学形态的条件下，对重金属离子进行浓缩、吸附、分离的方法。常用的方法有离子交换法、膜分离技术、吸附法等。离子交换法是利用离子交换剂上的一些交换基团可以与水中的离子进行交换的原理，使重金属离子从水中去除。膜分离技术是利用特殊功能的半透膜并控制外界条件，使废水中的溶解物和水分离浓缩，经过多次浓缩可以使得重金属浓缩到可以利用的程度。吸附法是利用吸附剂吸附废水中的重金属离子。吸附剂与吸附质之间的作用力除了分子之间的范德华力以外还有化学键力和静电引力，根据固体表面吸附力的不同可以相应分为物理吸附、化学吸附和离子交换吸附等。

(3) 微生物法

微生物技术由于其环境友好、适用性强、投资低、污染小等优点，是应用于酸性矿山废水处理最广泛的方法之一。最常见的就是利用硫酸盐还原菌（Sulfate Reducing Bacteria，SRB）异化 SO_4^{2-} 的生物还原反应，将 SO_4^{2-} 还原为 H_2S，释放碱度从而提高废水的 pH 值，并进一步通过生物氧化作用将 H_2S 氧化为单质硫。在 SO_4^{2-} 的还原过程中，废水中的重金属可与 H_2S 形成金属硫化物沉淀物而得到去除。

(4) 人工湿地法

人工湿地一般由人工基质（多为碎石）和生长在其上的水生植物组成，是一种独特的土壤-植物-微生物生态系统。湿地法处理酸性矿山废水的机理简单说来就是利用湿地中的土壤过滤废水，酸性矿山污水在人工湿地的土壤（填料）中可以发生各种化学反应，同时植物对污染物吸附修复和湿地中微生物的氧化还原也加强了湿地法处理矿山废水的效果。

2. 处理技术新进展

(1) 电化学技术

电化学技术应用于防腐蚀方面已十分普遍，但用于酸性废水的研究还比较少。Shelp 等利用电化学技术控制酸性废水的研究，将含铁构造中的硫化物作为化学电池的阴极，以插入酸性废水中的废钢铁作为电池阳极，以地下水构成电池回路。模拟试验表明，随着 pH 值的升高，溶液中的金属离子的浓度大大降低。Shelp 等还用 Al 和 Zn 作为消耗阳极，在硫化物、水、细菌之间形成还原环境，通过将 H^+ 转化成 H_2 来提高酸性废水的 pH 值。尽管这种电化学处理技术还有待于进一步完善，但有较好的前景。

(2) 微生物燃料电池技术

Cheng 等利用生物燃料电池处理模拟酸性废水，结果表明矿山废水-微生物燃料电池库仑效率超过了 97%，废水中的 Fe^{2+} 可以被氧化成 Fe^{3+} 完全沉淀在阳极上而从水中去除。但是微生物电池处理废水的研究还是只处于实验研究阶段，其产电效率还有待提高，处理真正酸性废水的大规模实验还有待研究。

(3) 源头治理技术

从酸性矿山废水的产生机理来看，防止氧气与硫铁矿的接触，控制 pH 值以及利用抑制剂杀死促进硫铁矿氧化的微生物，可以很好治理酸性矿山废水。对于酸性矿山废水的源头治理方法有：尾矿的水下存储、地表废石堆的封闭、尾矿的固化、保护膜技术等。其中保护膜技术是应用比较多的方法。Bulusu 等采用煤燃烧中产生的碱性副产物在黄铁矿表面形成一层保护层，用滤柱实验验证了其有效性。磷酸盐和硅也被认为是适合隔离黄铁矿和外界空气和水分的材料。

14.4 工程实例

14.4.1 西安某大型军工厂电镀废水处理工程

1. 工程概况

西安某大型军工厂内设有电镀车间，主要镀种有镀铜、镀铬、镀镍、镀金和镀银等。电镀过程中产生含氰废水、含铬废水和酸碱重金属废水。其中含铬废水来自镀铬、钝化等工序清洗水，排放量为 7t/h，主要污染物为 Cr^{6+}，浓度为 10~40mg/L，pH 为 4~6；含氰废水来自氰化镀银、氰化镀铜等镀后清洗工序，排放量为 4t/h，主要污染物为 CN⁻，浓度为 20~30mg/L，pH 为 7~9；酸碱重金属废水来自生产线的镀件酸碱前处理、清洗工序及生产线电镀后清洗工序的跑、冒、滴、漏及清槽排水，主要污染物为酸、碱、金属离子及悬浮有机物和油等，排放量为 20t/h，主要成分浓度分别为：Cu^{2+} 为 10~20mg/L，Zn^{2+} 为 10~20mg/L，Ni^{2+} 为 10~20mg/L，pH 为 3~6。该厂电镀车间一侧有一座废水处理车间，长 16.90m，宽 5.50m，上下两层，有一座 15m³ 的酸碱废水池、两座 18m³ 含铬废水池、一座 24m³ 的含氰废水池。因废水处理设备落后，加上年久失修而停运多年，现已报废。近年来，随着电镀车间的扩建、生产废水量的增大以及国家对环保的重视，有必要对电镀废水中有毒、有害污染物加以控制，保护环境。因此，对电镀废水处理车间进行全面改造势在必行。

设计废水进水水质：含铬废水中 Cr^{6+} 浓度为 30mg/L，pH 为 4；含氰废水中 CN⁻ 浓度为 30mg/L，pH 值为 9；酸碱重金属废水中 Cu^{2+} 浓度为 20mg/L，Zn^{2+} 浓度为 20mg/L，Ni^{2+} 浓度为 20mg/L，pH 为 3。处理后出水满足《综合污水排放标准》GB 8978—1996 第一、二类污染物最高允许排放浓度要求。

2. 工艺流程

用化学还原法处理含铬废水，以碱性氯化法处理含氰废水，以碱性沉淀法处理酸碱重金属废水。含铬、含氰废水分别自流进入含铬、含氰废水调节池，调节水量均衡水质后，分别用提升泵提升送入还原反应器和破氰反应器中，处理后的水都排入混合废水调节池中与酸碱重金属废水混合。将混合废水提升送至碱化反应器，后流至絮凝反应器进行絮凝反应，反应完后排至沉淀器（斜管沉淀池）中沉淀，沉淀池出水进入高效过滤器过滤，过滤器出水用 H_2SO_4 调节至 pH<9 后排放。沉泥经污泥提升泵送入板框压滤机脱水，滤饼外运，滤液返回混合废水调节池，工艺流程见图 14-8。

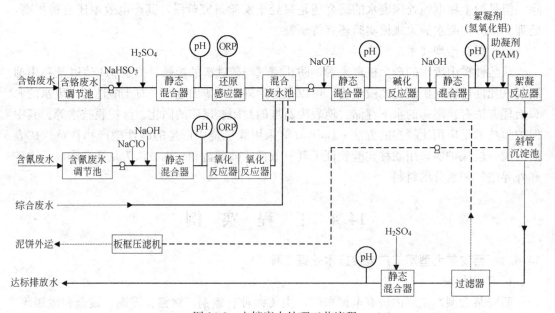

图 14-8　电镀废水处理工艺流程

各部分反应机理及控制参数如下：

(1) 含铬废水进入含铬废水调节池，然后送至还原反应器中，先加 H_2SO_4 调 pH 至 2～3，再加 $NaHSO_3$ 还原剂将 Cr^{6+} 还原成 Cr^{3+}，最后加 NaOH 调整 pH 至 8～9 使之形成沉淀。化学反应式为：

$$2H_2Cr_2O_7 + 3H_2SO_4 + 6NaHSO_3 = 2Cr_2(SO_4)_3 + 3Na_2SO_4 + 8H_2O$$
$$Cr_2(SO_4)_3 + 6NaOH = 2Cr(OH)_3\downarrow + 3Na_2SO_4$$

(2) 含氰废水进入含氰废水调节池，均衡水质后，先加 NaOH 将 pH 调至 10～11.5，再加 NaClO 将 CN^- 氧化生成碳酸盐和氮气。化学反应式为：

1) 一级氧化反应（局部氧化）：$CN^- + ClO^- + H_2O \longrightarrow CNCl + 2OH^-$；$CNCl + 2OH^- \longrightarrow CNO^- + Cl^- + H_2O$（反应条件：pH=10.0～11.5；ORP=300～350mV）；

2) 二级氧化反应（氰酸盐 CNO^- 完全氧化）：$2CNO^- + 3ClO^- + H_2O \longrightarrow 2CO_2\uparrow + N_2\uparrow + 3Cl^- + 2OH^-$（反应条件：pH=8.0～8.5；ORP=650mV）。

(3) 酸碱重金属废水（含预处理后的含氰废水及含铬废水）采用碱性沉淀法，先加 NaOH 将 pH 调至 8.5～9.5，反应 10min，沉淀 30min，生成重金属的氢氧化物沉淀，在沉淀后的出水中加 H_2SO_4 调 pH 至排放要求。化学反应式为：

$Cu^{2+} + 2OH^- = Cu(OH)_2\downarrow$；$Ni^{2+} + 2OH^- = Ni(OH)_2\downarrow$；$Zn^{2+} + 2OH^- = Zn(OH)_2\downarrow$

3. 工程特点

(1) 该工艺设计综合考虑了含氰、含铬废水、酸碱重金属废水的性质，简化了处理工艺，整个处理过程所用设备较少、造价低。

(2) 在设计过程中，将氧化反应器和还原反应器合建，将碱化反应器、絮凝反应器和沉淀反应器合建，使整个处理工艺更加紧凑，施工及操作管理方便，占地面积小。

(3) 充分利用原有的含铬、含氰废水池，可以节省土建投资。

(4) 混合废水调节池置于还原反应器和氧化反应器之后，对 Cr^{6+}，CN^- 去除效果好，避免了含铬、含氰废水先混合再进行处理。

(5) 采用 pH/ORP 在线监测，实现自动控制，确保处理系统运行稳定高效。

(6) 工艺采用的是传统的化学法，技术成熟、操作简单、效果稳定可靠，能承受高负荷的冲击。

4. 工程投资及运行效果

该工程投资 87.86×10^4 元，包括土建工程、设备及材料购置、软件购置及调试、设备安装调试费和工程设计费。废水处理成本为 0.38 元/t 水，一次投资和运行费用较低。根据现场调试，处理后出水中 Cr^{6+}，Ni^{2+} 浓度分别为 0.41mg/L 和 0.60mg/L，CN^-，Cu^{2+}，Zn^{2+} 浓度分别为 0.35mg/L，0.44mg/L，1.00mg/L，可达到 GB 8978—1996 中第一类和第二类污染物的排放要求。

14.4.2 某公司电镀废水处理工程

1. 工程概况

某公司是主要从事线路板制品电镀加工的企业，年加工规模 30 万 m^3，电镀过程中产生含镍废水、含氰废水、含铅锡废水、脱脂废水、含酸废水和后处理废水，其中含镍废水 $25.6m^3/h$，含氰废水 $7.4m^3/h$，含铅锡废水 $15.2m^3/h$，脱脂废水 $20m^3/h$，含酸废水 $13m^3/h$，后处理废水 $19.5m^3/h$，连续作业，每天 24h 运转，累计废水排放量 $2426m^3/d$。

现场水质监测分析情况如下：含镍废水：pH 值 3～6，Ni^{2+} 20～45mg/L，Ag 10mg/L；含氰废水 pH 值 7～9，CN^- 20mg/L，Cu^{2+} 40mg/L；含铅锡废水：Pb^{2+} 20～100mg/L，pH 值 2～4，Sn^{2+} 20～100mg/L；脱脂废水：SS 300～800mg/L，COD_{Cr} 2500mg/L，NH_3-N 150mg/L，石油类 500mg/L；含酸废水：pH<3。根据地方污染物排放要求，外排废水中污染物须达到《污水综合排放标准》GB 8978—1996 标准。

2. 工艺流程

废水采用化学处理法，含氰废水、含镍废水、含铅锡废水分质预处理，然后与脱脂废水、酸性废水一同进行综合处理。对混合废水可先用化学法处理，将废水中有害金属离子转化为金属氢氧化物，然后再用沉淀、过滤等固液分离措施将金属氢氧化物从废水中分离，使废水符合排放标准。废水处理工艺流程如图 14-9 所示。

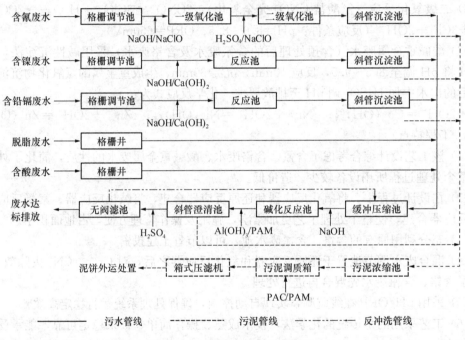

图 14-9　电镀废水处理工艺流程

3. 运行效果

该工程于 2006 年 3 月竣工并进行调试，2006 年 9 月正式投产运行。根据现场调试的检测结果，经过本工艺处理后，各种污染物质均能达到良好的去除效果，处理后出水水质全部达标，具体数据见表 14-3。

出水水质检测结果　　　　　　　　　　　表 14-3

指标	出水水质	排放标准	备注
总镍（mg/L）	0.8	≤1.0	第一类污染物
总银（mg/L）	0.3	≤0.5	第一类污染物
总铅（mg/L）	0.5	≤1.0	第一类污染物
pH 值	8～9	6～9	第二类污染物
总铜（mg/L）	0.4	≤0.5	第二类污染物

指标	出水水质	排放标准	备注
总氰化物（mg/L）	0.4	≤0.5	第二类污染物
石油类（mg/L）	2	≤5	第二类污染物
SS（mg/L）	35	≤70	第二类污染物
COD$_{Cr}$（mg/L）	78	≤100	第二类污染物
氨氮（mg/L）	11	≤15	第二类污染物

4. 工程小结

线路板电镀废水含有较高浓度的重金属污染物质，根据水质情况应先进行分质处理，然后进行综合处理。含氰废水采用二级氧化法处理，含镍废水和含铅锡废水采用化学沉淀法处理，然后将两种废水与脱脂废水和酸性废水综合处理的方法是可行的，处理以后出水可以满足《污水综合排放标准》第一类污染物最高允许排放标准要求。

14.4.3 矿山重金属酸性废水处理工程

1. 工程概况

张家界鑫源矿业有限公司主要生产硫酸镍、氧化钼等有色金属产品，所属尾矿场废水需要进行处理后排放。废水处理工程的设计规模为 240m³/d，设计进、出水水质见表 14-4。处理后出水水质要求达到国家标准《污水综合排放标准》GB 8978—1996 一级排放标准。

酸性矿山废水设计进、出水水质　　　　　　　　　　　　　　表 14-4

项目	pH 值	SS (mg/L)	COD (mg/L)	氨氮 (mg/L)	总镍 (mg/L)	总砷 (mg/L)
进水	3～5	≤300	≤90	≤200	≤300	≤18
出水	6～9	≤70	≤100	≤15	≤1.0	≤0.5

根据有关监测数据，该尾矿场废水呈酸性，贫营养，含有一定悬浮物，总镍、总砷严重超标，且氨氮偏高。针对氨氮废水的处理工艺有很多，例如 MAP 法（磷酸铵镁沉淀法）、空气吹脱法、选择性离子交换法、折点氯化法、二级反渗透法、UV-Fenton 法、各种生物处理技术等。最常用的含镍废水的处理方法是化学沉淀法以及离子交换法等。离子交换法通常用于镍回收，小型废水处理工程往往采用化学混凝沉淀法处理，该方法简单，设备投资少。化学混凝沉淀法的缺陷是，在实际含镍废水处理中其沉降速度比较慢。研究表明，在 pH 值 2～8 范围内，投加量为 0.5～1.5g/L 时，氢氧化镁能化学吸附废水中的镍，大大提高镍的去除效率。含砷废水处理通常采用化学沉淀法，常用的有石灰法、石灰一铁盐法、硫化法、软锰矿法等。针对该尾矿场废水的水质特点，设计的处理流程主要采用物化法工艺。

2. 工艺流程

公司原设有废水调节池，来自废水收集管道的酸性废水，经过格栅去除漂浮物后进入调节池调节水质水量，然后进入一次反应池。

一次反应池依次投加石灰和溶解性镁盐、磷酸盐，调节 pH 值在 8.5 以上，进行两段反应，去除氨氮、镍和部分砷。一次反应池出水自流入一次沉淀池，在絮凝剂 PAM 的吸附架桥作用下，进行沉淀分离，将废水中的不溶性盐分沉淀去除。

一次沉淀池出水自流入二次反应池，在此投加石灰和硫酸亚铁，调节 pH 值为 9～11，去除废水中剩余的镍、砷和可能投加过量的镁盐和磷酸盐。

二次反应池出水自流入二次沉淀池，在絮凝剂 PAM 的吸附架桥作用下，进行沉淀分离，将废水中的不溶性盐分沉淀去除。

二次沉淀池出水自流入中和池，经加酸回调 pH 值后，再经过滤池去除剩余悬浮物，自流入清水池，达标排放，或者回用于石灰乳制备。

系统中产生的污泥汇入污泥浓缩池，经浓缩压滤后外运处理。工艺流程如图 14-10 所示。

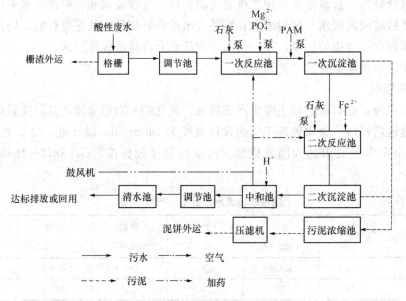

图 14-10　尾矿场废水处理工艺流程

3. 运行效果

该工程投资 44.71 万元（不含桩基），废水处理水量 200m³/d，运行费用 4.31 元/t。耗电量 1.05 度/t，占地面积 108m²。工程于 2007 年 10 月底开始施工，同年 12 月底投入使用，实际运行效果良好，各项控制指标监测结果：氨氮 10mg/L、总磷 0.35mg/L、总镍 0.69mg/L、总砷 0.27mg/L。

本章参考文献

[1]　张嫦，吴立考，高维宝，等. 工业废水中重金属离子的处理方法研究[J]. 能源环境保护，2003，17(5)：25～27.

[2]　杨彤. 化学法处理重金属离子废水的改进[J]. 环境与开发，1999，21(5)：38～40.

[3]　吕福荣. 硫酸亚铁-硼泥处理电镀废水中铬(IV)的研究[J]. 环境与开发，2000，15(1)：27～28转 32.

[4]　张琦. 利用双氧水处理镀铬液中三价铬离子的研究[J]. 电镀与环保，2000，20(4)：5～7.

[5]　杨虹伟. 含有重金属废水的微生物处理方法[J]. 科协论坛，2009：126.

[6]　刘有才，钟宏，刘洪萍. 重金属废水处理技术研究现状与发展趋势[J]. 广东化工，2005：36～39.

[7]　黄宇广，李澍，牛涛涛，等．高浓度机械加工废水处理工程[J]．给水排水，2010，36(3)：62～63.

[8]　张少峰，胡熙恩．含铅废水处理技术及其展望[J]．环境污染治理技术与设备，2003，4(11)：68～71.

[9]　蒋克彬，张小海，蔡冉．含铅废水工程治理技术综述[J]．科技情报开发与经济，2008，18(14)：118～12.

[10]　陈丽春，龚起．电池生产含铅废水处理技术研究[J]．环境科学与管理．2009，34(1)：101～103.

[11]　杨向阳．电镀重金属废水治理技术综述[J]．环境科学，2009，14：128.

[12]　张秋玲，曲永杰．含重金属废水处理技术[J]．环境保护与循环经济，2008：30～33.

[13]　马静．天然植物材料作为吸附剂处理低浓度重金属废水的研究[D]．长沙：湖南大学，2007，4.

[14]　岳志新．水体重金属去除技术研究-以唐山市开滦矿区南湖为例[D]．南京：南京理工大学，2007，10.

[15]　邹家庆．工业废水处理技术[M]．北京：化学工业出版社，2003.

[16]　卢炯元，王三反．铁氧体法处理含铬废水的研究[J]．兰州交通大学学报，2009，28(3)：155～158.

[17]　潘留明．含铬废水的电化学法处理研究[D]．武汉：武汉科技大学，2005，11.

[18]　闫旭，李亚峰．含铬废水的处理方法[J]．辽宁化工，2010，39(2)：143～146.

[19]　刘俊良，杨全利，刘明德．含铬废水处理技术综述[J]．科技百科·河北科技图苑，1997：13～15.

[20]　杨志洪．老尾矿收金工程含氰尾矿水治理方案的优化确定[J]．黄金，2001，22：45～47.

[21]　李德永．武丽丽．含氰废水的处理方法[J]．山西化工，2005，25(2)：18～21.

[22]　邱廷省，成先雄，郝志伟，等．含镉废水处理技术现状及发展[J]．四川有色金属，2002：38～41.

[23]　孟祥和．重金属废水处理[M]．北京：化学工业出版社，2000.

[24]　熊家晴，李玉梅，杜立群．电镀废水处理工程设计实例[J]．生产在线，2005，38(2)：64～67.

[25]　刘建平，宋述瑞．电镀废水处理工程实例[J]．科技风，2010(3)：209.

[26]　言登高．矿山重金属酸性废水治理工程实例[J]．大众科技，2010(12)：71～73.

[27]　Cheng S A, Dempsey B A, Logan B E. Electricity generation from synthetic acid mine drainage (AMD)waterusing fuel cell technologies[J]. Environmental Science & Technology, 2007, 41: 8149 ～8153.

[28]　Bulusu S, Aydilek A H, Rustagi N. CCB based encapsulation of pyrite for remediation of acid mine-drainage[J]. Journal of Hazardous Materials, 2007, 143: 609～619.

15   集成电路废水处理技术

集成电路工业是有着高洁净度生产环境的知识密集、资金密集的高新技术产业。近年来，集成电路产业的发展十分迅猛，从线宽 $2.0\mu m$，发展到线宽 $0.18\mu m$，甚至到线宽 $0.08\mu m$，加工精度越来越高，集成度越来越大。而且，加工硅片的直径也越来越大，从 6in（150mm）片，8in（200mm）片，到现在的 12in（300mm）片。由于集成电路制作工艺中，50％以上的工序中与水直接接触，80％以上的工序需要进行化学处理，所以，随着集成电路的发展，工艺生产过程消耗的水量增大，排放的化学废物不断增多，集成电路已经成为不可忽视的环境污染危险性较高的行业之一。

15.1   集成电路废水的来源

15.1.1   生产工艺

集成电路是广泛应用于计算机、通信产品和消费性电子的关键部件，主要由逻辑和内存两大类部件组成。前者如微处理器（CPU）等计算机核心部件，后者有随机存取内存（DRAM，SRAM）和各种只读存储器（MROM，EPROM）。集成电路的生产流程包括 3 个主要阶段：植入晶片（Silicon wafer）的制造、集成电路的制造（Manufacture）和集成电路的封装（Package）。下面对集成电路的生产流程做一个概述。

扩散模块：主要由高温氧化/热工艺、离子植入（Implant）、酸槽清洗（Wet bench）3 个单位组成。高温氧化使用炉管（Furnace）于高温环境（>900℃）下通入氧气而产生二氧化硅（SiO_2）薄膜，此种方法产生的二氧化硅薄膜电性及物理性质较佳。离子植入主要是将预植入晶片表面的渗质（例如硼或磷）先离子化，再经由加速器的加速将渗质植入晶片表面形成 P 阱或 N 阱等结构。酸槽清洗主要是将晶片置于酸槽内，借助化学溶液的作用将晶片表面清洗干净。

黄光模块：这个模块是半导体流程中相当重要的一步，凡是预植入渗质区域的界定，各层薄膜图案的形成，均需靠此模块完成。基本上包含光阻覆盖（Resist，Coating）、曝光（Exposure）、显影（Development）3 个步骤。首先在晶片表面覆盖上一层光阻（Resist），当来自光源的光穿过光罩（Mask，一个具有想要显现于晶片上图案的玻璃物）打在光阻上，便会在光阻上进行选择性的感光，将光罩上的图案完整地转移到光阻上（曝光），最后再利用显影液将不要部分的光阻去除，使潜在的图案显现出来，最后经烘烤即完成整个步骤。

蚀刻模块：利用图案光阻作屏幕来做选择性蚀刻，在晶片上形成所要的图案，最后再将光阻去除。蚀刻技术主要有干式蚀刻（Dry Etch）和湿式蚀刻（Wet Etch）两种。前者利用等离子体（Plasma）来进行非等向性薄膜侵蚀，后者则利用溶液的化学反应来进行等向性薄膜侵蚀。

薄膜沉积（PVD，CVD，CMP）模块：薄膜的长成主要有物理性和化学性气体沉积两大类。物理性气体沉积（PVD）利用等离子体内的正离子经电场加速撞击阴极板（靶材），被撞击出来的靶材原子最后传递到阳极板（晶片）并以物理吸附方式沉积在晶片表面；化学性气体沉积（CVD）则是利用化学反应方式将气体反应物生成固体薄膜。化学机械研磨（CMP）是当制程技术小于 $0.35\mu m$ 时因对平坦化要求日益严格，而常被使用的一种平坦化技术，其原理是将晶片置于研磨头（Polish Head）并通入研磨液（Slurry），然后将研磨头于研磨桌（Polish Table）旋转，借着研磨液及机械力的作用将晶片正面凸出的薄膜一步步去除，最后达到全面性平坦化（Global Planarization）的效果。

以 $0.18\mu m$ CMOS 集成电路制造工艺为例，主要制造步骤如图 15-1 所示。

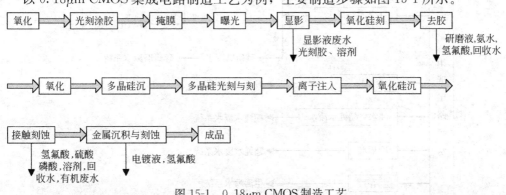

图 15-1　$0.18\mu m$ CMOS 制造工艺

15.1.2　废水来源

集成电路芯片制造生产工艺复杂，包括硅片清洗、化学气相沉积、刻蚀等工序反复交叉，生产中使用了大量的化学试剂如 HF、H_2SO_4、$NH_3 \cdot H_2O$ 等，废水的主要污染物分类和来源情况见表 15-1。

芯片生产废水污染物分类与来源　　　　　　　　　　表 15-1

废水类别	主要工艺来源	主要污染物
含氨废水	清洗、刻蚀、去胶	氨氮、双氧水
含氟废水	清洗、腐蚀、去胶	氟化物、磷酸、氨氮、pH 等
BG/CMP 研磨废水	CMP 过程	SiO_2 粉末
酸碱废水	清洗、光刻、去胶	硫酸、硝酸、少量有机溶剂
有机废水	光刻、均胶	有机物（酚醛树脂等）
废气洗涤塔废水		HF、HCl、硫酸雾、氟、NO_X、氨氮等

15.2　集成电路废水的水量水质特征

15.2.1　水量特征

由于集成电路制造工艺的进步和使用药品的多样化，使废水的组成相当复杂，各厂使用的药品和分类方法不同，废水水量水质也不尽相同。

根据排水性质，可将废水中的主要污染物归纳为三类：第一类为生产工艺过程中的无害排水，如纯水站 RO 浓水、蒸汽冷凝水、冷却水等，对其稍加处理后可以回用；第二类为常规污染物，无明显毒性，有益于生物降解的物质，可作为生物营养素的化合物等，如酸碱废水、TMAH 废水、H₂O₂ 废水等；第三类为含有害污染物如氢氟酸废水等。

集成电路废水的排水系统如图 15-2 所示，以生产工艺系统的排水为主，其他还有排气废水、纯水、超纯水系统的排水等。

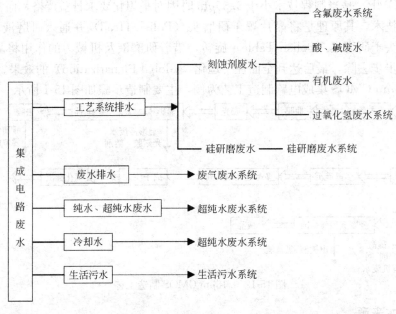

图 15-2　集成电路废水排水系统

集成电路生产废水的排放具有周期性，水量较大。以上海华虹 NEC 为例，自来水用水量为 5500m³/d 时，工业排水量为 2104m³/d。同时，回用水量较大，通常为 70%～80% 的超纯水回收，60% 以上的全厂回收。

15.2.2　水质特征

集成电路废水的主要成分及分类如表 15-2 所示。

集成电路废水的主要成分 　　　　　　　　　　　　　　　　表 15-2

分类	废水种类	成分及浓度
工艺废水	氢氟酸废水（低浓度）	HF、NH₄F、CH₃COOH（几毫克/升～几百毫克/升）
	氢氟酸废水（高浓度）	HF、NH₄F（几克/升～几十克/升）
	酸碱废水（低浓度）	HCl、HNO₃、H₂SO₄、H₄PO₃、CH₃COOH、NH₄OH、H₂O₂（几毫克/升～几百毫克/升）
	酸碱废水（高浓度）	HCl、HNO₃、H₂SO₄、H₄PO₃、CH₃COOH、NH₄OH、H₂O₂（几克/升～几十克/升）
	有机废水	乙醇、显像液（几毫克/升）
	硅研磨废水	硅粉末（几百毫克/升）
纯水制造废水	RO 浓水	原水可溶成分段 3～4 倍浓缩，磷（几毫克/升）
	离子交换再生废水	NaOH、HCl（几克/升）
	RO、UF 反洗废水	甲醛（福尔马林）、活性剂（几克/升）
	配管清洗水	H₂O₂（几十克/升）

分类	废水种类	成分及浓度
排气清洗水	酸类	HF、HCl
	碱类	KOH、NaOCl（As、P、Si、B）
	有机类	乙醇

15.3　集成电路废水的处理与回收技术

15.3.1　集成电路废水处理技术

集成电路废水可主要分为无机（氟系）废水、有机废水和酸碱废水 3 种。

1. 无机（氟系）废水的处理

芯片刻蚀过程中排放两股含氟废水：高浓度含氟废水和低浓度含氟废水。其中，高浓度含氟废水为刻蚀初期排放的废水，氟离子浓度可高达 10000mg/L；低浓度含氟废水为后续冲洗废水，氟离子浓度约为 500mg/L。

采用化学沉淀/絮凝沉淀/气浮处理工艺。向含氟废水投加 $CaCl_2$ 形成 CaF_2。然后加入 $Ca(OH)_2$ 调整 pH，使 PO_3 形成 $Ca_3(PO_4)_2$，再投加 PAC 及高分子助凝剂使其形成污泥，从而去除 F^- 和 PO_3^{3-}，沉淀池上清液排至酸碱系废水处理系统合并排放。如果 SS≥200mg/L 或 PO_3^{3-}≥10mg/L 则排到曝气池再至气浮池处理，已分离的沉淀污泥则输送至板框式污泥脱水机压制成泥饼。主要特点是采用两级化学沉淀可以有效降低出水 F^- 和 PO_3^{-4} 浓度；回流污泥起到晶种的作用，通过卷扫、吸附作用除氟（提高除氟率 15%～20%），同时被絮凝的 $Ca(OH)_2$ 立即释放出 Ca^{2+} 从而降低 F^- 浓度。闫秀芝、王淑芬等用钙盐和磷酸盐去除废水中的氟离子，钙盐、磷酸盐和废水中的氟离子生成氟磷酸钙，从而去除废水中的氟，其工艺过程为：先在废水中加入 $CaCl_2$，调 pH 至 9.8～11.8，反应时间为 0.5h，然后加入磷酸盐，再调 pH 为 6.3～7.3，反应 4～5h，最后静置澄清 4～5h，出水氟的浓度降至 5mg/L，钙盐和磷酸盐和氟三者摩尔比为（15～20）∶2∶1。Saha S 用 $CaCl_2$ 和 $AlCl_3$ 联合处理含氟废水的方法，其工艺过程为：先在废水中投加 $CaCl_2$，搅溶后再加入 $AlCl_3$，混合均匀，最后用 NaOH 调 pH 至 6～9，沉降后 15min 进行砂滤，出水氟质量浓度为 5mg/L。两种盐的投加量按 $CaCl_2$、$AlCl_3$ 及水中氟的摩尔比为（0.8～1）∶（2～2.5）∶1 计量。王而力等研究了低氟浓度条件的氟化钙沉淀反应行为和氟化钙晶核对氟化钙沉淀反应的作用，结果表明，低氟浓度条件下，诱导沉淀形成的晶核很难生成，致使氟化钙沉淀难以生成，而加入氟化钙晶核可以促进氟化钙沉淀生成，氟化钙晶核既可降低沉淀反应启动钙浓度，在相同钙浓度的条件下，又可使废水中氟浓度降得更低，在处理低氟浓度的废水中，氟化钙晶核的适宜用量为 2.5kg/t 废水。

上海某微电子制造公司废水主要包括含氟废水和酸碱废水，其中含氟废水量为 5m³/h，酸碱废水为 23m³/h。按照环保主管部门要求，出水执行上海市地方标准《污水综合排放标准》DB 31/199—1997 的三级标准，其中氟离子浓度按二级标准，处理流程见图 15-3，处理效果见表 15-3。

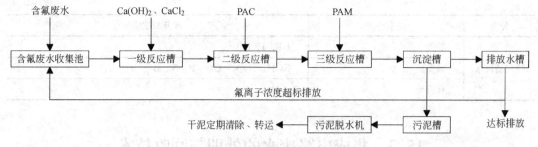

图 15-3 含氟废水处理工艺流程

废水治理监测结果

表 15-3

指标	pH	COD（mg/L）	F⁻（mg/L）	SS（mg/L）
原水水质	1.84～3.02	91	150～388	109
处理出水	6.96～8.53	44	5.85～8.62	101

2. 有机废水的处理

该处理过程主要包含酸碱中和、生物处理、化学混凝气浮及污泥处理等 4 个单元。酸碱中和单元在于确保 pH＝7.5～8.0 和生物处理单元能正常工作。化学混凝气浮单元投加 PAC 及高分子助凝剂，先与生物处理单元出水混合反应后，再以加压空气上浮槽去除水中污染物，形成的浮渣及槽底污泥均排放至污泥处理单元，采用离心脱水，以减少清运污泥量，污泥含水率＜80%。

某集成电路生产企业有机废水主要是芯片清洗液，主要包括：异丙醇 IPA $CH_3CHOHCH_3$ 和柠檬酸 CTS $C_6H_8O_7$。进水水质：COD 为 400～450mg/L，BOD 为 150～180mg/L。出水指标：COD＜80mg/L。处理方法采用接触氧化法（Contact Oxidation）。接触氧化法是介于活性污泥法与生物滤池之间的一种生物膜法工艺，在曝气池内设置填料，微生物附着在填料上生长，形成生物膜，生物膜的表面为好氧状态，生物膜内部为厌氧状态，在微观形态上好氧状态与厌氧状态共存，净化机制复杂。其流程如图 15-4 所示。

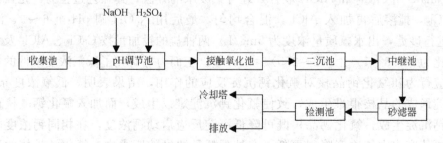

图 15-4 有机废水处理系统示意图

3. 酸碱废水的处理

酸碱废水主要污染物指标是 pH，主要通过投加硫酸/氢氧化钠溶液来调整 pH，系统流程如图 15-5 所示，其化学原理如下式：

$$H^+ + OH^- = H_2O$$

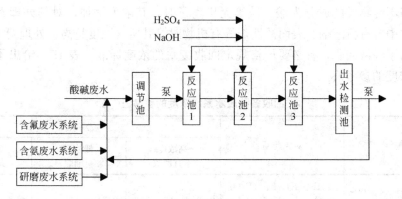

图 15-5　酸碱废水处理系统流程

　　各股废水通过废水收集管道系统流至调节池，然后利用水泵提升至反应池，通常采用 3 个反应池（即三级），通过投加氢氧化钠/硫酸分别进行粗调、细调和微调 pH，反应池出水流入出水检测池，进行排放前的综合检测，如果符合排放要求，则排入市政污水管网，如果不符合排放要求，则重新返回至调节池，再进行处理。酸碱废水处理的原理与方法很简单，其关键点就是根据 pH 来合理控制投加酸/碱的量。

　　某芯片制造厂酸碱废水处理系统主要设计参数如下：进水 pH＝1～13；出水 pH＝6～9。pH 的调节是该工艺的关键，一方面，从 pH 调节和加药量的控制角度，反应级数越多越好、药剂浓度越低越有利于控制；另一方面，从投资成本的角度，反应器、药剂储槽越少越好，两方面互相矛盾。因此，必须综合考虑，合理调节 pH，控制适当的加药量，以求达到最优的运行成本和最好的处理效果。

15.3.2　集成电路废水回收技术

1. 废水处理和纯水回收的必要性

　　集成电路产业是近几年来在中国发展最引人注目的新兴产业，也是最具有发展潜力的产业。中国内地 2004 年集成电路市场规模达到 2908 亿人民币，同比增长达 40.2％，远远高于全球平均增幅 12 个百分点，是全球集成电路产业发展最快的地区之一。然而以资金、技术和劳动力密集型为特征的集成电路制造业却同时是一个高耗能的产业，不仅耗电而且耗水。以一条月生产能力为 5 万片的生产线为例，每天的耗水量都在 7000t 左右。如果一个集成电路企业有 2～3 条生产线，那么一天的用水量就达 2 万 t。

　　实际上有些纯水使用后虽受化学药品或有机溶剂的污染，但其纯度仍然很高，尤其在末端清洗槽清洗后排放的废水，水质比一般原水（自来水）所含的杂质还低很多，经有关测定，70％的水电阻率在 3MΩ·cm（25℃）以上，所以更宜于回收利用，而且超纯水制备成本很高，将其回收利用更有着显著的经济效益。

2. 废水回收的经济性

　　集成电路工厂的废水回收系统，首先从工厂的整体规划中所需要的用水量和工业用水的供水量多少来考虑，还要把工厂将来扩大生产及改造升级后所需要用水量的解决办法考虑进去。纯水回收主要是从用水规划的经济观点考虑。

　　纯水回收需要的费用主要是去除废水中不纯物达到所用水质的处理费用。

　　处理费用随回收废水中的不纯物质浓度而不同。一般来说，不纯物质浓度高，处理费用增加。当不纯物质的成分为酸、碱等无机离子时，其浓度增加，对其处理费用影响不大。当废水中含有机溶剂、表面活性剂等有机物时，其所含浓度越高，处理费用越会大幅度增加，为了经济回收，有必要严格规定回收废水的浓度标准。表 15-4 给出了回收各种废水系统浓度的参考值。

回收各种废水系统浓度的参考值　　　　　　　　表 15-4

系统	对象药品	废水系统		
		高浓度 不宜回收	低浓度 可回收	极低浓度 最宜回收
酸洗类、碱洗类、刻蚀剂类	HF、KH_4F、HNO_3、H_2SO_4、H_3PO_4、H_2O_2、NH_4OH、CH_3COOH	电导率>150μS/cm	电导率<150μS/cm	电导率<150μS/cm
有机溶剂类、表面活性剂	丙酮、甲醇、甲苯、三氯乙烯、LBS、H_2O_2	TOC>5mg/L	TOC<5mg/L	TOC<1mg/L
显影液类	TMAH、光刻胶	TOC>500mg/L	TOC<500mg/L	
研磨类	超纯水（硅粒子）	浊度>1000 度	浊度<1000 度	

表 15-5 以产能 5 万片的一条生线为例，对采用节水技术前后的用水量和运行费用做了比较。节水与废水回用技术并举，不仅节省了自来水，也减少了向环境排放废水；对工厂来说，同时还降低了供水设备和废水处理设备的投资、占地空间，减少了系统的负荷及运行成本，也节省了水处理所需投加的化学药剂耗用等，在投资成本和运行成本上同时获得经济效益。

节　水　成　果　　　　　　　　　表 15-5

	每片耗水（t）	产能（片/月）	总用水量（t/d）
节水前	4.5	50000	7500
节水后	3.0	50000	5000
节水	2500t/d		
经济效益	11425（元/d）		

注：按自来水单价 2.5 元/t，废水处理费用 2.07 元/t 计。

3. 废水回收原则

一般来说，作为纯水回收时，如果废水中含有和工业用水相同浓度的无机离子，就容易处理，适宜回收；当废水中无机离子的浓度为工业用水的 2～3 倍时，就属于可能回收的范围；超过以上的范围，因处理费用会增加，从经济观点而言，不宜回收。

为提高废水的回收率，有必要把生产制造过程中的排水、废水管道系统按不同工艺加以分开。假如废水分系统排出，就可以根据水回收率，采用最经济的废水处理设计。如果将回收对象的废水系统分离，需要考虑以下几点：

(1) 尽可能控制高浓度废水的流入；

(2) 尽可能避免有机物类物质进入回收系统；

(3) 回收有机废水时，要把无机废水和有机废水分开。

为防止高浓度废水流入，具体方法如图 15-6 所示，将不同清洗废水的管道系统分开。

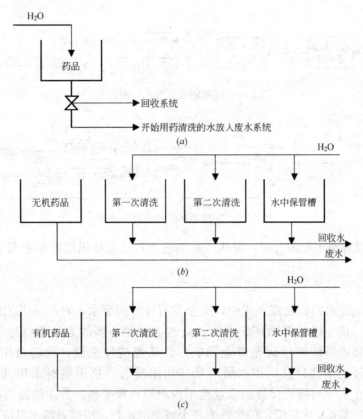

图 15-6　废水的系统分离示意图

(a) 无机冲洗Ⅰ；(b) 无机冲洗Ⅱ；(c) 有机冲洗

4. 废水的回收方式

(1) 直接排放式

直接排放式处理方式是指不回收，只按排放标准处理并最终排放废水的方式，如图 15-7 所示。

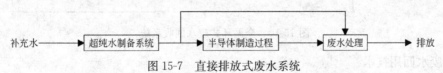

图 15-7　直接排放式废水系统

(2) 局部回收式

局部回收式废水处理方式如图 15-8 所示，这种回收方式将产品工艺处理中排出的低浓度废水分别局部回收，用于工艺处理以外的补充水。电导率和工业用水相近的废水，进行中和处理或进行离子交换脱盐处理后，用作冷却塔等补充水、浇洒水、厕所冲洗用水等杂用水。这种处理方式，废水的回收率不太高，一般是百分之几，最多也只是 20% 左右。

(3) 局部循环式

局部循环式废水处理回收方式如图 15-9 所示，最近半导体工厂废水多采用这种处理方式，它是废水回收方式的主流。在不影响经济性的条件下，可得到比较高的回收率。

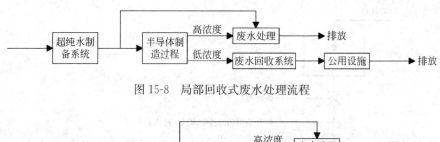

图 15-8 局部回收式废水处理流程

图 15-9 局部循环式废水处理系统

采用局部循环废水处理方式，可从产品工艺处理过程排出的废水中回收 30％～70％ 的水量。

（4）全循环式

在全循环式废水回收处理方式中，完全没有排放的废水，对产品工艺处理过程排出的低浓度废水，按上述局部循环废水回收处理方式差不多的方法进行处理；高浓度废水在蒸发浓缩装置里浓缩后运至专业回收厂。从经济性来说，处理费用增高。因而，当工厂所处的环境条件以及周围水域对所排出水质有严格限制时采用此种处理方式。全封闭系统应在系统内所能保持的水量范围内取得水量平衡，并连续提供高纯水。回收系统中只要一个环节发生故障，就会影响整个系统的运行，所以系统本身应该使用安全稳定性高的装置，并充分考虑异常情况下的措施。全循环式废水回收处理方式如图 15-10 所示。

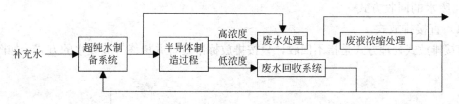

图 15-10 全循环式废水回收系统

5. 废水回用技术

工艺设备排水由单一管道逐步增加为分类、分质、分时多通路排水系统，通过内置 PLC 程序控制器，根据工艺设计程序，分时依次开启各通路电磁阀，送至不同系统处理。随着清洗次数增加，所排放的水质将越来越好，有利于回收利用。集成电路生产中各用水点废水排出情况如图 15-11 所示。

从图 15-11 可以看出，可回收的部分为较清洁的氟系清洗水及无机酸碱清洗水。图 15-11 中可回收比例分别为纯水使用量的 50％和 75％，实际可回收比例约为 63％～65％。

根据可回收水性质，回收系统大致有图 15-12 所示的工艺流程。

当电导率在 500μS/cm 以下时，采用活性炭和反渗透（RO）膜和离子交换组合工艺处理后作纯水再利用。对 TOC 浓度高的废水，微生物容易降解，采用生化处理后进行重

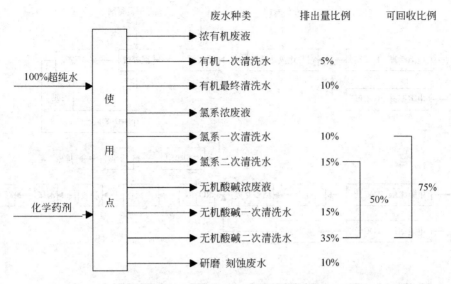

图 15-11　集成电路生产废水中各用水点废水排出情况

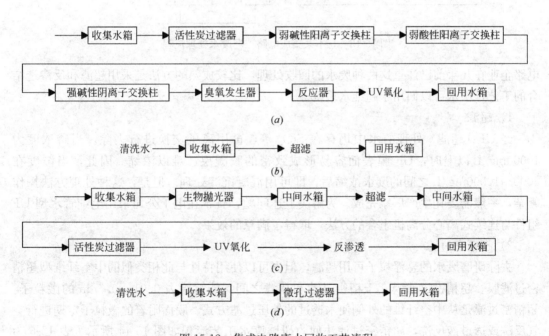

图 15-12　集成电路废水回收工艺流程

复利用。日本某集成电路工厂废水处理流程如图 15-13 所示。

废水回用按照废水种类可分为研磨废水回用、含氟废水回用、纯水回用和其他废水回用。

(1) 研磨废水回用

研磨废水和晶背研磨工艺的废水，也颇具回收价值，这两部分废水占到车间废水的 1/3。废水的特征是含细小的硅或 Al_2O_3 颗粒，污染物较少。国内企业目前还是将重点放在废水处理达标后的排放上，原因是没有水回收率的压力以及投资比较大；而欧洲的集成

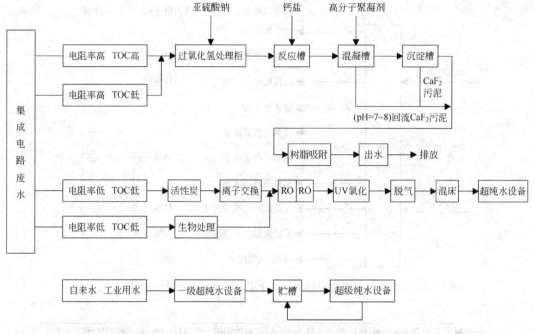

图 15-13　日本某集成电路工厂废水处理流程

电路企业在几年前已注重这两种废水的回收处理，比较成熟的方法是采用超滤和反渗透结合的工艺，出水可以回用于超纯水系统。

1）超滤

经 UF（超滤）处理的水中仍存在 SiO_2 等，再用离子交换进行去除。当磷浓度为 10000mg/L 以上时，UF 膜表面容易形成致密的胶凝层，难以浓缩。因此，当浓度在 5000～10000mg/L 之间的废水浓缩后，即可用混凝沉淀处理。但是，这种处理方法操作繁杂，一般需委托生产厂家完成。为解决上述问题，日本在电工公司采用毛细管水型 UF 组件与连续式离心分离机组合的方法，取得了满意的效果。

2）超精密过滤

去除研磨废水的悬浮粒子可用超滤，但也可以使用特性与此相类似的中空纤维型超精密过滤膜。超精密过滤膜介于精密过滤和超滤之间，能够除去 $0.01～0.5\mu m$ 的微粒子。超精密过滤是从中空纤维的外侧使水透过的外压过滤方式，膜面附着的微粒子定期进行空气反洗或透过液反洗，超精密过滤法回收研磨废水工艺流程如图 15-14 所示。表 15-6 为超精密过滤法处理效果。

图 15-14　超精密过滤法回收研磨废水工艺流程

处理水质指标 \ 取水	研磨废水	SF 过滤器出口
电导率	24μS/cm	10μS/cm
pH	7.8	6.9
浊度	364 度	1 度以下
胶态 SiO$_2$	308mg/L	0.02mg/L 以下

从表 15-16 中可以看出尽管研磨废水的微粒子非常多，浊度达 364NTU，但是经处理后浊度可达 1NTU 以下，大于 0.2μm 的微粒子数为 100 个/mL，基本上全部除去。研磨废水不含无机物离子，电导率为 10μS/cm 时，如果除去微粒子，就能再利用。过滤处理后的水，按照需要进行脱盐处理后，再作研磨用水。过滤处理中被浓缩的废水，再进行凝聚沉淀处理，水的回收率控制在 75%～85% 的范围是不困难的。但如果浓缩仍过高，膜面上悬浮物的堵塞加快，就会引起运行故障。

(2) 含氟废水回用

含氟废水回收采用离子交换树脂，特别是用弱碱性阴离子交换树脂处理。弱碱性阴离子交换树脂交换容量大，用少量的再生剂就能再生。表 15-7 为含氟废水的水质测定值，可见，NH$_4^+$、Na$^+$ 等阳离子少，大部分是以 F$^-$ 为主体的游离酸。

项目	含氟废水	回收水
pH	2～7	6～9
电导率（μS/cm）	1197	<10
[F$^-$]（mg/L）	164	<0.5
[SO$_4^{2-}$]（mg/L）	62	—
[NO$_3^-$]（mg/L）	16	—
[PO$_4^{2-}$]（mg/L）	11	—
[NH$_4^+$]（mg/L）	20	—
[Na$^+$]（mg/L）	<1	—
TOC（mg/L）	45	4～5

这样的废水，用图 15-15 所示的流程处理，在离子交换装置的第一级使用弱碱性阴离子交换树脂去除游离酸。弱碱性阴离子交换树脂不能分解除去像 NH$_4$F 那样的中性盐中的 F$^-$，所以在第二级用强酸性阳离子交换树脂把 NH$_4^+$ 分解除去之后，在后一级用强碱性阴离子交换树脂把 F$^-$ 除去。醋酸等有机酸能用弱碱性阴离子交换树脂除去，也可在最后一级用强碱性阴离子交换树脂完全除去。如果强酸性阳离子交换树脂设在第一级，由于废水中高浓度游离酸的作用，将导致强酸性阳离子交换树脂的阳离子吸附容量减少，加速阳离子破裂，导致最后一级的阴离子交换树脂处理水的电导率处理效果恶化，产水量大幅度减少。所以当废水电导率高达 1197μS/cm 时，把弱碱性阴离子交换树脂设在第一级，能有效地利用树脂交换容量。

从图 15-16 的处理方式来看，回收水的 F$^-$ 浓度可处理到 0.5mg/L 以下，回收水的 TOC 可由 45mg/L 处理至 4～5mg/L，这是因为除去了醋酸等有机酸。达到饱和的阴离子交换树脂，用同样的再生剂，从强碱性阴离子交换树脂至弱碱性阴离子交换树脂串联再生。再生废液中，氢氟酸大约被浓缩 10 倍，利用高浓度含氟废水处理装置进行处理。对于这种系统 600m³ 的处理水量，可回收 550m³ 的低纯水，水的回收率为 90％。

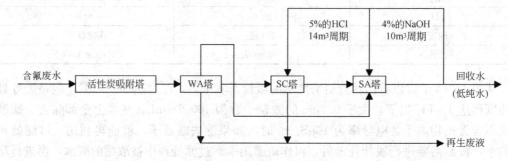

图 15-15　含氟废水的回收流程

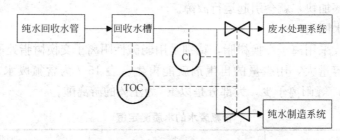

图 15-16　纯水回收系统示意图

（3）纯水回用

集成电路企业的超纯水制备系统为去除自来水中的不纯物，各种分离、吸附技术被广泛地应用，常见的有离子交换树脂塔、活性炭塔、反渗透膜及超滤膜等。目前除了反渗透及超滤的浓缩水，因水质好，在设计中已考虑循环利用外，离子交换树脂塔、活性炭塔和砂滤塔等设备再生反洗所产生的废水，至今许多厂仍无整体且有效的回收规划。再有就是纯水系统中几十台在线检测仪器的排水，离子交换树脂、活性炭、反渗透膜和超滤膜等周期性更换的冲洗水也被当作废水排放，不仅浪费了水，也给废水处理系统增加了额外负荷。这些排水电导率低，收集后经过简单的处理工艺便可回收，平均每天可回收水量达几百吨，其流程为：收集水→中和→过滤→冷却塔。

硅片在做第一次清洗时，水中含有大量冲洗下来的酸，所以阀会切向废水管一侧；在后续几次清洗时，阀会切向回收水管，经回收水支管到主管，最后汇集入回收水桶槽，如图 15-16 所示。回收的水由在线的电导率计和 TOC（总有机碳）仪来检测回收水的污染程度。若有任一值超标，即切换排入废水系统；若两个指标全部合格，将回用到纯水系统的前处理。

我国 SGNEC 公司将生产车间（超纯水用水点）用过的 35m³/h 超纯水的 40％（14m³/h）进行回收，其回收流程见图 15-17。

生产车间用过的超纯水，当电导率＜1000μS/cm 时，自动进入废水槽，并用 MODEL TOC-7 Yanco TOC 自动测定装置进行自动监测，当 TOC＞1mg/L、F⁻＞1mg/L 时，不回收，进行人工排放。

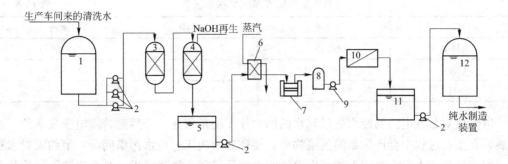

图 15-17　SGNEC 纯水回收流程

1—废水槽；2—水泵；3—活性炭过滤器；4—WA 塔；5—回收水槽；6—热交换器；7—紫外线杀菌器；
8—保安过滤器；9—高压泵；10—反渗透；11—紫外线氧化槽；12—脱盐水槽

该系统流程中所用的设备分述如下：

1）活性炭吸附过滤塔。活性炭以吸附塔的形式使用，在活性炭吸附塔中充填粒状活性炭，废水向下通过活性炭而被处理。活性炭的粒径一般选为 1mm，活性炭吸附塔通水空间流速以 10～30L/（L·h）的速度进行，可连续使用几个月。活性炭吸附塔的作用是作为前处理，放置最前级，去除表面活性剂等有机物，并把废水中的过氧化氢分解除去。

2）WA 塔。回收系统中的 WA 塔内填装的是弱碱性阴离子交换树脂，弱碱性树脂在碱性条件下不分解，因此离子交换性被限于酸性范围，最适于处理含氟废水、酸碱废水中的阴离子，弱碱性阴离子交换树脂比强碱性阴离子交换树脂容易再生，交换容量也大，所以是经济的。

3）紫外线杀菌器。回收系统中的 UV 紫外线杀菌器，其作用是除去离子交换装置除不掉的细菌，因此在离子交换装置后安装。紫外线杀菌器是用紫外线照射，破坏 DNA（脱氧核糖核酸），从而杀死细菌、病毒和藻类等微生物。实际上紫外线能量是用带有石英套管的低压汞灯供给，这种外壳可以透过 254nm 波长紫外线辐射。

4）RO 反渗透装置。该系统反渗透膜装置使用的是聚酰胺膜，它容许 pH 范围广，去除有机物的性能好。

5）紫外线氧化处理装置。利用紫外线照射水中有机物氧化分解的原理，被用于微量有机物的测定装置。

SGNEC 纯水回收系统主要是将超纯水中的低分子有机物和 F⁻ 除去，被回收的低纯水补充脱盐水槽，再经超纯水制备系统生产出超纯水供生产车间循环使用。

（4）其他废水回用

1）空调冷凝水的回收。布置特定的管路来收集空调机组的冷凝水，也作为冷却塔的补水，起到代替自来水的作用。

2）有机废水处理系统的废水来源主要是清洗工序中含异丙醇（IPA）及蚀刻工序含柠檬酸的废水，除这两种有机物外，其主要成分是纯水，经过接触氧化处理后，有机物基本被去除。有机废水系统出水水质见表 15-8。有机废水处理系统出水除 COD 外，均优于自来水，是冷却塔理想的补充水源。

项目	水质	项目	水质
电导率	$<300\mu S/cm$	浊度	$<0.4NTU$
COD	$<40mg/L$	余氯	$0.4\sim0.7mg/L$
pH	$6.5\sim7.2$		

以上仅对集成电路的废水处理和水的回收作了简单叙述，今后随着微电子技术的飞速发展，在生产过程中会产生新的污染物质，要彻底解决工艺废水污染问题，节约宝贵水资源，保护环境，人们会相应不断开发出针对这些污染的水处理技术，结合生产工艺改革和技术进步，注重现有废水处理技术的集成，逐步实现废水处理设备的成套化、国产化以及污水处理维护管理的科学化。以达到目前单纯末端治理向清洁生产为核心的全工艺过程控制和节能、降耗、减污生产以及提高生产率的目的，实施污染最小化，通过污水再利用技术的研发，促进水资源利用率的提高。

15.4 工 程 实 例

通常一个集成电路生产企业，其无机废水、有机废水和酸碱废水是同时进行处理的。

15.4.1 集成电路废水处理工程

1. 工程概况

珠海方正科技多层电路板有限公司的生产废水分为蚀刻液（回收利用）、一般清洗废水（原系统达标处理）、有机废水和络合铜废水。根据企业要求，需针对有机废水和络合铜废水新建 1 套废水处理系统，设计处理能力为 $1680m^3/d$。

有机废水和络合铜废水的主要污染物为酸、Cu 和 Ni 等重金属离子以及 COD_{Cr}、SS、NH_3-N 等。该废水经处理后，出水水质应达到《电镀污染物排放标准》GB 21900—2008 中规定的排放标准，设计进、出水水质见表 15-9。

设计进、出水水质参数　　　　　　　　　　表 15-9

项目	pH 值	ρ (COD_{Cr}) (mg/L)	ρ (SS) (mg/L)	ρ (总 Ni) (mg/L)	ρ (总 Cu) (mg/L)	ρ (NH_3-N) (mg/L)	ρ (总氰化物) (mg/L)
有机废水	$10\sim14$	1500	500	1.5	10	5	0.01
络合铜废水	$0\sim12$	800	150	3	200	10	0.05
排放标准	$6\sim9$	$\leqslant50$	$\leqslant30$	$\leqslant0.1$	$\leqslant0.3$	$\leqslant8$	$\leqslant0.2$

2. 工艺流程

根据有机废水和络合铜废水的水质特点，将两种废水单独收集并进行预处理后，再合并处理。处理工艺流程见图 15-18。

有机废水单独收集至有机废水调节池进行水质调节后，提升至有机废水中和池，中和池内安装在线 pH 计，以此控制硫酸投加量，将 pH 值调节至 $9\sim10$，其出水经混凝沉淀后进入 pH 值回调池；混凝沉淀预处理工艺主要去除废水中的重金属离子、SS 和有机物。

络合废水单独收集至络合废水调节池进行水质调节后，经提升泵进入络合废水中和

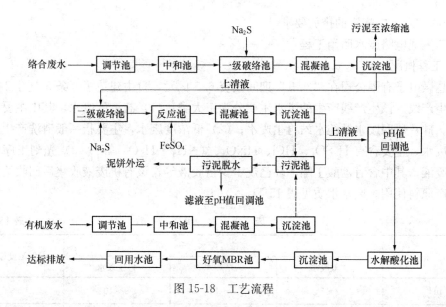

图 15-18 工艺流程

池,中和池安装在线 pH 计,通过投加氢氧化钠/硫酸将 pH 值调节至 10~11;其出水自流入一级破络池,通过 ORP 计控制 Na_2S 的投加,反应出水经混凝沉淀后,上清液进入二级破络池,通过 ORP 计控制 Na_2S 的投加,其出水进入反应池,通过 ORP 计控制 $FeSO_4$ 溶液的投加,去除废水中过量的 Na_2S,其出水进行混凝沉淀后,上清液进入 pH 值回调池与经预处理后的有机废水混合;二级 Na_2S 破络-混凝沉淀预处理工艺主要去除废水中的重金属离子及络合物、SS 和有机物。

经过预处理的有机废水和络合废水进入 pH 值回调池,通过安装在 pH 值回调池的pH 计控制硫酸溶液的投加,调节 pH 值至 7~8 后通过提升泵进入水解酸化池,再进入缺氧池和好氧 MBR 池,使废水中有机物、SS、NH_3-N 等污染物在微生物的作用下得到有效去除,残留的重金属离子则通过活性污泥的吸附作用和排泥去除,从而实现废水的达标排放。

3. 处理效果

该工程自 2013 年 8 月投入使用后,运行稳定,处理效果较好,出水全部达标。2014年 1 月通过珠海市斗门区环境保护局验收。废水处理效果见表 15-10。

废水处理效果　　　　　　　　　　　　表 15-10

采样点	pH 值	ρ (COD_{Cr}) (mg/L)	ρ (SS) (mg/L)	ρ (总 Ni) (mg/L)	ρ (总 Cu) (mg/L)	ρ (NH_3-N) (mg/L)	ρ (总氰化物) (mg/L)
有机废水集水井	11.93	1659	92	1.04	11.4	18.8	0.009
络合废水集水井	2.87	151	56	3.45	128	36.5	0.027
总排放口	7.56	35	20	未检出	0.16	0.368	未检出

随着环保要求的提高,电路板(PCB)络合铜废水中重金属离子的去除难度更大。该工程在做好废水分类收集及预处理的基础上,根据 PCB 络合铜废水的特性,采用二级 Na_2S 破络-生化(水解酸化、缺氧、好氧 MBR)处理的组合工艺,保证系统出水总 Cu $\leqslant$ 0.3mg/L,COD_{Cr} $\leqslant$ 50mg/L,其他各项指标也均可稳定达到《电镀污染物排放标准》

GB 21900—2008 中规定的排放要求。

15.4.2 集成电路废水回用工程

1. 工程概况

华越微电子有限公司在"八五"期间投资 6.5 亿元,自主建造了一条 5 英寸 2 微米集成电路生产线。该生产线产生的废水主要分为三大类:(1)高浓度废水,其中主要包括含氟废水、硅片研磨废水及纯水站再生废水;(2)低浓度废水,主要指一般清洗产生的低浓度酸碱废水,主要含有 H_2SO_4、HCl、HNO_3、($NH_3 \cdot H_2O$)等;(3)光刻工序中产生的有机废液,其中含有乙酸丁酯、环己烷、少量胶液等,该有机废液收集后回收给配套企业作生产原料使用。废水水质见表 15-11。

废 水 水 质　　　　　　　　　　　　表 15-11

项目	高浓度废水			低浓度废水
	含氟废水	研磨废水	再生废水	
pH	2～3	7～8	9～10	5～6
F^- (mg/L)	100～200	—	—	<10
浊度 (NTU)	3～5	50～80	10～20	<3
电导率 ($\mu S/cm$)	500～700	300～400	300～400	300～500
COD (mg/L)	10～30	10～20	10～20	10～20
BOD (mg/L)	5～10	—	—	5～10

2. 工艺流程

工艺流程见图 15-19,其中虚线处区别于原设计工艺,属新改进工艺。废水分为高浓度废水以及低浓度废水进行处理。高浓度废水经一级、二级处理工艺处理,低浓度废水因含杂质相对较少,它与高浓度废水的一级处理废水混合后,只需直接进行二级处理,即可达到要求。

3. 处理效果

2000 年 6～9 月对系统出水水质进行了连续跟踪分析观察,结果见表 15-12。从表 15-12 可以看出,经处理后的废水完全可以回收利用。

系 统 出 水 水 质　　　　　　　　　　　　表 15-12

项目	数值	指标
pH	6.8～7.5	6～9
浊度 (NTU)	0.5～2.0	<10
COD (mg/L)	10～20	<100
BOD (mg/L)	5～10	<100
电导率 ($\mu S/cm$)	300～500	<1000
F^- (mg/L)	2.0～5.0	<10

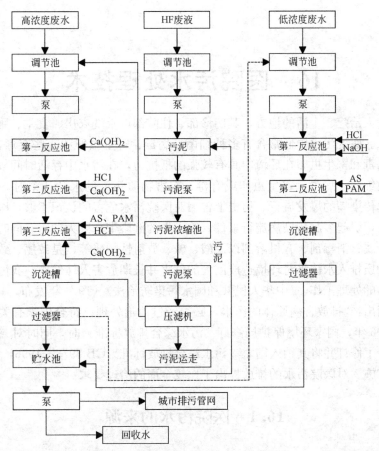

图 15-19　集成电路废水处理工艺流程图

本章参考文献

[1] 侯立安. 特殊废水处理技术及工程实例[M]. 北京：化学工业出版社，2003.

[2] 张国栋. 集成电路行业废水处理新工艺及中水回用的研究与实践[D]. 上海：上海交通大学，2007：3～4.

[3] 蒋卫刚，季连芳，甘晓明，等. 芯片生产废水处理技术探讨[J]. 给水排水，36(7)：59～61.

[4] 厉晓华，何义亮. 节水技术在半导体制造企业的应用[J]. 半导体技术，31(9)：653～655.

[5] 戴荣海. 集成电路产业含氟废水处理工程[J]. 环境工程，2007，25(1)：29～31.

[6] 王晓云，付爱民，李景. 台湾某半导体企业的废水处理工程实例[J]. 中国给水排水，2006，22(20)：73～76.

[7] Huang C. J, Liu J. C. Precipitate flotation of fluoride containing wastewater from a semiconductor manufactures [J]. Water Research，1999，33(16).

[8] 刘开. 集成电路工业含氟废水处理技术研究与应用[D]. 上海：同济大学，2006，3：P16.

[9] 王晓云，付爱民，李景. 台湾某半导体企业的废水处理工程实例[J]. 中国给水排水，2006，22(20)：73～76.

[10] 蒋卫刚，刘利，叶张荣. 几种芯片废水处理技术的探讨[J]. 上海环境科学，2006，25(4)：177～200.

[11] 骆苏苏，黄鑫宗，黄文科. 电路板生产废水处理工程实例[J]. 工业用水与废水，2014(6)：77～79.

[12] 胡伟林. 微电子工业生产废水处理及回收利用[J]. 工业水处理，2001，21(12)：40～41.

16　医院污水处理技术

医院是病人治疗、生活的地方，其门诊部、住院部以及洗衣房、食堂、厕所等都要排出大量的污水。医院污水中通常含有多种细菌、病毒、寄生虫卵和一些有毒、有害物质。这些细菌、病毒和寄生虫卵在环境中具有较强的抵抗力，在污水中存活时间较长。当人们食用或接触被细菌、病毒、寄生虫卵或有毒、有害物质污染的水和蔬菜时，就会使人致病，甚至引起传染病的爆发流行。历史上曾因对医院污水危害的认识不够，医院污水未经处理任意排放，引起多起传染病流行事件，给人们的健康带来巨大危害。同时，医院污水中还含有重金属、消毒剂、有机溶剂以及酸、碱、放射性物质等，是致癌、致畸、致突变物质，这些物质排入水体将对环境造成巨大的危害并长期危害人体健康。我国十分重视医院污水、污物的处理工作，《中华人民共和国水污染防治法》（1984 年发布，1996 年修正）第三十六条指出："排放含病原体的污水，必须经过消毒处理；符合国家有关标准后，方准排放"。1996 年，国家环境保护局修订《污水综合排放标准》时，同时对《医院污水排放标准》进行了修订并将其纳入国家《污水综合排放标准》GB 8978—1996，于 1998 年 1 月 1 日开始实施。对医院污水的排放提出了比较全面的治理要求。

16.1　医院污水的来源

16.1.1　医院的类别

我国医院及医疗机构按其性质可分为综合医院、中医院、中西医结合医院、民族医院、康复医院、疗养院和专科医院等。专科医院又分为传染病医院（包括结核病医院）、心血管病医院、肿瘤医院、口腔医院、妇产科医院和精神病医院等。按照区域医疗网络分工，医院可分为一级医院（乡、镇卫生院）、二级医院（县、地级医院）和三级医院（省、市级医院）。按医院的规模划分，一般是根据医院床位数的多少来划分。综合医院建设按床位数量划分为 100 床、200 床、300 床、400 床、500 床、600 床、700 床、800 床 8 种。

16.1.2　医院污水的来源

医院污水主要来自门诊部与住院部的化验室、手术室、解剖室、药剂室、放射室、实验室、动物房、厕所、洗衣房、浴室及医护人员的宿舍等。基本上分为生活污水、特殊废水和放射性废水三大类，其中生活污水占的比重较大。生活污水包括厕所冲洗水、洗涤污水、洗浴污水及医护人员的宿舍排放的污水等，其水质与普通生活污水相似。特殊废水包括化验室、手术室、实验室、解剖室、药剂室排出的污水，含有重金属、消毒剂、有机物质、酸、碱等有毒有害物质。放射性废水是放射性诊断、治疗及试验研究过程中排放的含有放射性同位素的废水，如：病人服用放射性同位素（如 [131] I）药物后，所产生的排泄物；清洗病人服用药物的药杯、注射器和高强度放射性同位素分装时的移液管等器皿所产生的放射性污水；医用标记化合物制备和倾倒多余剂量的放射性同位素。用 [131] I 治疗和诊断时，患者在 1d 之内排出的 [131] I 一般为剂量的 3/4。近年来随着核医学的发展，医用同位素的半衰期向更短方向发展，用 ^{123}I 代替 ^{131}I ，^{123}I 的半衰期为 13.2h。

医院污水按水质成分的不同，大体各部门排水情况及主要污染物如表 16-1 所示。

医院各部门排水情况及主要污染物　　　　　　　　　　　　　　表 16-1

部门	污水类别	主要污染物						
		SS	COD	BOD	病原体	放射性	重金属	化学品
普通病房	生活污水	△	△	△				
传染病房	含菌废水	△	△	△	△			△
动物实验室	含菌废水	△	△	△	△			
放射科	洗印废水	△	△	△			△	△
口腔科	含汞废水	△					△	
门诊部	生活污水	△	△	△				
肠道门诊	含菌污水	△	△	△	△			
手术室	含菌污水	△	△	△	△			△
检验室	含菌废水	△	△	△	△		△	
洗衣房	洗衣废水	△	△	△				△
锅炉房	排污废水	△						△
汽车库	含油废水	△	△	△				
太平间	含菌污水	△	△	△	△			
同位素室	放射性污水	△				△		
宿舍	生活污水	△	△	△				
食堂	含油污水	△	△	△				
浴室	洗浴污水	△	△	△				
解剖室	含菌废水	△	△	△	△			△

注：SS 为悬浮固体；BOD 为生物化学需氧量；COD 为化学需氧值；△为有污染物。

16.2　医院污水的水量水质特征

16.2.1　医院污水的水量及其特征

医院每日排放污水量的大小取决于许多因素，它与医院的规模、性质、医院设施情况、医疗内容、住院与门诊人数、地域、季节、人的生活习惯及管理制度等因素密切相关。一般认为，医院排水量小于医院每天的用水量，约为用水量的 4/5。如何正确估算医院的耗水量和污水量，对于医院污水处理系统构筑物的设计和设备选型都是很重要的。据全国各地医院调查统计资料表明，城市医院的耗水量一般平均为 1000L/（床·d）左右，郊区和县城医院通常则为 700L/（床·d）左右。一年中，一般夏季耗水量最大，其他季节则要减少 20%～30%，在南方地区，冬季要减少 40%～50%。医院污水的排放还有一个突出的特点，即不均衡性，据调查资料表明，污水排放量通常在上午 7：00～9：00，下午 18：00～20：00 出现两次高峰。全国部分地区医院污水排放量的调查情况如下。

1. 北京地区医院污水排放量调查结果

据调查资料，1998 年北京地区部分医院用水量与排水量如表 16-2 所示。

医院名称	编制床位数量（床）	日用水量（m³/d）	每床用水量[m³/（床·d）]	日排水量（m³/d）	每床排水量[m³/（床·d）]
北京协和医院	1000	2300	2.3	1840	1.84
中日友好医院	1300	2164	1.67	1731	1.33
北京医院	800	1800	2.25	1440	1.8
北京儿童医院	720	1100	1.53	880	1.22
北京胸科医院	600	660	1.10	528	0.88
北京友谊医院	830	2109	2.54	1687	2.03
煤炭中心医院	500	224	0.45	179	0.36
宜武中医医院	240	220	0.92	176	0.74
滨河医院	200	186	0.93	149	0.74
北京肿瘤医院	350	495	1.41	396	1.13
北京国民医院	230	194	0.84	155	0.67
北京武警总医院	200	200	1.00	160	0.80
北京水利医院	237	90	0.34	72	0.30
西城厂桥医院	80	55	0.69	44	0.55
北京新华医院	70	40	0.57	32	0.46
北京亚运村医院	40	52	1.30	41	1.04
北京玉渊潭医院	60	100	1.67	80	1.34
北京劲松医院	20	21	1.05	1.68	0.84

1998 年北京地区部分医院用水量与排水量　　表 16-2

由表 16-2 可知，医院的床位数越多、规模越大，其用水量和排水量也就越大。不同的医院平均每床用水量与排水量变化很大。一般情况下，设施条件好的大、中型医院的平均用水量和排水量高于其他医院。

2. 浙江省部分城市医院污水排放情况

（1）杭州市医院污水排放情况：据 1998 年调查资料，杭州有各类医院近 80 家，污水总排放量每年约 36 万 t，其中 92% 进入市政污水管，与生活污水汇流后入城市污水处理厂，其余 8% 进入市区内河或渗入地下。

（2）绍兴市医院污水排放情况：绍兴市卫生防疫站 1999 年调查了该市 13 家医院污水排放情况，这 13 家医院包括 8 家综合医院和 5 家专科医院，共有床位数 4000 张左右，日排放污水量为 3500t 左右。有污水处理设备的 10 家，其中设备运转正常的有 8 家。

3. 兰州市医院用水及污水排放情况

兰州医学院 1995 年调查了兰州市 36 所医院，其中综合医院 33 所，专科医院 3 所；省级医院 6 所，市级医院 4 所，厂矿、企业及铁路系统医院 18 所，部队及司法机关医院 5 所，各医院床位数在 30～750 张之间，36 所医院共有床位数 9869 张，平均每日用水总量为 1.0165 万 t [1.03t/（床·d）]，每日总排污水量为 7007t [0.71t/（床·d）]，日污水处理量为 5664t，处理率为 80.83%。所调查的 36 所医院每床日用水量与北京等城市调查的结果基本一致，都在 1t/（床·d）左右，排污水量与 1985 年兰州市的调查结果 0.5

~0.7t/（床·d）相比，基本一致。

4. 西宁地区医院污水排放情况

青海卫生防疫站 1996 年调查了西宁地区医院污水排放情况。西宁有住院部的医院共有 48 家，医院污水总排放量约为 180 万 t/d。这 48 家医院中仅 15 家有污水处理设施，15 家医院共有床位 4120 张，污水排放总量为 3164t/d，平均排污量为 0.7t/（床·d）。

5. 广西地区部分医院污水排放情况

广西地区卫生防疫站于 1996 年调查了南宁市的 18 家医院和柳州市的 19 家医院，用水量一般为 400～1000L/（床·d）。污水排放量为：300 张床位以下医院为 0.40～0.55t/（床·d），300 张床位以上医院为 0.55～0.8t/（床·d），小时变化系数为 2.0。

6. 西安职工医院污水排放情况

西安铁路中心卫生防疫站 1996 年监测西安铁路分局 4 家职工医院，其用水量与排污量见表 16-3。由表 16-3 可见，4 家职工医院污水年排放量变化不大。

西安铁路分局 4 家职工医院用水量与排污量 表 16-3

单位	病床（张）	年总用水量（万 t）			年排污总量（万 t）		
		1993 年	1994 年	1995 年	1993 年	1994 年	1995 年
西铁中心医院	550	20.5	22.9	19.1	16.4	18.3	14.9
西铁西安医院	300	16.7	16.3	16.2	13.4	13.1	13.9
西铁临潼医院	150	3.7	3.8	5.4	2.96	3.16	4.3
西铁闫良医院	100	2.3	2.2	1.7	1.87	1.76	1.4

16.2.2 医院污水的水质及其特征

通过对医院污水的监测分析，医院污水的主要污染物有：其一是病原性微生物；其二是有毒、有害的物理化学污染物；其三是放射性污染物。现将其污染来源及危害分述如下。

1. 病原性微生物及控制指标

（1）粪大肠菌群数和大肠菌群数

通常把大肠菌群数和粪大肠菌群数作为衡量水质受到生活粪便污染的生物学指标。大肠杆菌在水环境的存活力和肠道致病菌的存活力相近似，在抗氯性方面要大于乙型副伤寒菌及痢疾志贺氏菌。近年有资料报道，大肠杆菌不适合作为衡量水质的生物学指标，建议用粪大肠菌作为衡量水质受到粪便污染的生物学指标。如果在水中有粪便大肠菌存在，说明水质在近期内受到粪便污染，因而有可能存在肠道致病菌，所以新修订的《污水综合排放标准》把有关医院含菌污水的排放指标定为粪大肠菌群数。

粪大肠菌群数指标的含义是指能在 44.5℃、24h 之内发酵乳糖产酸产气的、需氧及兼性厌氧的、革兰氏阴性的无芽孢杆菌，其反映的是存在于温血动物肠道内的大肠菌群细菌，采用的配套监测方法为多管发酵法。

（2）传染性细菌和病毒

我国 1989 年 4 月颁布了《中华人民共和国传染病防治法》，法定传染病分为甲、乙、丙三类。甲类传染病原包括鼠疫、霍乱两种。在 2003 年 4 月卫生部颁布的最新规定中，将 SARS 也列为甲类传染病；乙类传染病 24 种，包括病毒性肝炎、细菌性和阿米巴性痢疾、伤寒和副伤寒、艾滋病、淋病、梅毒、脊髓灰质炎、麻疹、百日咳、白喉、流行性脑脊髓膜炎、猩红热、流行性出血热、狂犬病、钩端螺旋体病、布鲁氏菌病、炭疽病、流行性和地方性斑疹伤寒、流行性乙型脑炎、黑热病、疟疾、登革热、肺结核、新生儿破伤风；丙类传染病 9 种，包括血吸虫病、丝虫病、包虫病、麻风病、流行性感冒、流行性腮腺炎、风疹、急性出血性结膜炎、（除霍乱、疟疾、伤寒和副伤寒以外的）感染性腹泻病。对甲类传染病需强制管理：对传染病疫点、疫区的处理，对病人及病原携带者的隔离治疗和易感染人群的保护措施等均具有强制性；对乙类传染病需严格管理：在管理上采取了一套常规的严格的疫情报告办法；对丙类传染病实施监测管理：通过确定的疾病监测区和实验室对传染病进行监测。《传染病防治法》要求，对被传染病病原体污染的污水、污物、粪便，必须按照卫生防疫机构提出的卫生要求进行处理。

医院污水和生活污水中经水传播的疾病主要是肠道传染病，如伤寒、痢疾、霍乱以及马鼻病、钩端螺旋体、肠炎等；由病毒传播的疾病有肝炎、小儿麻痹等疾病。

医院污水的特点决定了对其无害化处理是非常严峻的问题，一些具有高度传染性的疾病在社会上蔓延，对现有的医院污水处理的工艺技术水平及其措施，将是一种严峻的考验。2003 年在世界范围内流行的呼吸系统传染疾病——SARS（Severe Acute Respiratory Syndrome），即重症急性呼吸道综合症（传染性非典型性肺炎），是一种急性呼吸道传染病，这种疾病是由冠状病毒引起的，是现今仍在世界范围内蔓延的一种呼吸道传染病。我国是受 SARS 影响最严重的国家，世界卫生组织通告："非典"的传染不受地域和人群的限制，有可能跨国、跨人群快速蔓延。目前认为 SARS 是通过呼吸飞沫和亲密接触传播的，此外，许多病人的粪便中也含有冠状病毒，而且这种病毒在粪便中的存活时间比附着在物件表面更为长久。陶大花园发生 321 例 SARS 病例的爆发，是因受污染的环境造成的。从当前医院污水处理的现状来看，我国医院污水大面积无害化处理势在必行。

2. 有毒、有害的物理化学污染物

(1) pH

医院污水中的酸碱污水主要来源于化验室、检验室的消毒剂使用及洗衣房和放射科等。酸性污水排放对管道等造成腐蚀，排入水体对环境造成一定危害。pH 也影响某些消毒剂的消毒效果。pH 过低的污水，排放前应进行中和处理，或采用防腐蚀管道。

(2) 悬浮固体（SS）

悬浮固体是指水样通过孔径为 $0.45\mu m$ 的滤膜后，截留在滤膜上并于 $103\sim105℃$ 下烘干至恒重的固体物质。悬浮物不仅影响水体外观，还能影响氯化消毒灭活效果。悬浮物常成为水中微生物（包括致病微生物）隐蔽而免受消毒剂灭活的载体。悬浮物还可能淤塞排水管道，影响排水管的输水能力。医院污水中往往含有大量的悬浮物，很多纸类、布类、果皮核、剩饭菜等都有可能进入下水道而对污水的处理和消毒产生影响。悬浮物主要是通过格栅和沉淀池分离去除。

(3) BOD 和 COD

生活污水和医院综合污水大部分污染物来自生活系统排水，一般 COD 浓度为 $100\sim500mg/L$，BOD 浓度为 $60\sim300mg/L$，其 BOD/COD 值约为 0.6，属可生化性好的污水。但由于医院广泛使用消毒剂，其对生物处理是不利的，因此必须特别限制向下水道任意排放消毒剂及各种有机溶剂。BOD 和 COD 由于消耗消毒剂，所以 BOD 与 COD 浓度高的污水消毒需增加消毒剂的用量。

（4）动植物油

动植物油是动物性和植物性油脂，医院、疗养院食堂排水中含有较高的动植物油。一般动植物油对人体无害，但其在水体中存在时会形成油膜，阻碍空气中的氧向水中传递，使水体缺氧而危及鱼类及水生物。浓度较高的含油污水排入下水道时容易堵塞下水道。因此，厨房、食堂等含油污水必须经隔油处理后再排放。含油污水进入医院含菌污水系统将加大含菌污水的处理量，同时影响消毒处理效果，因此，应分开处理排放。

（5）总汞

总汞是指无机的、有机的、可溶的和悬浮的汞的总称。汞及其化合物对温血动物的毒性很大。由消化道将进入人体的汞迅速地吸收并随血液转移到全身各器官和组织，进而引起全身性的中毒。无机汞在自然界中可转化为甲基汞，其毒性更大，汞和甲基汞可通过食物链进入人体，并在脑中积蓄。日本发生的公害水俣病即是由人食用了被甲基汞污染的鱼，而在人体中积累所致。医院污水中的汞主要来自于口腔科、破碎的温度计和某些用汞的计量设备的汞的流失。

3. 放射性污染物

医疗单位在治疗和诊断中使用的放射性同位素有^{131}I、^{32}P等，放射性同位素在衰变过程中产生 α、β 和 γ 放射性射线，在人体内积累而对人体健康造成危害。我国《污水综合排放标准》GB 8978—1996 规定了医疗放射性同位素放射性强度的排放标准。排放标准将放射性废水中的放射性强度总 α-放射性和总 β-放射性作为一类污染物，要求在车间（即使用同位素的部门）排出口监测，放射性废水的最高允许浓度为：总 α 放射性为 1Bq/L，总 β-放射性为 10Bq/L。放射性活度 Bq（贝克）是表示放射性同位素衰变强度的单位，1Bq 相当于放射性同位素衰变一次，1Ci（居里）等于每秒衰变 3.7×10^{10} 次，即 $1Ci = 3.7 \times 10^{10}$ Bq。医院放射性污水主要来自同位素治疗室，应单独设置衰变池处理，达标后再排入综合下水道。

总体来说，医院污水水质与医院的类别、收治病人的类型与人数等因素密切相关。环境统计资料表明，医院总排污水中，大肠菌数为 $9.6 \times 10^7 \sim 2.3 \times 10^8 L^{-1}$，细菌总数为 $1.3 \times 10^6 \sim 1.5 \times 10^6 mL^{-1}$，肠道致病菌检出率达 30%～100%，$BOD_5$ 为 30～132mg/L，COD 为 140～650mg/L，SS 为 50～150mg/L，pH 为 7.0～8.0，其中主要污染因子是致病病原体。一般来说，综合医院污水与生活污水生物性、理化污染指标相似；传染病医院污水则通常含有大量的传染性细菌和病毒，其危害较大。设施较好、规模较大的省市级医院，由于收治病人人数较多、病人类型繁杂，其排放污水水质通常比规模较小的县级和乡镇医院差。此外，医院污水除了含有传染病等病原体的污水以外，还有来自诊疗、化验、研究室等各种不同类别的污水，这些污水往往含有重金属、消毒剂、有机溶剂以及酸、碱等，有些重金属和难生物降解的有机污染物是致癌、致畸或致突变物质，这些物质排入环境中将对环境产生长远的影响，它们可以通过食物链富集浓缩，进入人体，而危害人体健康。医院在使用放射性同位素诊断、治疗和研究中，还产生放射性污水、污物，也必须通过处理，达到规定的排放标准后方可排放或运送至专门的机构处置。

医院污水特别是传染病房排出的污水如不经消毒处理而直接排入水体，可能会引起水源污染和传染病的爆发流行。通过流行病学调查和细菌学检验证明，国内外历次大的传染病暴发流行，几乎都与饮用或接触被污染的水有关。1987 年上海发生甲肝流行，29 万多人发病，主要是食用了被粪便污染水里生长的毛蚶所致。

16.3　医院污水的处理技术

16.3.1　医院污水处理技术概述

1. 医院污水处理的原则和特点

医院污水成分复杂，处理方法特殊，一方面要考虑污水中细菌、病毒、寄生虫卵的数量和种类，消毒后达到《医院污水排放标准（试行）》的要求；另一方面应考虑污水的排向及受纳水域环境功能区划对水质的要求，使处理后达到《污水综合排放标准》GB 8978—1996的要求。但医院污水处理必须以消毒为首要任务，通过消毒前的预处理，可以改善污水的理化指标和生物学指标，降低消毒费用，提高出水的处理效果。目前医院污水预处理方法可分为一级处理和二级处理两类工艺流程，具体采取何种工艺还要根据污水性质和排放条件进行正确选择。当医院污水排入具备污水处理厂的城市下水道时，可采用一级处理工艺以节省工程投资及管理费用；当直排水体时，应考虑水体用途，按相关的法律法规、标准进行严格的二级处理。另外，医院污水尽量做到分流排放，如：污水与雨水分流、居民区与医疗区污水分流、放射性污水与非放射性污水分流、传染病区污水与非传染病区污水分流。分流排放有利于集中处理某类危害性污染物，降低后续水处理污染物负荷，处理效果好。

医院除生活污水和含菌污水外，还有化验室废水、同位素室排出的放射性废水、放射科洗相室的洗相废水、食堂排出的含油污水以及口腔科排出的含汞废水，这些污水或废水也需采取不同的预处理措施，处理后再排入综合污水系统。

医院污水处理总的流程是：传染病房和传染科的污水应单独进行消毒处理，普通病房和一般生活污水可经化粪池处理，洗相室废液应回收银和处理回收显影、定影废液，食堂应设置隔油池，口腔科排水应处理含汞废水，使用过的废药剂等应回收处置，放射科废水应经过衰变池处理。经过以上预处理后的各种污水再进入综合污水系统。综合污水再根据水质水量、排放去向和排放要求，经相应处理后排入城市下水道或地面水域。医院污水处理总流程如图 16-1 所示。

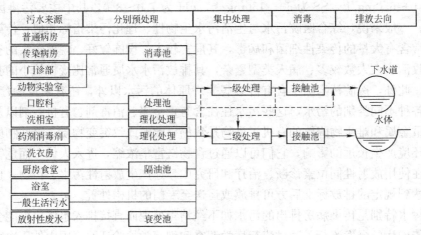

图 16-1　医院污水处理总流程

2. 医院污水处理典型工艺流程

（1）一级处理

医院污水一级处理的典型工艺是一级沉淀加消毒,其处理设施通常包括化粪池、沉淀池、双层沉淀池或调节池、混合接触池等处理设施。在一些简易医院污水处理中,有的不设沉淀池和调节池,而是利用化粪池作为一级处理设施。化粪池出水经过格栅、定量池(或集水井)直接进入氯化接触池。一级处理典型流程见图 16-2。

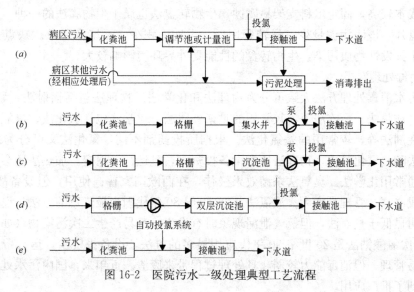

图 16-2 医院污水一级处理典型工艺流程

(2) 二级处理

医院污水二级处理通常采用生物氧化处理工艺,也有的采用生物和物化联用处理工艺。传统的生物处理工艺主要有:常规活性污泥法;生物接触氧化法;生物转盘法;氧化沟法;塔式生物滤池法;射流曝气法。工艺流程如图 16-3 所示。

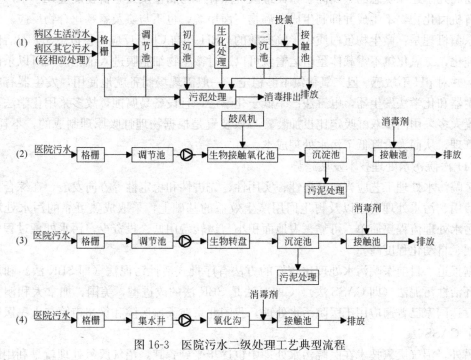

图 16-3 医院污水二级处理工艺典型流程

活性污泥法是利用活性污泥的凝聚、吸附氧化、分解等去除污水中的污染物，该法的缺点是产生大量的活性污泥，需进行污泥处理，增加了处理费用；同时，污水停留时间长、工艺设施占地面积大。生物接触氧化法又称浸没式生物膜法，是将池中充满污水，而滤料浸没在污水中。该法综合了活性污泥法和普通生物膜法的优点，但滤料易结块且使用寿命短、成本较高，固定填料支架易腐蚀。生物转盘法也属于生物膜法的一种，其生物膜的载体是盘片，该法污泥量少，运转费用低，占地面积少，无堵塞现象。缺点是盘材较贵，易产生挥发性物质污染，生物转盘的性能受外界环境影响较大。

（3）消毒处理

医院污水消毒处理方法大致可分为物理法和化学法。物理法包括辐射法、紫外线法、超声波法、加热法、冷冻法等，较常用的是紫外线法。化学法包括氯化法、臭氧法、阳离子表面活性剂法等，较常用的是氯化法。根据所投药剂不同，氯化法又可分为次氯酸钠法、液氯法和二氧化氯法。物理法通常设备投资大，且运行不稳定，加热法还会产生难闻气味，故通常用化学法。臭氧法杀菌效果极佳，在西欧国家普遍使用，但设备故障率高、电耗大、成本高、管理难度大；液氯法是 20 世纪 80 年代国内最流行的方法，设备故障率和成本均明显低于臭氧法，但氯气泄漏现象时有发生，且易产生二次污染物（如致癌物三氯甲烷）；次氯酸钠法是 20 世纪 90 年代应用最多的方法，设备投资少，运行费用低，安全可靠，易管理，但消毒能力较弱，且处理过程带来废渣。近年来，国内污水处理中二氧化氯法得到了推广应用。

二氧化氯是被世界卫生组织（WHO）确认的一种高效强力杀菌剂，是国际上公认的氯系列消毒最理想的更新替代产品，其有效氯是氯气的 2.63 倍，杀毒效果是氯的 5 倍以上，并且几乎没有余氯超标的现象。二氧化氯可以杀灭一切微生物，能氧化水中微量有机污染物和处于还原状态的金属离子，其最大优点在于与腐殖质或有机物反应几乎不产生发散性有机卤化物，不生成并抑制生成致癌物三卤甲烷，也不与氨及氨基化合物反应。二氧化氯杀菌机理是：微生物蛋白质中半胱氨酸的 $-SH$ 基与 ClO_2 反应，使以 $-SH$ 为活性点的酶钝化，二氧化氯不需载体蛋白运输就可以透过微生物细胞膜进入细胞内，所以杀菌力极强，并对 pH 不敏感。但二氧化氯不够稳定，一般需现场制备就地使用，发生器有电解法发生器和化学法发生器，电解法产率低于化学法，且设备易腐蚀，故多采用化学法。投加装置大多采用同步双虹吸定比投加装置，该装置是根据物理虹吸原理制成的，不耗电，易于管理，从而大大降低了污水处理成本。

（4）医院污水处理技术发展趋势

医院污水处理工艺应当向经济性、实用性、先进性和稳定性等方向发展，在综合比较排污费用、污水处理费用以及再生回用产生效益的基础上，采取成熟可靠的污水处理工艺。污水处理流程要简单、可靠、占地面积小、运转费用低、投资少，污水处理过程中操作方便、自动化程度高。

据报道，目前医院污水处理比较好的方法有序批式活性污泥法（即 SBR 法）和周期性循环活性污泥法（即 CASS 法）。CASS 法是 SBR 法的改进型，美国、加拿大和澳大利亚等发达国家已普遍应用于医院污水处理，我国北京航天城医院和徐州市第二人民医院也采用了 CASS 法。

另外，沼气厌氧技术在医院污水处理中也逐步受到青睐。沼气厌氧处理就是利用厌氧氧化的甲烷发酵过程，使大分子有机物降解为小分子无机物以净化污水，同时回收沼气作为燃料。沼气技术在我国乡镇医院污水处理中逐步得到推广应用，如绵竹市、德阳市人民医院及天池煤矿医院等污水均采用沼气厌氧技术处理。

16.3.2 特殊废水预处理技术

1. 酸性废水

医院大多数检验项目或制作化学清洗剂时，经常使用大量的硝酸、硫酸、盐酸、过氯酸、氯乙酸等，这些物质不仅对排水管道有腐蚀作用，而且与金属反应产生氢气，浓度高的废水与水接触能发生放热反应，与氧化性的盐类接触可发生爆炸。另外，由于废水的pH发生变化，也会引起和促成其他化学物质的变化。例如氮化钠在酸性条件下能成叠氮化氢，容易引起爆炸，并具有很强的毒性，所以必须严加注意。

对酸性废水通常采用中和处理，如使用氢氧化钠、石灰作为中和剂，将其投入酸性废水混合搅拌而达到中和目的。一般需控制pH为6～9方可排放。

2. 含氰废水

在血液、血清、细菌和化学检查分析中常使用氰化钾、氰化钠、铁氰化钾、亚铁氰化钾等氰化合物，由此而产生含氰废水和废液。氰化物有剧毒，人的口服致死剂量HCN平均为50mg，氰化钠为100mg，氰化钾为120mg。氰化物对鱼类的毒性很大，当水中游离氰浓度为0.05～0.10mg/L时，许多敏感鱼类致死，浓度在0.2mg/L以上时，大多数鱼类会迅速死亡，所以对于含氰废液、废水应单独收集处理。

含氰废水的处理方法有：化学氧化法、电解法、离子交换法、活性炭吸附法和生物处理法。少量的含氰废水最简单的处理方法是化学氧化法，如碱式氯化法。碱式氯化法是将含氰废水放入处理槽内，向槽内加入碱液使废水的pH达到10～12，然后再投加液氯或次氯酸钠，控制余氯量为2～7mg/L，处理后的含氰废水浓度可达到排放标准0.5mg/L。其反应如下：

$$NaCN+2NaOH+Cl_2=NaCNO+2NaCl+H_2O（快）$$
$$2NaCNO+4NaOH+3Cl_2=2CO_2+N_2+6NaCl+2H_2O（慢）$$

3. 含汞废水

金属汞主要来自各种口腔门诊和计测仪器仪表中使用的汞，如血压计、温度计、血液气体测定装置、自动血球计算器等，当盛有汞的玻璃管、温度计被打破或操作不当时都会造成汞的流失。在分析检测和诊断中常使用氯化汞、硝酸高汞以及硫氰酸高汞等剧毒物质，口腔科为了制作汞合金，汞的用量也比较多。这些都是废水中汞的来源。

汞对环境危害极大，汞进入水体以后可以转化为极毒的有机汞（烷基汞），并且通过食物链富集浓缩。人食用了受汞污染的水产品，甲基汞可以在脑中积累，引起水俣病，严重危害人体健康。汞对水生生物也有严重的危害作用，我国污水排放标准规定汞的最高允许浓度为0.05mg/L，饮用水的最高允许浓度为0.001mg/L。

含汞废水处理方法有铁屑还原法、化学沉淀法、活性炭吸附法和离子交换法。采用硫氢化钠或硫化钠沉淀法处理含汞废水是一种简单易行的方法。采用硫氢化钠法是将含汞废水先经静置沉淀后，加盐酸将pH调至5，再加入硫氢化钠，调pH至8～9，再加入硫酸铝溶液进行混凝沉淀，出水含汞浓度可降到0.05mg/L以下。硫化钠沉淀法是向含汞废水加入硫化钠产生硫化汞沉淀，再经活性炭吸附处理，汞的去除率可达99.9%，出水含汞浓度可达到 0.02mg/L 以下。

4. 含铬废水

重铬酸钾、三氧化铬、铬酸钾是医院在病理、血液检查和化验等工作中使用的化学品。这些废液应单独收集，尽量减少排放量。铬化合物中有三价铬和六价铬两种存在形式。六价铬的毒性大于三价铬，铬化合物对人畜机体有全身致毒作用，还具有致癌和致突变作用。六价铬能使人诱发肺癌、鼻中隔膜溃疡与穿孔、咽炎、支气管炎、黏膜损伤、皮炎、湿疹和皮肤溃疡等，是重点控制的水污染物之一。

含铬废水处理的方法很多，最简单实用的方法是化学还原沉淀法，其原理是在酸性条件下向废水中加入还原剂，将六价铬还原成三价铬，然后再加碱中和，调节 pH 为 8~9，使之形成氢氧化铬沉淀，出水中六价铬含量小于 0.5mg/L。采用亚硫酸钠和亚硫酸氢钠还原处理含铬废水的反应如下：

$$2H_2CrO_4 + 3Na_2SO_3 + 3H_2SO_4 = Cr_2(SO_4)_3 + 3Na_2SO_4 + 5H_2O$$

$$2H_2Cr_2O_7 + 6NaHSO_3 + 3H_2SO_4 = 2Cr_2(SO_4)_3 + 3Na_2SO_4 + 8H_2O$$

加氢氧化钠中和沉淀反应如下：

$$Cr_2(SO_4)_3 + 6NaOH = 2Cr(OH)_3 + 3Na_2SO_4$$

5. 洗相废水

医院放射科照片洗印废水是一个重要污染源，在胶片洗印加工过程中需要使用 10 多种化学药品，主要是显影剂、定影剂和漂白剂等。在洗照片的定影液中还含有银，银是一种贵重金属，对水生物和人体具有很大的毒性。含银废液可出售给银回收部门处理，如量较大也可自己将银回收。银的回收方法有电解提银法和化学沉淀法，低浓度的含银废水也可采用离子交换法和活性炭吸附法处理。洗相废液不能随意排入下水道，而应严格的收集和处理。高浓度的洗印显影废液收集起来可采用焚烧处理或采用氧化处理法。一般浓度较低的显影废水通过氯化氧化处理，总量可以降至 6mg/L 以下。

6. 传染性病毒废水

医院污水中含有大量的病源微生物、病毒和化学药剂，具有空间污染、急性传染和潜伏性传染的特征。如果含有病源微生物污染的医院污水，不经过消毒处理就排放进城市下水道或环境水体，往往会造成水体的污染，并且引发各种疾病和传染病的暴发，严重危害人们的身体健康。2003 年，SARS 疫情在全世界的爆发，引起了广大学者对传染性病毒废水处理的研究。研究单位对目前所使用的几种消毒剂和手段的效果进行了研究评价，结果表明，含氯消毒剂和过氧乙酸，按照卫生部推荐的浓度，在几分钟内可以安全杀死粪便和尿液中的"非典"病毒；应用紫外（UV）照射的方法，在距离为 80~90cm、强度大于 90uW/cm² 条件下，30min 可杀死体外"非典"病毒。结合相关医院污水处理的实践，清华大学提出以"新型高效膜-生物反应器"技术为主体的处理技术，该技术对微生物及大分子物质的截流效率高，有效控制了出水中微生物的含量。在处理的过程中，污泥产生量少，这大大降低了系统外排病原体的数量，极大地减少了其扩散蔓延几率。膜生物反应器的出水采用高效 UV 消毒工艺，能够在数秒内杀死病毒和细菌。整个系统采用全封闭结构，并实现了完全自动化控制。运行安全可靠，操作简单、安全，避免了病原微生物的扩散。

7. 其他废液废水

医院还使用大量的有机溶剂、消毒剂、杀虫剂及其他药物，如氯仿、乙醚、醛类、乙醇、有机酸类、酮类等。这些物质应严格禁止向下水道倾倒。某医院在打扫卫生时将消毒剂倒入下水道，致使污水处理站生化处理的生物膜全部被杀死，使污水无法处理，只能超标排放，污染环境。所以，一定要做好有毒有害废液收集处理工作，该焚烧的焚烧，该处理的处理，决不能任意排放。

16.3.3 放射性污水处理

我国自 1958 年以来，便开始把放射性同位素用于医疗诊断和治疗疾病上。应用放射性同位素诊断、治疗病人过程中产生的放射性污水，如不进行处理就直接排放，必然污染环境，污染水源，危害人们的身体健康。因此，对含有放射性污水的排放，在排放前必须由环境保护部门进行监测，符合排放标准后方可排放。

对于浓度高、半衰期较长的放射性污水，一般将其贮存于容器内，使其自然衰变。目前医院同位素室用过的注射器以及多余剂量的放射性同位素均按规定贮存于容器内。对于浓度低、监期较短的放射性污水，排入地下贮存衰变池，贮存一定时间（一般贮存到该种核素的 10 个半衰期）使其放射性同位素通过自然衰变，当放射性同位素浓度降低到国家排放管理限值时再行排放。贮存、衰变池一般分为两种形式：间歇式和连续式。

1. 间歇式衰变池

间歇式贮存衰变池分为 2 个格，也有分 3，4，5 个格的，分格越多，其总设计容积就越小。以两格为例，其平面图见图 16-4。

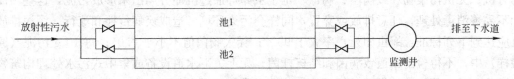

图 16-4　贮存池平面图

如先用贮存池 1（简称池 1），出水口闸阀先关闭，待放射性同位素污水充满池 1 后关闭进水闸阀，使用池 2。同样，先把池 2 出水口的闸阀关闭，待池 2 充满水时，正是池 1 中的放射性污水浓度已衰变到国家排放管理的限值，在时间上相当于贮存池内半衰期最长的一种放射性同位素放置了 10 个半衰期。这时，打开池 1 的出水闸阀，使污水排空后关闭出水闸阀。然后打开池 1 的进水闸阀，关闭池 2 的进水闸阀使放射性同位素污水在池内放置自然衰变。两个贮存池就这样交替使用。

含有放射性同位素的污水一般呈酸性，所以贮存池、管道、闸阀等均应进行防酸处理或采用耐酸腐蚀材料。贮存池应进行严格防水处理，保证不渗不漏。贮存衰变法设备管道简单、管理方便、安全可靠，但间歇式贮存池容积大、占地多，一般适合少量放射性污水的处理。

2. 连续流动式衰变池

间歇式衰变池占地面积较大，处理效率低，操作管理比较麻烦，因此逐步被连续式衰变池所取代。连续式衰变池一般设计为推流式，池内设置导流墙，放射性废水从一端进入，经过缓慢流动至出水口排出，池内废水保持推流状态，尽量减少短路。连续式衰变池的总体积比间歇式小，操作也简单，基本不需要管理。推流衰变池的流程示意如图 16-5 所示。

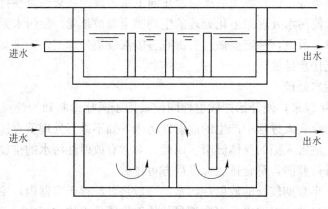

图 16-5　连续式衰变池示意图

16.4　医院污水的污泥处理

16.4.1　污泥的分类

污泥处理是医院污水处理的重要组成部分。在医院污水处理过程中，大量悬浮在水中的有机、无机污染物和致病菌、病毒、寄生虫卵等通过沉淀分离出来形成污泥，这些污泥如不妥善消毒处理，任意排放或弃置，同样会污染环境，造成疾病传播和流行。污泥排放时应达到下列标准：蛔虫卵死亡率大于 95%；粪大肠菌值不小于 0.01；每 10 g 污泥（原检样）中，不得检出肠道致病菌和结核杆菌。无上、下水道设备或集中式污水处理构筑物的医院，对有传染性的粪便必须进行单独消毒或其他无害化处理。

1. 按污泥从污水中分离出来的过程分类

（1）格栅渣和浮渣

通过粗、细格栅从污水中截留下来的固形物称作格栅渣，含水率较低，数量不大。悬浮在沉淀池或腐化池水面上的悬浮物质称作浮渣。

（2）沉淀污泥

沉淀污泥主要是初次沉淀池沉淀下来的悬浮固体，包括化学处理的沉淀污泥。

（3）生物处理污泥

生物处理污泥主要有剩余活性污泥、生物膜法处理时脱落下来的生物膜和细菌块等及厌氧消化过程产生的污泥。

2. 按污泥腐化程度分类

（1）生污泥

由初次沉淀池和二次沉淀池排出的污泥。

（2）消化污泥

生污泥经过好氧或厌氧处理后得到的污泥，如化粪池产生的污泥和污泥消化池产生的污泥都属于消化污泥。

医院污水处理过程中产生的污泥量与原水悬浮物含量及处理工艺有关，悬浮物主要来自设备地面冲洗、粪便及其他非溶性物质。每人每日的粪便量约为 150g。

16.4.2　污泥的处理

医院污水处理所产生的污泥量较少，一般在采用一级处理加氯消毒工艺时可不设污泥干化池。在采用二级处理时，二次沉淀池的活性污泥应及时排放出来，所以一般需设置干化池。

污泥干化池有两种形式，一种是无人工滤水层的自然滤层干化池；另一种是设置人工滤水层的干化池。医院污泥的排放量不大，又必须防止渗漏污染地下水，所以医院污泥干化应防止渗漏。干化池底部做成不透水结构，一般是用钢筋混凝土建造。池底部设置排水管，上面铺上砂石滤水层。干化池应为多格结构，轮流使用，最少不得小于 3 个格。

污泥干化池的排水管采用直径为 100～150mm 的未上釉陶土管，承插接口不用填塞，即敞开接头铺设，或用盲沟排水，坡度为 0.002～0.003。人工滤水层分为两层，下层用砾石或粗矿渣铺垫，厚 200～300mm；上层用细砂或细矿渣，厚 200～300mm。污泥干化后形成污泥饼，可采用人工清除，每次清除会铲掉滤层上部的部分细砂，所以要随时补充一部分细砂，以保持干化池的良好过滤性能。

16.4.3　污泥的消毒

在医院污水处理过程中，污水中所含的 80％以上的病菌和 90％以上的寄生虫卵被浓集在污泥中，所以必须做好医院污泥的消毒处理，使之达到相关排放标准的要求，方能排放或利用。

污泥消毒方法有物理法、化学法和生物法，如低热消毒、堆肥、氯化消毒、石灰消毒，以及辐照消毒等。

1. 低热消毒

低热消毒法也称为巴氏消毒法，将污泥加热至 70℃，持续 30～60min，可以全部杀灭致病微生物和寄生虫卵。加热方式可使用蒸汽直接加热，也可采用间接加热法。利用蒸汽直接加热污泥，由于蒸汽易形成凝结水可使污泥体积增加 7％。医院可以使用小型低热污泥消毒罐对污泥消毒。消毒罐由碳钢制成，设有污泥进出口、气体出口和气体过滤器、蒸汽进口以及压力、温度控制仪表。消毒罐体外加保温层，其形式如图 16-6 所示。

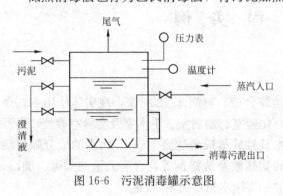

图 16-6　污泥消毒罐示意图

2. 堆肥

堆肥是利用有机物通过好氧菌进在好氧发酵的过程。医院污泥可以和垃圾及其他有机物混合通过堆肥处理达到消毒灭菌的目的和产出肥料。堆肥处理需要适当的温度、营养、水分、通风等条件，如果能创造出发酵菌发酵的最佳环境条件就能促进污泥的堆肥处理过程。如在大型的连续式堆肥处理厂，可通过机械混合搅拌、加强通风等手段，提高生产效率，缩短堆肥的生产周期。小型堆肥处理装置采用间歇式的堆肥仓，将拌好的物料放入仓内，堆放时间为 40～90d。堆肥过程中温度和 pH 不断变化，温度可达到 50～70℃，pH 由 5.5 上升到 8.2，这对于灭活污泥中的各种致病菌和蠕虫卵是非常有利的。

3. 氯化消毒

污泥也可以使用氯化消毒法处理。常用的氯化消毒剂有液氯、漂白粉、漂粉精和次氯酸钠等。为了达到消毒目的，其有效氯的投加量为2.5%～5%。将一定量的氯化剂投加到污泥池内搅拌混合，经过反应，污泥中的致病菌和蠕虫卵即可被灭活。

4. 石灰消毒

利用石灰调节水中pH达到11～12.5时，经过一段接触时间，即可灭活水中的细菌和病毒。沈阳军区后勤部军事医学研究所用石灰消毒医院污泥试验结果表明，石灰投加量为15g/L、pH达到12以上、接触时间在2h以上时，对大肠菌群的灭活效率为99.99%；但灭活蠕虫卵需要7h的接触时间。

5. 辐照消毒

辐照消毒是利用γ射线、电子束和高能X射线照射污泥，使之吸收射线所发出的能量。破坏微生物体内的核酸酶和蛋白质，促使微生物体新陈代谢紊乱，繁殖受阻，病原体失活，从而达到消毒的目的。

辐照消毒的优点：

(1) 不需投加任何药剂，不产生二次污染；

(2) 可在室温下灭活细菌、病毒、孢子、蠕虫卵，消毒稳定彻底；

(3) 可以改善污泥的理化性质，降低BOD、COD和污泥中有机物的毒性，提高污泥的沉降脱水性能；

(4) 能耗低，可利用核废料作辐射源；

(5) 操作简单，设备安全可靠。

其缺点是一次性投资较大，适合于医院污泥的集中消毒处理。

16.5 工 程 实 例

16.5.1 CASS工艺处理医院污水

1. 工程概况

徐州医学院附属医院新建一栋临床教学综合楼，有病床1200张，现实际使用800余张。污水主要来源于病房、门诊、注射室、化验室、制剂室、手术室及实验室等处，另外还有食堂、卫生间和浴室等生活污水，污水日排放量最高达到1000t。污水的成分除生活污水中的粪便、纸屑等外，还夹杂棉球、药物残液及洗涤剂等，含有大量的病毒、细菌、寄生虫卵及其他有害物质。该医院混合后的主要废水指标见表16-4。

废水主要污染物以及浓度（mg/L）　　　　　　　　　　表16-4

项目	SS(mg/L)	COD(mg/L)	BOD$_5$(mg/L)	总磷(mg/L)	氨氮(mg/L)	粪大肠菌群数(个/L)
变化范围	80～260	150～300	90～150	5～3	8～16	≥24000
平均值	126	260	123	2.27	14.2	≥24000

2. 工艺流程及运行效果

污水处理工艺流程见图16-7。

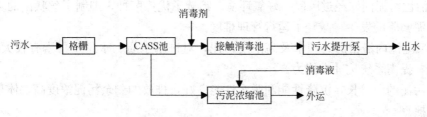

图 16-7　徐州医学院附属医院污水处理工艺流程

医院废水经机械格栅滤去废纱布、纸屑等较大杂物后连续不断地进入CASS反应器的预反应区，与反应器中数倍体积的活性污泥完全混合，污水中的可溶性有机物很快被该区域内的微生物所吸附。经初步吸附的污水和污泥通过隔墙底部的洞口进入主反应区进行曝气（采用射流曝气）、沉淀和滗水三个阶段的周期运行，工作周期4h，其中曝气2h、沉淀1h、滗水1h，经历了好氧-缺氧-厌氧的周期变化过程。在曝气阶段系统中的可溶性有机物被氧化分解，同时进行硝化反应；在沉淀阶段，污泥沉降，污水澄清，剩余的有机物被污泥带到反应器底部，利用溶解在水中的溶解氧进一步进行低负荷的氧化分解，这样系统逐步由好氧转入缺氧，开始进行反硝化反应；在滗水阶段，系统基本处于厌氧状态，活性污泥进行内源呼吸，反硝化细菌利用内源碳进行反硝化脱氮，处理后的水由滗水器自动排出反应器。滗水结束后，继续进入一个新的处理周期。滗出的上清水再排入折板式接触消毒池，与次氯酸钠消毒系统产生的消毒液充分接触达标后排放。CASS反应器内的污泥定期集中排入污泥浓缩池，池内设曝气搅拌装置，一方面进行好氧消化，进一步减少污泥量，另一方面防止污泥吸收的磷在厌氧条件下重新释放出来，也可防止臭味产生。污泥浓缩后上部清液排回CASS反应器，下部污泥经消毒后交由环卫部门定期清掏外运。设施运行结果见表16-5。

污 水 处 理 效 果　　　　　　　　表 16-5

项目	SS (mg/L)	COD (mg/L)	BOD$_5$ (mg/L)	总磷 (mg/L)	氨氮 (mg/L)	粪大肠菌群数（个/L）
原水	126	260	123	2.27	14.2	≥24000
出水	22	33	6.6	1.08	2.28	20
去除率（%）	85	87	95	52	84	99.9

3. 运行综合评价

该医院污水处理设施自2002年建成运行以来，整个系统运行稳定，出水水质良好，处理后的水完全可以回用于绿化、冲刷厕所、打扫卫生等。该系统具有如下优点：

（1）采用组合结构形式，水量及水质调节、生物降解、污泥沉淀和废水排放均在同一池中进行，不需调节池、二沉池及污泥回流设备，可大大节省投资并减少用地。

（2）进行周期性曝气，曝气时氧浓度梯度大，并且采用高效射流曝气，氧传递效率高，节能效果好，可明显降低运行费用。

（3）运行周期经历好氧、缺氧、厌氧、沉淀等阶段，微生物可通过多种途径进行代谢，利用不同形态的氧源及碳源，使有机质的降解更完全且能耗又省，有明显的脱氮效果。

（4）活性污泥同样经过厌氧、好氧环境，筛选了优势菌种，抑制了丝状菌的生长，大大降低污泥膨胀的发生，减轻了运行管理难度。

（5）反应池内滞留的处理水及高浓度污泥，对进水水质、水量及毒素有较大的稀释、缓冲作用，提高系统抗冲击能力。

（6）污泥的泥龄长，沉降性能和脱水性能良好，排放的剩余污泥浓度高，体积小，处理方便简捷。

（7）采用水下射流曝气机代替传统的鼓风机曝气可有效解决噪声污染。

16.5.2 生物接触氧化＋砂滤＋活性炭＋ClO₂消毒工艺处理医院污水

1. 工程概况

青岛某综合性医院污水站始建于 1988 年，随着医院规模的扩大和环境标准的提高，该处理站已无法满足现有水量和水质标准的要求。医院对原污水处理设施进行全面改造扩建，一方面扩大现有设施的处理规模，使增加的污水量能得到有效净化；另一方面从节约水源，提高处理水平的方向出发，对污水进行资源化利用。

污水设计规模为 2000m³/d，设计流量为 80m³/h；回用水近期设计规模为 1000m³/d，设计流量为 40m³/h。污水的二级排放处理规模确定为 2000m³/d，污水及中水站土建设施一次性完成，当中水处理规模需要扩大时，只需要增加中水的过滤和消毒设备即可实现。

污水处理后若不回用则水质应满足《医疗机构水污染物排放标准》GB 18466—2005 的要求，而中水则应达到《城市杂用水水质标准》GB/T 18920—2002 的要求。设计的进、出水主要水质指标如表 16-6 所示。

设计进、出水主要水质指标

表 16-6

污水类别	COD(mg/L)	BOD(mg/L)	NH₃-N(mg/L)	SS(mg/L)	粪大肠菌群(个/L)
设计进水	600	400	30	400	20000
排放污水	100	20	15	70	500
回用水	—	10	10		73

2. 工艺流程

根据综合性医院污水的特点，同时考虑到中水回用，该工程的污水处理工艺流程如图 16-8 所示，其中虚线表示污泥流程线。

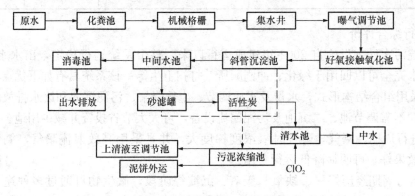

图 16-8　污水处理工艺流程图

（1）预处理系统

预处理系统主要构筑物包括化粪池、机械格栅、集水井、曝气调节池。污水首先进入化粪池，通过沉淀截留作用及微生物生化作用去除部分污染物；然后污水经过格栅进入集水井，使用潜污泵将水提升进入曝气调节池以调节水量，均化水质。

（2）生化处理与消毒系统

该系统主要构筑物和设备包括好氧接触氧化池、斜管沉淀池、中间水池、消毒池、ClO_2发生器及加药系统。污水通过潜污泵由曝气调节池输送至好氧接触氧化池，通过微生物的生化作用去除部分有机污染物和NH_3-N。泥水混合液进入斜管沉淀池进行泥水分离，上清液进入中间沉淀池，污泥部分回流，部分则进入污泥处理系统。在消毒池内，通过投加ClO_2对污水消毒，消毒后污水达标排放。

（3）中水回用系统

在生化处理（一级处理）的基础上，串联两级过滤和ClO_2消毒工艺组成中水回用系统，主要构筑物为砂滤罐、活性炭过滤罐、清水池。经该系统产生的中水将主要用于绿化、冲厕及滤罐反冲洗等。

（4）污泥处理系统

由沉淀池、滤罐反冲洗产生的泥水混合物进入污泥浓缩池进行泥水分离，上清液回流至调节池，浓缩后污泥定期外运。

3. 运行效果

废水处理设施经过半年运行，设备运转正常，整个工艺系统一直处于稳定状态。处理前后的水质情况见表16-7（2008年5月至11月运行的平均结果）。表16-7的结果表明，除了SS略超标外，出水的其他各主要污染指标均小于《医疗机构水污染物排放标准》GB 18466—2005的限值，而采用中水处理工艺深度处理后的回用水均达到了《城市污水再生利用城市杂用水水质》的要求。SS超标的原因是污泥沉降性能不理想，导致少量离散态微生物未沉淀而进入了中间水池，可通过在沉淀前加入少量絮凝剂解决此问题。

处理前后水质对照 表16-7

污水类别	COD(mg/L)	BOD(mg/L)	NH_3-N(mg/L)	SS(mg/L)	类大肠杆菌(个/L)
进水	190～200	105～214	9～42	89～380	2000～17000
排放污水	54	14	12	37	95
回用水（二级过滤）	20	38	50		<3

4. 工程小结

采用好氧生物接触氧化＋ClO_2消毒工艺可使医院污水处理后达到《医疗机构水污染物排放标准》的要求，且出水水质稳定；采用好氧生物接触氧化＋斜管沉淀＋砂滤＋活性炭过滤＋ClO_2消毒工艺对医院污水进行处理，出水水质可达到《城市污水再生利用城市杂用水水质》的要求，且出水水质稳定；将生物接触氧化池置于地下，可充分利用空间，节约工程占地面积，同时具有较好的保温作用，可减轻冬季温度降低对生物处理效率的影响。

本章参考文献

[1] 陈志莉，张统. 医院污水处理技术及工程实例[M]. 北京：化学工业出版社，2003.

[2] 赵庆良，李伟光. 特种废水处理技术[M]. 哈尔滨：哈尔滨工业大学出版社，2004.

[3] 马世豪，凌波．医院污水污物处理[M]．北京：化学工业出版社，2000．

[4] 刘道根，黄种买，郭琰．医院污水处理技术现状及发展趋势[J]．工业水处理，2004，24(10)：
     1～4

[5] 陈志莉，叶茂平．医院污水处理技术[J]．环境科学技术，2003，26(6)：49～50．

[6] 印辉，王宇．CASS 工艺在医院污水处理中的应用[J]．江苏环境科技，2003，16(2)：16～17．

[7] 孙国亮，唐祖萍，梅凯，张睿．综合性医院污水处理工程改建实例[J]．环境科技，2011，24(2)：
     32～34．

[8] 甘明强，王萍，徐婷等．医院污水处理/深度处理工程实例[J]．广西轻工业，2010，26(3)：
     80～81．

17 垃圾渗滤液处理技术

随着城市建设的飞速发展和城镇人口数量的增长，城市垃圾已经成为全球性环境污染的主要因素之一。如何依靠科技进步，从根本上实现城市垃圾"减量化、无害化、资源化"目标，做到化害为利，变废为宝，是摆在环保工作者面前的一项重要任务。目前，国内外广泛采用的城市垃圾处理方式主要有综合利用、焚烧、堆肥和卫生填埋四种处理方式。卫生填埋是世界范围内垃圾处理的主要方式。所谓卫生填埋，意指采用合理的工程技术措施，将城市垃圾分层填入经防渗处理的场地，层层覆土压实，使垃圾在一定的物理化学和生物的条件下发生转化，有机物得到降解，最终使垃圾实现稳定化和无害化，即是能对渗滤液和填埋气体进行控制的填埋方式。以往垃圾简单填埋处理由于未控制其对环境的污染，造成了严重的后果。直到 20 世纪 30 年代，在美国加利福尼亚州才首次提出"卫生填埋"的概念。随后一些发达国家和发展中国家都相继采用这种方式处理城市生活垃圾。由于垃圾卫生填埋场一次性建设投资较少，经常运转费用相对较低，技术比较容易掌握，所以卫生填埋技术在发展中国家是最主要的垃圾处理方式。在垃圾的卫生填埋过程中，由于降水和微生物分解等作用，将产生一种成分复杂的高浓度废水——垃圾渗滤液，它成为垃圾处理的一种主要二次污染源，因此必须对其采取严格而有效的处理措施加以控制。

17.1 垃圾渗滤液的产生和特点

17.1.1 垃圾渗滤液的产生

垃圾渗滤液水质极其复杂，污染物浓度高，因此渗滤液的处理一直是一个世界性的难题。虽然各国开展研究的时间已较长，但迄今尚无比较切实有效的处理方法。垃圾渗滤液主要来自 3 个方面：(1) 填埋场内的自然降雨和径流；(2) 垃圾自身原有的含水；(3) 在垃圾卫生填埋后由于微生物的厌氧分解而产生的水。其中填埋场内的降水为主要部分，这些水分渗过成分复杂的垃圾时，使垃圾发生分解、溶出、发酵等反应，从而使渗滤液中含有大量有机污染物、氮、磷和种类繁多的重金属类物质。

17.1.2 垃圾渗滤液的特点及影响因素

1. 垃圾渗滤液的特点

垃圾渗滤液的水质有以下特点：(1) 渗滤液水质十分复杂，不仅含有耗氧有机污染物，还含有各类金属和植物营养素（氨氮等），如果工业废物进入垃圾填埋场，渗滤液中还会含有有毒有害的有机污染物；(2) COD 和 BOD 浓度高，最高可达几万，远远高于城市污水；(3) 垃圾渗滤液中有机污染物种类多，其中有难以生物降解的萘、菲等非氯化芳香族化合物、氯化芳香族化合物、磷酸酯、邻苯二甲酸酯、酚类化合物和苯胺类化合物等；(4) 垃圾渗滤液中含有 10 多种金属离子，其中的重金属离子会对生物处理过程产生严重抑制作用；(5) 氨氮含量高，C/N 比例失调，给生物处理带来一定的难度。城市垃圾渗滤液污染物含量典型值如表 17-1 所示。另据资料表明，一个 125m×400m 的作业单元，在正常降雨情况下，三年日均渗滤液渗滤液产量为 $300\sim500m^3/d$。

一般垃圾渗滤液的主要成分 表 17-1

项目	变化范围	项目	变化范围
颜色	黄褐色	有机酸(mg/L)	46～24600
嗅觉	恶臭	氯化物(mg/L)	189～3262
pH	3.7～8.5	Fe(mg/L)	50～600
总残渣(mg/L)	2356～35703	Cu(mg/L)	0.1～1.43
总硬度以 $CaCO_3$ 计	3000～10000	Ca(mg/L)	200～300
COD(mg/L)	1200～45000	Mg(mg/L)	50～1500
BOD_5(mg/L)	200～30000	Pb(mg/L)	0.1～2.0
NH_3-N(mg/L)	20～7400	Cr(mg/L)	0.01～2.61
总磷(mg/L)	1～70	Hg(mg/L)	0～0.032

2. 垃圾渗滤液水质的影响因素

垃圾渗滤液水质的变化受垃圾组成、垃圾含水率、垃圾体内温度、垃圾填埋时间、填埋规律、填埋工艺、降雨渗透量等因素的影响，尤其是降雨量和填埋时间的影响。

值得注意的一个问题是垃圾渗滤液的成分随填埋时间而发生变化，这是由填埋场的垃圾在稳定过程中不同阶段的特点而决定的，大体上可以分为 5 个阶段。

(1) 最初的调节。水分在固体垃圾中积存，为微生物的生存、活动提供条件。

(2) 转化。垃圾中的水分超过垃圾的含水能力，开始渗滤，同时由于大量微生物的活动，系统从有氧状态转化为无氧状态。

(3) 酸性发酵阶段。在酸性发酵阶段，碳氢化合物被微生物分解成有机酸，有机酸被微生物分解成低级脂肪酸。当低级脂肪酸为渗滤液的主要成分时，pH 随之下降。

(4) 产生沼气。在酸化阶段中，由于产氨细菌的活动，使氨态氮浓度增高，氧化还原电位降低，pH 上升，为产甲烷菌的活动创造了适宜的条件，专性产甲烷菌将酸化阶段代谢产物分解成以甲烷和二氧化碳为主的沼气。

(5) 稳定化。垃圾及渗滤液中的有机物处于稳定状态，氧化还原电位上升。渗滤液中的污染物浓度很低，沼气几乎不再产生。

在填埋场的实际使用过程中，由于不同的堆填区使用的时间不同，其产生的渗滤液水质也不尽相同。因此，在填埋场使用期内，整个填埋场的渗滤液水质是不同阶段渗滤的综合结果。

对于一个连续填埋的垃圾场所产生的渗滤液而言，其水质的变化规律还与填埋场的"年龄"有关。对于使用时间在 5 年以下的"年轻"填埋场而言，所产生的渗滤液具有 pH 低、可生化性好、氨氮浓度较低、溶出金属离子量多等特点；而对于使用时间在 10 年以上的"老年"填埋场而言，所产生的渗滤液具有 pH 较高、可生化性较差、氨氮浓度高的特点。据报道，在美国、法国及欧洲的其他一些国家里，许多"年龄"在 10 年以上的垃圾填埋场所产生的渗滤液的水质与"年轻"的垃圾填埋场的水质存在明显差异，前者的稳定化程度远远高于后者。表 17-2 列出了渗滤液水质特征随填埋场"年龄"之间的变化，由此可见二者之间的相互关系。

垃圾渗滤液水质特征随填埋场"年龄"的变化 表 17-2

水质指标	垃圾填埋场"年龄"		
	<5 年(年轻)	5~10 年(中轻)	>10 年(老轻)
pH	<6.5	6.5~7.5	>7.5
COD(mg/L)	>10000	5000~10000	<5000
BOD$_5$/COD	>0.5	0.1~0.5	<0.1
COD/TOC	>2.7	2.0~2.7	<2.0
VFA(%TOC)	>30	5~30	<5

　　国外的研究表明，由于垃圾填埋场所处的地理环境、垃圾的成分、填埋的时间等复杂因素的影响，各个垃圾填埋场的渗滤液组成是不相同的。特别是由于国内外垃圾的分类、收集等途径的不同，造成国内外渗滤液水质没有一定的可比性。相比较来说，国内垃圾渗滤液的成分更为复杂。

17.2　垃圾渗滤液的处理方式

　　填埋场在垃圾填埋作业过程产生的大量渗滤液，若不进行适当处理，将对周围的地面水、地下水造成"二次污染"，破坏当地的生态环境。因此，垃圾渗滤液的收集处理和日常运行管理是每个填埋场应该而且必须做好的一项工作，也只有如此，才符合卫生填埋场的基本要求。然而，在垃圾填埋场的运行和管理中，渗滤液处理一直是一个比较棘手的问题。每个填埋场应该根据现有的条件和自身的实际情况（包括资金的投入额度、填埋场的地理位置、渗滤液的产生特点及特征等）来选择最佳的处理工艺组合以及最优的现场管理，两者结合，才有可能解决各填埋场渗滤液处理的难题。由于渗滤液水质水量的复杂多变性，目前尚无一套十分完善的处理工艺，在大多情形下，主要根据填埋场的具体情况及其他经济技术要求提出有针对性的处理方案和工艺。

　　目前，国内外渗滤液的处理有场内和场外两大类处理方案，具体包括 4 种方案，即直接排入城市污水处理厂进行合并处理、经必要的预处理后汇入城市污水处理厂合并处理、渗滤液循环喷洒处理即回灌处理以及在填埋场建设污水站（厂）进行独立处理等。

17.2.1　与城市污水处理厂的合并处理（场外处理）

　　若将垃圾渗滤液直接排入城市污水处理厂与城市污水合并处理，当然是最为简单的处理方案，它不仅可以节省单独建设渗滤液处理系统的大额费用，还可以降低处理成本。利用污水处理厂对渗滤液的缓冲、稀释作用和城市污水中的营养物质实现渗滤液和城市污水的同时处理，是一种较好的方法，但这并非是普遍适用的方法。一方面，由于垃圾填埋场往往远离城市污水处理厂，渗滤液的输送将造成较大的经济负担；另一方面，由于渗滤液所特有的水质及其变化特点，在采用此种方案时，如不加控制，则因垃圾渗滤液含有较高浓度的 BOD$_5$、COD 和 NH$_3$—N 物质及较低含量的磷，易造成对城市污水处理厂的冲击负荷，影响甚至破坏城市污水处理厂的正常运行。因而，在考虑合并处理方案时，必须研究其工艺上的可行性。对采用传统活性污泥工艺的城市污水处理厂而言，不同污染物浓度渗滤液量与城市污水处理厂的处理规模的比例是决定其可行性的重要因素。有研究表明，只要渗滤液的量小于城市污水总量的0.5%，那么垃圾渗滤液与城市污水合并处理就是一种技术可行、价格低廉的方法。并且，渗滤液带来的负荷增加应控制在10%以下，以保证其对城市污水的生物处理效果不产生负面影响。

目前，国内的垃圾填埋场多未建设场内的独立渗滤液处理系统，大多将渗滤液直接汇入城市污水处理厂进行合并处理，往往影响污水处理厂的正常运行。如苏州七子山垃圾填埋场在运行初期，将渗滤波收集后直接送至当时（1993年）处理规模为5000m³/d的苏州城西污水处理厂。虽然当时因渗滤液的产生量较小而并未对原有系统的正常运行造成危害，但随着渗滤液量的增加（由占该厂处理能力的16.7%增加至48%，渗滤液的COD浓度为3500～6000mg/L），污水处理厂的运行受到严重干扰（该厂采用传统的活性污泥处理工艺），在将渗滤液停止引入后该厂运行才得到恢复。

将垃圾渗滤液运输或直接排至城市污水处理厂与城市污水进行合并处理不失为一种经济的处理方案，是目前较好的选择方式之一，在我国目前尚无足够的经济实力单独建场内渗滤液处理厂的情况下，采用此方案有其实用意义。但要求城市具有污水处理厂且与垃圾卫生填埋场相距不能太远；由于渗滤液水质水量变化大，且污染物浓度高，必须根据实际情况进行可行性研究，确定合理的渗滤液与城市污水的比例及必要的预处理方法，采用稳定可靠、高效的合并处理工艺系统。

17.2.2 预处理-合并处理（场内外联合处理）

垃圾渗滤液与城市污水进行合并处理前，有时需要进行预处理。预处理-合并处理是基于减轻进行直接混合处理时渗滤液中有害的毒物对城市污水处理厂的冲击危害而采取的一种场内外联合处理方案。渗滤液首先通过设于填埋场内的预处理设施进行处理，以去除渗滤液中的重金属离子、氨氮、色度以及SS等污染物质或改善其可生化性、降低负荷，为合并处理的正常运行创造良好的条件。

对于垃圾中含有一定数量工业废弃物的混合型垃圾填埋场产生的渗滤液及城市污水处理厂规模较小而采用合并处理的情形，进行物理化学等预处理去除渗滤液中的重金属离子、氨氮等尤为必要。渗滤液中不仅含有多种金属或重金属离子，而且它们的含量可达到较高的数值。但无论采用何种处理方案，生物处理是渗滤液的一种必不可少的主体处理方法。无论是厌氧处理还是好氧处理，有机污染物的去除或转化均是通过微生物的作用完成的，因而微生物在处理工艺设施中的良好生长繁殖是保证处理效果的前提。为使微生物正常生长，除了使其物化环境中含有可降解的有机基质及必要的营养物质外，还必须保证废水中适量的微量元素。营养物质确定的主要依据是微生物细胞的化学组成，渗滤液中主要营养物质的实际浓度大多远高于微生物所需的浓度，若不做适当的预处理，则将给生物处理造成危害。

化学物质对微生物活性的影响与其浓度有密切的关系。大多数化学物质在浓度很低时对生物活性有一定的刺激作用（或促进作用）；当浓度较高（超过临界浓度）时则产生抑制作用，浓度越高，抑制作用越强烈。并且，当几种重金属离子共存时所产生的毒性要比单独存在时大，亦即污泥对混合离子协同作用的承受能力要比任一单个离子的承受能力低。对于运转5年以上的老的填埋场来说，渗滤液的NH_3—N浓度一般较新建的填埋场高，NH_3—N的主要来源是填埋垃圾中蛋白质等含磷类物质的生物降解。过高的NH_3—N浓度既增加了渗滤液生化处理系统的负荷，又使混合物中C/N呈下降趋势. 针对渗滤液中有害物质含量和去除对象的不同，采用的预处理也不一样，主要有氨吹脱，投加混凝剂、絮凝剂，空气吹脱并投加石炭，采用活性炭吸附等预处理工艺，均能获得满意的效果。同时，传统的生物处理工艺难以有效去除 $NH_3—N$。因而或必须进行预处理或考虑采用具生物脱氮功能的 A^2/O（或 A/O）处理系统才能有效地将其去除。

17.2.3 渗滤液回灌处理（场内处理）

回灌法是土地处理应用于渗滤液处理中较为典型的一种。它的实质是把填埋场作为一个以垃圾为填料的巨大的生物滤床。渗滤液滤经覆土层和垃圾层，发生一系列的生物、化学和物理作用而被降解和截留，同时使渗滤液由于蒸发而减少。卢成洪等对垃圾的净化作用进行了较为深入的研究，他认为：一方面，回灌为垃圾层带来了大量的微生物，同时能在填埋场内形成更有利于垃圾降解的环境，从而加速垃圾的降解速率；回灌污水减少了污染物的溶出负荷加快了污染物的溶出过程，减轻了对环境的潜在污染；回灌法可以使渗滤液水质得到均化，减轻了处理设施的冲击负荷，有利于提高处理效果。另一方面，回灌法在实际中还存在以下问题：不能完全消除渗滤液，仍有大部分渗滤液需外排处理；进水悬浮物过高或者微生物过量繁殖容易造成土壤堵塞，需对渗滤液进行一定的预处理，如控制进水 SS 或翻耕表层土壤等；渗滤液在垃圾层中的循环，导致其氨氮不断积累，甚至最终使其浓度远远高于在非循环渗滤液中的浓度；垃圾渗滤液回灌在降雨量大的地区（年降雨量大于 700mm）应慎用。

国外对回灌处理的研究较多，Diamadoporulos 等通过渗滤液的回灌处理，得到了比较稳定的出水，其中 COD 和 BOD_5 的平均值为 1141mg/L 和 85mg/L，其可生化性降低，因此可以用混凝活性炭吸附等处理方法作为后续处理。Pohland 等在研究渗滤液回灌后重金属的变化时指出，由于渗滤液中含有大量的氯化物、硫化物、硫酸盐以及氨氮，再加上填埋场的厌氧环境，有利于重金属离子以硫化物沉淀的形式去除，这种去除率会随着回灌、垃圾稳定化进程的加快而提高。从上可知，回灌法具有一定的开发潜力，可作为渗滤液的初级处理。目前国内回灌法应用于垃圾渗滤液的处理较少，尚缺乏成熟的工艺设计和运行经验，而且有待于进一步研究和实践。典型的渗滤液喷洒回灌（生物反应器）系统如图 17-1 所示。

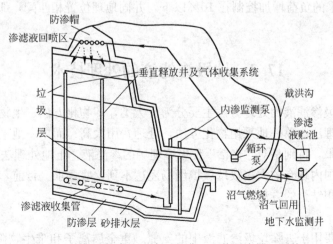

图 17-1 典型的渗滤液喷洒回灌（生物反应器）系统

17.2.4 独立的场内完全处理（场内处理）

上述合并处理与回灌处理比较经济、简单，但对大部分城市垃圾渗滤液的处理来说，由于垃圾卫生填埋场通常位于距离城市较远的偏远山谷地带，距离城市污水处理厂较远，采用与城市污水合并处理的方案因渗滤液远距离的输送费用较高而不经济，此时可以考虑建设场内独立的垃圾渗滤液完全处理系统。目前，用于垃圾渗滤液处理的方法主要有生物法和物理化学法。生物法处理垃圾渗滤液时，难以适应水质和水量的变化，尤其当氨氮浓度高时，生物法将受到抑制，对难生物降解的有机物则无能为力。物理化学方法耐冲击负荷，对生物法难以处理的重金属离子和难降解的有机物有较好的去除效果，但在处理成本上必须降低，处理工艺上需进一步优化。因此，物化法多用于渗滤液的预处理与深度处理，主体工艺多选用生物法。

在设计和运行场内独立处理渗滤液的系统时，应当特别注意以下几个方面：第一，渗滤液的水质随着填埋场年龄的增加而发生较大的变化，在考虑其处理时，必须采用抗冲击负荷能力和适应性较强的处理工艺。对于"年轻"填埋场的渗滤液，可以考虑以生物处理为主体的处理工艺系统；而对于"老年"的填埋场渗滤液，则应考虑采用以物化处理为主体的处理工艺系统。由此可见，渗滤液处理工艺具有操作的复杂性和长期保证处理效果的艰巨性。第二，渗滤液中往往含有多种重金属离子和较高浓度的氨氮，必须考虑采用必要的物化处理工艺进行必要的预处理乃至后处理，可见渗滤液处理费用的昂贵性。第三，渗滤液中的 C：N：P 的营养比例往往失调，其突出的特点是氮的含量往往过高而磷的含量不足，需要在处理操作中削减氮而补充必要的磷，可见其运行的复杂性。第四，垃圾渗滤液处理站与城市污水处理厂相比，其规模往往较小，若单独在场内设置，在运行费用方面会缺乏经济性。

综上所述，渗滤液的处理具有不同的处理方案，应当因地制宜地通过技术经济比较后加以合理选择。一般来讲，在经济发达且实际条件允许的情况下，可建设场内独立的完全处理系统；在经济尚不发达的地区，可考虑采用预处理-合并处理的方案；在无力建设处理设施的情况下，则可以采用回灌与合并处理或直接将渗滤液就近排入城市污水处理厂的方案。有许多国家的渗滤液是与城市污水一起处理的，只要渗滤液的量小于城市污水总量的 0.5%，其带来的负荷增加控制在 10% 以下，并同地理位置相匹配，那么这就确实是一个可行的办法。

17.3 垃圾渗滤液的处理技术

国内外对垃圾渗滤液的处理方法主要分为 4 大类，即物化方法、生物方法、物化和生物方法、土地处理法。单一地采用物化方法，处理费用太高；而单一地采用生物方法则难以达到预期的效果，特别是对"老龄"垃圾填埋场的渗滤液。土地处理法对防渗和安全的设计要求较高，国内现有的大多数垃圾填埋场还达不到这些要求。目前，许多处理工艺都采用物化和生物相结合的方法。

17.3.1 物化法

物化处理主要用于去除垃圾渗滤液中的氨氮、重金属离子和难生物降解的有机物质，用物化处理作为前处理可以保证后续生物处理工艺的正常运行；用物化处理作为后处理则可以进一步提高出水水质，保证渗滤液处理的达标排放。

近年来用于垃圾渗滤液物化处理方法主要有吹脱法、吸附法、化学沉淀法、催化氧化法、反渗透法等。

1. 吹脱法

吹脱法主要用于去除垃圾渗滤液中高浓度的氨氮，以保证后续生物处理的正常运行，是一种较为经济有效的脱氮方法。吹脱出的 NH_3 需经过回收处理，以防对空气造成污染。吹脱法是在碱性介质条件下鼓入空气，使 NH_4^+ 转化为 NH_3 释放出来。吴方同等在温度为 25℃，pH 为 10.5~11.0，气液比为 2900~3600 时得到的氨吹脱效率达 95% 以上。影响吹脱效果的因素主要有气液比、pH、水温、气温等。随着气液比的升高，氨吹脱效率逐渐升高。当气液比达到 4000 以上时，氨吹脱效率升高变缓。当试验气液比为 3756.7 时，随着 pH 的升高，氨吹脱效率逐渐升高。pH 在 9.0~10.0 之间，氨吹脱效率急剧升高。当 pH 达 10.5 以上时，氨吹脱效率升高变缓。继续提高渗滤液的 pH，氨吹脱效率升高不明显。水温、气温降低，会使氨吹脱效率明显降低。王宗平等采用表面曝气吹脱处理，可使氨氮去除率达 68%、COD 去除率达 76%。沈耀良等在渗滤液 pH=11，$T=$ 22.5℃，气液比为 666，经 5h 曝气吹脱，可获得 66.7%~82.5% 的氨氮去除率。

2. 吸附法

吸附法在渗滤液的处理中主要用于去除水中难降解的有机物（酚、苯、胺类化合物等）、金属离子（汞、铅、铬）、色度以及氨氮。在废水处理中，常用的吸附剂有颗粒活性炭和粉末活性炭，此外还有沸石、粉煤灰、高岭土、泥炭、焦炭、膨润土、蛭石、伊利石、活性铝、城市垃圾焚烧炉底渣等。

Morawe 等用两个活性炭柱来处理经生物法处理后的垃圾渗滤液，其结果表明：对难降解有机物、氯化物以及色度都能降低到可接受的水平；并对中间分子量的化合物具有吸附和降解的双重作用。Lee 等用人造沸石处理渗滤液，表明当人造沸石的用量为 3g/200mL，pH 为 6.4 时，NH_4^+—N 的去除率>50%，重金属的去除率分别为 Mn（Ⅱ）：85%，Zn（Ⅱ）：95%，Cd（Ⅱ）：95%，Pb（Ⅱ）：96%，但 Cu（Ⅱ）及 Cr（Ⅵ）的效果不明显。

活性炭吸附法处理程度高，对水中绝大多数有机物都有效，可适应水质水量和有机负荷的变化，设备紧凑，管理方便。但是，活性炭吸附过程中存在两个问题，一是容易堵塞，二是运行费用高。在活性炭吸附之前采用砂滤池可去除悬浮固体颗粒，以解决活性炭滤床的堵塞问题。但活性炭的吸附等温线太陡，很难降低处理费用，为了降低运行成本，只能适当提高出水浓度。

3. 化学沉淀法

混凝法是化学沉淀法中最重要的一种方法，混凝沉淀可以大幅度去除渗滤液中的 SS 及色度等，常用的混凝剂包括 $Al_2(SO_4)_3$、$FeSO_4$ 和 $FeCl_3$ 等。对于垃圾渗滤液而言，铁盐的处理效果要比铝盐好。有研究表明，对于 BOD_5/COD 值较高的"年轻"填埋场的渗滤液而言，混凝对 COD 和 TOC 的去除率较低，通常只有 10%~25%；而对于 BOD_5/COD 值较低的"老年"填埋场的或者经过生物处理的渗滤液而言，混凝对 COD 和 TOC 的去除率则可以达到 50%~65%。在混凝过程中投加非离子、阳离子或阴离子高分子助凝剂，可以改善絮凝体的沉降性能，但一般无助于提高浊度等的去除。

另外，化学沉淀法也可以向渗滤液中加入某种化合物，通过化学反应生成沉淀以达到处理的目的，其主要用于去除垃圾渗滤液的色度、重金属离子和浊度等，常用的化学药剂为 $Ca(OH)_2$。对于垃圾渗滤液而言，其投加量通常控制在 $1\sim15g/L$ 之间，对 COD 可以去除 $20\%\sim40\%$，对重金属离子可去除 $90\%\sim99\%$，对色度、浊度及 SS 等可以去除 $20\%\sim40\%$。化学沉淀也可用于去除垃圾渗滤液中的氨氮，生成磷酸铵镁复合肥，但此项研究仍处于小试阶段。赵庆良等探讨了采用 $MgCl_2 \cdot H_2O$ 和 $Na_2HPO_4 \cdot 12H_2O$ 使 $NH_4^+ - N$ 生成磷酸铵镁的化学沉淀去除法，该法有效地去除了垃圾渗滤液中高浓度的氨氮，并且避免了传统的吹脱法造成的吹脱塔内的碳酸盐结垢问题。试验结果表明，当渗滤液中投加 $MgCl_2 \cdot H_2O$ 和 $Na_2HPO_4 \cdot 12H_2O$ 而使 $Mg^{2+} : NH_4^+ : PO_4^{3-}$ 的比例为 $1:1:1$（摩尔比）时，在最佳 pH 为 $8.5\sim9.0$ 的条件下，原渗滤液中的氨氮可以由 $5618mg/L$ 降低到 $65mg/L$。在垃圾渗滤液处理技术与方法中，混凝的方法是最常用、最省钱和最重要的方法。但是，化学沉淀法处理垃圾渗滤液的工艺仍有待于进一步完善。

4. 化学氧化和催化氧化

（1）化学氧化法是利用强氧化剂将废水中的有机物氧化成小分子的碳氢化合物或完全矿化成 CO_2 和 H_2O。在垃圾渗滤液的处理中，化学氧化法可以用于分解渗滤液中难降解的有机物，从而提高废水的可生化降解性；还可用于去除渗滤液中的色度和硫化物。在化学氧化法中，高级氧化技术（Advanced Oxidation Processed，AOPs）因其能够产生极强氧化性的 $\cdot OH$ 自由基而被认为是处理渗滤液的一种有效方法。Fenton 法作为其中的一种，由于它费用低廉、操作简便而受到人们的重视。Fenton 法是一种深度氧化技术，即利用 Fe^{2+} 和 H_2O_2 之间的链反应催化生成 $\cdot OH$ 自由基，而 $\cdot OH$ 自由基具有强氧化性，能氧化各种有毒和难降解的有机化合物。国外对 Fenton 法的研究较多，Bauer 等认为 Fenton 法在处理高浓度污水方面有很大的潜力，但它的缺点是对 pH 过于敏感以及处理后的废水需进行离子分离。张晖等介绍了 Fenton 法处理垃圾渗滤液的中型试验。试验表明，当双氧水与亚铁盐的总投加比一定（$H_2O_2/Fe^{2+} = 3.0$）时，COD 的去除率随双氧水投加量的增加而增加。当双氧水的总投加量为 $0.1mol/L$ 时，COD 的去除率可达 67.5%，这一结果同样适用于其他垃圾填埋场的晚期渗滤液处理。

其他的氧化剂主要有氯、臭氧、过氧化氢、高锰酸钾和次氯酸钙等。渗滤液的化学氧化处理研究在国内刚刚起步，在国外也基本处于试验阶段。

（2）光催化氧化是一种刚刚兴起的新型水处理技术，具有工艺简单、能耗低、易操作、无二次污染等特点，尤其对一些特殊污染物的处理比其他氧化法有更显著的效果。因此，该方法在垃圾渗滤液的深度处理方面有很好的应用前景。其机理是用光照射半导体材料或催化氧化剂，产生自由基（$\cdot OH$），利用 $\cdot OH$ 的强氧化性来达到氧化的目的。光催化氧化采用的半导体有二氧化钛、氧化锌、三氧化二铁等，使用最广泛的是二氧化钛，其价格便宜、性质稳定且无毒。谭小萍等对影响垃圾渗滤液的光催化处理的因素进行了研究。试验结果表明，一般来说光强越大，最佳 TiO_2 投量就越小；最佳反应时间一般宜在 $1.5\sim2.5h$；波长为 $253.7nm$ 的紫外线杀菌灯价格低廉、使用广泛、处理效果好，COD 去除率一般可达 $40\%\sim50\%$，脱色率可达 $70\%\sim80\%$。Bekboelet 等用二氧化钛处理渗滤液，分别采用固定相和粉末相的二氧化钛进行试验，结果表明，pH 为 5 时效果较好。虽然光催化技术采用的催化剂二氧化钛无毒、廉价，化学和光学性质都比较稳定且易于得到，但是要投入实际运行还有许多问题需要深入研究，诸如反应器的类型和设计、催化剂的效率和寿命、水处理的流量等。目前国内外关于光催化降解有机物的理论研究尚处于探索阶段。只有美国建立了用太阳光作为光催化反应系统光源的试验装置，并进行了大量有效的试验，其他国家的研究均处于模拟试验阶段。我国采用光催化处理有机废水的研究工作尚处于起步阶段。

5. 膜法处理

膜技术是利用隔膜使溶剂同溶质和微粒分离的一种水处理方法，根据溶质或溶剂通过膜的推动力的大小，膜分离法可以分成几种，如反渗透法、超滤和微孔过滤等。近年来，为了尽可能减少水体污染程度，膜法也被应用到了渗滤液的处理领域，其中国外的应用和研究均较多。德国的 Thoms 将反渗透和微滤用于渗滤液的净化，研究了不同情况下反渗透膜的特性，指出用压力达到 120bar 的高压反渗透和与控制的结晶过程联合使用的微滤，可达到超过 95％的渗透去除率。在德国的 Damsdorf 垃圾填埋场，用反渗透装置来继续处理生化水得到了成功的运行；荷兰、瑞士的几个渗滤液处理厂也先后使用了膜分离技术。国外实践证明，膜技术处理垃圾渗滤液是高效可靠的。袁维芳等对广州市大田垃圾填埋场渗滤液预处理出水进行了反渗透试验研究，这是国内首次采用反渗透法处理城市垃圾填埋场渗滤液。试验结果表明，当进水压力为 3.5MPa，pH＝5～6 等最适宜条件下，当进水 COD 为 250～620mg/L 时，出水 COD 浓度几乎为零，去除率为 100％，平均透水量为 30～42L／（m²·h）。膜处理前，需要良好的预处理，减少膜处理负荷，否则膜极易被污染和堵塞，处理效率急剧下降，同时必须对膜进行定期清洗。膜技术由于其极高的费用，现阶段我国还不可能将其广泛地应用于垃圾渗滤液的处理。除以上方法外，渗滤液的物化处理还有离子交换、电渗析、电解等方法。这些方法在一定程度上对渗滤液的水质和水量都有所改善，但不能从根本上使渗滤液得到完全的处理。

17.3.2　生物法

目前垃圾渗滤液的处理主要是采用生物法，包括好氧生物处理与厌氧生物处理。与好氧法相比，厌氧生物处理有许多优点，最主要的是能耗少、操作简单，因此投资及运行费用低廉。而且由于其产生的剩余污泥量少，所需的营养物质也少，其 BOD_5/P 只需 4000：1，适合垃圾渗滤液含磷少的特点，对许多在好氧条件下难于处理的高分子有机物在厌氧时可以被生物降解。但是，厌氧处理出水中的 COD 浓度和氨氮浓度仍比较高，溶解氧很低，不宜直接排放到河流或湖泊中，一般需要进行后续的好氧处理。另外，世界上大多数垃圾渗滤液多是偏酸性的（pH 一般在 5.5～7.0），产甲烷菌将会受到抑制甚至死亡，不利于厌氧处理，而好氧处理对 pH 的要求就没有这么严格。再者，厌氧处理的最适温度是 35℃，低于这个温度时，处理效率迅速降低。比较而言，好氧处理对温度要求不高，在冬季时即使不控制水温，仍能达到较好的出水水质。

鉴于以上原因，目前对垃圾渗滤液的处理的主体工艺大多采用厌氧＋好氧。对高浓度的垃圾渗滤液采用厌氧＋好氧处理工艺既经济合理，处理效率又高。

1. 厌氧生物处理

近年来发展的厌氧生物处理方法有：厌氧生物滤池、上流式污泥床反应器、厌氧折流板反应器等。

（1）厌氧生物滤池：厌氧生物滤池（Anaerobic Biological Filtration process，AF）是

一种内部装微生物载体的厌氧反应器，由于微生物生长在填料上，不随水流失，所以 AF 有较高的污泥浓度和较长的泥龄（长达 100d 以上）。其负荷一般为 0.1~15kgCOD/（m³·d），常采用的负荷为 4~8kgCOD/（m³·d）。AF 反应器具有良好的运行稳定性，能适应废水浓度和水力负荷的变化而不致引起长时间的性能破坏，可在低 pH 和含毒物条件下稳定运行，而且再启动迅速。其缺点是布水不均匀、填料昂贵且易堵。

加拿大 Halifax High Way101 填埋场渗滤液平均 COD 为 12850mg/L，BOD_5/COD 为 0.7，pH 为 5.6。将此渗滤液先经石灰水调节至 pH=7.8，沉淀 1h 后进入厌氧滤池，当负荷为 4kgCOD/（m₃·d）时，COD 去除率可达 92% 以上；当负荷再增加时，其去除率急剧下降。由此可见，虽然厌氧生物滤池处理高浓度有机废水时其体积负荷可达 3~10kgCOD/（m³·d），但对于渗滤液其负荷必须保持较低水平才可以达到理想的处理效果。陈石等对深圳市下坪固体废弃物填埋场渗滤液的中试研究表明，在低负荷运行期（HRT=10d），厌氧滤池对 COD 和 BOD_5 均有较高的去除效率，为 70%~80%。出水 COD 和 BOD_5 均较低，分别为 3000mg/L 和 1000mg/L 左右。在高负荷运行期（HRT=5d），出水的 COD 和 BOD_5 均较高，分别为 4500mg/L 和 2500mg/L 左右。COD 去除率较高，约为 70%，BOD_5 的去除率较低，只有 40%~60%。另外，厌氧滤池对容积负荷的变化有较强的适应性，当容积负荷在 1.83~3.09kgCOD/（m³·d）之间变化时，出水的 COD 一直比较稳定。

（2）上流式厌氧污泥床反应器：上流式厌氧污泥床（Upflow Anaerobic Sludge Blanket，UASB）是一项污水厌氧生物处理新技术，该技术首次把颗粒污泥的概念引入反应器中，是一种悬浮生长型反应器，具有很高的处理能力和处理效率，尤其适用于各种高浓度有机废水的处理。其主要优点是：工艺结构紧凑、处理能力大、效果好和投资省。缺点是该工艺不适于处理高悬浮物固体浓度的废水，三相分离器还没有一个成熟的设计方法，且颗粒污泥的培养较困难。

UASB 最大的特点是其反应器底部有一个高浓度（污泥浓度可达 60~80g/L）、高活性的污泥层，使反应器的有机负荷有了很大提高。对于一般的高浓度有机废水，当水温在 30℃时，负荷可达 10~20kgCOD/（m³·d）。英国的水研究中心用上流式厌氧污泥床处理 COD>10000mg/L 的渗滤液，当负荷为 3.6~19.7kgCOD/（m³·d），平均泥龄为 1.0~4.3d，温度为 30℃时，COD 和 BOD_5 的去除率各为 82% 和 85%，其负荷比厌氧滤池要大得多。加拿大的 Kennedy 等用间歇的 UASB 和连续的 UASB 处理垃圾渗滤液，其负荷范围在 0.6~19.7kgCOD/（m³·d），在中低负荷范围内，两者的处理效率大致相同，在高负荷范围内连续的 UASB 比间歇的 UASB 更为有效。在高负荷下，为保证间歇式 UASB 的正常运行，其污泥负荷不能超过 3gCOD/（gvss·d）。国内的广州大田山垃圾填埋场渗滤液处理和三峡工程施工区生活垃圾填埋场等的厌氧处理部分都采用 UASB。

（3）厌氧折流板反应器：厌氧折流板反应器（Anaerobic BaffledReactor，ABR）是 20 世纪 80 年代中期开发研究的新型、高效污水厌氧生物处理工艺。该反应器中使用一系列垂直安装的折流板，被处理的废水绕其流动而使水流在反应器内流经的总长度增加，再加之折流板的阻挡及污泥的沉降作用，生物固体被有效地截留在反应器内。具有水力条件好、生物固体截留能力强、微生物种群分布好、结构简单、启动较快及运行稳定等优良性能。运行中的 ABR 是一个整体为推流、各隔室为全混的反应器，因而可获得稳定的处理效果，适于处理高浓度有机废水。沈耀良等采用 ABR 处理城市污水与垃圾填埋场渗滤液混合废水，表明 ABR 可有效地改善混合废水的可生化性，进水 BOD_5/COD 为 $0.2\sim0.3$ 时，出水可提高到 $0.4\sim0.6$。混合废水经 ABR 的预处理后，大大促进了废水进一步好氧处理的运行稳定性。

目前，ABR 反应器的研究尚处于实验室阶段，主要着重于其运行性能方面的研究，有关其工艺设计及运行方面的研究少有报道。英国的 Barber 等在对 ABR 的优点进行总结后指出，为推广 ABR 的大规模应用，必须在以下领域作出努力：中间产物及 COD 去除的过程模型、营养物质的需求、对有毒有害废水的处理以及对控制其中微生物平衡的因素有更深入的了解。

2. 好氧生物处理

好氧生物处理包括活性污泥法、曝气氧化塘、生物转盘和接触氧化等。好氧处理可有效地降低 BOD、COD 和氨氮，还可以去除铁、锰等金属。

(1) 活性污泥法

传统活性污泥法因其费用低、效率高而得到广泛的应用。美国和德国的几个活性污泥法污水处理厂的运行结果表明，通过提高污泥浓度来降低污泥有机负荷，活性污泥法可以获得满意的垃圾渗滤液处理效果。例如美国 FallTownship 的污水处理厂，其垃圾渗滤液进水的 COD 为 $6000\sim21000mg/L$，BOD_5 为 $3000\sim13000mg/L$，氨氮为 $200\sim2000mg/L$，曝气池污泥浓度（MLVSS）为 $6000\sim12000mg/L$，是一般污泥浓度的 $3\sim6$ 倍。在体积有机负荷为 $1.87kg\ BOD_5/（m^3 \cdot d）$，F/M 为 $0.15\sim0.31kg\ BOD_5/（kgMLVSS \cdot d）$ 时，BOD_5 去除率为 97%，在体积有机负荷为 $0.3kg\ BOD_5/（m^3 \cdot d）$，F/M 为 $0.03\sim0.05kg$ $BOD_5/（kgMLVSS \cdot d）$ 时，BOD_5 去除率为 92%。该厂的数据说明，只要适当提高活性污泥浓度，使 F/M 在 $0.03\sim0.31kg\ BOD_5/（kgMLVSS \cdot d）$ 之间（不宜再高），采用活性污泥法能够有效地处理垃圾渗滤液。但是，由于传统活性污泥法有机负荷较低，易发生污泥膨胀等问题，国内应用于渗滤液的处理并不多见。

1) 氧化沟：氧化沟又名连续循环曝气池，它是活性污泥法的一种变型。氧化沟法是 1950 年由荷兰公共卫生研究所研究成功的。经过 30 余年的使用、研究、开发和改进，氧化沟系统在池形、结构、运行方式、曝气装置、处理规模、适用范围等方面得到了长足的进步，我国自 20 世纪 80 年代起，也相继采用氧化沟技术处理城市污水。

氧化沟的主要优点是：生物量高；水力停留时间和污泥停留时间长，易使氧化沟系统保持高的稳定性和可靠性。它把短程的推流式和整体上的完全混合式工艺独特地结合在一起，使工艺更趋简单，且便于操作，耐冲击、污泥量少、出水水质稳定、安全可靠。这些优点使氧化沟比较适合垃圾渗滤液的处理。1994 年底建成的中山市垃圾渗滤液处理厂，流程为：上流式厌氧污泥床（UASB）＋氧化沟活性污泥法＋生物稳定塘，但由于受当时的技术和人们对垃圾渗滤液水质的认识限制，在试运行过程中就出现了处理过程很难把握的情况。虽然采取了一些预处理和后处理的强化措施，在短时期内取得了较好的效果，但其出水一直未能达标。其他采用氧化沟处理的国内垃圾渗滤液在实际运行中也出现了类似的情况。

2) SBR 法：间歇式活性污泥法又称序批式活性污泥法，简称 SBR 法。它是将均匀水质、曝气氧化、沉淀排水等功能集于一体的周期循环活性污泥法。SBR 法与其他连续性活性污泥法相比，它不仅工艺系统组成简单，而且有其优越的工艺特征：①SVI值低，污泥易于沉淀，在一般情况下，不产生污泥膨胀现象；②SBR池集多种功能于一体，占地少、建设费用和运行费用都较低；③通过对运行方式的适当调节，有利于脱氮除磷。SBR法的这些特点正适合处理垃圾渗滤液的需要。

谢可蓉等采用SBR法作为二级生物处理对汕头市油麻埔200t/d垃圾渗滤液进行治理，结果表明，SBR法对垃圾渗滤液中COD和BOD_5的去除有显著效果。当曝气时间为4～12h，COD、BOD、氨氮浓度分别为20000～25000mg/L、10000～15000mg/L、500mg/L时，其去除率分别为85%～95%、90%～95%、65%～80%，且稳定性很强，但其出水仍需进一步处理。灵活、适度地调节SBR法的曝气时间，能使SBR法作为一种非常稳定有效的二级生化法应用于高浓度垃圾渗滤液的处理工艺中。李亚峰等用混凝＋SBR法处理沈阳市赵家沟垃圾场的渗滤液，试验研究结果表明，采用聚合氯化铝铁混凝＋SBR生化处理工艺，能够使垃圾渗滤液的COD值从5000～14000mg/L降低到200mg/L以下，BOD_5值从1800～5600mg/L降低到100mg/L以下。但未见有实际运行成功的报道。国外SBR的应用也较多，而且多与厌氧前处理一起应用。加拿大的R. Zaloum等人用单个SBR处理厌氧预处理后的水，其污泥停留时间为50d，水力停留时间为3.2d，处理效果远优于用SBR直接处理原水。但是，由于本身工艺的限制，SBR法的负荷较低，抗冲击负荷能力也较差，在处理渗滤液的实际工程中常常达不到应有的效果。

3) CASS法：CASS生物处理法是周期循环活性污泥法的简称（Cyclic Activated Sludge System），是在SBR的基础上改进而来的。两者的区别在于：CASS工艺在反应器的前端设置预反应区，通过维持预反应区的缺氧状态，可有效防止污泥膨胀，同时通过主反应区污泥回流到预反应区，进行反硝化过程，达到生物脱氮的目的，对难生物降解有机物的去除效果也更好；CASS法每个周期的排水量一般不超过池内总水量的1/3，而SBR法则为3/4，所以CASS法比SBR法的抗冲击能力更好。

孙召强等利用CASS工艺处理盘锦市垃圾处理厂渗滤液，设计CASS池工作周期为24h，其中进水5h，曝气22h（含进水5h），沉淀1h，排水1h，混合液浓度（MLVSS）为4500mg/L，排出比为1∶10，BOD负荷为0.17kg/（kgMLSS·d）时，经CASS稀释后进行处理，COD为1282mg/L，BOD_5为968mg/L，氨氮42mg/L时，其去除率分别为84.91%、98.83%、90.96%，达到设计出水水质。

（2）生物膜法

与活性污泥法相比，生物膜法具有抗水量、水质冲击负荷的优点，而且生物膜上能生长世代时间较长的微生物，如硝化菌之类。加拿大British Columbia大学的Peddie和Atwater用直径为0.9m的转盘处理COD<1000mg/L，NH_3—N<50mg/L的弱性渗滤液，其出水BOD_5<25mg/L，当温度回升时，微生物的硝化能力随即恢复。但是应当指出，这种渗滤液的性质与城市污水相近，对于较强的渗滤液此方法是否适用还待研究。

李军等开发了一种适于处理高浓度垃圾渗滤液的A/O淹没式软填料生物膜法工艺，其优点是在载体上附着形成生物膜的不同部位有各自的优势菌种，即在A段以反硝化和异养菌为主，而在O段的前部和后部分别以异养菌和硝化菌为优势菌种。由于在淹没式生物膜中硝化和反硝化菌的生存环境远比活性污泥法优越，因此完成硝化和反硝化所需时间缩短（约为延时曝气池法的1/3～1/2）。此外，淹没式软填料生物膜上的菌种更为多样，构成的食物链长，多余的生物膜大部分被原生动物和后生动物作为食料消耗掉，所以其剩余生物膜仅为活性污泥法剩余污泥量的 1/10～1/5。试验表明，A/O 淹没式生物膜曝气池适宜的 HRT 为 22.1h（其中厌氧段为 6.5h、好氧段为 15.6h）、混合液回流比为 3，在该工艺参数下 COD 去除率为 71.7%、氨氮去除率为 90.8%。此工艺已应用于深圳下坪垃圾卫生填埋场的渗滤液处理。

（3）曝气氧化塘

与活性污泥法相比，曝气稳定塘体积大，有机负荷低，尽管降解速度较慢，但由于其工程简单，在土地价格不高的地方，垃圾渗滤液好氧生物处理方法比较合适。美国、加拿大、英国、澳大利亚和德国的小试和中试规模的研究都表明，采用曝气氧化塘能够获得较好的垃圾渗滤液处理效果。例如，英国在 Bryn Posteg Landfill 的曝气氧化塘，容积为 1000m³，进水 COD 为 24000mg/L，BOD_5 为 18000mg/L，水力停留时间大于 10d，体积有机负荷小于 $1.75kgBOD_5/$（m³·d），F/M 为 0.05～0.3/d 时，曝气氧化塘全年运行良好，COD、BOD_5 和氨氮的去除率分别为 97%、99% 和 91%。我国广州大田山垃圾填埋场和福州红庙岭垃圾填埋场均采用曝气氧化塘作为渗滤液处理工艺的最后一环，但由于前面工艺的处理不达标，所以其出水都没有达标。

17.3.3 土地处理法

土地处理渗滤液主要是通过土壤中的微生物作用使渗滤液中的有机物和氨发生转化，通过蒸发作用减少渗滤液的产生量。它包括慢速渗透系统、快速渗透系统及地表漫流、湿地系统等多种土地处理方法。但该方法容易产生重金属和盐类在土壤中积累和饱和问题，对土壤和地下水造成污染，过量的盐类也会对植物的生长产生影响。另外，土壤的渗透能力也会随着时间的延长而逐渐下降，对渗滤液的处理效率也会随之降低。

总的来说，到目前为止，国内尚无完善的处理垃圾渗滤液的工艺。垃圾渗滤液具有成分复杂、水质水量变化巨大、有机物和氨氮浓度高、微生物营养元素比例失调等特点，因此在选择垃圾渗滤液生物处理工艺时，必须详细测定垃圾渗滤液的各种成分并分析其特点，以便采取相应的对策。垃圾渗滤液处理工艺的研究与开发应该考虑填埋场从开始使用到稳定封场后再利用的全过程，应针对渗滤液与一般污水处理特点的不同，对渗滤液的处理方案及处理技术的选择应有长远的考虑。

17.4 工 程 实 例

17.4.1 焚烧厂垃圾渗滤液处理工程

1. 工程概况

某生活垃圾焚烧厂日处理生活垃圾 2kt，年处理垃圾 730kt，年运行时间不低于 8000h，配置 3 台 700t/d 的机械炉排焚烧炉和 2 台 20MW 凝汽式汽轮机发电机组。其渗滤液处理工程规模为 440m³/d，该垃圾渗滤液处理工程采用"除渣机+预处理+调节池+厌氧反应器（UBF）+中间池+一级反硝化+外置式 MBR+纳滤（NF）膜+反渗透（RO）膜"工艺处理。

渗滤液处理规模 440m³/d，系统应能处理超过 10% 的冲击负荷。渗滤液设计进水 BOD_5 为 30g/L，COD 为 60g/L，SS、$NH_3\text{-}N$、TN 的质量浓度分别为 10g/L、2g/L、

2.5g/L，pH 值为 4~9。

渗滤液设计出水水质：处理后出水水质要求达到《城市污水再生利用工业用水水质》GB 19923—2005 中敞开式循环冷却水系统补充水水质标准（换热器为非铜质），即 BOD_5 ≤10mg/L，COD≤60mg/L，SS、NH_3-N、TP 的质量浓度分别≤20mg/L、≤10mg/L、≤1mg/L，pH 为 6.5~8.5，浊度≤5 NTU，色度≤30，总硬度≤450mg/L，总碱度≤350mg/L，Cl^-、硫酸盐的质量浓度分别≤250mg/L、≤250mg/L。

2. 工艺流程

工艺流程如图 17-2 所示。

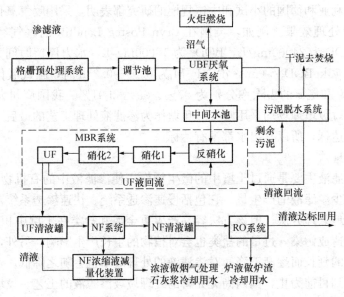

图 17-2　处理工艺流程

垃圾渗滤液在储存坑中经泵提升至调节池，调节池前加装沉淀池预处理和螺旋格栅机除渣系统，用以除去粒径大于 1mm 的固体颗粒物。再经泵提升进入厌氧反应器（UBF），出水进入沉淀池进行沉淀，沉淀污泥排入剩余污泥脱水系统。渗滤液经过厌氧反应，COD 可得到大幅度的降解。

出水进入中间水池，水池设置预曝气设备，用于吹脱水中的有害气体（如硫化氢）以及抑制出水中的厌氧微生物。厌氧对温度波动较为敏感，设计采用焚烧厂提供的蒸汽对厌氧进行加温以保证厌氧反应温度的稳定。

出水经袋式过滤器后进入 MBR，去除可生化有机物以及进行生物脱氮，同时部分渗滤液原水（经过除渣预处理后）超越厌氧反应器直接进入膜生化反应器，以保证膜生化反应器中反硝化所需的碳源，从而保持系统必要的反硝化率以及 pH 的稳定性。

超滤（UF）出水进入纳滤系统，纳滤浓缩液进入二级纳滤系统，二级纳滤清液回至超滤清液罐。纳滤清液罐中的清液经泵输送至反渗透系统。

反渗透清液进行回用或排放处理，反渗透浓缩液进入浓缩液罐。NF 纳滤浓缩液减量化处理后，用于烟气处理石灰浆制备用水，由渗滤液处理站压力输送至主车间烟气处理间使用或回喷入垃圾储坑，随垃圾一起进入焚烧炉内焚烧处理。

厌氧系统和生化系统产生的剩余污泥排入污泥储池，再泵入污泥脱水机，进料过程投加适量的絮凝剂以提高固液分离效果。产生的清液返回上清液池，通过回流泵回入膜生化反应器，经过污泥浓缩、脱水处理，运至垃圾贮坑，随垃圾进入焚烧炉焚烧处置。

3. 处理效果

该工程于 2014 年 10 月完成工程验收，各项出水指标均达到 GB 19923—2005 中敞开式循环冷却水系统补充水水质标准（换热器为非铜质）。具体检测结果如表 17-3 所示。

各工艺段去除效果 表 17-3

水样	COD (mg/L)	BOD$_5$ (mg/L)	ρ (mg/L)		
			NH$_3$-N	TN	SS
原水	60000	30000	2000	2500	10000
预处理出水	60000	30000	2000	2500	989
厌氧反应器出水	14500	7245	2000	2500	989
反硝化出水	796	17	9	37	9.3
MBR 出水	796	17	9	37	9.3
NF 出水	93	8.5	9	37	9.3
RO 出水	54	8.5	9	37	9.3

4. 工程小结

采用"除渣机＋预处理＋调节池＋厌氧反应器 UBF＋中间池＋一级反硝化＋外置式 MBR＋NF 纳滤膜＋RO 反渗透膜"组合工艺处理某生活垃圾焚烧厂渗滤液，系统具有一定的冲击负荷适应能力，可满足系统具备 110% 的超负荷能力（性能试验考核值）。设备工作能力满足设计规模，运行灵活，并留有足够余量；处理装置能在不同工况下自动调节负荷，使装置始终在最理想、最经济点运行。

17.4.2 填埋场综合渗滤液处理工程

1. 工程概况

山东省某垃圾综合处理场作为该市生活垃圾综合处理基地，填埋处理规模达到 800t/d，生活垃圾 RD 消解处理厂处理规模为 400t/d，生活垃圾焚烧发电厂处理规模为 1000t/d。该项目渗滤液由垃圾填埋场渗滤液、RD 消解污水和焚烧发电厂污水混合而成，设计处理能力为 900m³/d，设计进、出水水质见表 17-4。渗滤液处理扩容改造后，出水水质需达到山东省《生活垃圾填埋水污染物排放标准》DB 37/535—2005，同时要满足《生活垃圾填埋场污染控制标准》GB 16889—2008 一般地区水污染控制要求，处理达标后排放。

设计进、出水水质 表 17-4

项 目	COD (mg/L)	BOD$_5$ (mg/L)	NH$_3$-N (mg/L)	TN (mg/L)	TP (mg/L)	SS (mg/L)	pH
进水水质	30000	16000	1600	2200	15	1500	6~8
出水水质 GB 16889—2008	100	30	25	40	3	30	

项　　目	COD (mg/L)	BOD₅ (mg/L)	NH₃-N (mg/L)	TN (mg/L)	TP (mg/L)	SS (mg/L)	pH
出水水质 DB 37/535—2005	100	20	15		0.5	70	
排放限值	100	20	15	40	0.5	30	6～9

2. 工艺流程

设计工艺流程为：调节池→IC→外置 MBR→纳滤→反渗透（见图 17-3）。

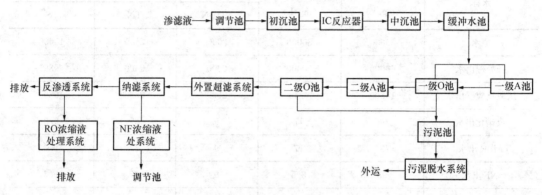

图 17-3　系统工艺流程

各设施产生的渗滤液水质和水量差距较大，设计调节池容积为 20000m³，使渗滤液能够混匀，并初步降解，均化调节后保证后续处理系统稳定的进水水质和水量。

与其他反应器相比，IC 厌氧反应器具有高径比大、流体上升速度快、有机负荷率高、废水和污泥之间传质良好、能形成高质量的颗粒污泥等特点，使得反应器去除有机污染物的能力远远超过目前已成功应用的第二代厌氧反应器，是当前处理效能最高的厌氧反应器。

前置反硝化的 A/O 工艺是缺氧池在前，反硝化细菌可利用进水中的碳源进行反硝化。随后废水进入后面的好氧池进行硝化和碳的去除。增加回流管路，控制合适的回流比，提高脱氮效率。两级 A/O 工艺设计是为了进一步提高脱氮效率，将一级好氧池流出的硝酸盐导入二级缺氧池，反硝化细菌可利用细菌衰亡后释放的二次性基质作为碳源进行反硝化，以彻底去除硝酸盐。

超滤系统能截留废水中几乎所有的微生物，保证生化池高污泥浓度，从而确保生化池所需要的高污泥龄、低负荷，同时节省了占地面积。超滤出水低 COD 和 SS 能满足后续纳滤系统的进水要求。相对于内置 MBR，外置式 MBR 在处理垃圾渗滤液时具有进水污泥浓度高、膜通量大、生化池容积小、膜的使用寿命长、易清洗维护、不易堵塞和运行稳定等优点，更适合大水量处理工程。

为保证出水水质达标，在超滤系统后设计纳滤系统处理单元和反渗透处理单元，及其相应的浓缩液深度处理系统。浓缩液深度处理系统采用的高级氧化技术是依据 Fenton 反应原理研发的集化学混凝、催化氧化及絮凝沉淀于一体的工艺系统。通过化学药品的催化氧化作用使水中的大分子难降解有机物转化为小分子可降解有机物，最终氧化物为 H_2O

和 CO_2。反应生成的铁水络合物使水解过程中部分有机物通过吸附和混凝得到去除,大幅降低 COD 含量。

3. 处理效果

该渗滤液处理项目作为城市垃圾填埋场综合渗滤液处理设施,实现了垃圾渗滤液的达标排放,出水水质良好,可用于厂区路面冲刷,多余出水直接排放至管网,不对垃圾填埋场及周边环境造成二次污染。该工程连续稳定运行 16 个月,运行期间出水 COD 浓度为 $30\sim80$mg/L,BOD_5 浓度为 $5\sim15$mg/L,氨氮浓度为 $5\sim15$mg/L,总氮浓度为 $20\sim36$mg/L,总磷浓度为 $0\sim1.0$mg/L,达到排放要求。在夏季高温期和冬季低温期仍稳定运行。

本章参考文献

[1] 侯立安. 特殊废水处理技术及工程实例[M]. 北京:化学工业出版社,2003.

[2] 倪晋仁,邵世云,叶正芳. 垃圾渗滤液特点与处理技术比较[J]. 应用基础与工程科学学报,2004,12(2):148~160.

[3] 卢成洪,徐迪民. 回灌法处理城市垃圾渗滤液[J]. 上海环境科学,1997,16(1):38~40.

[4] 吴方同,苏秋霞,孟了,等. 吹脱法去除城市垃圾填埋场渗滤液中的氨氮[J]. 给水排水,2001,27(6):20~24.

[5] 方士,卢航,蓝雪春. 两级 SBR-PAC 吸附混凝法处理垃圾渗滤液的研究[J]. 浙江大学学报,2002,28(4):435~439.

[6] Bernd Morawe, Dilip S Ramteke, Alfons Vogelphl. Activated carbon column performance studied of biologically treated landfill leachate[J]. Chemical Engineering and Processing,1995,34:299~303.

[7] 沈耀良,杨铨大,王宝贞. 垃圾渗滤液的混凝-吸附预处理研究[J]. 中国给水排水,1999,15:10~14.

[8] 祝万鹏,蒋展鹏. 杨志华. 有害废物填埋场渗滤液处理[J]. 给水排水,1997,23(11):12~14.

[9] 赵庆良,李湘中. 化学沉淀法去除垃圾渗滤液中的氨氮[J]. 环境科学,1999,20(9):91~92.

[10] 张晖,Huang C P. Fenton 法处理垃圾渗滤液[J]. 中国给水排水,2001,17(3):1~3.

[11] 谭小萍,王国生,汤克敏. 光催化法深度处理垃圾渗滤液的影响因素[J]. 中国给水排水,1999,5:52~54.

[12] 袁维芳,王国生,汤克敏. 反渗透法处理城市垃圾填埋场渗滤液[J]. 水处理技术,1997,23(6):333~336.

[13] 陈石,王克虹,孟了. 城市生活垃圾填埋场渗滤液处理中试研究[J]. 给水排水,2000,28(10):15~19.

[14] 沈耀良,王宝贞,杨铨大. 厌氧折流板反应器处理垃圾渗滤混合废水[J]. 中国给水排水,1999,15(5):10~12.

[15] 张彤,赵庆祥,朱怀兰. 城市垃圾渗滤液及其生物处理对策[J]. 城市环境与城市生态,1994,7(4):44~49.

[16] 陶涛,袁居新,刘文峰. 中山市垃圾渗滤液生物处理工艺技术改造方案[J]. 环境卫生工程,2000,8(3):101~103.

[17] 谢可蓉,温旭志,谢璨楷. SBR 法在垃圾渗滤液治理中的研究及应用[J]. 广东工业大学学报,2001,12:90~93.

[18] 李亚峰. 混凝-SBR 工艺处理垃圾渗滤液的研究[J]. 工业用水与废水,2002,33(2):25~27.

[19] 孙召强,杨宏毅,武泽平. CASS 工艺处理垃圾渗滤液工程设计实例[J]. 给水排水,2002,28(1):20~21.

[20] 李军，王宝贞，王淑莹．生活垃圾渗滤液处理中试研究[J]．中国给水排水，2002，18(3)：1～6.

[21] 于祥魁，李丽．常州某垃圾渗滤液处理工程实例[J]．铁路节能环保与安全卫生，2013，3(6)：275～278.

[22] 牛瑞胜，郭云峰，闫永久，阎登科．垃圾渗滤液处理工程实例[J]．环境工程，2011，29(2)：48～50.

[23] 王华光，于振声，张雪华，等．山东省某城市垃圾填埋场综合渗滤液处理工程实例[J]．中国给水排水，2014，30(12)：12～15.

[24] 班福忱，韩雪，姜亚玲．生活垃圾焚烧厂垃圾渗滤液处理工程实例[J]．水处理技术，2015，41(9)：133～136.

18 制药工业废水处理技术

随着人口老龄化现象的加剧，到 2020 年，我国老年人口将达到 2.48 亿，老年人消费的医疗卫生资源一般是其他人群的 3～5 倍。因此，对药品的市场需求将会呈现逐年稳步增长的趋势。从整体上看，我国的制药产业发展迅速，且形成了比较完备的产品结构。我国已成为全球化学原料药生产大国，可以生产化学原料药近 1500 种，产能达 200 多万吨，约占全球产量的 1/5 以上。化学制剂加工能力位居世界第一，能生产化学药品制剂 4000 余种。其中，青霉素年产 2.8 万 t，占世界市场份额的 60%；维生素 C 年产 9.8 万 t，出口 5.4 万 t，占世界市场份额的 50% 以上；土霉素年产 1 万 t，占世界市场份额的 65%；盐酸强力霉素和头孢菌素类产品的产量也位居全球第一。2014 年，我国中成药产量为 367.31 万 t，同比增长迅速。

制药工业是国家环保规划要重点治理的 12 个行业之一。据统计，制药工业占全国工业总产值的 1.7%，而污水排放量占 2%。制药工业的生产特点是生产品种多，生产工序多，使用原料种类多、数量大，原材料利用率低。一般一种原料药往往有几步甚至 10 余步反应，使用原材料数种或 10 余种，甚至高达 30～40 种，原料总耗有的达 10kg/kg 产品以上，高的超过 200kg/kg 产品。从而产生的"三废"量大，废物成分复杂，污染危害严重。其废水通常具有组成复杂，有机污染物种类多、浓度高，COD 和 BOD 值高，NH_3-N 浓度高，色度深、毒性大，固体悬浮物 SS 浓度高等特征，其中还包括对人类健康有极大危害的"三致"物质，毒性大，对环境危害大。同时，由于原料的特殊性，其中含有大量抑制、毒害微生物的物质，可生化性差，使其成为一种高浓度、难降解的有毒有害废水。

18.1 制药工业废水的来源

制药废水来源大致可分为生产过程排水、辅助过程排水和冲洗水及其他。

(1) 生产过程排水是最主要的一类废水，包括废滤液、废母液、其他母液、精制纯化过程的溶剂回收残液等。该类废水最显著的特点是浓度高、酸碱性及温度变化大、含有药物残留。虽然水量未必很大，但是污染物含量高，在全部废水中的 COD_{cr} 比例高、处理难度大。

(2) 辅助过程排水，包括工艺冷却水、动力设备冷却水、循环冷却水、系统排污、水环真空设备排水、去离子水制备过程排水、蒸馏（加热）设备冷凝水等。此类废水污染物浓度低，但水量大且季节性强、企业间差异大，一些水环真空设备排水含有溶剂、COD_{cr} 含量高。

(3) 冲洗水及其他，包括容器设备冲洗水、过滤设备冲洗水、树脂柱（罐）冲洗水、地面冲洗水等。其中，过滤设备冲洗水污染物浓度也相当高，废水中主要是悬浮物；树脂柱冲洗水水量比较大，初期冲洗水污染物浓度高，并且酸碱性变化较大，也是一类主要废水。

18.2 制药工业废水的水量水质特征

制药工业相对于其他产业具有原料成分复杂、生产过程多样、产品种类繁多等特点。根据不同的产品，制药工业废水可分为抗生素工业废水、化学合成药物生产废水、中成药生产废水以及各类制剂生产过程的洗涤水和冲洗废水四大类。根据不同的生产工艺，制药废水可以分为化学合成制药废水和生物制药废水两大类。根据生产工序的不同，制药废水可以分为主生产过程废水、冷却废水、冲洗废水、真空泵排污水、生活污水和吸附废水、树脂再生洗涤废水等。

根据上述几个不同的分类标准，总结了不同制药废水的主要特点如表 18-1 和表 18-2 所示。

制药工艺水质特点 表 18-1

制药工艺分类	水 质 特 点
抗生素工业废水	含有大量的结晶废母液、糖类、蛋白质、无机盐类、酸、碱、有机溶剂和化工原料等，具有悬浮物浓度高，残留抗生素含量较高，水量变化周期大等特征
化学合成药物生产废水	成分复杂，有机污染物浓度高、盐分含量高，还有大量有毒有害物质难降解物质，pH 和生产水量波动大、氨磷含量不足导致微生物难以培养
中成药生产废水	负荷波动大、浓度高、成分复杂多变、色度大、悬浮物较多
制剂生产废水	主要是生产器具洗涤水、设备和地面冲洗水，属于中低含量有机废水
生物制药废水	COD 浓度高、SS 浓度高、成分复杂、硫酸盐浓度高、存在生物毒性、色度高、pH 值和水量波动大

制药工序水质特点 表 18-2

制药工序分类	水 质 特 点
主生产过程废水	污染物浓度高、酸碱性和温度变化大、对微生物有抑制作用
冷却废水	水量较大，污染程度较低
冲洗废水	水量较大，污染物浓度较低
真空泵排污水	水量大，污染较少
冷却废水	一般情况下不会被生产原料和产品污染，水质较好，易处理
废母液	水量大，污染物浓度高，污染程度重
废酸碱液	水量较少，对生化系统影响较大
设备和地面冲洗废水	水量大，污染物含量较低
生活污水和其他废水	与制药企业规模有关，可生化性较好，不是主要废水

综上所述，制药废水主要呈现出了这样一些特点：

（1）有机污染物浓度高。生产过程中残留的反应不完全的原料，包括发酵残余基质及营养物，溶剂萃取余液及染菌倒罐废液等，以及大量副产品，小部分成品都会随水流出，导致水 COD 浓度一般都在 5000mg/L 以上。

（2）难生物降解物质、有毒有害物质多。制药废水中残留的药物（如抗生素、卤素化合物、醚类化合物、硝基化合物、硫醚及砜类化合物、某些杂环化合物和有机溶剂等），大多属于生物难以降解的物质，如在达到一定浓度后会对微生物产生抑制作用。此外，卤素化合物、硝基化合物、有机氮化合物、具有杀菌作用的分散剂或表面活性剂等对微生物是有较大的毒害作用的，给制药废水的生化处理带来了很大困难。

（3）冲击负荷大。由于生产工艺的需要，制药生产废水通常是间歇排放，温度、污染物浓度和酸碱度随时间变化较大。此外，发酵罐染菌的倒罐废液等大量高浓度短时间集中排放的废水会造成极大的负荷冲击。

（4）色度高，异味重。制药废水由于生产需要使用了大量的化学药剂和动植物组织等作为原材料，这些材料流入到废水中会产生较大的异味和较深的色度。并且经一般污水处理流程后难以彻底去除，对环境影响较大。

（5）悬浮物浓度高。抗生素、中药等制药废水中往往夹带大量的微生物菌丝体或中草药残渣，废水中 SS 较高。如青霉素生产废水的 SS 一般可达到 5000～23000mg/L。

（6）含盐量高。由于成分复杂，制药废水中往往含盐量极高，对微生物产生明显的抑制作用，使生化处理中 COD 的去除率明显下降，造成污泥膨胀，水面泛出大量泡沫，微生物相继死亡等。

18.2.1 抗生素工业废水

抗细菌药是一类用于抑制细菌生长或杀死细菌的药物，为抗细菌剂下的一类。自1940 年以来，青霉素应用于临床，现在临床上常用的亦有几百种，其主要是从微生物培养液中提取或者用合成、半合成方法制造。抗生素在治疗感染性疾病和抗菌生产促进剂方面发挥了巨大作用，但是对生态环境的负面效应开始凸显。在制药废水污染中，抗生素污染是头号"环境杀手"，所造成的环境污染已不容小觑。在环境中潜在的风险主要表现在：污染水体和土壤、抑制植物生长发育、诱导耐药性细菌、影响环境中微生物，对人群引起过敏反应、中毒反应。严重时具有致癌、致畸、致突变或激素类作用，严重干扰人类各项生理功能，对人类健康构成了极大危害。因此，针对抗生素工业废水及其处理技术的研究十分必要。

抗生素生产方法包括微生物发酵法、化学合成法和半化学合成法。本节主要介绍微生物发酵法产抗生素废水的水量水质特征。

1. 抗生素生产工艺

微生物发酵法生产抗生素的一般工艺流程和排污节点见图 18-1。

2. 废水来源和水量水质特征

抗生素生产过程中会产生发酵液、酸废水、碱废水和有机溶剂废水，废水中含有大量的结晶废母液、糖类、蛋白质、无机盐类、酸、碱、有机溶剂和化工原料等。废水具有悬浮物浓度高，残留抗生素含量较高，水量变化周期大等特征。

抗生素废水的水质和排放特征见表 18-3。主要特点包括：（1）来自发酵残余营养物的高 COD（10～80g/L）和高 SS（0.5～25g/L）；（2）存在生物毒性物质，如残留抗生素及其中间代谢产物、高浓度硫酸盐、表面活性剂（破乳剂、消沫剂等）和提取分离中残留的高浓度酸、碱、有机溶剂等；（3）pH 波动大，温度较高，色度高和气味重；（4）因间歇生产带来的排放水质、水量变动大；（5）因发酵液中抗生素得率仅 0.1%～3%，且分离提取率仅 60%～70%，使得高浓度废母液排放量大（150～850m³/t 产品）。

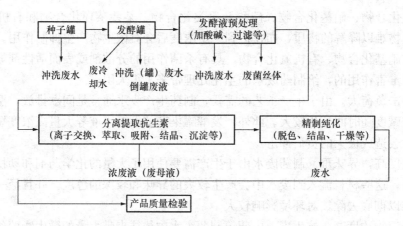

图 18-1 抗生素发酵生产一般工艺流程及其排污节点示意

部分抗生素废水水质及污染因子 表 18-3

抗生素品种	废水生产工段	COD	SS	SO$_4^{2-}$	残留抗生素	TN	其他
青霉素	提取	15000~80000	5000	5000	—	500~1000	PPB
氨苄青霉素	回收溶媒后	5000~70000	—	<50	—	—	NH$_3$-N:0.34%
链霉素	提取	10000~16000	1000~2000	2000~5500	—	<800	甲醛:<100
卡那霉素	提取	25000~30000	<250	—	80	<600	
庆大霉素	提取	25000~40000	10000~25000	4000	50~70	1100	
四环素	结晶母液	20000	—	—	1500	2500	草酸:7000
土霉素	结晶母液	10000~35000	2000	2000	500~1000	500~900	草酸:10000
麦迪霉素	结晶母液	15000~40000	1000	4000	760	750	乙酸乙酯:6450
洁霉素	丁醇液提取后	15000~20000	1000	<1000	50~100	500~2000	
金霉素	结晶母液	25000~30000	1000~5000	—	80	600	

18.2.2 化学合成药物生产废水

随着合成医药工业的发展,化学制药废水已成为严重的污染源之一。制药工业是国家环保规划中重点治理的 12 个行业之一。据统计,制药工业占全国工业总产值的 1.7%,而污水排放量占 2%。由于化学成分品种繁多,在制药生产过程中使用了多种原料,生产工艺复杂多变,产生的废水等成分也十分复杂。

1. 合成药物生产工艺

化学合成药物生产的特点有:品种多、更新快、生产工艺复杂;需要的原辅材料繁多,而产量一般不太大;产品质量要求严格;基本采用间歇生产方式;其原辅材料和中间体不少是易燃、易爆、有毒性的物品。生产过程主要以化学原料为起始反应物,通过化学合成,先生成药物中间体,对其药物结构进行改造,得到目的产物,经脱保护基、提取、精制和干燥等主要几步工序得到最终产品,其工艺过程见图 18-2。

2. 废水来源及水量水质特征

化学合成类制药产生较严重污染的原因是合成工艺比较长、反应步骤多,形成产品化学结构的原料只占原料消耗的 5%~15%,辅助性原料等却占原料消耗的绝大部分,这些

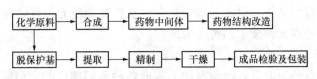

图 18-2　合成药物生产工艺流程图

原料最终以废水、废气和废渣的形式存在。化学合成类制药废水的产生点源主要包括：工艺废水，如各种结晶母液、转相母液、吸附残液等；冲洗废水，包括反应器、过滤机、催化剂载体、树脂等设备和材料的洗涤水，以及地面、用具等的洗刷废水等；回收残液，包括溶剂回收残液、副产品回收残液等；辅助过程废水，如密封水、溢出水等；厂区生活废水。化学合成类制药废水主要来自反应器的清洗水，清洗水中包括未反应的原料、溶剂，以及伴随不同化学反应生成的化合物。

化学制药废水的 COD、BOD_5 值高，有的高达几万甚至几十万 mg/L，但 B/C 值较低，废水一经排入水体中，就会大量消耗水中溶解氧，造成水体缺氧。同时，废水的成分复杂且变化大，有机物种类繁多、浓度高、营养元素比例失调。废水中的盐分浓度过高对微生物有明显的抑制作用，当氯离子超过 3000mg/L 时，未经驯化的微生物的活性将明显受到抑制，严重影响废水处理的效率，甚至造成污泥膨胀、微生物死亡的现象。废水中含有氰、酚或芳香族胺、氮杂环和多环芳香烃化合物等微生物难以降解，甚至对微生物有抑制作用的物质。部分废水水量与水质情况见表 18-4。

部分化学制药废水的水量与水质　　　　　　　　　　表 18-4

废水来源名称	水量（m³/d）	pH 值	COD_{Cr}（mg/L）	BOD_5（mg/L）	含盐量（mg/L）
SMZ ASC 离心机废水	9.6	1	8000～23000	—	17～230
SMZ 提取废水	2.1	13	20000～35000	14000	250～310
SMZ 精制脱色罐水	2.4	11	9000～15000	0	5～12
TMP 酰肼化离心机洗水	0.8	9	10000～140000	2100	6～76
TMP 甲酯化离心机二机洗水	4	3	110000～120000	2100	250～380
TMP 酰甲苯废水	2	5	5000～15000	138	14～21
TMP 精制过滤水	3.6	10	38000～48000	30000	3.3～10
PAS-N 离心机洗涤水	14	5	2300～2500	26	0.6～1.2
PAS-N 母液回收整出水	3	6	17000～34000	26000	1.4～10
PAS-N 熔精罐冷凝水	2	5	3000～9000	1877	1.0～1.6
PAS-Na 碱雾搜集器排水	150	7	1000～6000	71.5	1.9
PAS-Na 减压蒸发冷凝水	14	7	1000～1800	1000	0.5～5
医药小产品综合废水	60	1	23000～34000	—	97

18.2.3　中成药生产废水

伴随着中药行业的迅猛发展，中成药生产技术的引入加速了中药制造业现代化、规模化的进程，但也同时增加了中药制造业废水、废渣的产生量。2011 年的资料显示，我国中成药生产企业有 1311 家，每年产生的大量中成药废水成为医药工业排放的主要废水之一。中成药废水具有污染物含量高、成分复杂、水质波动较大、色度较深、pH 变化较大等特点，从而使得处理该种废水的难度增加。

1. 中成药生产工艺

中成药是以中草药为原料，经制剂加工制成各种不同剂型的中药制品，包括丸、散、

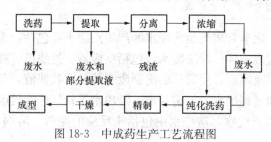

图 18-3　中成药生产工艺流程图

膏、丹各种剂型。中成药生产的一般过程是：前处理车间将经过洗、泡、淘、切、干燥等过程的合格原料药材送入提取车间进行水提或醇提，提取液经过蒸发浓缩得浸膏半制品，再送至相关的制剂车间成型。典型中药生产工艺流程如图 18-3 所示

2. 废水来源和水量水质特征

在制药厂生产中成药过程中也会随之有大量的废水排放出来。我国目前绝大部分的生产中药厂商产生的废水包括：在提取车间里排出的废水和经煎煮后产生的废水；经泡药、清洗原药材所产生的废水；浓缩、制剂车间废水；分离车间的残渣；瓶罐等设备、地面及管道经清洗所产生的污水；酸水解；过滤后产生的污水；生活污水。

中成药制药废水一般具有组成成分复杂的特点，主要是因为中成药的制作过程中大多选用含有许多复杂有机物的天然物质为原材料，其具体特征如下：（1）中成药废水 COD 浓度较高，一般为 1000～4000mg/L，最高可达 100000mg/L；（2）中成药废水有较好的可生化性，B/C 的值比较高且废水中的有机物容易在生物处理法作用下得到降解，然而少量的难以降解的污染物和高聚化合物还是存在于部分污水中；（3）废水中 SS 浓度较高；（4）由于中成药周期性生产导致废水间歇性的排放以及水质、水量波动有较大的变化；（5）在生产中成药时一般会加入一些酸或碱进行处理，以致 pH 不稳定，波动性较大；（6）生产产品过程中经熬制或煎煮工艺后会导致废水具有比较高的温度且带有一定的气味。

18.3　制药工业废水的处理技术

18.3.1　抗生素工业废水处理

抗生素工业废水不仅色度高、气味重，而且含有淀粉、蛋白、脂肪等高发酵残余营养物，还存在着生物毒性物质如残留抗生素及其中间代谢产物、高浓度硫酸盐、表面活性剂和提取分离中残留的高浓度酸、碱、有机溶剂等。抗生素工业废水的处理方法主要有：物理处理方法、化学处理方法、生物法（好氧、厌氧及厌氧-好氧）和物化法-生物法联用等处理工艺。

1. 物理处理方法

由于抗生素生产废水属于难降解有机废水，因此可采用物理处理方法（包括混凝、沉淀、气浮、反渗透和过滤等）降低水中的悬浮物和减少废水中的生物抑制性物质。混凝法是在加入凝聚剂后（常用的凝聚剂有聚合氯化硫酸铝、聚合氯化铝、聚合氯化硫酸铝铁、聚丙烯酰胺等）通过搅拌使失去电荷的颗粒相互接触而絮凝形成絮状体，便于其沉淀或过

滤而达到分离的目的。采用凝聚处理后可有效地降低污染物的浓度。沉淀是利用重力沉淀分离将密度比水大的悬浮颗粒从水中分离或除去。气浮法通常包括充气气浮、溶气气浮和电解气浮等多种形式，是利用高度分散的微小气泡作为载体吸附废水中的污染物，使其视密度小于水而上浮，实现固液或液液分离的过程。吸附法是指利用多孔性固体（活性炭、活性煤、腐殖酸类、吸附树脂等）吸附废水中某种或几种污染物，从而使废水得到净化的方法，具有投资小、工艺简单、操作方便等优点。

2. 化学处理方法

（1）光催化氧化法

光催化氧化法是将特定光源与催化剂联合作用对有机废水进行降解处理的过程，具有性能稳定、对废水无选择性、反应条件温和、无二次污染等优点。

（2）铁炭处理法

铁炭技术是被广泛研究与应用的一项废水处理技术。铁屑与炭粒形成无数微小原电池同时产生新生态的 Fe^{3+}，随着水解反应进行，形成以 Fe^{3+} 为中心的胶凝体，从而达到对有机废水的降解效果。

3. 生物处理法

（1）好氧处理法

废水的好氧生物处理法可分为活性污泥法和生物膜法。近年来的研究表明，抗生素废水的处理方法有：由传统活性污泥法发展起来的深井曝气法和序批式活性污泥法（SBR）等方法，以及生物膜法中的接触氧化法和生物流化床法等。目前，好氧生物处理已成功应用于许多抗生素废水的处理中，如林可霉素、四环素、洁霉素、麦迪霉素等抗生素废水的处理。在有氧条件下，有机物的去除率较高，出水质量较好，但是好氧处理需要不断补充氧以及产生较高的剩余污泥量，其处理成本较高。

（2）厌氧处理法

厌氧生物处理，即是在无分子氧条件下，通过兼性菌和厌氧菌的代谢作用降解废水中的有机污染物，分解的最终产物是甲烷、二氧化碳、水及少量硫化氢和氨。厌氧处理具有能耗低、对营养物需求低、成本低、污泥产量小、节能等优点。但是厌氧处理的出水质量较差，通常需要后处理以使废水达标排放。此外，厌氧处理在操作上技术要求较高。目前用于抗生素废水处理的厌氧处理方法主要有以下两种：

1）上流式厌氧污泥床（UASB）法

UASB 是由荷兰 Wageningen 农业大学 Lettinga 教授等人开发研制的，具有以下优点：①可实现污泥的颗粒化；②生物固体的停留时间可达 100d；③气、固、液的分离实现了一体化；④通常情况下不发生堵塞。UASB 处理庆大霉素提炼废水后，废水碱度增加一倍，对厌气体系可起到良好的缓冲作用，有利于厌氧生化过程的正常进行，COD 去除率令人满意。林锡伦采用 UASB 装置直接处理以抗生素废水为主的混合有机废水，经探索性试验和实际运行考察表明，在抗生素废水（庆大霉素废水）占 30%～60% 的情况下，有机负荷最高可达 $19kgCOD/(m^3 \cdot d)$，COD 去除率可达 85%～90%，且每去除 1kgCOD 可产沼气 $0.5m^3$。

2）两相厌氧处理法

许多抗生素工业废水中一般含有较高浓度的硫酸盐（SO_4^{2-}、SO_3^{2-}、$S_2O_4^{2-}$），若采用常规的厌氧工艺处理此类废水，这些物质对产甲烷菌（MPB）产生强烈的初级抑制，以至影响厌氧消化过程的正常进行。因此，可采用两相厌氧反应器处理高含硫抗生素工业废水。在产酸相厌氧反应器中，借助硫酸盐还原菌和产酸菌的作用，去除废水中大部分硫酸盐和有机物，在产甲烷相厌氧反应器中，借助甲烷菌的作用使废水中大部分有机物转化为甲烷。祁佩时等采用一体化两相厌氧反应器处理含高浓度硫酸盐的抗生素废水，发现该法切实可行，充分利用产酸相的优势，避免硫酸盐对产甲烷相的不利影响，使废水得到有效治理。任立人等采用厌氧-气提分离与 H_2S 气体净化-好氧生化法处理青霉素含硫有机废水，效果显著，在日处理 $200m^3$ 废水规模的工业性试验装置系统中的 COD 总去除率达90%以上。

（3）厌氧-好氧处理法

一些抗生素废水具有有机物浓度高，悬浮物含量大，对微生物抑制性强，难降解物质多的特点。尽管厌氧法能直接处理此类废水，但出水残留 COD、BOD_5 浓度往往较高，且带有臭味，而好氧法则可以在一定程度上克服这些缺点。故一般多将厌氧法和好氧法联合应用。

周平等发现采用折流式厌氧污泥床过滤器-内循环三相生物流化床，处理庆大霉素和金霉素混合废水是可行的。刘建广等利用二相厌氧-生物接触氧化工艺处理四环素废水，在进水 COD 浓度$\leqslant 350\mu g/L$，四环素浓度$\leqslant 230\mu g/L$，二相厌氧中产酸相、产甲烷相及后续生物接触氧化反应器的水力停留时间分别为 3h、24h 时，COD 去除率为93%，四环素去除率为96%；生物接触氧化对氨氮的去除率为75%。王宝贞采用厌氧-炉渣过滤好氧处理工艺处理高浓度抗生素有机废水，该研究使 COD 去除率达98.8%，BOD 去除率达99.1%，出水浓度达到国家排放标准。单文伟采用清污分流-厌氧消化-好氧接触氧化处理相结合的治理方法处理红霉素、麦迪霉素等抗生素废水，结果表明，含 CODcr 2 万～3 万 mg/L 的有机废水，通过处理后水质基本符合排放标准。

（4）光合细菌处理法

光合细菌中红假单胞菌属的许多菌株能以小分子有机物作为供氢体和碳源，具有分解和去除有机物的能力。光合细菌处理法具有适应性强，不产生沼气，对酚、氰等毒物有一定有忍受和分解能力，受温度影响小，有除氮能力，动力消耗少，投资低等优点。

4. 物化法-生物法联用

一般而言，抗生素品种单一，直接采用生物法的较多，而对多品种抗生素工业废水的处理，因废水成分十分复杂，抗生素形成的生物毒性相互叠加，单纯依靠生物法处理，出水难以达到行业排放标准。所以，必须先进行预处理，达到排除生物毒性物质干扰，降低废水浓度的目的。

一般国内外对抗生素废水的终端治理采用物化加生物联合技术。物化法包括化学凝聚、水解酸化和离子交换等。生物法包括厌氧法和好氧法等。姜家展、季斌发现采用厌氧水解酸化-生物接触氧化法处理青霉素、庆大霉素、链霉素等十多种抗生素废水，效果较好。马寿权等采用絮凝-水解酸化-二段接触氧化-再絮凝工艺处理盐酸四环素、盐酸林可霉素及克林霉素磷酸酯等抗生素废水，出水 COD 可达 282～328mg/L。邓良伟等采用絮凝-厌氧-好氧工艺处理青霉素、四环素、利福平和螺旋霉素等抗生素废水，发现出水 COD 可降至 300mg/L 以下，达到生物制药废水行业排放标准。杨俊仕等进行了水解酸化-AB 生物法处理抗生素废水的试验研究，表明该工艺能有效净化多品种抗生素废水，净化后的水质能符合生物制药行业排放标准。这些工艺处理效果较好，但具有运行费用高、工艺流程复杂，占地面积大等缺点。多品种抗生素生产企业规模大，废水日排放量上万吨，昂贵的运行费用使企业难以承受，这是造成我国抗生素废水大多未处理就直接排放的重要原因之一。

18.3.2 化学合成制药废水处理

目前化学合成制药废水处理方法主要包括：物化法、化学法和生物法等。

1. 物化法

根据化学合成制药废水的水质特点，在其处理过程中可以将物化处理技术作为单独的处理工序，也可作为生物处理工序的预处理或后处理工序，以下是几种常见的处理方法。

（1）混凝法

混凝法可以去除废水中细小的悬浮物质、乳状油和胶体物质等。通常用于各种工业废水的预处理、中间处理或最终处理，是废水处理的一种重要方法。通过投加化学药剂，使其产生吸附、中和微粒间电荷、压缩扩散双电层而产生的凝聚作用，破坏了废水中胶体的稳定性，使胶体微粒相互聚合、集结，并在重力作用下沉淀，并予以分离除去。制药废水处理中常用的混凝剂有聚合硫酸铁、聚合氯化硫酸铝铁、聚合氯化铝、聚丙烯酰胺等，但该法会产生大量的化学污泥，造成二次污染，含盐量高，且氨氮的去除率比较低，所以常作为制药废水的预处理。

（2）气浮法

气浮法是利用高度分散的微小气泡作为载体去粘附废水中的污染物，因其密度小于水而上浮到水面，从而实现固液或液液分离的过程。气浮法一般包括充气浮、溶气气浮、化学气浮和电解气浮等多种形式，冷成保等采用气浮与水解酸化、接触氧化组合工艺处理植物提取中成药生产废水，在处理水量为 $550\text{m}^3/\text{d}$，进水 COD_{cr}、BOD_5、SS 质量浓度分别为 1894mg/L、768mg/L、1231mg/L，色度为 500 倍时，经处理后上述指标去除率可达 90% 以上，出水稳定达到标准。

（3）吸附法

吸附法是通过多孔性固体吸附剂的吸附作用，使水中一种或多种物质被吸附在固体表面上，从而予以回收或去除的方法。常用的吸附剂有活性炭、活性煤、吸附树脂、腐殖酸类等。在制药废水处理中，常用煤灰或活性炭吸附预处理生产中成药、双氯灭痛、洁霉素、米菲司酮、扑热息痛等产生的废水。张鑫采用 CaO 絮凝沉淀-树脂吸附两步法对磺胺间甲氧嘧啶制药废水进行了有效净化处理，实验结果表明，该法可使废水 COD_{cr} 从原来的 11000mg/L 降至 321mg/L，总去除率在 97% 以上。此废水处理工艺简单、运行费用低，树脂经 5 次吸附-脱附后仍保持良好的吸附性能。

（4）反渗透法

利用半透膜将浓、稀溶液隔开，以压力差作为推动力，施加超过溶液渗透压的压力，使其改变自然渗透方向，将浓溶液中的水压渗透到稀溶液一侧，可实现废水溶液浓缩和净化的目的。如采用反渗透法处理新诺明生产废水。

（5）膜分离法

利用膜技术可用来回收有用物质，减少有机物的排放总量，其主要特点是设备简单、操作方便、无相变及化学变化、处理效率高和节约能源。有学者研究表明，利用 NF-4 型纳滤膜对洁霉素废水进行实验，结果表明，洁霉素的回收率可达 95%，对 COD 的去除率始终高于 80%。

2. 化学法

化学法是指废水中的有机废物和外加的化学药剂发生化学反应而生成无害物质的方法。在化学合成制药废水治理的过程中，经常采用的化学法有氧化法、电化学降解法和光催化降解法。

(1) 氧化法

常见的氧化法有氯氧化法、臭氧氧化法、Fenton 试剂氧化法。合成制药有机废水都是浓度高、可生化性极差、毒性强的难降解废水，采用一般的方法很难取得预期效果。然而，向废水中添加氧化剂，使难分解的高分子有机化合物被氧化分解成为简单的有机物或无机物，这种方法可以改变废水的化学性质，提高废水的 B/C，从而可以将废水彻底地处理。

(2) 光催化降解法

在光解过程中，光能会使大分子的化学键断裂，从而形成异常活泼的中间产物——自由基，自由基与溶剂或其他反应物反应产生光解产物。制药废水中通常含有高浓度且易水解的酯类等有机高分子类化合物，当有水存在时，就能在具有酸性的酯基上发生光水解作用。光催化法不仅能够分解浓度较高的有机污染物，也可处理含有机物 $0\sim9mg/L$ 的废水。近年来，光催化法处理各类废水越来越引起国内外学者的关注。

3. 生化法

化学合成制药废水的特点是有机物浓度很高，因此大部分都采用生化法为主的处理技术，这些技术主要有：

(1) 普通活性污泥法

该方法采用连续进水方式，反应器中基质的浓度低，不适应水质水量变化，反应速率低，必须设置二次沉淀池，工艺过程比较复杂，污泥回流循环量很大，易发生污泥膨胀，至今仍难以克服。

(2) SBR 法

SBR 工艺原理过程为缺氧（充水阶段）(A)-好氧（曝气阶段）(O)-缺氧（沉淀、排水、闲置阶段）(A)的顺序结合，周而复始。其中上一个周期留下来的较高活性的微生物会在进水的搅动下与新入池的优质底物相接触，发生物理吸附、吸收反应，而后通过曝气使有机底物被氧化成无机物、CO_2 和 H_2O，之后停止曝气进入沉淀、排水、闲置阶段，随着混合液中氧和食料逐渐的耗尽，微生物进入了内源呼吸的状态，生物污泥的数量与活性又恢复到起始的状态。陈宏等针对制药废水的水质水量特点，采用厌氧-SBR 工艺处理制药废水，先经过装有弹性填料的厌氧反应池，再进入 SBR 反应池，出水可以稳定达到国家排放标准。

(3) 厌氧流化床工艺

主要有厌氧滤池（AF）、升流式厌氧污泥床（UASB）、折流式厌氧污泥床过滤器等，但是由于厌氧微生物的代谢速度慢，厌氧工艺停留时间较长，容器体积大，消化过程复杂，且甲烷气体的产生存在一定的安全问题，工程造价较高。

（4）水解酸化法

水解酸化法是制药废水的常用预处理方法，该方法可以将不溶性的有机物水解成为溶解性有机物，将难生物降解的大分子物质分解成为易生物降解的小分子有机物，从而提高了废水的可生化性。同时，水解酸化池还起着调节水量、水质、水解酸化和硝化污泥的作用，从而广泛地应用于难降解的制药、造纸、化工及有机物浓度高的废水处理中。采用水解酸化法治理生物制药废水，其平均去处率为20％～30％。

（5）生物接触氧化法

生物接触氧化法是一种介于活性污泥法与生物滤池法之间的生物膜法工艺。它由池体、填料、布水装置和曝气系统四部分组成，特点是在池内设置填料，池底进行曝气对污水充氧，并使池体内污水处于流动状态，以保证污水与污水中的填料充分接触，避免生物接触氧化池中存在污水与填料接触不均的缺陷。生物膜中有很多发育良好的丝状菌，众多丝状菌穿插交错在填料之间，所以其处理的污水中分布着密度很高的微生物，使生物接触氧化池对废水中的毒性物质有了一定的耐受作用，提高了系统的耐冲击负荷性。废水在流经滤池的同时也将水中的溶解氧扩散进生物膜，故生物膜的外层仍是处于好氧的状态，以好氧微生物为主。这不仅加快了反应器内微生物的代谢繁殖速度，提高了生物量，同时也提高生物膜对毒性物质的耐受能力，这对含多种有毒化合物的制药废水来说尤为重要。但对于生物接触氧化法，存在填料较贵、需要更换、投资大、运行成本高的问题。

18.3.3 中成药生产废水

目前我国处理中药废水主要采用物化处理法、厌氧生物处理法、好氧生物处理法、厌氧-好氧生物处理法、物化-生物处理法等。

1. 物化处理法

物化处理一般是作为生物处理工序的预处理单元或者是后续处理单元。在处理中药废水时，经常直接采用物化处理作为单独处理工序。物化处理单元在处理高浓度生化性较差的中成药废水中往往不可或缺。一般蒸馏法、絮凝沉淀法、芬顿氧化法和气浮法均属于物化方法类别。

（1）吸附法

吸附法主要是利用吸附剂吸收污水中的有毒有害物质，常用的吸附剂主要有沸石、活性炭（分为导电的活性炭和不导电的活性炭）、硅聚物、硅藻土和高岭土等。吸附效果取决于很多因素，最主要的因素是吸附剂的结构、孔径和粒径等，在处理含有维生素等中成药生产废水中通常运用到的吸附剂有煤灰或者活性炭，经过吸附剂吸附处理之后的废水的COD和色度均有较好的处理效果，去除率分别为20％～40％和80％左右。

张福林采用吸附法处理中成药废水，用到的吸附材料主要有沸石过滤柱、煤灰等，通过一系列实验证明煤灰处理废水中COD的效率为25％～40％，处理SS的效率为42％～100％，对于色度的处理效率较高，达到79.4％～100％。不同的粉煤灰的处理效率不一样，经过碱性活化后的粉煤灰的COD处理效率较高，最终COD的去除率为64.8％～80％。

（2）絮凝沉淀法

絮凝法的应用比较广泛，主要是利用絮凝剂的絮凝作用将有机物絮凝，从而将有机物从水中去除，达到污水净化的作用。最常见的絮凝剂主要是聚合氯化铝、聚合硫酸铁、氯化铁、聚丙烯酰胺、聚合氯化硫酸铝、亚铁盐类等。郑怀礼等通过几种絮凝剂对中药废水的处理效果对比发现，聚合硫酸铁比聚合氯化铝的絮凝处理效果更好，无机高分子絮凝剂的絮凝效果比无机低分子的絮凝效果更好，聚合硫酸铁、聚合氯化铝的最佳投加量均为80～100mg/L。温度保持在20～40℃时的絮凝效果均较好。絮凝效果另一个重要的影响因素是溶液中的pH，碱性环境对于絮凝具有较好的效果。

（3）化学氧化法

化学氧化法主要是利用化学氧化剂氧化水中的还原性物质，从而将水中的有机物去除的一种方法。苏荣军等用Fenton试剂对中药废水进行深度处理，经过多次的实验，结果表明硫酸亚铁的最佳投加量为3mmol/L，pH值控制在3左右，双氧水和二价铁的比控制在3∶1左右，反应时间控制在60min左右最合适，一般COD去除率可达到87.5％。但锦锋等在处理皂素废水时采用铁屑和活性炭组成的电解池，得出的最佳控制条件是铁炭质量比为8∶1，水力停留时间控制在90min，溶液pH控制在4左右，采用此工艺能够有效地降低色度和有机物含量，还可以有效地提高废水的可生化性。

总体来说，物化处理工艺主要是采用大量的絮凝剂和一些化学药剂，这样导致运行所需要的费用增加，而且一些化学物质进入到污泥中，导致污泥处理的难度增加，且增加了污泥的处理成本。

2. 好氧生物处理法

好氧工艺处理有机废水的周期短，所需要的时间比较少，能够节省一部分运行费用，操作流程比较简单，能够较快地掌握其要点，运行管理比较方便。通常用于中药废水处理的有曝气生物滤池、膜生物反应器、接触氧化池。

（1）曝气生物滤池

曝气生物滤池开始发展于欧美一些国家，在20世纪90年代得到了较大的发展。曝气生物滤池可以充分利用接触氧化池和过滤的一些优点，滤池的连续运行主要是通过反冲洗操作，该工艺过程中可以不设置沉淀池。反冲洗工序可以清除截留在滤料上残留的有机物质，使生物膜能够达到及时充分地更新。曝气生物滤池中的滤料孔径较小，增加了污水和滤料的接触面积，所以净化污水的效率大大提高，污水的处理效果也明显增加。上流式生物滤池较下流式生物滤池的效率高，主要基于上流式生物滤池在保持正压的条件下避免沟流对过滤产生影响。

（2）生物接触氧化池

生物接触氧化法是介于生物膜法和活性污泥法之间的一种方法，其原理主要是依靠附着在生物膜表面生长的微生物的作用去除有机物质。微生物以污水中的有机物为营养，以废水中的溶解氧为氧源进行新陈代谢作用降解废水中的有机物，从而净化废水。生物接触氧化法不仅具有活性污泥法的一些优点，同时还有生物膜法的一些特点，所以这种处理技术应用比较广泛。生物接触氧化法由于生物膜中的微生物种类比较多，所能够降解的有机物的种类比较多，所以抗冲击负荷能力强。而且填料的粒径较小，导致与废水的接触面积比较大，有利于提高氧的利用率。此外，生物接触氧化法的基建费用和运行费用相对较低，能够避免污泥膨胀的问题。

（3）膜生物反应器

膜生物反应器是污水生物处理技术与膜的高效分离技术相结合的一种生物处理新工

艺。膜生物处理技术具有处理废水的效率较高、抗冲击负荷能力强、占地面积较少、管理控制方便等优点。很多专家和学者对于膜生物反应器进行了大量的研究，出现了很多膜生物反应器种类，如微孔膜生物反应器、移动床生物膜反应器、气提式膜生物反应器、复合式活性污泥生物膜反应器、序批式膜生物反应器和升流式厌氧污泥床-厌氧生物滤池及附着厌氧塘等生物膜反应器。

3. 厌氧生物处理

厌氧生物处理主要是利用水中的厌氧微生物或者兼性厌氧微生物在厌氧的环境下进行新陈代谢，从而降解水中的有机污染物，一般在降解过程中会产生 CH_4 和 CO_2。厌氧生物处理又可以称为厌氧消化或者厌氧发酵。厌氧发酵的理论有两种说法：一种说法是两阶段理论；另一种理论是三阶段理论。其中两阶段理论主要的论点是：第一阶段是酸性发酵阶段，复杂的有机物不能一次性转化为甲烷和二氧化碳，所以产酸菌将有机物分解为脂肪酸和其他产物，在这个过程中合成新细胞；第二阶段是甲烷发酵阶段，也就是在甲烷菌的作用下把第一阶段产生的和废水中本身存在的脂肪酸和醇类物质在产甲烷菌的作用下进一步被转化为 CH_4 和 CO_2。三阶段理论的论点主要是产氢和产乙酸菌起重要的作用，它们在一定的条件下将脂肪酸和醇类物质转化为乙酸、H_2 和 CO_2，甲烷菌再利用乙酸转化为甲烷。

4. 厌氧-好氧工艺

厌氧处理的处理效率很可观，但是对于水质水量变化比较大的废水处理来说，单独采用厌氧处理很难达到较好的效果，所以很多工程上采用的是两个或者多个生物处理方法相结合的方法处理污水，例如厌氧-好氧工艺，好氧工艺在处理高浓度废水的过程中的耐冲击负荷能力有限。而中药废水的水质水量不稳定，污水中有机物的浓度高，所以单独采用厌氧或者单独采用好氧工艺都不能达到预期的处理效果，将厌氧-好氧结合工艺比较合适。反应器的选择一般是根据水质和水量来确定的，由于厌氧反应器和好氧反应器的种类都有很多，在选择反应器种类的过程中要考虑各种因素的影响，既要适合又要合理。

顾睿采用升流式厌氧污泥床和曝气生物滤池的厌氧-好氧工艺对中低浓度中成药废水处理情况作出了评价：在正常运行情况下，厌氧平均出水 COD≈300mg/L，后续好氧工段处能在低有机负荷条件下运行，整个系统总去除率超过 94%；UASB 反应器通过污泥床层截留和三相分离器沉降共同减少 SS，出水接触氧化出水经过二沉池沉淀和过滤后最终实现达标排放。在工艺平均进水 SS≈300mg/L 时，总出水 SS 平均为 56mg/L，SS 的去除率达到 81.1%，处理效果良好；原水主要呈黄褐至红褐色，平均色度为 500 倍，经处理后色度降低至 50～80 倍，再经接触氧化和曝气生物滤池处理后色度最终降低为 30 倍左右。

18.4 工 程 实 例

18.4.1 抗生素工业废水

1. 工程概况

山东某制药厂主要生产抗生素、青霉素、红霉素等药物。废水主要来自发酵车间压滤水和洗罐水、提炼车间废水、厂区车间冲洗水和生活污水。其中发酵车间外排废水中的主

要污染物是 COD_{Cr} 和 SS，废水的可生化性好且易于处理；提炼车间外排废水中的主要污染物是 COD_{Cr} 和氨氮，废水中盐的质量分数在 2.0% 左右，水温较高，色度较大，含有浓度较高的 SS，废水偏酸性且 SO_4^{2-} 浓度比较高，废水处理难度比较大。

废水经处理后的出水水质要求达到《城镇污水处理厂污染物排放标准》GB 18918—2002 中一级 A 标准。设计进、出水水质如表 18-5 所示。

表 18-5

设计进、出水水质

项　　目	进　　水			排放标准
	发酵车间	提炼车间	冲洗水和生活污水	
pH 值	6.5	4.5	7.5	6~9
色度（倍）	≤200	≤1000	≤100	≤40
ρ（COD_{Cr}）（mg/L）	≤7000	≤20000	≤1000	≤50
ρ（BOD_5）（mg/L）	≤5000	≤10000	≤300	≤30
ρ（氨氮）（mg/L）	≤300	≤600	≤80	≤15
ρ（SS）（mg/L）	≤5000	≤8000	≤300	≤30
ρ（总盐）（mg/L）	≤10000	≤20000	≤1000	—

2. 工艺流程

考虑到制药废水中 COD_{Cr} 和氨氮浓度都较高，且存在很多生物抑制性物质，该工程废水处理采用"CASS-曝气生物滤池（BAF）"为主要处理工艺，主要工艺流程如图 18-4 所示。

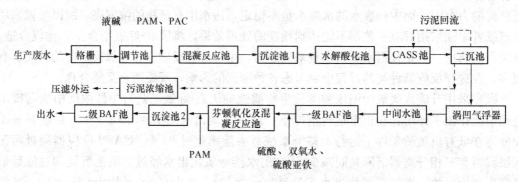

图 18-4　工艺流程

废水经格栅去掉大颗粒物质后进入调节池进行均质均量，并减轻高浓度废水对生化系统的冲击。调节池出水通过泵提升依次进入混凝反应池和沉淀池 1，去除大部分 SS 后进入水解酸化池。水解酸化是将复杂的大分子、不溶性有机物先在细胞外酶的作用下水解为小分子、溶解性有机物，然后渗入细胞体内，分解产生挥发性有机酸、醇、醛类等便于好氧阶段降解的小分子有机物。通过兼氧微生物的生物降解去除一部分 COD_{Cr} 后进入两级 CASS 池进行生化处理，两级 CASS 工艺可去除废水中大部分 COD_{Cr} 和部分氨氮。CASS 池出水经过二沉池沉淀后，进入涡凹气浮器去除大部分 SS。气浮出水经过中间水池后用泵提升进入一级 BAF 池，去除废水中的 COD_{Cr} 和氨氮。为进一步去除 COD_{Cr} 和色度，一级 BAF 出水进入芬顿池，利用 Fe^{2+} 与 H_2O_2 产生的·OH 氧化有机物，同时利用 Fe

（OH）₃的絮凝沉淀作用去除有机物，更彻底地将废水中有机物降解，并且能够去除大部分悬浮物。芬顿出水进入二级 BAF 池，进一步去除水中有机物，保证出水达标。

3. 运行效果

为检测运行效果，设置多个取样点对系统进行了持续 3 个月的跟踪监测，结果如表18-6 所示。

主要处理单元进、出水水质　　　　　　　　　　表 18-6

项　　目	ρ（COD_{Cr}） （mg/L）	ρ（BOD_5） （mg/L）	ρ（氨氮） （mg/L）	ρ（SS） （mg/L）	ρ（总盐） （mg/L）	色度 （倍）
发酵车间废水	3000～7000	800～5000	200～300	1000～5000	7000～10000	100～200
提炼车间废水	7500～20000	3500～10000	400～600	2500～8000	1500～20000	800～1000
调节池出水	3500～5500	2000～3500	400～800	900～3000	6000～10000	500～800
水解酸化池出水	2240～3220	1520～2540	350～460	180～260	6000～8000	360～620
二沉池出水	440～650	50～80	150～280	54～110	6500～7500	240～420
一级 BAF 池出水	88～130	22～45	16～32	53～78	6500～7500	164～289
芬顿池出水	52～78	15～20	12～30	50～69	7500～8500	45～100
二级 BAF 池出水	27～49	4～9	1.26～7.80	6～10	7500～8500	5～30

由表 18-6 可见，采用水解酸化-CASS—一级 BAF-Fenton-二级 BAF 工艺处理抗生素类制药废水，可有效去除废水中的 COD_{Cr}、氨氮、SS 等，经处理后的排水指标明显低于《城镇污水处理厂污染物排放标准》一级 A 标准的排放要求。

4. 工程小结

（1）水解酸化-CASS—一级 BAF-Fenton-二级 BAF 工艺对制药废水中 COD_{Cr} 和氨氮的去除效果较明显，出水水质达到 GB 18918—2002 中一级 A 标准的要求，采用该工艺处理制药行业高 COD_{Cr}、高氨氮的抗生素类废水是可行的。

（2）Fenton 等强氧化方法可以分解 CASS 池内活性污泥无法降解的有机物，并且经过 BAF 池进一步去除，能适应生产过程中水质水量的变化。

18.4.2　化学合成制药废水

1. 工程概况

江西某医药原材料有限公司年产 500t DL-氨基丙醇、1000t L-氨基丙醇、50t 盐酸莫西沙星、300t 丝氨醇。该企业生产废水主要为各生产反应器的清洗水，包括未反应的原材料、溶剂，并伴随大量的化合物，还有少量地面冲洗水及生活污水。该公司废水成分复杂，污染物浓度高，虽然废水中 COD 含量并不是很高，但废水可生化性很差，B/C 值仅为 0.25，处理较困难。特别是盐酸莫西沙星的原材料中含有一些诸如甲苯、（S，S）-2，8-二氮杂双环-［4.3.0］壬烷等有杂环类多链化合物和螯合物等难降解污染物，以及乙氰等有毒物质，微生物不仅难以将它们直接降解，而且这些有机物对厌氧微生物和好氧微生物的生长都有抑制作用。废水处理站设计处理水量为 150m³/d，出水水质执行《化学合成类制药工业水污染物排放标准》GB 21904—2008。设计进、出水水质见表 18-7。

设计进、出水水质　　　　　　　　　　　　　　　　　　　　　　表 18-7

项　　目	pH 值	COD（mg/L）	BOD$_5$（mg/L）	NH$_4^+$−N（mg/L）	SS（mg/L）
进水水质	5～6	1000～3000	250～750	20～60	400～1200
排放标准	6～9	≤100	≤20	≤20	≤50

2. 工艺流程

该工程采用微电解-芬顿-水解酸化-接触氧化-絮凝沉淀组合处理工艺，具体工艺流程见图 18-5。

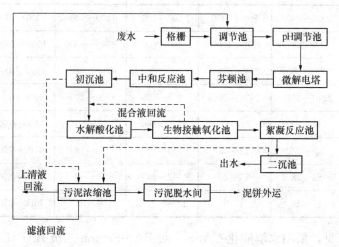

图 18-5　废水处理工艺流程

车间废水先通过格栅进入调节池，经泵提升进入调节池，在 pH 调节池中加入硫酸使 pH 值调至 3 左右后进入微电解塔。预处理阶段采用微电解和 Fenton 氧化联合处理，可以去除废水中大部分 COD，并提高废水的可生化性，以保证后续生化处理的正常运行。通过水解酸化与生物接触氧化工艺，且生物接触氧化出水部分回流到水解酸化池，可以实现脱氮。在絮凝反应池采用计量泵同时投加混凝剂聚合氯化铝（PAC）和助凝剂聚丙烯酰（PAM），经沉淀池后尾水达标排放。该系统产生的污泥通过污泥浓缩池浓缩脱水后，泥饼外运，上清液回流到调节池。

采用微电解与 Fenton 法联合预处理，在 Fenton 处理阶段不需要另加铁离子试剂，微电解反应使大分子有机物发生开环断链，减轻了 Fenton 反应的处理负荷，有利于芬顿反应的进行，以 Fenton 处理微电解出水，提高了系统对污染物处理的范围与能力。针对废水沉降性能差的特征，在废水经过生化处理单元后，加入絮凝剂增加其沉降性，并进行沉淀，保证了出水水质的达标。

3. 运行效果

系统调试完毕后投入运行，处理效果趋于稳定，结果表明废水经过微电解-芬顿氧化-水解酸化-接触氧化-絮凝沉淀处理后，对 COD、BOD$_5$、NH$_4^+$-N、SS 的去除率分别为 97.9%、98%、79%、96.9%。出水各项指标均达到《化学合成类制药工业水污染物排放标准》GB 21904—2008。具体进出水水质监测数据见表 18-8。

各单元进、出水水质　　　　　　　　　　　　　　　表 18-8

项　目		COD (mg/L)	BOD$_5$ (mg/L)	NH$_4^+$—N (mg/L)	SS (mg/L)	pH
进水		3000	750	60	1200	5～6
出水	格栅至 pH 调节池	3000	750	60	1200	2～3
	微电解-Fenton 池	900	300	48	1080	4～8
	中和沉淀池	720	240	42	540	6～7
	水解酸化池	540	192	42	378	7～8
	生物接触氧化池	81	19.2	12.6	75.6	7～8
	絮凝反应池＋沉淀池	64.8	15.36	12.6	37.8	7～8

14.4.3　中成药制药废水

1. 工程概况

江西省南昌市某制药厂主要生产颗粒剂、片剂、胶囊剂、口服液、外用药等多种中药制剂。生产过程中产生一定量的废水，其主要来源于原料药的清洗、分离干燥、提炼浓缩、过滤、设备清洗等工序，此外还有少量的办公生活污水一并处理。废水中主要污染物有天然有机物、多糖类、甙类、蒽醌类、生物碱及其水解产物等。废水中的 COD、NH$_3$-N、SS、水温均较高，pH＝4.0～5.0，带有中药气味。废水间歇排放，排放量为 160m³/d，水质波动较大。该废水具有成分复杂、有机污染物种类多、浓度高、可生化性差、NH$_3$-N 浓度高、色度深、毒性大及 SS 浓度高等特点。废水水质及排放标准见表 18-9。

废水水质及排放标准　　　　　　　　　　　　　　　表 18-9

项　目	ρ (mg/L)			pH	色度 (倍)
	COD	NH$_3$-N	SS		
废水水质	7000～8000	100～120	400～500	4.0～5.0	2500～3500
排放标准	≤100	≤15	≤70	6.0～9.0	≤50

2. 工艺流程

针对该公司中成药制药废水的特性和排放状况，确定采用 IC 厌氧＋生物接触氧化＋絮凝沉淀工艺进行处理，工艺流程见图 18-6。

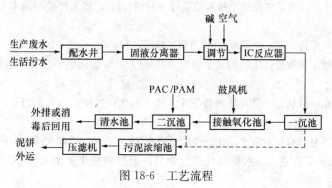

图 18-6　工艺流程

车间排放的生产废水和经化粪池处理后的办公生活污水首先通过企业污水管网进入配水井进行充分混合，然后由泵泵入固液分离器，药渣收集后回收利用，过滤后的废水进入调节池后在调节池进行 pH 值调整，此时 pH 值在 4.0～5.0 之间，加入氢氧化钠调节 pH 值至 6.5～7.5 之间，调整 pH 值后废水通过提升泵泵入 IC 反应器进行高级厌氧反应，在 IC 中利用厌氧菌的生物降解作用，有效去除大部分 COD，IC 反应器出水自流入一沉池，经过一次沉淀后自流入两级生物接触氧化池，生物接触氧化池出水自流入二沉池，在二沉池中心进水管处投加聚合氯化铝、聚丙烯酰胺进行混凝沉淀，经厌氧、好氧、混凝沉淀处理后的废水进入清水池，出水达到《污水综合排放标准》GB 8978—1996 中的一级标准，可外排也可消毒后进行回用。而一沉池、二沉池、底部污泥提升入污泥浓缩池后再进行带式压滤机脱水，脱水后污泥外运或者制作砖块。

3. 工程运行效果

组合工艺稳定运行期间，废水中 COD、色度、氨氮、SS 经固液分离器后去除率分别为 30％、75％、30％、40％，随后在 IC 反应器的作用下的累积去除率分别为 91.3％、87.5％、75％、57％，在生物接触氧化池的作用下，累积去除率分别为 98.4％、95％、75％、73％，最后在二沉池混凝剂絮凝沉淀作用下，最终出水 COD、色度、氨氮、SS 浓度可分别维持在 60mg/L、30 倍、15mg/L、60mg/L 以下。

4. 工程小结

针对中成药制药废水有机污染物种类多、浓度高、可生化性差、NH_3-N 质量浓度高、色度深、毒性大及 SS 质量浓度高等特点，采用 IC＋生物接触氧化为主体生物处理工艺＋二沉池混凝沉淀为辅助物化处理工艺，对废水中的污染物具有很好的处理效果。工程实践表明，该工艺稳定运行期间 COD、NH_3-N、SS、色度平均去除率分别达 99.25％、89％、88％、99％，出水水质达《污水综合排放标准》GB 8978—1996 一级标准。IC 反应器内厌氧颗粒污泥种类多，浓度高，使得 IC 反应体系具有很高的稳定性和适应性，污水中的 COD 经厌氧处理，转化为沼气，基于气体提升原理，在反应器内形成内部循环流，促进 COD 的进一步降解，确保后续生物接触氧化处理系统能正常运转。

本章参考文献

[1] 吴郭虎，李鹏，王曙光. 混凝法处理制药废水的研究[J]. 水处理技术，2000，26(1)：53～55.

[2] 王玉珂. 抗生素制药废水的炉渣处理[J]. 环境保护，1993(8)：15～16.

[3] 潘志强. 土霉素、麦迪霉素废水的化学气浮处理[J]. 工业水处理，1991，11(1)：24～26.

[4] 徐扣珍，陆文雄，宋平. 焚烧法处理氯霉素生产废水[J]. 环境科学，1998，19(4)：69～71.

[5] 王淑琴，李十中. 反渗透法处理土霉素结晶母液的研究[J]. 城市环境与城市生态，1999，12(1)：25～27.

[6] 林锡伦. UASB 工艺处理抗生素废水[J]. 化工环保，1995(2)：20～26.

[7] 买文宁，周荣敏. 厌氧复合床处理抗生素废水技术[J]. 环境污染治理技术与设备，2002，3(5)：23～27.

[8] 肖永胜，胡晓东，白利云. SBR 法处理抗生素废水的生产性试验研究们[J]. 中国水运，2006，6(12)：26～29.

[9] 肖永胜. SBR 法处理抗生素废水的生产性试验研究[D]. 广州：广州大学，2007.

[10] 韩剑宏，孙京敏，任立人. 水解酸化膜生物反应器处理抗生素废水[J]. 北京科技大学学报，2007，29(6)：30～33.

[11] 商佳吉，邢子鹏，孙德智. 水解酸化好氧 MBBR 耦合 Fenton 法处理抗生素废水研究[J]. 工业水处理，2008，28(12)：13～17.

[12] 黄华山，祁佩时，刘云芝，等. 复合好氧生物法处理高质量浓度抗生素废水[J]. 哈尔滨商业大学学报：自然科学版，2008，24(1)：21～25.

[13] 马寿权，韦巧玲. 抗生素制药生产废水治理研究[J]. 重庆环境科学. 1995，17(6)：23～27.

[14] 杨俊仕，李旭东，李毅军，等. 水解酸化-AB 生物法处理抗生素废水的试验研究[J]. 重庆环境科学，2000，22(6)：50～53.

[15] 邓良伟，彭子碧等. 絮凝-厌氯-好氧处理抗菌素废水的试验研究[J]. 环境科学，1998，19(6)：66～69.

[16] 冷成保，肖波. 气浮-水解酸化-接触氧化法处理制药废水工程实例[J]. 工业用水与废水，2011，42(06)：82～3.

[17] 张鑫. 超高交联树脂对磺胺类制药废水的吸附及珠体成型研究[D]. 郑州：郑州大学，2011.

[18] 陈宏，王敦球，张学洪. 厌氧-SBR 工艺处理制药废水工程实践[J]. 桂林工学院学报，2003，23(01)：79～81.

[19] 张福林，张艳玲. 粉煤灰处理中药废水初探[J]. 天津纺织工业学院学报，2000，19(1)：61～63.

[20] 郑怀礼，龙腾锐，袁宗宣. 絮凝法处理中药制药废水的试验研究[J]. 水处理技术，2002，28(6)：339～342.

[21] 苏荣军，王鹏，车春波，等. Fenton 法深度处理中药废水的研究[J]. 西安建筑科技大学学报(自然科学版)，2009，41(4)：575～579.

[22] 但锦锋，祁碌，陆晓华. 内电解法预处理皂素废水[J]. 中国给水排水，2003，19(12)：43～44.

[23] 顾睿. 厌氧-好氧工艺处理中成药废水的运行特性研究[D]. 南昌：南昌大学，2007.

[24] 刘育婷，张新庄，刘小艳，等. 制药废水处理方法概述[J]. 广东化工，2012，39(14)：113～114.

[25] 郭艳. 内电解-O_3/H_2O_2-A^2/O 在处理医药中间体生产废水中的应用[J]. 环境科技，2011，24(1)：27～28.

[26] 胡晓东. 制药废水处理技术及工程实例[M]. 北京：化学工业出版社，2008.

[27] 王琳，汪炎. 精细化工园区综合废水治理工程实例[J]. 工业用水与废水，2014，45(3)：68～70.

[28] 国家环境保护总局科技标准司. 污废水处理设施运行管理[M]. 北京：北京出版社，2010.

[29] Xu X R，Li H B，Wang W H，et al. Degradantion of dyes solutions by the Fenton process [J]. Chemosphere，2004，57(7)：595～600.

[30] 陈思丽，江栋，虢清伟，等. UASB-A/O-Fenton 氧化处理工业园废水工程实例[J]. 工业水处理，2014，34(4)：84～85.

[31] 刘明坤，郑俊，汪蓉. 曝气生物滤池的调试及运行[J]. 中国给水排水，2008，24(4)：100～102.

[32] 李莹，张宏伟，朱文亭. 厌氧-好氧工艺处理制药废水的中试研究[J]. 环境工程学报，2007，1(9)：50～53.

[33] 任健，马宏瑞，马炜宇，等. Fe/C 微电解-Fenton 氧化-混凝沉淀-生化法处理抗生素废水的试验研究[J]. 水处理技术，2011，37(3)：84～87.

[34] 黄昱，李小明，杨麒，等. 高级氧化技术在抗生素废水处理中的应用[J]. 工业水处理，2006，26(8)：13～17，65.

[35] 李欣，祁佩时. 铁碳 Fenton/SBR 法处理硝基苯制药废水[J]. 中国给水排水，2006，22(19)：12～15.

[36] 孙晓雷，高健磊. 化学合成制药废水处理工程实例[J]. 水处理技术，2009，35(12)：114～116.

[37] 王效山，夏伦祝. 制药工业三废处理技术[M]. 北京：化学工业出版社，2010.

[38] 刘威，陈明辉，尚金城. 小型制药厂污水处理工程设计[J]. 环境工程，2006，22(2)：72~73.

[39] 白利云，胡晓东，肖永胜，等. 水解酸化 SBR 工艺处理混合制药废水[J]. 环境工程，2007，25(4)：25~27.

[40] 齐美富，乐红燕，凌晓. IC＋复合好氧反应器处理中药废水[J]. 环保科技，2009，15(4)：35~38.

[41] 张忠波，陈吕军，胡纪萃. IC 反应器技术的发展[J]. 环境污染与防治，2000，22(3)：39~41.